内嵌 FRP 筋加固混凝土构件的力学性能与设计方法

张海霞　著

中国建筑工业出版社

图书在版编目（CIP）数据

内嵌FRP筋加固混凝土构件的力学性能与设计方法/
张海霞著. —北京：中国建筑工业出版社，2021.12
ISBN 978-7-112-26849-8

Ⅰ.①内… Ⅱ.①张… Ⅲ.①纤维增强混凝土-混凝
土结构-研究 Ⅳ.①TU37

中国版本图书馆CIP数据核字（2021）第247564号

内嵌FRP（纤维增强材料）加固方法是应用FRP材料加固混凝土结构技术中的典型代表之一，本书主要介绍内嵌FRP筋加固混凝土构件的力学性能研究成果以及相应的设计方法，共分为6章，分别是绪论、内嵌FRP筋加固混凝土梁的粘结性能研究、内嵌FRP筋加固混凝土梁的受弯性能试验研究、内嵌FRP筋加固混凝土梁的受剪性能试验研究、内嵌FRP筋加固混凝土板的受力性能试验研究、内嵌FRP筋加固混凝土梁的受力性能理论分析。

本书适用于建筑结构加固改造方面的从业人员参考使用。

责任编辑：高悦 万李
责任校对：李美娜

内嵌FRP筋加固混凝土构件的力学性能与设计方法
张海霞 著
*
中国建筑工业出版社出版、发行（北京海淀三里河路9号）
各地新华书店、建筑书店经销
北京科地亚盟排版公司制版
廊坊市海涛印刷有限公司印刷
*
开本：787毫米×1092毫米 1/16 印张：15½ 字数：384千字
2022年2月第一版 2022年2月第一次印刷
定价：**55.00**元
ISBN 978-7-112-26849-8
（38511）

前　言

随着我国新型城镇化建设的加快，虽然传统的高消耗型建造模式正逐渐向高效型绿色建造模式转变，但新建建筑的过度集中和无序建设导致了建筑与环境的矛盾日益突出，极端天气频繁出现，控制建筑物的建设数量与合理规划成为现代建设者必须重视的问题。现阶段我国正处于新建建筑与既有建筑加固改造并重的阶段，对既有建筑的维护、加固、加层改造的需求量年增长50%以上，而传统加固方法如加大截面法、粘贴钢板法、增加附加支撑构件加固法、预应力加固法等，虽能够在提高建筑结构承载力能力、改善结构抗震性能方面起到良好的作用，但同时也存在加固材料自重大、加固后对建筑物原有的使用功能和外观造成较大影响、加固材料自身抗腐蚀性能弱、施工周期长、加固后结构耐久性差等缺点。近些年来，纤维增强材料（FRP）因其具有抗拉强度高、自重轻、耐腐蚀性能好、抗疲劳性能优良、非电磁性等优点，被广泛地应用于结构加固领域，而内嵌 FRP 加固方法（Near-Surface-Mounted FRP，简称 NSM-FRP）则是应用 FRP 材料加固技术中的典型代表之一。该方法是将加固材料（FRP 筋或板条）放入结构构件混凝土保护层预先开好的槽内，并向槽内注入粘结材料（环氧树脂结构胶、水泥砂浆或混凝土等）使之形成整体，以此来改善结构性能的方法。该方法与外贴 CFRP 布加固方法相比，具有与原结构粘结性能好、FRP 材料利用率高、施工便捷、缩短工期、节省工程造价等优点，在房屋建筑、桥梁结构、地下结构、海工结构、隧道以及需要高成本定期维护的土木工程结构加固改造中应用具有较大的优势，其不但加固效果理想，而且可以降低火灾、人为或环境因素对建筑物的损害，具有重大的经济和社会效益。

本书开展内嵌 FRP 筋加固混凝土构件力学性能的研究，共分为 6 章，第 1 章详细介绍了几种混凝土加固方法及内嵌 FRP 筋加固混凝土构件的国内外研究进展，阐述本书的研究内容。第 2 章通过内嵌 FRP 筋混凝土试件的单端拉拔试验和加固梁的局部粘结滑移试验，分析试件的破坏模式、FRP 筋应变、粘结应力分布情况、粘结-滑移关系曲线及影响粘结性能的主要因素。第 3 章开展内嵌 FRP 筋加固混凝土梁一次荷载作用下和二次受力影响下的受弯性能试验研究，分析加固梁的受力过程和破坏模式、荷载-挠度曲线、荷载-应变曲线，探讨弯曲裂缝开展规律，研究初始荷载大小、卸载情况、FRP 筋加固量和 FRP 筋粘结长度等主要因素对加固梁受力性能的影响。第 4 章开展内嵌 FRP 筋加固混凝土梁一次荷载作用下和二次受力影响下的受剪性能试验研究，分析加固梁的受力过程和破坏模式，荷载-挠度曲线、荷载-应变曲线、承载力以及剪切延性性能，利用有限元软件，模拟分析 FRP 筋类型、FRP 筋间距、FRP 筋角度、不同预载程度及卸载程度、端部锚固等主要因素对加固梁受剪性能的影响。第 5 章通过对内嵌 CFRP 筋加固混凝土单向板进行弯曲性能试验，结合数值模拟，分析内嵌 CFRP 筋加固混凝土板的受力过程和破坏模式，研究加固板的荷载-挠度曲线和荷载-应变曲线，分析 CFRP 筋加固量、板内受拉钢筋配筋率、FRP 类型、FRP 直径、混凝土强度等对加固板弯曲性能的影响。第 6 章在试验研究和有限元分析的基础上，建立内嵌 FRP 筋加固混凝土粘结-滑移本构关系；采用三种方法，即基于线性黏聚力模型、考虑斜截面抗弯强度和粘结强度，建立 FRP 筋最小锚固长度计算方法，给出 FRP 筋约束失效应变计算公式；基于截面应力分析，提出加固梁一次荷载作用下和考虑二次受力的加固梁受弯承载力计算方法；根据钢筋混凝土梁裂缝计算理论，结合试验数据，考虑二次受力影响，建立内嵌 FRP 筋加固钢筋混凝土梁平均裂缝间距和最大裂缝宽度计算公式；基于修正压应力理论，建立加固梁一次加载作用下的受剪承载力计算方法；基于桁架-拱理论，建立二次受力作用下的加固梁受剪承载力计算方法，并给出受弯和受剪构造措施，形成加固梁受力分析方法和设计方法。

本书的研究成果是在国家自然科学基金、辽宁省高等学校优秀人才支持计划（一层次、二层次）等课题的资助下完成的，在编写过程中参考并引用了已公开发表的文献资料和相关教材与书籍的部分内容，并得到了许多专家和朋友的帮助，在此表示衷心的感谢。

本书是课题组开展内嵌 FRP 筋加固混凝土构件研究工作的总结。在课题研究过程中研究生何禄源、裴家威、李程翔、孙闯、刘琪等完成了大量的试验内容以及部分理论分析，研究生朱天泽、马佳雯、孙兴武和朱晓飞参与了本书的校对工作，对本书的完成做出了重要贡献。作者在此对他们付出的辛勤劳动和对本书面世所做的贡献表示诚挚的谢意。

由于作者的水平有限，书中难免存在不足之处，某些观点和结论也不够完善，恳请读者批评指正！

目　　录

第1章 绪论

1.1 研究背景和意义

由于材料老化、环境侵蚀等自然因素；设计失误、施工差错、偷工减料或质量低劣等人为过失；建筑使用功能改变、荷载增加等使用要求；火灾、撞击、地震、战争等灾害作用以及设计规范修订、安全储备的提高[1]等原因，大量工业与民用建筑、市政工程、水利工程及桥梁等土木工程结构需要加固和修复。调查资料显示，美国近 60 万座铁路与公路桥梁中，42%的桥梁结构存在承载力不足或损坏现象[2]。2006 年，我国在 60 多亿平方米房屋建筑面积中，40%以上需要分期分批地进行结构鉴定和加固[3]。对于这些需要加固的建筑，应按照建筑物的建造年代、结构形式和使用功能，考虑后续使用年限，采用安全、合理、经济的技术进行加固改造，而不能采用简单、粗糙的加固方法。现阶段我国正处于新建建筑与既有建筑加固改造并重的阶段[4]，对既有建筑的维护、加固、加层改造的需求量年增长 50%以上[5]。我国城市化进程快速，建筑的过度集中和无序建设导致建筑与环境的矛盾日益突出，环境的破坏变得日益严重，极端天气频繁出现。控制建筑物的建设数量与合理规划成为现代建设者必须重视的问题。同时，提高现存建筑物的使用寿命及功能，对既有建筑物修复和加固，不仅可以降低重复建设成本，减少社会资源的巨大浪费，而且更是减少环境污染、节能减排的重要手段和措施之一。

因此，探寻简便高效的加固方法成为国际土木工程界的研究开发热点，一些新兴的加固方法也应运而生，外贴碳纤维增强复合材料（Carbon Fiber Reinforced Polymer，简称 CFRP）和内嵌纤维增强材料加固方法（Near-Surface-Mounted Fiber Reinforced Polymer，简称 NSM-FRP 加固法）则是近些年来国外研究人员提出的具有发展前途的结构加固新技术，在国外土木工程领域已得到了越来越广泛的研究和应用，已成为一个重要的研究领域和新兴产业。外贴 CFRP 布加固，即通过树脂类粘结剂，在需要加固的构件表面粘贴 CFRP 布或板，以提高或改善其受力性能。虽然此方法具有较多优点，但也存在一定的不足[6]，如：(1) CFRP 粘贴在构件表面容易受到恶劣环境（高温、高湿和冻融等）的不利影响，易遭受磨损和撞击等意外荷载的作用；(2) 不防火，这是直接粘贴法致命的缺点，由于 CFRP 和树脂的材料性能的特殊性，使得这一问题在直接粘贴 FRP 加固方法中很难解决；(3) 不易与相邻构件锚固，CFRP 材料的剥离问题及端部锚固问题一直都是一个未彻底解决的难题。NSM-FRP 加固修复方法是将加固材料（FRP 筋或板条）放入结构表面预先开好的槽中，并向槽中注入粘结材料（树脂、水泥砂浆或混凝土等）使之形成整体，以此来改善结构性能（受弯、受剪、抗震和疲劳性能）的方法（图 1-1）。该方法利用了 FRP 筋的抗腐蚀、抗疲劳、强度高、重量轻、非电磁性等优点，在建筑、桥梁、地下工程、海洋工程、隧道以及需要高成本定期维护的土木工程结构加固改造中应用比采用钢材具有非常明显的优势。与传统的加固方法（如增大截面法、粘贴钢板法、植筋法等）相比，该方法施工方便、省时省力，且不像钢筋那样需要较厚的保护层，FRP 的形状和规格可以根据实际工程的要求定做；施工干扰小，有专门用于开槽的工具，且此工具费用小，方便携带；质量易保证；附加荷载小；应用时效长；加固后维修费用低；加固后不改变结构的外观和形状等等。而与外贴 CFRP 布加固方法相比，该方法具有更明显的优点[7-8]：

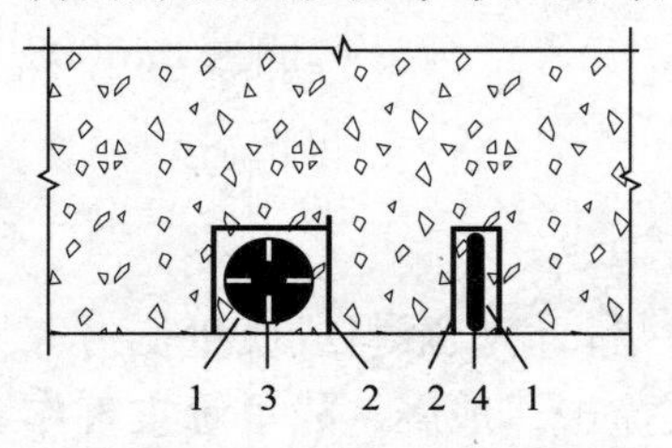

图 1-1　内嵌 FRP 加固方法
1—粘结材料；2—槽；
3—FRP 筋；4—FRP 板条

（1）由于内嵌加固方法所开的槽中有三个面参与 FRP 筋与粘结剂的粘结，粘结表面积增加，使得 FRP 材料与原结构的粘结性能较好，进而提高了 FRP 的利用率和加固效率；

（2）内嵌法只需专用工具在混凝土构件的表面剔槽，不需大面积处理，减少了工作量，节省工期，增加工作效率，且便于与相邻构件锚固；

（3）FRP 材料嵌在构件内部，可以防止火灾对 FRP 材料的破坏；

（4）对桥梁板面、楼板等构件进行负弯矩加固时，可以避免摩擦和冲击碰撞等意外荷载的不利影响；

（5）当 FRP 采取适当的锚固长度时，FRP 材料强度能够被充分利用，加固构件或结构的极限承载力提高效果显著。

总之，内嵌 FRP 加固修复技术不仅施工便捷、缩短工期、节省工程造价、加固效果理想，而且可以防止火灾、人为或环境因素对建筑物的损害。目前我国正处于基本建设和维护的并重发展期，不仅需要建造大量的工业与民用建筑，更需要在我国规范修订之后，对在役的各类建（构）筑物等进行维护与加固，保持其正常使用功能，提高其安全性和延长其使用寿命。因此，内嵌 FRP 加固方法相信在土木工程加固领域必定有着极大的发展前景和广阔的发展空间。

1.2　混凝土加固技术

1.2.1　传统加固技术

在对混凝土结构建筑物的加固修复方面，各国的专家学者已经进行了大量的探索和研究，提出了许多针对混凝土结构的加固方法，取得了较好的加固效果。在复合纤维材料出现之前，传统的混凝土结构加固方法主要有[9]：

（1）增大截面加固法：在不影响使用的前提下，增大混凝土结构的截面尺寸，并新配置一定量的钢筋，从而提高其承载力和刚度。该方法具有成熟的设计和丰富的施工经验，并且工程成本相对较低，因此应用较为广泛；其主要缺陷是现场施工的湿作业时间长，而且会明显减小建筑物净空间。

（2）粘钢加固法：通过采用结构胶在构件表面粘结钢板，使钢板与结构主体形成整体，从而提高结构的承载力。该加固方法具有施工速度快、工期短，且加固后对原有结构的外观和空间高度无显著影响等优点；但其加固质量在很大程度上受限于结构胶的材料性能和施工工艺水平，而且工程造价较高。另外，在腐蚀环境下，钢板易锈蚀，影响使用寿命，这将限制该方法在一些特定环境中的应用。

（3）预应力加固法：借助外加的预应力杆件降低结构的应力水平，减小裂缝宽度，增大结构的刚度。该加固方法能够较大幅度地提高建筑结构整体的承载力，加固效果较好，但加固后对原有建筑结构的外观会造成一定影响。此加固方法不宜用于混凝土收缩徐变大的结构，但是对于大跨度或者重型结构以及处于高应力状态下的混凝土结构，加固较为理想，此外预应力加固法对设计和施工的要求比较高。

（4）增加附加支撑构件加固法：此加固方法是通过增加支承构件，改变构件受力状态，从而达到加固的目的。该方法施工工艺简单且效果良好，适用于整个建筑的加固；缺点是加固后易损害建筑物的原貌。

（5）修补裂缝法：通过灌浆、填充等方法修补结构的裂缝，从而提高其耐久性。在建筑物损害初期采用该种加固方法，可以有效地防止损害进一步扩大，减少后期的加固费用。

上述这些加固方法虽然能够对提高建筑结构的承载能力、改善结构抗震性能等方面起到良好作用，但是同时也存在诸多缺点：①加固材料自重较大，可能会引起连锁补强问题；②加固后会对建筑物原有的使用功能、外观造成较大影响；③加固材料自身的抗腐蚀性能差，极易丧失自身应有的功能；④施工周期较长，影响人们的正常工作和生活。

近几年来，纤维复合材料在土木工程中的应用一直受到国内外研究学者的关注与研究，随着材料科学的发展，现在已经开发出了多种新型纤维复合材料，同时，随着生产规模的不断扩大，纤维复合材料的价格也在不断地下降，这些都为纤维复合材料在土木工程中的应用打下良好基础。

1.2.2 FRP 加固技术

（1）FRP 筋的基本特性

FRP 是由连续纤维材料和树脂胶组合而成的复合材料。根据纤维材料的不同可将 FRP 材料分为：玻璃纤维增强复合材料（Glass Fiber Reinforced Polymer，简称 GFRP）、玄武岩纤维增强复合材料（Basalt Fiber Reinforced Polymer，简称 BFRP）、芳纶纤维增强复合材料（Aramid Fiber Reinforced Polymer，简称 AFRP）和 CFRP。

在 FRP 复合材料中，树脂胶主要起到粘结作用，纤维是主要的受力体，其含量越高，抗拉强度也越高，但是材料的延性也会随之下降，因此，常用的纤维复合材料中的纤维含量一般在 50％～65％。

与钢筋相比，FRP 筋主要具有以下几个特点[10-16]。

1）抗拉强度高。FRP 筋的极限抗拉强度远高于普通钢材，强度与高强钢丝基本一致，FRP 材料属于线弹性材料，其应力—应变曲线呈线性，没有明显的屈服阶段。

2）自重轻、密度小。FRP 筋的密度一般仅为钢筋的 16％～25％，采用 FRP 筋来代替钢筋，有利于减轻结构自重。

3）弹性模量较低。同钢筋相比，FRP 筋的弹性模量只有钢筋的 25％～75％。

4）抗剪强度较低。FRP 筋材料属于各向异性材料，其抗剪强度不大于自身抗拉强度的 10%，易发生剪断破坏。

5）预应力损失小。在预应力结构中使用 FRP 筋，能够有效降低混凝土因收缩引起的预应力损失。

6）热胀系数与混凝土存在一定差别。由于 FRP 筋属于各向异性材料，因此其轴向热胀系数较低，而横向热胀系数较大，在温差较大的环境中使用 FRP 筋材料，有可能使 FRP 筋与混凝土之间产生粘结破坏，从而造成混凝土结构的开裂，降低结构的耐久性。

7）耐腐蚀性能好。由于纤维本身和粘结材料都具有很好的抗腐蚀性能，因此在腐蚀环境中 FRP 筋比钢筋具有更好的耐久性。但各种 FRP 筋在不同环境介质中的耐久性能也有所差异，当 GFRP 筋在碱性环境中持续工作 6 个月后，其抗拉强度将下降 25%。AFRP 筋在潮湿环境下会吸收水分而膨胀，最大吸收量可达自身重量的 8%。

8）抗疲劳性能优良。CFRP 筋与 AFRP 筋的抗疲劳性能要明显优于钢筋，而 GFRP 筋的抗疲劳性能则略低于钢筋，但能够满足结构构件对抗疲劳的要求。

9）电磁绝缘性好。由于 FRP 筋是由纤维和树脂胶组成的，属于非磁性材料，与钢筋相比具有良好的电磁绝缘性，对于一些有特殊要求的建筑，如雷达站、医院手术房、磁浮火车、机场塔台等，用 FRP 筋来替代钢筋是非常有利的。

10）热稳定性较差。CFRP 筋材料的适宜工作温度为－50～70℃，而 AFRP 筋材料为－50～120℃。当材料超过这一温度范围使用时，FRP 筋的抗拉强度明显下降。因此在一些特殊的建筑中需专门考虑温度对 FRP 筋强度的影响。

（2）FRP 加固混凝土方法

FRP 材料加固混凝土结构技术最早是由瑞士联邦材料实验室（EMPA）开始研究的。1984 年 Meier 进行了 CFRP 加固钢筋混凝土梁的试验，并在 Ibach 桥的加固中运用该技术[17]。1987 年 Katsumata 首次提出采用 FRP 材料加固钢筋混凝土柱来提高结构抗震性能的方法[18]。Triantafillou T. C 在 1991 年对预应力 FRP 加固钢筋混凝土结构的技术进行了研究[19]。Meier 在 1992 年对 FRP 加固钢筋混凝土构件的疲劳行为进行了初步探讨和试验研究[20]。在 1994 年美国 Northbrige 地震和 1995 年日本 Kobe 地震中，通过采用 FRP 材料进行加固的混凝土结构均体现出良好的抗震性能；在日本的 Kobe 地震结束后，工程师采用 FRP 材料对受损的混凝土结构进行快速加固，从而使交通运输恢复正常。此后，FRP 加固技术的优越性逐渐受到世界各国的重视，有关 FRP 加固技术的研究也日渐增多。目前，国内外常用的 FRP 加固方法分为两类：表面粘贴法和内嵌式加固法。

表面粘贴法：通过采用树脂类的粘结材料，在需要加固的构件表面粘贴 FRP 板或 FRP 布，从而提升构件的性能。在进行施工时，先将构件需要加固的部位进行打磨处理，再对打磨面进行清理，最后将粘结剂分别涂抹在构件和 FRP 材料的表面完成粘贴。但是这种方法会使 FRP 材料暴露在外面，易受到磨损与撞击，且不利于防火。

内嵌式加固法：基于表面粘贴法的不足，研究人员又提出内嵌式加固法，即在需要加固的构件表面开槽，将 FRP 筋或 FRP 板放入槽内并浇注粘结剂，从而提高构件的性能。该方法与表面粘贴 FRP 加固相比，具有以下优点[21-22]：

①FRP 内嵌在混凝土中，可以有效地避免人为或者环境因素的破坏，特别适用于桥梁板面、楼板和连续梁负弯矩区域的加固；

②可以防止火灾对 FRP 材料的破坏，火灾对结构承载能力影响较大，尤其对筋材的

损坏，而内嵌加固方法是将 FRP 材料嵌入到构件内部，有效地保护了 FRP 筋；

③把 FRP 筋放入混凝土槽中时，与混凝土的三个面进行了粘结，粘结表面积较大，充分利用了 FRP 筋，加固效果更好；

④减少了混凝土试件的表面整平、打磨等繁杂的处理工作，缩短了工期，提高了加固效率；

⑤可利用水泥基粘结剂取代环氧树脂，从而能使加固技术不受高湿、高温环境的束缚。

1.3 内嵌 FRP 筋加固方法的研究现状

早在 1948 年，瑞典工程人员就使用 NSM 方法对一座桥梁负弯矩区的桥面板进行加固，不过当时采用的加固材料是钢筋，粘结材料是水泥砂浆。1949 年 Asplund 进行了上述桥面板试验的分析[23]。然而，由于钢筋材料的易腐蚀性以及水泥砂浆较差的粘结性能使得加固部分与原结构的粘结不好，加固效果不甚理想，从而影响了此项技术的推广应用。随着材料产业日新月异的发展，FRP 的出现并应用于土木工程领域以及环氧树脂用作粘结材料使得 NSM 方法又重新焕发了其旺盛的生命力。在 20 世纪 90 年代末，NSM-FRP 方法被应用于美国 Myriad 会议中心的混凝土托梁[24]、波士顿水泥筒仓[25]、Hueneme 港海军码头甲板[26]、加利福尼亚州迭戈军港 12 号码头甲板[26]、夏威夷珍珠港码头甲板[27]、密苏里州 Phelps 城 72 号公路上的 J-857 大桥的桥面板和桥墩[28]、加拿大马尼托巴的 Touront Creek 木结构桥梁[29]、德国南部的 Tobel 桥[30]等加固工程中，取得了较好的加固效果。目前，对于 NSM-FRP 加固混凝土梁的研究主要集中于粘结性能、受弯性能和受剪性能。

1.3.1 粘结性能

FRP 材料、粘结剂与混凝土之间可靠的粘结是加固构件能够共同工作的基本前提和基础。1999 年，Blaschko 和 Zilch 对内嵌在混凝土试块中的 CFRP 板条进行了双剪试验，研究其粘结性能，并与外贴 CFRP 布加固技术进行对比，得出 NSM 方法中 CFRP 板条的锚固性能比外贴 CFRP 布要好[31]。2001 年 Lorenzis 和 Nanni 利用在简支梁跨中顶部安装球铰的方法，得到了 FRP 与混凝土之间的局部粘结-滑移关系，试验验证了 FRP 剥离破坏时梁的承载能力与粘结界面光滑程度、开槽尺寸、粘结长度、粘结剂种类、保护层厚度等因素有关[32]。

在粘结破坏模式方面，现有试验中观察到的破坏形式有如下几种。

(1) FRP 与粘结剂之间界面滑移破坏。对于表面光滑、表面喷砂的 FRP 筋和表面粗糙的 FRP 板条，表面凹凸较小，FRP 与粘结剂之间的机械咬合作用小，粘结强度低，容易发生此种破坏[33-34]。

(2) 粘结剂与混凝土界面粘结破坏。构件预先留槽在一次受力下，容易发生此类破坏[35-36]。对于螺旋缠绕筋、低肋筋及嵌入 $k \geqslant 2.0$（k 为槽宽与 FRP 筋直径的比值）槽的高肋筋，构件也容易发生此种破坏。

(3) 粘结剂劈裂破坏。对于嵌入 $k<2.0$ 槽的高肋筋，破坏模式由粘结剂的劈裂强度控制[37-38]。

(4) 槽边缘混凝土拉剪破坏。李荣等进行 CFRP 板条嵌入混凝土试块的界面单剪试验，研究表明，对于粘结长度为 30mm 和 100mm 的两个试件槽边缘混凝土发生了拉剪破坏[39]。

（5）FRP 板被拉断破坏。此种破坏是发生于梁式粘结性能试验中，其产生原因是试件梁变形产生较大挠度，致使 CFRP 板横截面上应变分布不均[40]。

（6）槽表面的混凝土开裂破坏等。

目前已有研究成果表明，影响 NSM-FRP 粘结性能的主要因素有如下几种。

（1）粘结长度。在较短 FRP 粘结长度下，试件的极限承载力会随着内嵌长度的增大而增大[41]。对于内嵌 FRP 板条的试件，当粘结长度增大到一定长度时，FRP 板条可能发生拉断破坏，此时若再增大粘结长度，极限粘结承载力则不会增加。

（2）槽尺寸。槽宽的变化不但会引起极限粘结承载力的变化，还会引起破坏模式的变化。参考文献［40］中得到最优槽宽为 10mm，参考文献［42］得到最优槽宽为 FRP 筋直径的 2 倍。随着开槽尺寸的增加，在一定程度上可以有效缓解端部应力集中，但剪应力峰值及残余摩擦力略有降低，极限荷载略有下降[43]。

（3）粘结剂性能。用高抗拉强度和较低弹性模量的环氧树脂可延迟劈裂破坏，得到较高的粘结强度[44]。

（4）FRP 筋表面特征。采用不同表面特征的 FRP 筋，加固梁的破坏模式和粘结机理也不同。采用喷砂筋、表面螺旋缠绕筋的试件很难提供充足的界面抗力，易出现 FRP 筋被拔出的破坏模式；采用带肋筋，其破坏形式主要为劈裂破坏，其中变形肋较高的 GFRP 筋与变形肋较低的 CFRP 筋相比，表现出较高的脆性[45]。

（5）FRP 到混凝土边缘距离。当 FRP 板条到侧向混凝土边缘的距离较小时（$<$20mm），发生混凝土角部劈裂破坏，粘结性能会受到一定影响。

（6）混凝土强度。随着混凝土强度提高，粘结承载力也随之增大，并且较高混凝土强度对 CFRP-胶层界面的粘结破坏有一定的抑制作用[46]。

在粘结强度模型方面有一定的研究成果。De Lorenzis 和 Nanni 模型[47]是对 Raoof 和 Hassanen 外贴片材的混凝土“齿模”型[48]的改进。Hassan 和 Rizkalla 提出了 NSM-FRP 板条端部粘结破坏模型[49]。Blaschko 基于摩尔破坏准则提出了 CFRP 板条嵌入混凝土梁的劈裂破坏模型。De Lorenzis 基于厚壁圆筒比拟理论及其演化理论，对 NSM-FRP 筋粘结体系横断面做了适当的简化与假设，得到弹性分析模型[42]。另外，还有根据试验得出的粘结-滑移模型，如：李荣建立了内嵌 CFRP 板条与混凝土之间三段式的局部粘结-滑移关系模型[39]；周延阳基于 BPE 局部粘结剪应力-滑移模型，提出了一种改进的 BPE 模型[40]；李蓓根据内嵌 CFRP 板条与混凝土粘结性能试验数据，建立了两段式的界面粘结-滑移本构关系[50]。童谷生等以微元理论为基础，建立了 NSM-CFRP 与固化环氧树脂胶层及混凝土粘结界面应力的控制方程[51]。曾宪桃等借助岩石中树脂锚杆与锚固剂界面的剪应力模型，推导了 CFRP 筋横断面上轴向正应力沿 CFRP 筋锚固长度分布的解析式，进而得到 CFRP 筋锚固段的伸长量[52]。

1.3.2 弯曲性能

已有的 NSM-FRP 加固混凝土梁的研究文献均表明加固梁的极限受弯承载力都有一定程度的提高[53]，即使初始荷载未完全卸载，该方法加固效果优良[54]。NSM-FRP 加固梁理论上可能的破坏模式分为三类。第一类是弯曲破坏，包括加固梁受压区混凝土被压碎和FRP被拉断[55-56]。第二类是粘结破坏，包括粘结剂与混凝土界面滑移破坏、FRP与粘结剂界面滑移破坏[57]、粘结剂劈裂破坏和混凝土开裂引起的剥离破坏。第三类是剪切破坏，当加固梁的受弯承载力大于梁加固前的受剪承载力时，可能会发生斜截面剪切破坏。

弯曲破坏存在一种界限破坏，即FRP应变达到极限拉应变的同时，受压区混凝土边缘达到极限压应变。这种情况下，对于同一根梁，FRP存在一个界限加固面积[58]，假定不出现粘结破坏，当FRP面积A_f正好等于A_{fb}时，梁可能发生界限破坏。当A_f大于A_{fb}时，在FRP达到极限拉应变前，混凝土受压区边缘达到极限压应变，混凝土被压碎。相反当A_f小于A_{fb}时，混凝土没有被压碎，FRP被拉断。在受弯加固试验中很难避免粘结破坏的出现，目前处于弯曲应力下的FRP、粘结剂和混凝土三种介质之间的粘结机理还不是很明确。滕锦光发现在大部分加固梁的弯曲性能试验中，虽然采用了较大的粘结长度，但还是出现了粘结破坏[59]。

影响加固梁受弯性能的主要因素有如下几种。

（1）FRP类型。EI-Hacha和Rizakalla分别用CFRP筋、CFRP板条和GFRP板条对梁进行加固，试验结果表明，采用不同FRP类型的加固梁发生了不同的破坏模式，以GFRP板条与粘结剂界面滑移破坏和CFRP板条被拉断破坏为主，总体上采用CFRP板条的加固效果要好于GFRP材料[55]。

（2）锚固长度。目前国内外的试验研究表明，界面粘结存在一个基本锚固长度，当锚固长度小于基本锚固长度时，加固梁发生粘结破坏的可能性较大，当锚固长度大于等于基本锚固长度时，锚固长度的增大不会明显影响加固梁的受弯承载力。随着FRP锚固长度的增加，FRP的贡献持续增加，钢筋屈服后挠度增大的情况会得以改善[60]。

（3）FRP加固量。界面粘结试验得出FRP尺寸和槽间距两个因素对粘结性能是有影响的，但在目前受弯加固试验中，大部分没有考虑这两个因素对梁加固效果的影响。De Lorenzis认为加固梁的受弯承载力随着FRP加固量的增大而提高，但是两者不是简单的线性关系[61]。

（4）配筋率。加固不同配筋率的梁，其受弯加固效果也不尽相同。Yost JR等在试验中采用了配筋率与界限配筋率之比ρ_s/ρ_{sb}这个参数，得出加固梁受弯承载力的提高幅度随ρ_s/ρ_{sb}增大而减小的结论[58]。浙江大学的袁霓绯通过试验研究给出了相同FRP加固量的梁极限荷载和屈服荷载提高幅度与配筋率的关系曲线[62]。Barros等提出了等效配筋率的概念，即将FRP等效成等强度的钢筋，然后计算截面配筋率，得出加固梁受弯承载力提高幅度随等效配筋率的提高而降低的结论[63]。

（5）其他因素。如粘结剂类型、锚固类型和预应力[64-67]等。

内嵌FRP加固混凝土梁受弯承载力的计算模型与其破坏形式有关。对于上述提到的第一类破坏形式，加固梁的受弯承载力根据截面受力状态，由平截面假定和力平衡关系可以得到[68]；而对于第二类粘结失效破坏，确定加固梁的受弯承载力的计算模型较为困难。南京理工大学的宾羽飞和范进考虑CFRP加固量和开槽尺寸的影响，并结合Chen-Teng公式[69]中的影响系数，拟合出CFRP最大应变的计算公式，进而得到发生粘结失效破坏时的受弯承载力计算公式[70]。浙江大学的刘义考虑破坏模式为胶层-混凝土界面的粘结失效，建立了以粘结界面剪应力为控制的单槽加固承载力计算方法[71]。上述模型都具有各自的局限性且未得到大量试验结果的验证。曾宪桃、任振华通过 16 根内嵌 CFRP 筋加固混凝土梁静载试验，考虑 CFRP 筋的力学贡献，建立了 CFRP 筋加固普通混凝土梁和宽缺口混凝土梁的裂缝间距、裂缝宽度、最大裂缝宽度及加固梁刚度的计算公式[72-73]。

NSM-FRP 加固方法的研究更多集中于一次受力下的加固梁力学性能，这对于结构加固前恒载较小的情况，影响不大。然而对于结构恒载较大的情况，这种计算不可避免地过高估算了构件的实际受弯承载力，是不安全的。所谓“二次受力”是指结构在加固前已经受力产生初始应力和应变，在这种受力状态下，加固后原构件连同加固材料一起共同承受新增外荷载的作用直至设计的极限状态。王天稳和尹志强考虑初始应力、应变状态，给出了 NSM-FRP 筋加固梁二次受力时的受弯承载力计算公式[74]。陈红强和曾宪桃研究了初始荷载下 NSM-FRP 筋加固悬臂梁桥的加固效果，研究表明，其受弯承载力低于无初始荷载作用的加固悬臂梁，且挠度变形大于一次受力试验[75]。郝永超和段敬民也研究了 NSM-FRP 加固混凝土连续梁在初始荷载下的受弯性能，得出初始荷载的影响使得加固梁发生了应变滞后现象的结论[76]。杨勇等进行了二次受力下的 NSM-FRP 筋加固混凝土悬臂梁的试验研究，但未考虑初始荷载的大小，研究表明，二次受力试件加固后受弯承载力提高程度明显低于一次加载试件[77]。王兴国等通过 4 根内嵌入不同 FRP 筋加固连续梁试件的静载试验，研究了初始荷载、混凝土强度、FRP 筋弹性模量等对试验梁弯曲性能的影响，结果表明，初始荷载对混凝土梁的承载力有较大影响[78]。

1.3.3 受剪性能

相对于 NSM-FRP 筋加固混凝土受弯性能的研究，加固梁受剪性能的研究则较少。最早由国外学者开始研究。De Lorenzis 和 Nanni 进行了 8 根足尺试件的 NSM-CFRP 筋加固混凝土 T 形梁的试验，其中 6 根加固梁内斜截面未配置箍筋，2 根加固梁则配置了抗剪箍筋，试验参数为：加固 FRP 筋的间距、加固 FRP 筋的倾斜角度、FRP 筋在 T 形梁的翼缘锚固情况以及原梁内是否配置箍筋等。试验结果表明，斜截面未配置箍筋的 T 形截面梁的受剪承载力与对比梁相比提高 106%，配置箍筋的加固梁受剪承载力与对比梁相比提高 35%。可见，内嵌 FRP 筋加固混凝土梁方法能够较大程度地提高梁的受剪性能。另外，根据试验结果，并基于 FRP 筋界面的粘结机理，建立了加固梁的受剪承载力计算公式，与试验结果进行对比，两者吻合较好[79]。

Nanni 利用内嵌 CFRP 板条和表面外贴 CFRP 布两种加固方法进行了用于桥梁工程中的预应力混凝土双 T 形梁的加固试验，加固 FRP 筋的倾斜角度为 60°。试验显示，加固梁的受剪承载力与对比梁相比提高了 53%，加固梁并没有发生明显的剥离破坏而是伴随着局部 FRP 筋的剥离，梁最终以弯曲破坏宣告破坏[80]。

Barros 和 Dias 利用内嵌 CFRP 板条加固修复技术进行了斜截面未配置抗剪箍筋的矩形截面梁的加固，并与外贴 CRRP 布加固方法进行了对比。试验显示，用内嵌加固法加固的混凝土梁其受剪承载力比外贴加固法相比提高幅度为 22%～77%，同时验证了内嵌 CFRP 嵌入角度 45°的混凝土梁其受剪加固效果好于嵌入角度 90°的 CFRP 板[81-83]。

A Rizzo 等人利用 9 根混凝土梁，考虑加固形式（FRP 筋内嵌、FRP 条带内嵌、U 形外贴 FRP）、加固筋间距、嵌入方向及间距、加固筋种类等参数，进行受剪试验研究，结果表明：随着内嵌 FRP 间距的变小，加固梁的极限受剪承载力增大，但当间距过于小时，不再起到提升作用[84]。

M. S. M Ali 等人对 14 根混凝土梁进行受剪试验研究，按加固形式将试验梁分为 4 组。以加固形式（分别外贴 CFRP 板和钢板、内嵌 CFRP 筋和钢筋）、内嵌筋的角度、加固量（间距和 CFRP 板厚度）为试验参数，研究了试验梁的受剪承载力、CFRP 荷载-应变曲线关系、试验梁的荷载-位移曲线关系，并分析了破坏形式。结果表明，相比于外贴加固形式的脆性破坏，内嵌加固形式可以显著改善梁的延性，使梁在破坏前出现较大变形，属延性破坏[85]。

Meysam Jalali 和 M. Kazem Sharbatdar 等人对 6 根矩形截面钢筋混凝土梁进行受剪试验，试验参数为嵌入方向及间距、加固筋种类、加固方式（外贴和内嵌）以及纵筋配筋率和梁的截面尺寸，主要研究试验梁的受剪承载力、破坏形式以及锚固加固效果，并绘制了荷载-挠度曲线等。试验结果表明：采用锚固加固方式可以改变试验梁的破坏形式，使其延性性能提高[86]。

Firas 等人对 7 根混凝土矩形截面梁进行试验研究，按试验加载情况分为两组，分别为三点加载和四点加载。该试验以配箍率、粘结剂类型、FRP 加固量为试验参数。重点研究了试验梁的裂缝开展情况，绘制了跨中的荷载-挠度曲线，钢筋荷载-应变曲线，分析了各个试验参数对受剪加固性能的影响，并提出优化的受剪承载力计算公式，重新推导了 FRP 提高系数计算公式[87]。

G Al-Bayati 等对 12 根混凝土梁进行了内嵌 CFRP 的扭转加固试验研究，比较外贴和内嵌加固对于扭转试验梁加固效果的差异。结果证明：内嵌 FRP 加固方法对于试验梁的扭转承载力有显著提升[88]。

近些年，国内研究学者也逐渐开始对内嵌 FRP 筋加固混凝土梁的受剪性能进行研究。浙江大学贾庆扉和姚谏对 9 根混凝土梁进行了受剪加固性能试验研究，着重研究了加固梁的破坏模式、破坏机理和受剪承载力，分析了影响受剪承载力的主要因素。结果表明：侧面嵌贴 CFRP 板条可显著提高未配箍筋混凝土梁的受剪承载力；与表面粘贴加固方法相比，内嵌加固法降低了剥离破坏的发生，加固效果更加理想[89]。

张延年等以不同 FRP 筋类型、不同间距以及不同加固方式作为试验参数，对 6 根 T 形混凝土梁进行受剪试验。结果表明：加固方式和 FRP 筋间距是影响梁破坏模式的重要参数；FRP 筋类型和 FRP 筋间距对跨中位移影响较大，加固方式则影响不大[90]。

郭卫彤等对 1 根矩形混凝土对比梁和 4 根内嵌 FRP 筋加固梁进行受剪试验研究，试验参数为开槽宽度、FRP 筋直径、混凝土强度等。试验结果表明，在试验梁的剪跨区利用内嵌式加固能有效提高混凝土梁的受剪承载力[91]。

韩泽立考虑剪跨比、FRP 板条间距、嵌入的角度、FRP 类型、混凝土强度等参数模拟分析了加固梁的受剪性能，结果表明，在其他条件相同的情况下，剪跨比越大、混凝土强度越大、FRP 间距越小且嵌入角度为 45°时，加固梁的极限承载力越大。同时利用拱-桁架模型推导了受剪承载力计算公式[92]。

大量的研究表明，内嵌 FRP 筋加固混凝土梁的斜截面受剪破坏模式主要有两种，FRP 被拉断的剪切破坏和 FRP 剥离引起的剪切破坏[93-94]，而受剪承载力计算理论模型，一般是在钢筋混凝土构件桁架理论模型的基础上增加 FRP 对受剪承载力的贡献[95]。加固梁在开裂前，FRP 基本不受力，斜裂缝出现以后与其相交的 FRP 中的应力会突然增大。

FRP 除直接承受剪力外，还可有效减小斜裂缝宽度，提高斜裂缝处混凝土骨料咬合作用，从而提高加固梁的受剪承载力，特别是对剪跨比大、箍筋配筋率低的梁加固效果更加明显。可见，内嵌 FRP 筋加固混凝土梁的作用机理与箍筋相似，但因其锚固性能不如箍筋，且 FRP 筋属于脆性材料，导致了 FRP 筋的作用机理较为复杂。

1.4 本书研究的内容

内嵌式加固方法具有许多优点，已经应用于实践，国内外学者也对内嵌 FRP 加固混凝土构件进行了试验研究，但由于问题的复杂性，还有许多问题有待解决，因此本书全面研究了内嵌 FRP 筋加固混凝土梁的受力性能，主要研究内容如下。

1.4.1 内嵌 FRP 筋加固混凝土的粘结性能

(1) 基于宏观单元进行内嵌 FRP 筋混凝土拉拔试件的有限元模拟验证，初步分析和优选影响 FRP 筋与粘结剂、粘结剂与混凝土界面力学性能的主要参数；

(2) 重点考虑 FRP 筋内嵌长度、FRP 筋类型、FRP 表面特征等主要因素，进行 FRP 筋混凝土单端拉拔试验，给出荷载-滑移曲线，研究试件不同的破坏模式，分析主要因素对粘结性能的影响；

(3) 分析 FRP 筋混凝土试件的荷载-滑移关系曲线，进行曲线拟合，建立粘结-滑移本构模型；

(4) 进行大量的有限元模拟计算，确定粘结-滑移关系曲线与各影响参数之间的关系，建立概念明确、形式简单的局部粘结-滑移关系数学模型，并与试验结果进行校核修正；

(5) 根据修正后的局部粘结-滑移关系数学模型，结合数值模拟，建立 FRP 筋粘结传递长度计算公式，进而推导界面剥离破坏时 FRP 筋应变计算公式；

(6) 进行内嵌 FRP 筋混凝土梁式试验，通过对荷载-挠度曲线及局部粘结区域 FRP 筋的应力、应变进行分析，揭示在梁受弯状态下的局部粘结性能。

1.4.2 加固梁的受弯性能

(1) 探讨加固梁正截面在对称集中荷载作用下从加载至破坏的受力过程和加固梁各种破坏模式，分析加固梁一次受力的不同阶段各变量，即原梁混凝土、原梁纵向钢筋、加固 FRP 筋应变的变化情况；

(2) 分析内嵌 FRP 筋加固混凝土梁开裂荷载、屈服荷载和极限承载力提高的幅度，并明确影响加固梁受弯性能的主要因素；绘出加固梁荷载-位移关系曲线，并加以分析；探讨加固梁弯曲裂缝的形成及发展情况，分析试验参数对加固梁裂缝开展的影响；

(3) 分析内嵌 FRP 筋加固钢筋混凝土梁体系的协同工作性能；

(4) 建立加固 FRP 筋的基本锚固长度计算公式；建立表面内嵌 FRP 筋加固混凝土梁一次受力情况下在不同破坏模式下的正截面受弯承载力计算公式。

1.4.3 二次受力加固梁的受弯性能

(1) 重点考虑初始荷载大小、卸载情况、FRP 筋加固量和 FRP 筋粘结长度等主要因素，进行持载下的内嵌FRP筋加固混凝土梁弯曲试验，给出各试验梁的荷载-挠度曲线、荷载-应变曲线；

（2）对比分析各主要因素对内嵌FRP筋加固混凝土梁的破坏形式、极限承载力、挠度、裂缝间距和宽度的影响；

（3）根据不同初始荷载水平，考虑混凝土实际受压区应力状态，建立不同持载水平下加固梁的滞后应变计算公式，在此基础上，建立不同破坏模式下二次受力加固梁的受弯承载力计算公式，并将计算结果与试验结果进行对比，验证公式的正确性；

（4）根据钢筋混凝土梁裂缝计算理论，结合试验数据，考虑二次受力影响，建立内嵌FRP筋加固钢筋混凝土梁平均裂缝间距和最大裂缝宽度计算公式。

1.4.4 加固梁的受剪性能

（1）对内嵌FRP筋加固混凝土梁进行受剪试验，分析试验梁的破坏过程、裂缝发展情况、试验梁应变的变化情况、荷载-挠度曲线、剪切延性、受剪承载力等；

（2）通过控制单一变量的方法来研究各试验因素对试验梁的破坏形态、斜裂缝发展形态、剪切延性和受剪强度的影响；

（3）在现有的修正压力场理论（MCFT）基础上，考虑混凝土梁实际受压区应力状态，建立剪切破坏状态下试验梁受剪承载力计算公式，并验证公式的合理性；引入FRP筋的应变分布折减系数D_{frp}衡量FRP筋在加固梁受剪承载力中的贡献。

1.4.5 二次受力加固梁的受剪性能

（1）通过9根混凝土T形梁，以初始荷载大小、卸载程度、FRP筋种类、锚固长度作为试验参数，进行内嵌FRP筋加固混凝土梁受剪性能试验，探讨了试验梁的破坏形式和受力过程，并分析试验梁在试验加载过程中，斜裂缝的开展情况；对比分析不同影响因素下各试验梁的荷载-挠度曲线，以及箍筋、纵筋和FRP筋的荷载-应变曲线；

（2）对试验梁进行了有限元模拟，将模拟结果与试验结果进行对比，验证模拟分析的正确性；研究FRP嵌入角度、间距、锚固形式和剪跨比等参数对受剪性能加固效果的影响；

（3）在试验研究和有限元分析的基础上，根据桁架-拱模型理论并结合内嵌FRP加固钢筋混凝土梁的受剪机理，建立二次受力下的内嵌FRP加固混凝土梁受剪承载力计算公式。

1.4.6 加固板的受弯性能

（1）对内嵌CFRP筋加固混凝土单向板进行受弯性能试验，对比分析加固板的受力过程和破坏模式，研究加固板的荷载-挠度曲线和荷载-应变曲线；

（2）分析加固板对承载力、延性和刚度的加固效果，研究CFRP筋加固量和板内受拉钢筋配筋率对加固板抗弯性能的影响；

（3）对加固混凝土单向板进行有限元模拟，将模拟结果与试验结果进行对比，验证了模拟分析的正确性；考虑FRP根数、FRP类型、FRP筋直径、混凝土强度、钢筋配筋率等参数，研究各参数对加固板弯曲性能的影响。

本章参考文献

[1] 陈肇元．要大幅度提高建筑结构设计的安全度[J]．建筑结构，1999，29（1）：63-66.

[2] 高丹盈，李趁趁，朱海堂．纤维增强塑料筋的性能与发展[J]. 纤维复合材料，2002（4）：37-40.
[3] 丁亚红，曾宪桃，王兴国．内嵌 CFRP 板条加固混凝土梁试验研究[J]. 工业建筑，2006，36（7）：89-91.
[4] 卢亦炎．混凝土结构加固设计原理［M］. 北京：高等教育出版社，2016.
[5] 李淑珍．既有建筑抗震加固改造设计项目的风险管理研究［D］. 北京：中国科学院大学，2016.
[6] 王韬，姚谏．表层嵌贴 FRP 加固 RC 梁新技术［J］. 科技通报，2005，21（6）：735-740.
[7] 岳清瑞，李庆伟，杨勇新．纤维增强复合材料嵌入式加固技术［J］. 工业建筑，2004，34（4）：1-4.
[8] De Lorenzis L.，J. G. Teng. Near-surface mounted FRP reinforcement：An emerging technique for strengthening structures［J］. Composites：Part B，2007（38）：119-143.
[9] 赵彤，谢剑．碳纤维布补强加固混凝土结构新技术［M］．天津：天津大学出版社，2001：2-3.
[10] Kocaoz S，Samaranayake V. A，Nanni A. Tensile characterization of glass FRP bars［J］. Composites，2005（36）：127-134.
[11] 彭亚萍，徐新生，初风荣．连续玻璃纤维筋的基本力学性能研究［J］. 房材与应用，2000，28（3）：19-21.
[12] 阮积敏，王柏生，张奕薇．FRP 筋的特点及其在混凝土结构中的应用［J］. 公路，2003（3）：96-99.
[13] 薛伟辰．纤维塑料筋混凝土研究新进展［J］. 中国科学基金，2004：10-13.
[14] 徐新生，李云兰．FRP 筋的结构性能及应用［J］. 建筑技术，1998，29（2）：105.
[15] 王勃，何政，张新越等．纤维聚合物筋在土木工程中的应用［J］. 建筑技术，2003，34（2）：134-135.
[16] 李文晓，戴瑛，贺鹏飞等．混凝土结构用纤维增强塑料筋的力学性能实验研究［J］. 玻璃钢/复合材料，2002（3）：12-15.
[17] Meier U，Deuring M. CFRP bonded sheets，FRP reinforcement for concrete structures：Properties and Applications［M］. Netherlands：Elsevier Science Publishers，1993.
[18] Katsumata H，Kobatake Y. A study on the strengthening with carbon fiber for earthquake-resistant capacity of existing reinforced concrete columns［C］. Proceedings of the seminar on repair and retrofit of structures，workshop on repair and retrofit of existing structures，US-Japan panel on wind and seismic effects，Tsukuba，Japan，1987.
[19] Triantafillou T. C，Deskovic N. Innovative prestressing with FRP sheets innovative prestressing with FRP sheets：mechanics of short-term behavior［J］. Journal of Engineering Mechanics. 1991，117（7）：1652-1672.
[20] Meier U，Deuring M. Strengthening of structures with CFRP laminates：Research and applications in Switzerland［M］. Canadian Society for Civil Engineering，1992.
[21] 张雁．内嵌 FRP 加固钢筋混凝土梁裂缝性能研究［D］. 河南理工大学，2012.
[22] De Lorenzis L，Antonio Nanni. Bond between near-surface-mounted fiber-reinforced polymer rods and concrete in structural strengthening［J］. ACI structural Journal，2002，99（2）：123-132.
[23] Asplund S. O. Strengthening bridge slabs with grouted reinforcement［J］. ACI Structural Journal，American Concrete Institute，1949，20（6）：397-406.
[24] Hogue T，Cornforth R C，Nanni A. Myriad convention center floor system reinforcement［J］. Proceedings of the Fourth International Symposium on Fiber Reinforced Polymer Reinforcement for Reinforced Concrete Structures，C. W. Dolan S，Rizkalla，Nanni A，Editors，American Concrete Institute 1999，SP-188，1145-1161.

[25] Emmons P，Thomas J，Sbanis G M. New strengthening technology developed-blue circle cement silo repair and upgrade [J]. Proceedings of the International Workshop on Structural Composites for Infrastructure Applications，Cairo，Egypt，May 28-30，2001，97-107.

[26] Warren G E. Waterfront repair and upgrade，advanced technology demonstration site No. 2：pier 12，NAVSTA San Diego，Site Specific Report SSR-2419-SHR，Naval Facilities Engineering Service Center，Port Hueneme，CA，1998.

[27] Warren G E. Waterfront Repair and Upgrade，Advanced technology demonstration site No. 3：NAVSTA Bravo 25，Pearl Harbour. Site Specific Report SSR-2567-SHR，Naval Facilities Engineering Service Center，Port Hueneme，CA，2000.

[28] Alkhrdaji. T. Destructive testing of a highway bridge strengthened with FRP systems [D]. University of Missouri-Rolla，Doctor of Philosophy in Civil Engineering，2001.

[29] Gentile C，Rizkalla S. Flexural strengthening of timber beams using FRP [J]. Technical progress report，ISIS Canada，1999.

[30] Blaschko M，Zilch K. Rehabilitation of concrete structures with strips glued into slits [J]. Proceeding of the 12th International conference on Composite Materials，Paris，1999.

[31] Blaschko M.，Zilch K.，Rehabilitation of concrete structures with strips glued into slits [J]. Proceeding of the 12th International Conference on Composite Materials ICCM 12，Paris，France，July 5-9，1999，CD-ROM.

[32] De Lorenzis L，Nanni A. Characterization of FRP rods as near-surface mounted reinforcement [J]. Journal of Composites for Construction，2001，5 (2)：114-121.

[33] De Lorenzis，Nanni A. Bond between near surface mounted FRP rods and concrete in structural strengthening [J]. ACI Structural Journal，2002，99 (2)：123-132.

[34] Blaschko M. Bond behavior of CFRP strips glued into slits [A]. Proceedings of the Sixth International Symposium on FRP Reinforcement for Concrete Structures. Singapore：2003，205-214.

[35] De Lorenzis L，Rizzo A，La Tegola A. A modified pull out test for bond of near surface mounted frp rods in concrete [J]. Composites Part B：Engineering，2002，33 (8)：589-603.

[36] Novidis D. G.，Pantazopoulou S. J.，Bond tests of short NSM-FRP and steel bar anchorage [J]. Journal of Composites for Construction，2008，12 (3)：323-333.

[37] De Lorenzis L，Teng JG. Near-surface mounted FRP reinforcement：An emerging technique for strengthening structures [J]. Composites：Part B，2006 (8)：1-25.

[38] Shehab M. Soliman，Ehab EI-Salakawy and Brahim Benmokrane. Bond performance of near-surface-mounted FRP bars [J]. Journal of Composites for Construction. 2011，15 (1)：103-111.

[39] 李荣，滕锦光，岳清瑞．嵌入式 CFRP 板条-混凝土界面粘结性能的试验研究 [J]. 工业建筑，2005，35 (8)：31-34.

[40] 周延阳．混凝土表层嵌贴 CFRP 板粘结机理研究 [D]. 杭州：浙江大学，2005.

[41] 王勃，侯淑亮，刘殿忠，隋莉莉．GFRP 筋嵌入式加固混凝土构件黏结破坏性能试验研究 [J]. 混凝土，2011 (1)：134-135.

[42] De Lorenzis L，Lundgren K，Rizzo A. Anchorage length of near-surface mounted fiber -reinforced Polymer bars for concrete strengthening-experimental investigation and numerical modeling [J]. ACI Structure Journal，2004，101 (3)：267-278.

[43] 孙溢．表层嵌贴 CFRP-混凝土界面粘结性能的分析 [D]. 长沙：长沙理工大学，2017.

[44] Rizkalla S，Hassan T. Effectiveness of FRP for strengthening concrete bridges [J]. Structure Engineering International，2002，12 (2)：89-95.

[45] De Lorenzis. Anchorage length of near surface mounted fiber reinforced polymer rods for concrete strengthening analytical modeling [J]. ACI Structural Journal, 2004, 101 (3): 375-386.

[46] 彭晖，张建仁，陈俊敏等 . 表层嵌贴 CFRP 板条-混凝土界面黏结性能的试验研究 [J]. 公路交通科技，2014，31 (6)：70-79，148.

[47] De Lorenzis L. Strengthening of RC structures with near surface mounted FRP rods [D]. PhD Thesis, Department of Innovation Engineering, University of Lecce, Italy, 2002.

[48] Raoof M, Hassanen MA. Peeling failure of reinforced concrete beams with fiber-reinforced plastic or steel plates glued to their soffits [J]. Proceedings of the Institution of Civil Engineers, Structures & Buildings, 2000 (140): 291-305.

[49] Hassan T, Rizkalla S. Investigation of bond in concrete structures strengthened with near surface mounted carbon fiber reinforced polymer strips [J]. Journal of Composites for Construction, 2003, 7 (3): 248-257.

[50] 李蓓 . 内嵌加固时 CFRP 板条与混凝土粘结性能的研究 [D]. 长沙：中南大学，2006.

[51] 童谷生，胡宗棋，赖泽坤 . NSM-CFRP 混凝土加固界面应力理论解析 [J]. 沈阳建筑大学学报（自然科学版），2017，33 (4)：577-584.

[52] 曾宪桃，任振华，鄢茨 . 求取内嵌 FRP 加固混凝土梁界面滑移量的一种新方法 [J]. 自然灾害学报，2019，28 (4)：13-21.

[53] Sui L. L. , Liu T. J. , Xing F. , Fu Y. X. , Experimental study on flexural performances of concrete beams strengthened with near-surface mounted (NSM) FRP reinforcement [J]. Advanced Materials Research, 2011, 163-167: 3634-3639.

[54] 王兴国，代波，张鹏飞 . 混凝土梁嵌粘混合 FRP 筋弯曲性能试验研究 [J]. 玻璃钢/复合材料，2018 (1)：45-49.

[55] El-Hacha R, Rizkalla SH. Near-surface-mounted fiber-reinforced polymer reinforcements for flexural strengthening of concrete structures [J]. ACI Structural Journal, 2004, 101 (5): 717-726.

[56] Tang WC, Balendran RV, Nadeem A, Leung HY. Flexural strengthening of reinforced lightweight polystyrene aggregate concrete beams with near-surface mounted GFRP bars [J]. Building and Environment, 2005, 10 (41): 1381-1391.

[57] Noran Wahab, Khaled A. Soudki, Timothy Topper, Mechanism of bond behavior of concrete beams strengthened with near-surface-mounted CFRP rods [J]. Journal of Composites for Construction, 2011, 15 (1): 85-92.

[58] Yost JR, Gross SP, Dinehart DW, Mildenberg J. Near surface mounted CFRP reinforcement for the structural retrofit of concrete flexural members [J]. In: Proceedings ACMBS-IV, Calgary (Canada), July 2004, CD-ROM.

[59] Teng J. G, De Lorenzis L, Wang B, Rong L, Wong TN, Lam L. Debonding failures of RC beams strengthened with near-surface mounted CFRP strips [J]. Journal of Composites for Construction, 2006, 10 (2): 92-105.

[60] 唐忠亮，陆洲导，余江滔等 . CFRP 嵌条长度对加固 RC 梁抗弯性能影响的分析 [J]. 结构工程师，2012，28 (5)：154-158.

[61] De Lorenzis, Nanni A, La Tegola. Flexural and shear strengthening of reinforced concrete structures with near surface mounted FRP rods [J]. Proc. 3rd Inter. Conf. on Advanced Composite Materials in Bridges and Structures, Ottawa. Canada: 2000. 521-528.

[62] 袁霓绯，姚谏 . 表层嵌贴 CFRP 板加固钢筋混凝土梁的抗弯承载力研究 [D]. 杭州：浙江大学，2006.

[63] Barros J. A. O，Dias S. J. E，Lima J. L. T. Efficacy of CFRP-based techniques for the flexural and shear strengthening of concrete beams [J]. Cement and Concrete Composites 2007 (29)：203-217.
[64] 朱思宇．内嵌预应力BFRP筋加固钢筋混凝土梁正截面承载力研究 [D]. 长春：吉林建筑大学，2018.
[65] 谢斌．预应力CFRP筋加固混凝土梁抗弯性能试验研究 [D]. 柳州：广西科技大学，2019.
[66] 许哲．内嵌锚固夹持CFRP板与混凝土黏结锚固性能试验研究 [D]. 郑州：华北水利水电大学，2020.
[67] 刘中良．内嵌锚固夹持CFRP板加固钢筋混凝土梁抗弯性能 [D]. 郑州：华北水利水电大学，2020.
[68] 贺学军，周朝阳，徐玲．内嵌CFRP板条加固混凝土梁的抗弯性能试验研究 [J]. 土木工程学报，2008，41 (12)：15-20.
[69] Chen J. F.，Teng J. G. Anchorage strength models for FRP and steel plates bonded to concrete [J]. Journal of Structural Engineering，2001，127 (7)：784-791.
[70] 宾羽飞．表面嵌贴CFRP板条加固混凝土梁抗弯性能试验研究 [D]. 南京：南京理工大学，2007.
[71] 刘义．FRP筋材嵌入法加固钢筋混凝土梁的试验研究 [D]. 杭州：浙江大学，2005.
[72] 曾宪桃，任振华，孙浚博．基于准平面假定的内嵌CFRP筋加固宽缺口混凝土梁刚度研究 [J]. 自然灾害学报，2019，28 (3)：96-103.
[73] 任振华，曾宪桃．基于准平面假定的内嵌CFRP筋加固宽缺口混凝土梁裂缝分析 [J]. 建筑结构学报，2019，40 (12)：88-95.
[74] 王天稳，尹志强．FRP筋NSM加固混凝土构件二次受力时抗弯承载力计算方法 [J]. 武汉大学学报（工学版），2005，38 (4)：55-58.
[75] 陈红强，曾宪桃．内嵌FRP筋加固悬臂梁桥抗弯性能试验研究 [D]. 焦作：河南理工大学，2010.
[76] 郝永超，段敬民．内嵌FRP筋材加固混凝土连续梁抗弯性能研究 [D]. 焦作：河南理工大学，2010.
[77] 杨勇，谢标云，聂建国，周丕健．表层嵌贴碳纤维筋加固钢筋混凝土梁受力性能试验研究 [J]. 工程力学，2009，26 (3)：106-112.
[78] 王兴国，朱坤佳，郑宇宙等．表面嵌入混合FRP筋的连续梁弯曲性能与影响因素 [J]. 交通运输工程学报，2015，15 (2)：32-41.
[79] Laura De Lorenzis，Antonio Nanni. Shear strengthening of reinforced concrete beams with near surface mounted fiber reinforced polymer rods [J]. ACI Structural Journal Technical Paper，2001，98 (1)：60-68.
[80] Nanni A. Di Ludovico M，Parretti R. Shear strengthening of a PC bridge with NSM CFRP rectangular bars [J]. Advance Structural Engineering，2004，7 (4)：97-109.
[81] Barros Jao，Dias S. Shear strengthening of reinforced concrete beams with laminate strips of CFRP [J]. In：Proceeding CCC2003，Cosenza (Italy)，2003：289-294.
[82] Barros Jao，Dias S. Near surface mounted CFRP laminates for shear strengthening of concrete beams [J]. Cement &Concrete Composites，2006，28 (3)：276-292.
[83] Barros Jao，Dias S，Lima J L T. Efficacy of CFRP-based techniques for the flexural and shear strengthening of concrete beams [J]. Cement& Concrete Composites，2007，29 (3)：203-217.
[84] A Rizzo，LD Lorenzis. Behavior and capacity of RC beams strengthened in shear with NSM FRP re-

inforcement [J]. Construction & Building Materials，2009，23 (4)：1555-1567.

[85] M Haskett，DJ Oehlers，MSM Ali，SK Sharma. Evaluating the shear-friction resistance across sliding planes in concrete [J]. Engineering Structures，2011，33 (4)：1357-1364.

[86] Meysam Jalali，M. Kazem Sharbatdar. Shear strengthening of RC beams using innovative manually made NSM FRP bars [J]. Construction and Building Materials，2012 (36)：990-1000.

[87] Firas AI-Mahmoud，Arnaud Castel. Reinforced concrete beams strengthened with NSM CFRP rods in shear [J]. Advances in Structural Engineering，2015，18 (10)：1563-1574.

[88] G Al-Bayati，R. Al-Mahaidi，R. Kalfat. Experimental investigation into the use of NSM FRP to increase the torsional resistance of RC beams using epoxy resins and cement-based adhesives [J]. Construction & Building Materials，2016，124：1153-1164.

[89] 贾庆扉，姚谏．混凝土梁表层嵌贴 CFRP 板条的抗剪加固性能试验研究 [J]. 科技通报，2006，23 (5)：718-722.

[90] 张延年，付丽，刘新等．表面内嵌 FRP 筋抗剪加固 T 形混凝土梁参数影响 [J]. 沈阳工业大学学报，2015，37 (2)：212-218.

[91] 郭卫彤，苏建遥，徐永峰．FRP 筋材嵌入式加固混凝土结构的抗剪承载力研究 [J]. 河北建筑工程学院学报，2017，35 (2)：34-38.

[92] 韩泽立．FRP 嵌入式加固混凝土梁抗剪性能研究 [D]. 吉林：吉林建筑大学，2017.

[93] C Z Dong，J Z Xia. Study on flexural performance of damage RC beams strengthened with near surface mounted FRP strips [J]. Applied Mechanics & Materials，2011，94-96：883-886.

[94] S Zhang. Behaviour and modelling of RC beams strengthened in flexure with near-surface mounted FRP strips [J]. Hong Kong Polytechnic University，2012.

[95] G Monti，M Liotta. Test and design equations for FRP-strengthening in shear [J]. Construction & Building Materials，2007，21 (4)：799-809.

第2章 内嵌FRP筋加固混凝土梁的粘结性能研究

2.1 引言

在内嵌FRP筋加固混凝土构件中，FRP材料、粘结剂与混凝土之间的可靠粘结是构件能够共同工作、提高承载力和保证加固效果良好的基本前提和基础。由于粘结剂的存在以及FRP筋材料特性的原因使得FRP筋与混凝土之间的粘结不同于钢筋与混凝土之间的粘结。故此，为了能够深入地了解内嵌FRP筋与混凝土之间的粘结机理，揭示两者之间的粘结滑移内在关系，本章开展内嵌FRP筋混凝土试件的单端拉拔试验和加固梁的局部粘结滑移试验，分析试件的破坏模式、FRP筋应变、粘结应力分布情况、粘结-滑移关系曲线及影响粘结性能的主要因素，为后续加固梁受弯性能和受剪性能的研究提供理论基础。

2.2 内嵌FRP筋加固混凝土拉拔试验

2.2.1 试验概况

(1) 试件设计

为了能够在轴心拉拔试验中较为准确地反映出内嵌FRP筋在粘结剂作用下与混凝土之间的粘结滑移性能，本次共设计20个试件，包括GFRP筋试件10个，BFRP筋试件10个。为避免试件在加载过程中受到偏心受力的影响，参考De Lorenzis L的相关试验[1]，试件设计成300mm×300mm×350mm的C形混凝土试块，C形缺口部分的尺寸为150mm×140mm，在缺口部分的中心进行开槽，开槽截面为正方形，尺寸为FRP筋直径的2倍。试块的形状如图2-1所示。

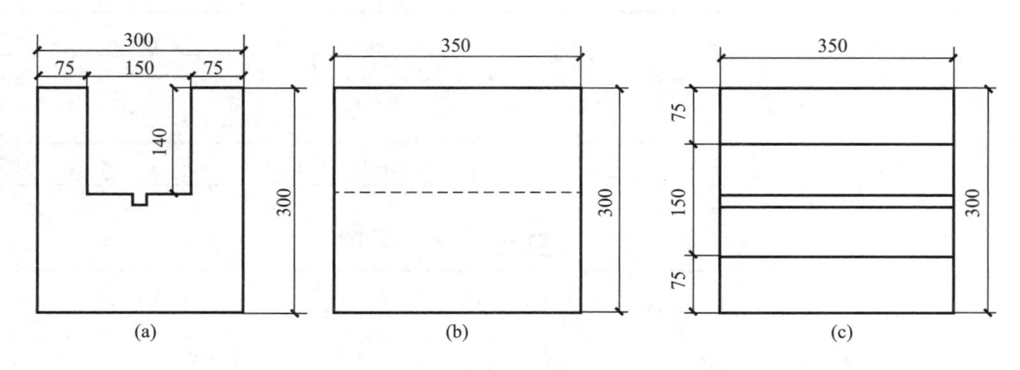

图2-1 混凝土试块尺寸

(a) 正立面；(b) 侧立面；(c) 俯视面

（2）粘结方案

FRP 筋总长为 900mm，其中位于混凝土试块槽内部分的局部粘结方案见表 2-1。本次试验考虑的试验参数包括：FRP 筋的直径 d，FRP 筋的种类和粘结长度 l。槽宽与 FRP 筋直径的比值 $k=2.0$，FRP 筋表面均为带肋。粘结剂采用结构胶。试件具体参数见表 2-2。

局部粘结方案 **表 2-1**

FRP 筋直径（mm）	粘结长度（mm）	粘结布置（mm）
$d=8$	$5d$	加载端 粘结段 自由端 150 40 160
	$6d$	加载端 粘结段 自由端 150 48 152
	$8d$	加载端 粘结段 自由端 140 64 146
	$10d$	加载端 粘结段 自由端 130 80 140
	$12d$	加载端 粘结段 自由端 120 96 134
$d=10$	$5d$	加载端 粘结段 自由端 150 50 150
	$6d$	加载端 粘结段 自由端 140 60 150
	$8d$	加载端 粘结段 自由端 130 80 140
	$10d$	加载端 粘结段 自由端 120 100 130
	$12d$	加载端 粘结段 自由端 110 120 120

试件具体参数　　　　表 2-2

试件编号	FRP 筋类型	FRP 筋直径（mm）	开槽尺寸（mm×mm）	粘结长度（mm）	混凝土强度等级
B8-5d	BFRP	8	16×16	40	C30
B8-6d	BFRP	8	16×16	48	C30
B8-8d	BFRP	8	16×16	64	C30
B8-10d	BFRP	8	16×16	80	C30
B8-12d	BFRP	8	16×16	96	C30
B10-5d	BFRP	10	20×20	50	C30
B10-6d	BFRP	10	20×20	60	C30
B10-8d	BFRP	10	20×20	80	C30
B10-10d	BFRP	10	20×20	100	C30
B10-12d	BFRP	10	20×20	120	C30
G8-5d	GFRP	8	16×16	40	C30
G8-6d	GFRP	8	16×16	48	C30
G8-8d	GFRP	8	16×16	64	C30
G8-10d	GFRP	8	16×16	80	C30
G8-12d	GFRP	8	16×16	96	C30
G10-5d	GFRP	10	20×20	50	C30
G10-6d	GFRP	10	20×20	60	C30
G10-8d	GFRP	10	20×20	80	C30
G10-10d	GFRP	10	20×20	100	C30
G10-12d	GFRP	10	20×20	120	C30

（3）试件制作

试件的制作分为混凝土试块的制作、试块开槽、FRP 筋加工、嵌入 FRP 筋和试件养护 5 个步骤，试件制作的整个过程如图 2-2 所示。

1）混凝土试块制作

按照配合比称量得到的水泥、砂、石倒入搅拌机进行搅拌，将搅拌好的混凝土注入木模板内，并用振捣棒进行振捣，使混凝土密实。混凝土浇筑完成后，在室温条件下浇水养护 28d。同时制作 3 个 150mm×150mm×150mm 的立方体试块，与试件同条件养护，在试验进行前测试混凝土立方体的抗压强度和弹性模量。

2）试块开槽

混凝土试件养护完成后，按照试验方案中槽的尺寸和位置，先用墨线在混凝土试块 C 形缺口平面上绘出切割线，再使用角磨机进行湿切法切割。为了获得准确的开槽宽度，采用先切割至稍小于设定宽度，然后再修整到设定宽度的方法进行切割。之后，使用毛刷将槽内的石渣和灰尘扫除，室温下风干。

3）FRP 筋加工

由于 FRP 筋属于线弹性的脆性材料，为了避免在轴心拉拔加载过程中出现 FRP 筋被锚具夹碎的现象，需要在 FRP 筋锚固段套入钢管。将直径 $d=20$mm 的钢管切割成 370mm 长，并向钢管内注入一定量的结构胶，随后将 FRP 筋插入钢管内，继续注入结构胶直到其充满钢管，端部带钢管的 FRP 筋在常温条件下养护 7d。

4）嵌入 FRP 筋

在嵌入 FRP 筋之前，先使用空气压缩机清除槽内的石渣和灰尘，并用丙酮擦拭槽内壁，待嵌入的 FRP 筋表面也同样使用丙酮擦拭干净。按使用说明建议的质量配合比 4∶1 调制结构胶，在槽内注入 1/2 槽深的结构胶后，马上把 FRP 筋放入槽内并轻压，继续注入结构胶至槽满，压实并抹平表面结构胶。从搅拌胶至抹平胶体表面整个过程的时间不得超过 15min，以免影响结构胶的强度。

5）试件养护

加固后的试件在常温下养护，24h 内不得扰动，常温条件下养护 7d 后结构胶达到完全固化才可以进行加载试验。试件制作过程如图 2-2 所示。

图 2-2　试件制作过程

（a）模板制作；（b）混凝土浇筑与养护；（c）试块开槽；

（d）FRP 筋加工；（e）FRP 筋嵌入；（f）试件养护

（4）试验装置

本试验采用 60t 的穿心千斤顶，使用手动油泵进行加载与卸载。试验加载示意如图 2-3（a）所示，试验加载装置如图 2-3（b）所示。位移计分别架设在 FRP 筋粘结区域的加载端和自由端位置处，压力传感器位于千斤顶和试块之间，位移计和压力传感器通过数据线与电脑连接，使用数据控制器记录试验数据。在加载过程中，为了避免压力传感器与混凝土试块接触面较小而导致混凝土局部应力过大，同时为了保护压力传感器不被穿心千斤顶损坏，在千斤顶和压力传感器之间、压力传感器和混凝土试块之间均架设厚度为 40mm 的钢板。

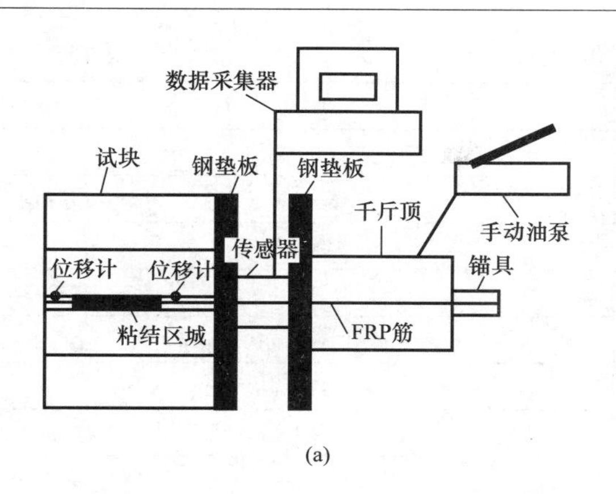

(a)

(b)

图2-3　试验加载示意图和装置图
(a) 示意图；(b) 装置图

(5) 材料力学性能

1) 混凝土

混凝土采用设计强度等级为C30的普通混凝土，水泥采用42.5 RP·Ⅱ普通硅酸盐水泥，细骨料为优质河砂，粗骨料采用最大粒径为20mm的碎石，拌和用水为自来水，混凝土配合比见表2-3所列。

混凝土强度通过随试件同时浇筑、同条件养护的150mm×150mm×150mm混凝土立方体试块测得。测试方法按照《混凝土物理力学性能试验方法标准》GB/T 50081—2019进行（按试件上下表面不涂润滑剂，加载速度0.5～0.8MPa测定混凝土强度）实测。混凝土立方体抗压强度值的平均值为38.5MPa。

2) FRP筋材料性能

本试验采用的表面带肋GFRP筋［图2-4 (a)］和表面带肋BFRP筋［图2-4 (b)］的性能指标均由厂家提供，详见表2-4。

3) 结构胶性能

试验采用的结构胶为JGN-I建筑植筋粘合剂［图2-4 (c)］，是一种改性环氧树脂类双组分结构胶，质量配合比为4∶1，搅拌好的胶呈墨绿色，详细指标如表2-5所列。

混凝土配合比　　**表2-3**

混凝土强度等级	水泥型强度等级	水灰比	水泥 (kg/m^3)	水 (kg/m^3)	石子 (kg/m^3)	沙 (kg/m^3)
C30	42.5	0.46	456	210	1179	555

FRP筋材料性能指标　　**表2-4**

类型	直径 (mm)	截面面积 (mm^2)	抗拉弹性模量 (GPa)	极限抗拉强度 (MPa)	剪切强度 (MPa)	极限拉应变 (%)
GFRP	8	50.24	46.5	718	132	1.54
GFRP	10	78.5	46.0	720	130	1.57
BFRP	8	50.24	45.3	1120	—	2.34
BFRP	10	78.5	46.0	1128	—	2.45

结构胶性能参数 **表 2-5**

性能项目		A级胶
胶体性能	抗拉强度（MPa）	≥30
	受拉弹性模量（MPa）	$\geqslant 3.5\times10^3$
	伸长率（%）	≥1.3
	抗弯强度（MPa）	≥45
		不呈脆性（破裂状）破坏
	抗压强度（MPa）	≥65
粘结性能	钢-钢拉伸抗剪强度标准值（MPa）	≥15
	钢与钢不均匀扯离强度（kN/m）	≥16
	钢-钢粘结抗拉强度（MPa）	≥33
	与混凝土的正拉粘结强度（MPa）	≥2.5且为混凝土内聚破坏
不挥发物含量（%）		≥99

(a)

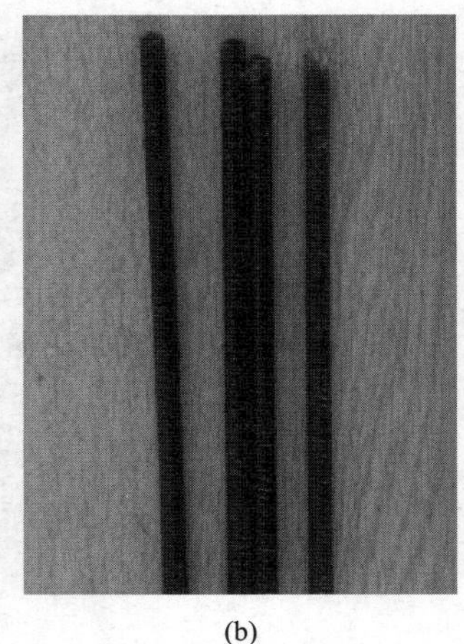
(b)

(c)

图 2-4 FRP筋和粘结剂
(a) GFRP筋；(b) BFRP筋；(c) 结构胶

2.2.2 试验结果与分析

本次试验共20个试件，其中B10-6d试件因仪器问题未能得到有效数据。本次试验共观测到4种破坏模式，包括：FRP筋与结构胶界面剥离、结构胶与混凝土界面剥离、FRP筋被拉断、结构胶劈裂。试验结果汇总见表2-6。

试验结果汇总 **表 2-6**

试件编号	FRP筋类型	粘结长度 l (mm)	极限荷载 P_{max} (kN)	最大粘结应力 τ_{max} (MPa)	加载端滑移 S_1 (mm)	自由端滑移 S_2 (mm)	破坏模式
B8-5d	BFRP	40	8.75	8.72	0.80	0.15	(1)
B8-6d	BFRP	48	11.56	9.59	1.40	0.45	(1)

续表

试件编号	FRP 筋类型	粘结长度 l (mm)	极限荷载 P_{max} (kN)	最大粘结应力 τ_{max} (MPa)	加载端滑移 S_1 (mm)	自由端滑移 S_2 (mm)	破坏模式
B8-8d	BFRP	64	16.40	10.20	1.70	0.65	(1)
B8-10d	BFRP	80	21.56	10.73	2.15	0.90	(1)
B8-12d	BFRP	96	26.54	11.00	2.28	1.30	(1)
B10-5d	BFRP	50	11.09	7.06	1.45	0.75	(1)
B10-8d	BFRP	80	23.90	9.50	2.45	1.15	(1)
B10-10d	BFRP	100	32.81	10.45	2.65	1.25	(1)
B10-12d	BFRP	120	40.94	10.86	2.85	1.30	(1)
G8-5d	GFRP	40	17.20	17.12	3.76	0.55	(2)
G8-6d	GFRP	48	20.44	16.96	3.15	0.48	(2)
G8-8d	GFRP	64	26.90	16.73	2.55	0.40	(2)
G8-10d	GFRP	80	31.38	15.62	1.88	0.34	(3)
G10-5d	GFRP	50	23.90	15.23	2.00	0.45	(2)
G10-6d	GFRP	60	24.38	12.94	1.70	0.50	(2)
G10-8d	GFRP	80	30.88	12.29	1.55	0.32	(2)
G10-10d	GFRP	100	36.16	11.52	1.47	0.28	(4)
G10-12d	GFRP	120	38.52	10.22	1.36	0.24	(4)

（1）破坏模式分析

1）FRP 筋与结构胶界面破坏

此种破坏模式出现在 BFRP 筋试件中，以 B10-5d 试件作为典型试件进行分析。B10-5d 试件内嵌了直径 d=10mm 的 BFRP 筋，其粘结长度为 $5d$。图 2-5 所示为 B10-5d 试件的荷载-滑移关系（P-S）曲线。从图中可以看出，加载开始后，BFRP 筋加载端首先出现滑移，随着荷载的增加，加载端的滑移值不断增大，此时自由端未出现滑移。当荷载达到 5kN（45%极限荷载）时，自由端开始出现滑移，随着荷载等级的不断提高，加载端和自由端的滑移值也不断增加，且自由端滑移值始终小于加载端。当荷载达到峰值点 11.09kN 以后，加载端和自由端的滑移值继续增大，而荷载开始下降，这说明 BFRP 筋与结构胶之间的粘结界面出现破坏，粘结性能开始降低。加载端和自由端的滑移值之差近似相同，下降段曲线近似直线。当荷载降到 7.81kN（70%极限荷载）时，随着滑移值的增大，荷载开始趋于平稳，不再出现明显的下降段。整个加载过程中，粘结区域未出现裂缝和破坏。B10-5d 试件破坏模式如图 2-6 所示。

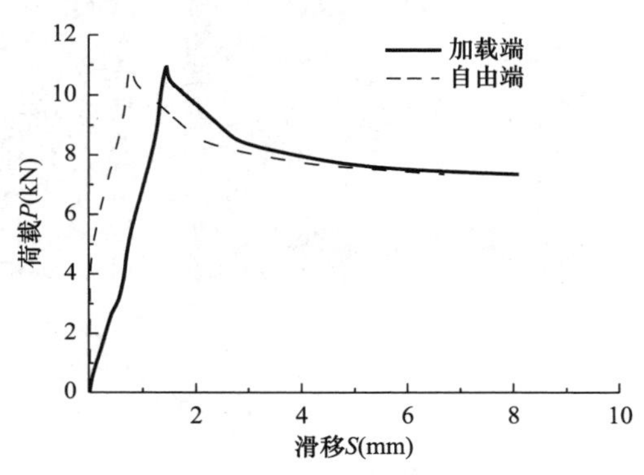

图 2-5　B10-5d 试件的荷载-滑移关系（P-S）曲线

2）结构胶与混凝土界面剥离

此种破坏模式在 G8-5d、G8-6d、G8-8d、

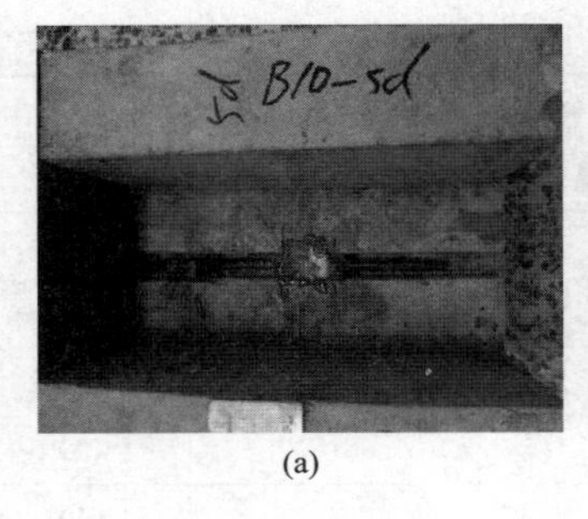

(a)

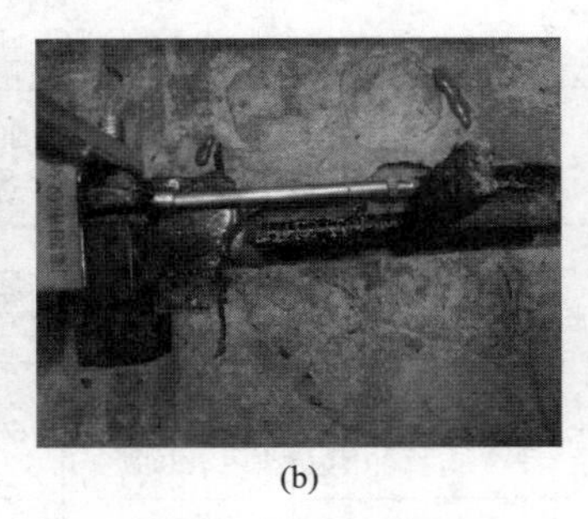
(b)

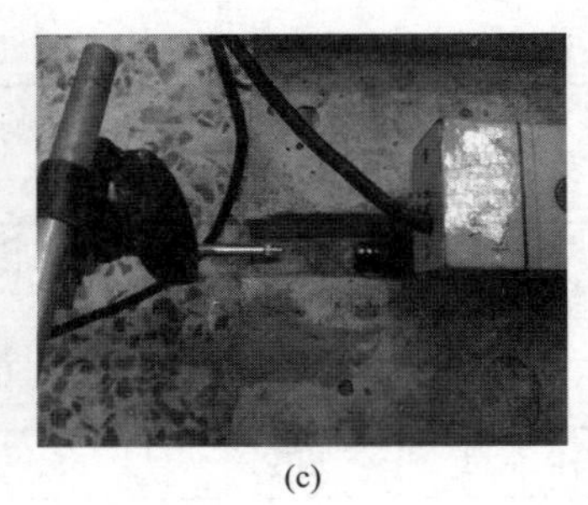
(c)

图 2-6　B10-5d 试件破坏模式
(a) 粘结区域；(b) 加载端；(c) 自由端

G10-5d、G10-6d 和 G10-8d 这 6 个试件中出现，选取 G10-6d 试件作为典型试件进行分析。G10-6d 试件内嵌了直径 d=10mm 的 GFRP 筋，粘结长度为 $6d$。图 2-7 所示为 G10-6d 试件的荷载-滑移关系（P-S）曲线。通过曲线可以看到，在荷载作用开始后，GFRP 筋加载端处首先出现滑移，随着荷载的提高，加载端滑移缓慢增加，而自由端未出现明显滑移。当荷载达到 7.5kN（30.7%极限荷载）以后，自由端开始出现微小滑移，且始终在 0.05mm 附近徘徊；当荷载达到 14.06kN（57.7%极限荷载）后，自由端开始出现较为明显的滑移。随着荷载的继续增大，加载端和自由端的滑移值也进一步增大，且加载端滑移值的增大幅度始终大于自由端。在此受力过程中，结构胶未出现破坏；当达到极限荷载 24.38kN 时，结构胶与混凝土界面突然剥离，粘结区域的结构胶随 GFRP 筋整体被拔出，荷载瞬间下降，结构胶整体完好，粘结区域的混凝土界面未出现裂缝。图 2-8 为 G10-6d 试件破坏模式。

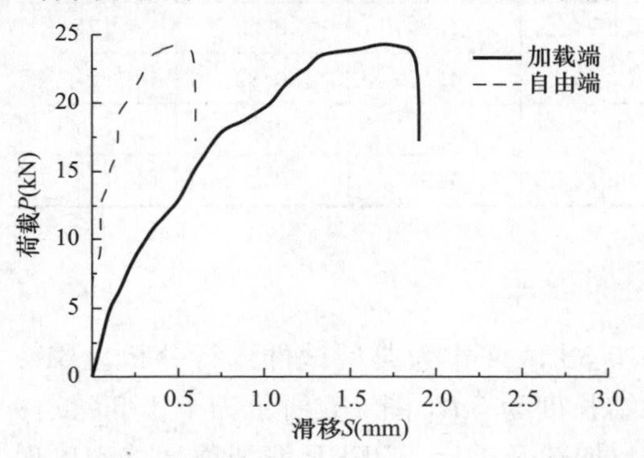

图 2-7　试件 G10-6d 的荷载-滑移关系（P-S）曲线

(a)

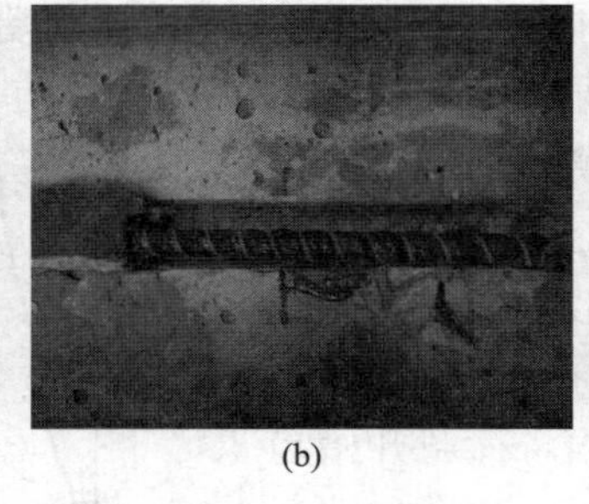
(b)

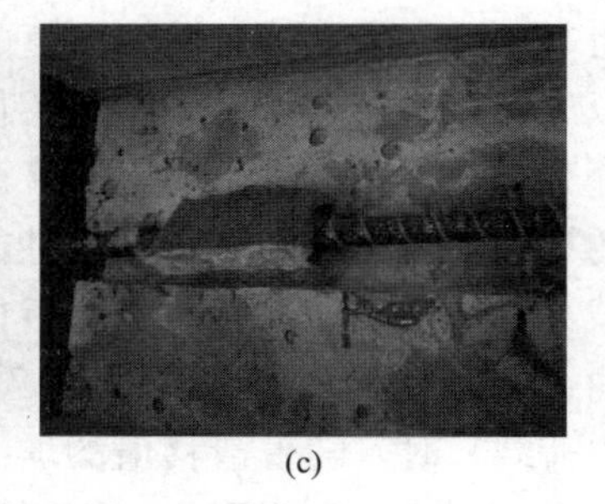
(c)

图 2-8　G10-6d 试件破坏模式
(a) 结构胶随筋整体拔出；(b) 粘结区域混凝土；(c) 结构胶整体完好

3）FRP 筋被拉断

G8-10d 和 G8-12d 试件出现了此种破坏模式，选取 G8-12d 作为典型试件进行分析。G8-12d 试件内嵌了直径 d=8mm 的 GFRP 筋，粘结长度为 $12d$。图 2-9 为 G8-12d 试件的荷载-滑移关系（*P-S*）曲线。从图中可以看出，试验加载，GFRP 筋的加载端开始出现滑移，随着荷载的增大，加载端的滑移值也在不断增大，而自由端始终未出现滑移；当荷载达到 22.45kN（67%极限荷载）时，自由端开始出现微小滑移，滑移值始终在 0.01～0.02mm 间徘徊；当荷载达到峰值点 33.5kN 时，试件发出“啪”的一声声响，GFRP 筋在加载端处断裂，荷载瞬间下降。整个加载过程中，粘结区域的结构胶未出现裂纹，结构胶与混凝土界面也未出现裂缝。图 2-10 所示为 G8-12d 试件破坏模式。

4）结构胶劈裂

G10-10d 和 G10-12d 试件出现了此种破坏模式，选取 G10-10d 作为典型试件进行分析。G10-10d 试件内嵌了直径 $d=10$ 的 GFRP 筋，粘结长度为 $10d$。图 2-11 所示为 G10-10d 试件的荷载-滑移关系（*P-S*）曲线。从图中可以看出，当试验开始加载后，加载端和自由端均未出现滑移；当荷载达到 2.42kN（6.7%极限荷载）时，加载端开始出现微小滑移，随着荷载的提高，加载端滑移不断增大，而自由端始终未出现滑移；当荷载达到 29.18kN（80.7%极限荷载）后，自由端开始出现滑移，随着荷载的继续提升，加载端和自由端的滑移值均不断增加，且加载端滑移值增加幅度始终大于自由端；当达到极限荷载 36.16kN 时，粘结区域发出“砰”的一声声响，结构胶完全破裂，GFRP 筋肋脱落。图 2-12 所示为 G10-10d 试件破坏模式。

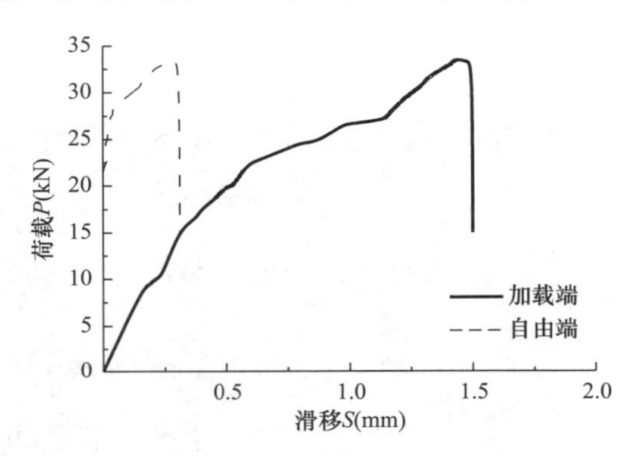

图 2-9　G8-12d 试件的荷载-滑移关系（*P-S*）曲线

(a)

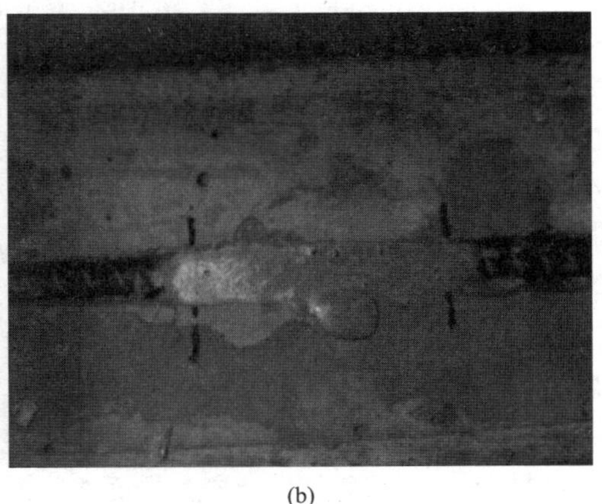

(b)

图 2-10　G8-12d 试件破坏模式

（a）GFRP 筋断裂；（b）粘结区域完好

通过对 19 个试件的破坏模式进行分析，可以将 4 种破坏模式分为两类，一类为 BFRP 筋试件所表现出的缓慢的延性破坏模式，另一类为 GFRP 筋试件所表现出的突然的脆性破坏模式，出现此种情况，与 BFRP 筋和 GFRP 筋的表面形式有较大关系。GFRP 筋表面肋

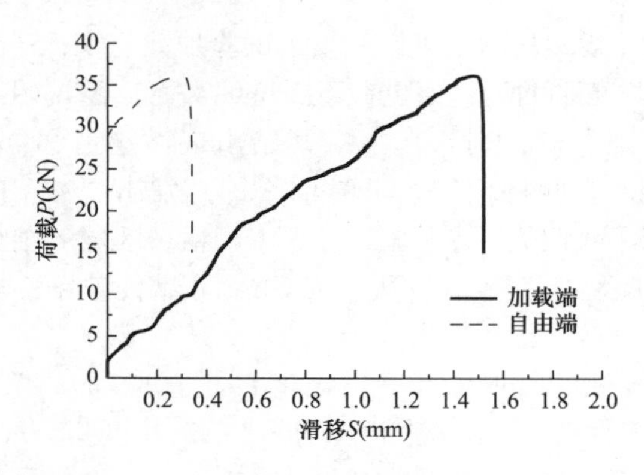

图 2-11　G10-10d 试件的荷载-滑移关系（P-S）曲线

(a)　　(b)

图 2-12　G10-10d 试件破坏模式

（a）结构胶破裂；（b）GFRP 筋肋脱落

间距为 10mm，肋高为 1mm，而 BFRP 筋表面虽然也有肋，但带肋效果并不明显，筋表面近似光滑。GFRP 筋能够依靠良好的机械咬合力与结构胶形成一个整体，GFRP 筋被拉断破坏时，其表面的肋脱落；而 BFRP 筋与结构胶之间的粘结主要依赖于化学胶着力和界面摩擦力，其与结构胶之间的粘结性能相对较差。

虽然 GFRP 筋试件都表现出了突然的脆性破坏模式，但是其具体的破坏形式可分为结构胶与混凝土界面剥离、FRP 筋被拉断、结构胶劈裂这三种破坏形式。

结构胶与混凝土界面剥离破坏主要出现在粘结长度为 $5d$、$6d$ 和 $8d$ 的 GFRP 筋试件中。这是由于 GFRP 筋与结构胶界面之间的约束依靠的是化学胶结力、摩擦力和机械咬合力，而结构胶与混凝土界面之间的粘结主要依靠的是结构胶自身产生的胶结力。因此，对于粘结长度较短的 GFRP 筋试件，结构胶与混凝土之间的约束能力要小于 GFRP 筋与结构胶界面之间的约束能力，当荷载达到胶结力的临界值后，结构胶与混凝土界面之间粘结约束失效，GFRP 筋与结构胶被整体拔出。

FRP 筋被拉断破坏主要出现在粘结长度为 $10d$ 和 $12d$ 的 d=8mm 的 GFRP 筋试件中。试件 G8-10d 和试件 G8-12d 的极限荷载分别为 31.38kN 和 33.5kN，其极限抗拉强度为624MPa和667MPa，厂家给出的$d=8$mm GFRP筋的轴心抗拉极限强度为718MPa，考虑到在GFRP筋的埋置和试验装置的组装过程中存在的误差，使得轴心拉拔试验在加载过程中不可避免地受到偏心的影响，GFRP筋在拉断时所承担的抗拉强度小于厂家的测定值。

结构胶劈裂破坏主要出现在粘结长度为$10d$和$12d$的$d=10$mm的GFRP筋试件中。这是由于粘结长度的增大使得结构胶与混凝土界面之间的粘结力显著增大，粘结力超过了GFRP筋与结构胶之间由胶结力、摩擦力和机械咬合力所产生的约束。在试验开始后，GFRP筋受到拉力的作用，随着荷载不断提高，GFRP筋与结构胶之间所产生的约束达到极值，随后GFRP筋表面肋脱落，结构胶破裂。

（2）影响因素分析

1）粘结长度

图2-13（a）、（b）、（c）和（d）所示分别为$d=8$mm的BFRP筋试件、$d=10$mm的BFRP筋试件、$d=8$mm的GFRP筋试件和$d=10$mm的GFRP筋试件的最大粘结应力与粘结长度关系图。由于试件受到轴心拉拔作用，因此，试件所承受的最大粘结应力可按$\tau_{max}=\frac{p_{max}}{\pi dl}$求得。

结合表2-6的试验结果和图2-13的线性拟合分析可知，BFRP筋试件和GFRP筋试件的粘结长度对粘结性能产生了不同的影响。对于BFRP筋试件，在直径d不变的情况下，最大粘结应力τ_{max}随粘结长度l的增加而增大；对于GFRP筋试件，在直径d不变的情况下，最大粘结应力τ_{max}随粘结长度l的增加而减小。出现此种情况，主要是由于试件自身的破坏模式所决定的。由$\tau_{max}=\frac{p_{max}}{\pi dl}$可知，极限荷载值$P_{max}$对于最大粘结强度$\tau_{max}$起到了很重要的影响。随着粘结长度的增加，BFRP筋和GFRP筋试件的极限荷载均不断提高，但是，BFRP筋试件的极限荷载增大幅度明显大于GFRP筋试件。这是由于BFRP筋试件发生的均为BFRP筋与结构胶界面粘结失效的剥离破坏，随着粘结长度的增加，BFRP筋与结构胶的粘结约束性能会有显著地提升。而粘结长度为$5d$、$6d$和$8d$的GFRP筋试件，发生的均为结构胶与混凝土界面的破坏，随着粘结长度的增加，结构胶与混凝土界面的粘结约束性能也有提升，但其粘结性能小于BFRP筋试件，因此，极限荷载的提升幅度小于BFRP筋试件。而$d=8$mm的GFRP筋试件在粘结长度为$10d$和$12d$时，均发生了GFRP筋断裂的破坏，这是由于极限荷载达到了GFRP筋自身的极限抗拉强度值，所以G8-10d和G8-12d试件的极限荷载近似相同。而对于$d=10$mm的GFRP筋试件，在粘结长度为$10d$和$12d$时，均发生了结构胶劈裂的破坏，这是由于极限荷载达到了结构胶的劈裂强度，因此G10-10d和G10-12d试件的极限荷载也近似相同。

2）FRP筋类型

图2-14（a）、（b）所示分别为在FRP筋直径和粘结长度相同的情况下，不同FRP筋类型对粘结性能的影响。从图中可以看出，在FRP筋直径和粘结长度相同的情况下，除G10-12d试件的最大粘结应力小于B10-12d试件以外，其余GFRP筋试件所受到的最大粘结应力均大于BFRP筋试件。同时还可看到，随着粘结长度的增加，GFRP筋与BFRP筋的最大粘结应力差值逐渐减小。在粘结长度较短时，GFRP筋试件的粘结强度更大，粘结

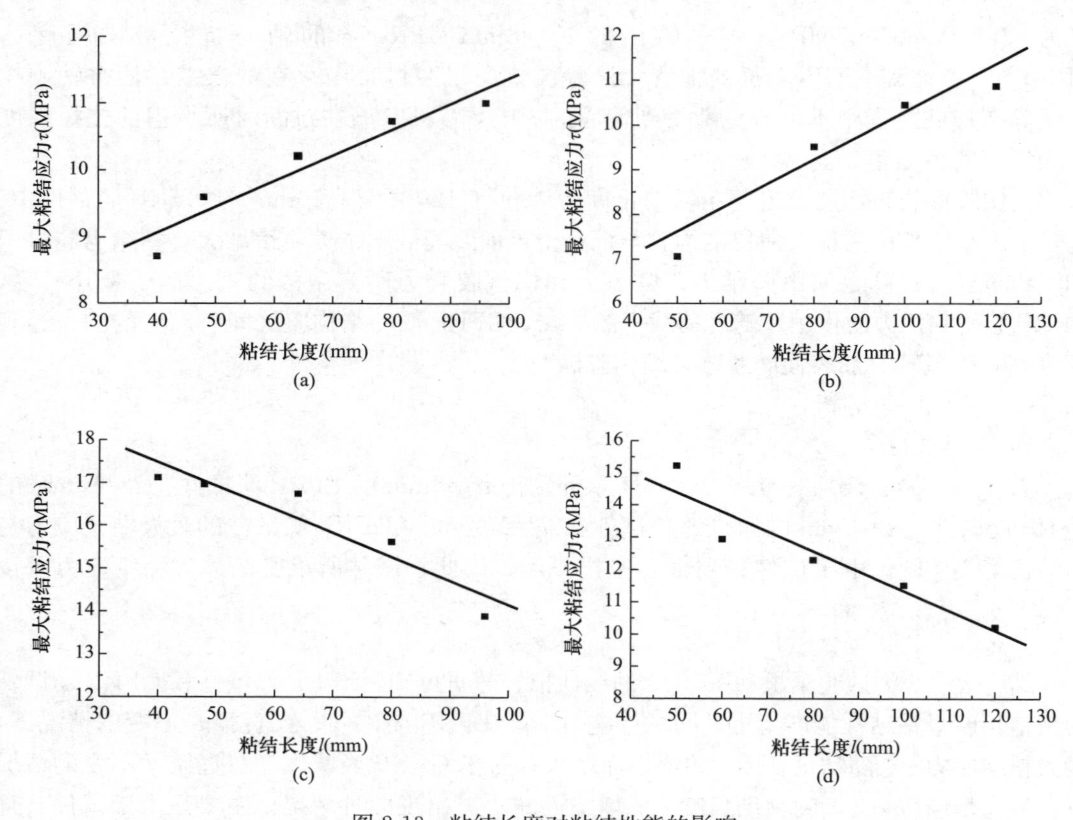

图 2-13 粘结长度对粘结性能的影响

(a) d=8mm BFRP；(b) d=10mm BFRP；(c) d=8mm GFRP；(d) d=10mm GFRP

性能较好，但随着粘结长度的增加，BFRP 筋试件的粘结强度大幅提升，与 GFRP 筋试件的粘结性能的差距逐步缩小，其中 B10-12d 试件的最大粘结应力已经超过 G10-12d 试件。之所以产生这种现象，与试件的不同破坏模式有关。结合表 2-6 可以发现，在粘结长度较短时（$5d$～$8d$），BFRP 筋试件与 GFRP 筋试件均发生粘结失效的破坏模式，但是 BFRP 筋试件表现为 FRP 筋与结构胶界面粘结失效，GFRP 筋试件表现为结构胶与混凝土界面粘结失效，由于 FRP 筋与结构胶界面之间的粘结力小于结构胶与混凝土之间的粘结力，因此，GFRP 筋试件的粘结长度明显大于 BFRP 筋试件。当粘结长度较长时（$10d$、$12d$），BFRP 筋试件的破坏模式依然为 FRP 筋与结构胶之间的粘结失效，而 GFRP 筋试件却表现为 FRP 筋被拉断和结构胶破裂这两种非粘结破坏的模式，这说明 GFRP 筋试件在粘结长度较长时所能承受的极限荷载已经不再由界面之间的粘结力所主导。

3）FRP 筋直径

图 2-15（a）、（b）所示分别为 BFRP 筋试件和 GFRP 筋试件在粘结长度相同的情况下，不同 FRP 筋直径对粘结性能的影响。其中 d=8mm 的 FRP 筋试件的 $6d$（48mm）和 $12d$（96mm）的粘结长度与 d=10mm 的 FRP 筋试件的 $5d$（50mm）和 $10d$（100mm）的粘结长度差值很小，近似按粘结长度相同考虑。由图 2-15 可以发现，在粘结长度相同的情况下，d=8mm 的 FRP 筋试件的最大粘结应力大于 d=10mm 的 FRP 筋试件。这是由

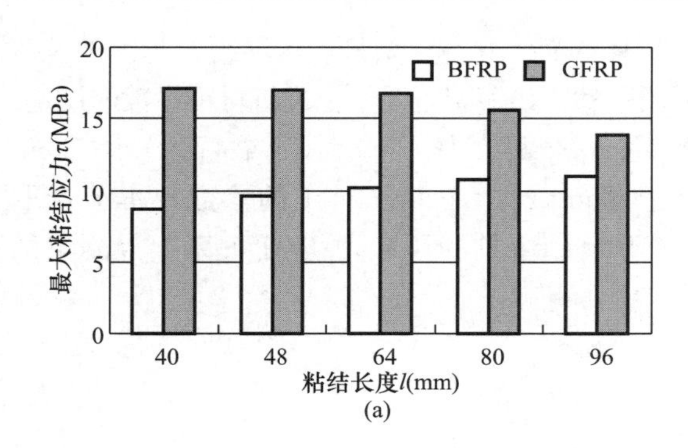

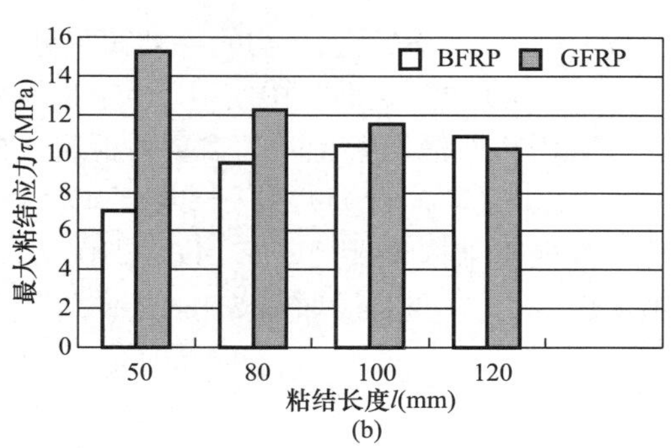

图 2-14　FRP 筋类型对粘结性能的影响

（a）d=8mm；（b）d=10mm

于 FRP 筋是一种各向异性的材料，其强度主要由纵向纤维束的强度决定，横向强度则决定于 FRP 筋表面树脂的强度。当 FRP 筋受拉时，其纵向应力在泊松效应作用下略有降低，筋直径越大，纵向应力降低的越多，从而影响极限粘结强度的大小。

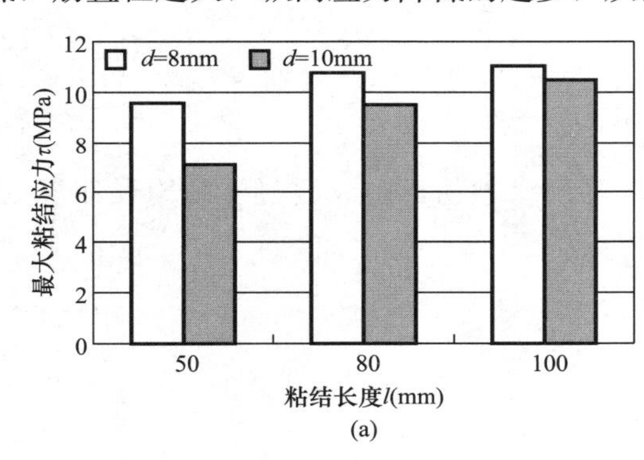

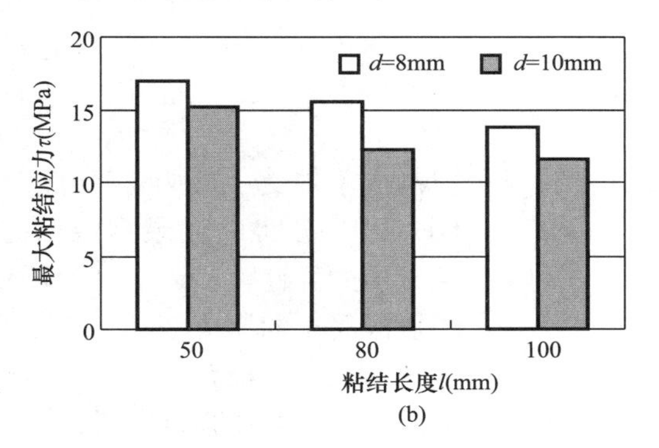

图 2-15　FRP 筋直径对粘结性能的影响

（a）BFRP 筋试件；（b）GFRP 筋试件

2.3　单端拉拔试件有限元分析

本节采用 ABAQUS 有限元分析软件，根据内嵌 FRP 筋加固混凝土拉拔试件的实际粘结-滑移曲线建立有限元模型。在与试验结果进行对比，验证数值模型正确的基础上，深入分析 FRP 筋应变和粘结应力的分布情况，从而更好地研究内嵌 FRP 筋粘结-滑移性能的内在机理。

2.3.1　有限元模型的建立

（1）材料的本构模型

1）混凝土

ABAQUS 有限元软件提供的混凝土本构模型主要包括弥散开裂模型、塑性损伤模型和脆性破裂模型三种，其区别主要在于：弥散开裂模型认为塑性压缩屈服面控制压缩塑性应变，当混凝土所承受的应力达到裂纹产生面时，混凝土单元将会出现裂纹，它将导致开裂以及开裂后材料的各向异性，因此裂纹是影响材料行为的最关键因素；塑性损伤模型是通过引入弹性标量损伤的概念，通过各向同性拉伸和压缩塑性来代替混凝土的非弹性性能，该模型被大量应用于混凝土结构的各类荷载分析当中；脆性破裂模型是假定混凝土为线弹性压缩行为，多在显式动力分析中使用。本节选择采用塑性损伤模型对混凝土进行材料参数的设定。

当采用塑性损伤模型时，需要对混凝土的 Compressive Behavior（压缩行为）和 Tensile Behavior（拉伸行为）进行参数设定。对于 Compressive Behavior 的参数，本节选取我国《混凝土结构设计规范》GB 50010—2010 附录 C 中的受压应力-应变关系。混凝土的单轴受压应力-应变曲线如图 2-16 所示。

$$\sigma = (1-d_c)E_c\varepsilon \tag{2-1a}$$

其中

$$d_c = \begin{cases} 1-\dfrac{\rho_c n}{n-1+x^n} & x \leqslant 1 \\ 1-\dfrac{\rho_c}{\alpha_c(x-1)^2+x} & x > 1 \end{cases} \tag{2-1b}$$

$$\rho_c = \frac{f_{c,r}}{E_c\varepsilon_{c,r}-f_{c,r}} \tag{2-1c}$$

$$n = \frac{E_c\varepsilon_{c,r}}{E_c\varepsilon_{c,r}-f_{c,r}} \tag{2-1d}$$

$$x = \frac{\varepsilon}{\varepsilon_{c,r}} \tag{2-1e}$$

式中 α_c——混凝土单轴受压应力-应变曲线下降段参数值，由《混凝土结构设计规范》GB 50010—2010 附录 C 取用；

E_c——混凝土的弹性模量；

ε——受压混凝土的压应变；

ρ_c——压子午线上的极距；

$f_{c,r}$——混凝土单轴抗压强度代表值；

$\varepsilon_{c,r}$——与单轴抗压强度 $f_{c,r}$ 相应的混凝土峰值压应变，由《混凝土结构设计规范》GB 50010—2010 附录 C 取用；

d_c——混凝土单轴受压损伤演化参数。

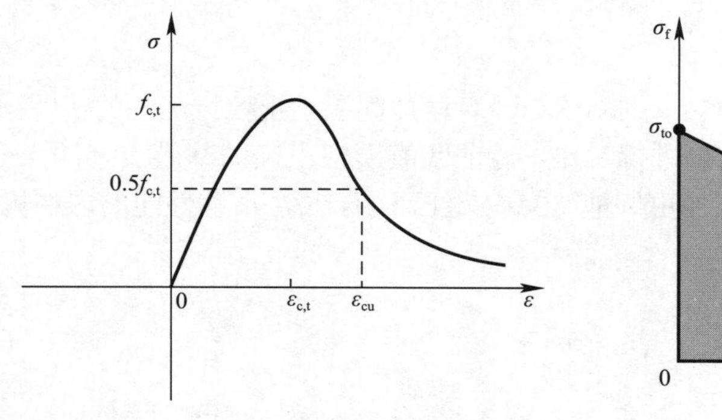

图 2-16 单轴受压应力-应变曲线图

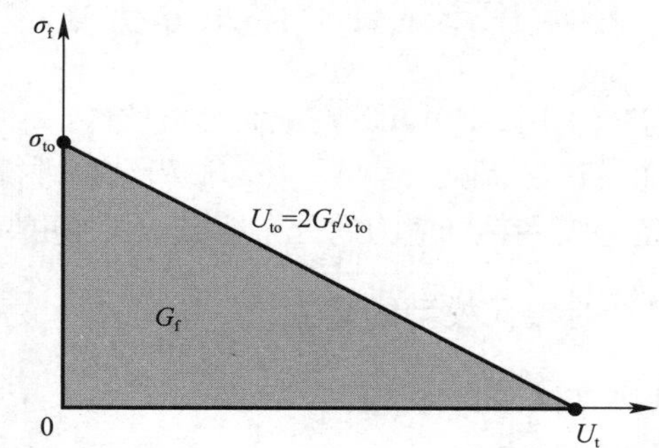

图 2-17 混凝土断裂能-开裂位移关系

对于 Tensile Behavior 的参数，当采用我国《混凝土结构设计规范》GB 50010—2010 附录 C 中所给的受拉应力-应变曲线时，有限元分析时容易不收敛。因此，本节采用混凝土塑性损伤模型中提供的混凝土断裂能-开裂位移模型进行参数设定。该模型是基于能量破坏准则来定义混凝土受拉性能的，在有限元分析时具有较好的收敛性。混凝土断裂能-

开裂位移模型的本构关系如图 2-17 所示。

混凝土断裂能用 G_f 表示，它指的是混凝土扩展单位面积的裂缝所需要的能量，普通混凝土的断裂能一般为 0.07～0.2N/mm。

$$G_f = a \cdot \left(\frac{f_c}{10}\right)^{0.7} \times 10^{-3}(\text{N/mm}) \tag{2-2a}$$

$$a = 1.25d_{max} + 10 \tag{2-2b}$$

$$\sigma_{t0} = 0.26 \times (1.5f_{ck})^{2/3} \tag{2-3}$$

式中　a——断裂能基准值；

f_{ck}——混凝土轴心抗压强度标准值；

f_c——混凝土圆柱体的抗压强度；

d_{max}——混凝土粗骨料的最大粒径；

σ_{t0}——混凝土的峰值拉应力。

2）FRP 筋

FRP 筋是一种各向异性的材料，可将其按理想的线弹性材料考虑。由于 FRP 筋在达到自身极限抗拉强度后，纤维突然断裂，不再承受拉力，表现为脆性破坏。因此，在进行有限元分析时，为了使分析过程更易收敛，应尽可能地避免出现数值剧烈变化的情况，本节假定 FRP 筋在达到自身的极限抗拉强度后，应力随应变的增加呈水平直线发展。FRP 筋应力-应变关系见式（2-4）。

$$\sigma = \begin{cases} E_f\varepsilon & (\varepsilon \leqslant \varepsilon_f) \\ \sigma_f & (\varepsilon > \varepsilon_f) \end{cases} \tag{2-4}$$

式中　σ_f——FRP 筋的拉应力；

ε_f——FRP 筋的拉应变；

E_f——FRP 筋的弹性模量。

（2）粘结滑移模型

为了能够更好地模拟 FRP 筋与混凝土之间粘结滑移关系，揭示内嵌 FRP 筋混凝土试件局部粘结-滑移的内在机理，选用 ABAQUS 有限元软件中所提供的 Spring2 弹簧单元作为 FRP 筋与混凝土之间的连接约束。

ABAQUS 有限元分析软件提供了 Spring1、Spring2 和 SpringA 三种不同类型的弹簧单元，其中：Spring1 弹簧单元主要用于连接模型上一点和地面，在固定方向上运动；Spring2 弹簧单元主要用于连接模型上两节点，在固定方向上运动；SpringA 弹簧单元主要用于连接模型上两节点，其运动方向为两点的连接方向，所以在大变形分析中可能发生扭转。Spring1 和 Spring2 弹簧单元只能在 ABAQUS/Standard 中使用，SpringA 弹簧单元在 ABAQUS/Standard 和 ABAQUS/Explicit 中均可用。

Spring2 弹簧单元在设定过程中默认为线弹性弹簧，因此，需要在模型建立以后所生成的 inp 文件中进行修改，将 Spring2 弹簧单元做非线性参数设定。ABAQUS 中弹簧的非线性行为是通过设定 *F-D* 曲线来实现的，其中 *F* 代表力，*D* 代表位移。通过给定多组力和相对位移数值，ABAQUS 在进行数值模拟时可自动生成 *F-D* 曲线，使弹簧单元满足所需的变形要求。力和相对位移数值组应该按相对位移的升序排列，并且要给出相对位移值的较大范围，这样才能更加精确地定义弹簧单元的非线性行为。ABAQUS 假设在给定范围外的力保持常量，如图 2-18 所示。由于弹簧单元为非实体单元，每一个弹簧的长度为零，且变形方向唯一，故弹簧单元的输出变量只有 E_{11} 和 S_{11}，E_{11} 为整个弹簧的相对位移，S_{11} 为弹簧力。

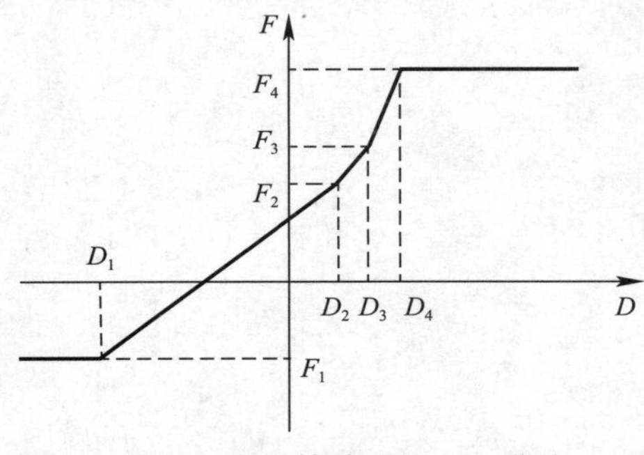

图 2-18 弹簧单元的 F-D 曲线

(3) 确定 Spring2 单元刚度及 F-D 曲线

为了能够准确模拟 FRP 筋与混凝土之间的粘结滑移，在单元结点上添加两组分别代表法向和切向的弹簧，并对其刚度分别进行设定。

法向刚度：当 FRP 筋与混凝土发生粘结破坏时，与切向变形相比，法向的变形很小，因此可以把法向的相互作用近似设定为一组只承受压力的刚度系数很大的弹簧，即法向弹簧的刚度系数 K_v 可以取一个很大的值，文献［2］中建议钢筋混凝土的粘结法向刚度系数取一个与混凝土弹性模量同数量级的大数。本节设定为 3×10^4 MPa。

切向刚度：该方向即为 FRP 筋的埋置方向，该方向的弹簧单元的变形即为 FRP 筋与混凝土之间的粘结滑移，由试验可以发现，FRP 筋与混凝土之间的粘结-滑移关系具有非线性特征，因此，弹簧单元的切向刚度系数 K_t 需要以试验测得的粘结-滑移本构关系进行描述，以下介绍切向弹簧刚度的确定方法。

1) 根据试验得到的粘结-滑移关系曲线，确定第 i 个弹簧对应位置处的力-滑移关系。本节中将不考虑粘结滑移随位置的变化情况，因此在粘结区域全长上均采用平均粘结应力-滑移曲线。

2) 根据不同位置处的粘结-滑移关系可以确定该弹簧单元的 F-D 曲线的数学表达式为：

$$F=\tau_i(D)\times A_i \tag{2-5}$$

式中 F——粘结力；

τ_i——i 点的粘结应力；

D——滑移值；

A_i——该弹簧所对应的在连接面上所占的面积，$A_i=\pi dl_i$，其中 d 为 FRP 筋直径，l_i 为弹簧单元长度间距，根据边弹簧和中弹簧加以区分。

(4) 拉拔试件有限元模型

1) 单元选取

混凝土采用八节点六面体减缩积分单元（C3D8R），该单元在计算时可以减少自由度，使模型分析时易于收敛，因而能够大幅度减少模型计算时间。由于 FRP 筋只承受沿筋埋置方向的轴向拉力，故选用 T3D2 桁架单元，该单元计算方便，易收敛。

2) 网格划分

网格划分的密度与有限元分析的精度密切相关，若网格划分过于稀疏，则有限元计算精度低，甚至会因为单元奇异而造成分析的不收敛；若网格划分过于精细，则会降低分析效率，使有限元分析花费大量的时间。因此，网格的划分应该以结构实际受力形式和分析重点为基础，综合考虑，合理布置，以求获得最佳的计算效果。拉拔试件网格划分如图 2-19 所示。

3) 接触关系

在建立模型时，主要涉及混凝土试块与内嵌 FRP 筋之间的接触，为了能够有效地模拟内嵌 FRP 筋与混凝土之间的粘结滑移，本节选用 Spring2 弹簧单元用于两者之间的接

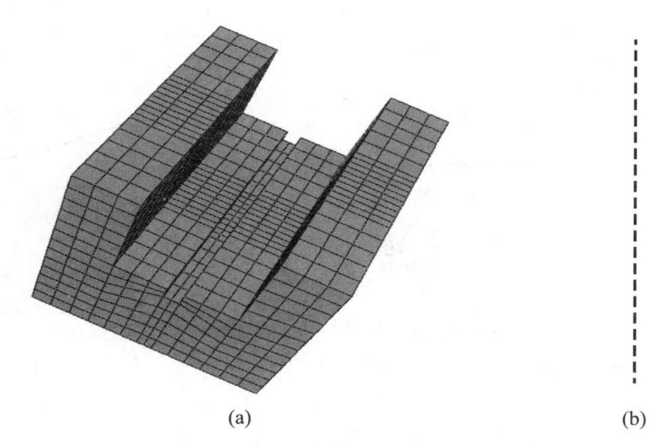

图 2-19　拉拔试件网格划分示意图

(a) 混凝土试块；(b) FRP 筋

触。Spring2 弹簧单元的具体形式如图 2-20 所示。

4) 边界条件及加载方式

为了保证试件完全轴心受力，且不出现混凝土试块局部压碎，试验时在靠近加载端的混凝土试块表面添加有一块厚钢板，因此，为了与试验相符合，在进行有限元分析时，在混凝土试块表面设置边界条件，固定 U1、U2、U3、UR1、UR2 和 UR3，从而保证加载过程中混凝土试块不会出现滑移或旋转。加载过程中，为了使分析过程易于收敛，采用位移加载。拉拔试件的边界条件及加载方式如图 2-21 所示。

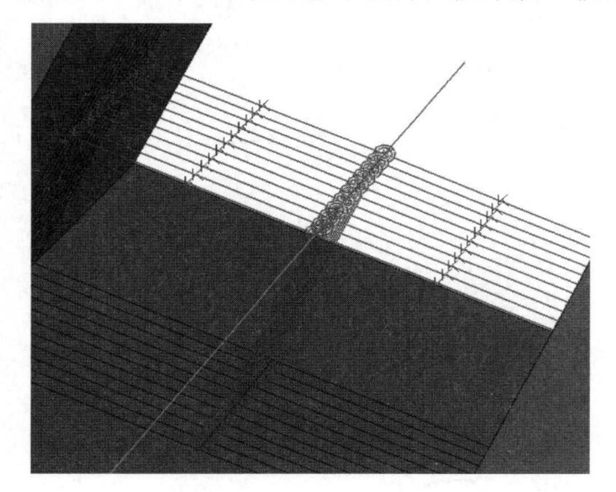

图 2-20　Spring2 弹簧单元

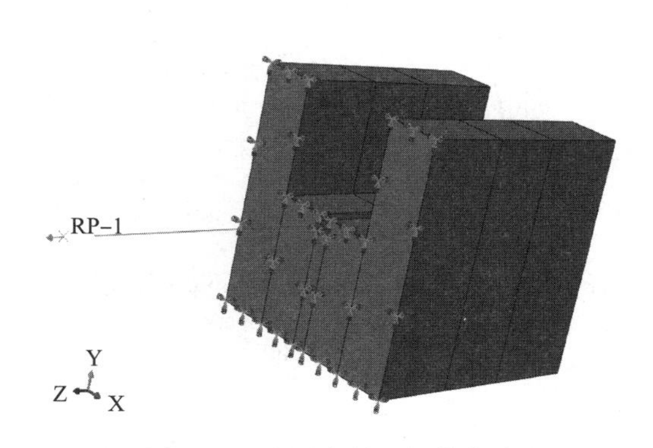

图 2-21　边界条件及加载方式

2.3.2　模拟结果的验证

为了验证有限元模拟计算结果的正确性，将有限元计算结果与试验结果进行对比。图 2-22 为内嵌 FRP 筋混凝土试件的平均粘结应力-滑移曲线的试验值和模拟值的对比图。由图可见，有限元模拟的结果与试验结果吻合较好，说明建立的有限元模型可以真实、有效地模拟内嵌 FRP 筋与混凝土之间的粘结滑移关系。

2.3.3　FRP 筋应变分析

图 2-23 为在各级荷载作用下 FRP 筋各点的应变与其对应点位置的关系曲线。图中横

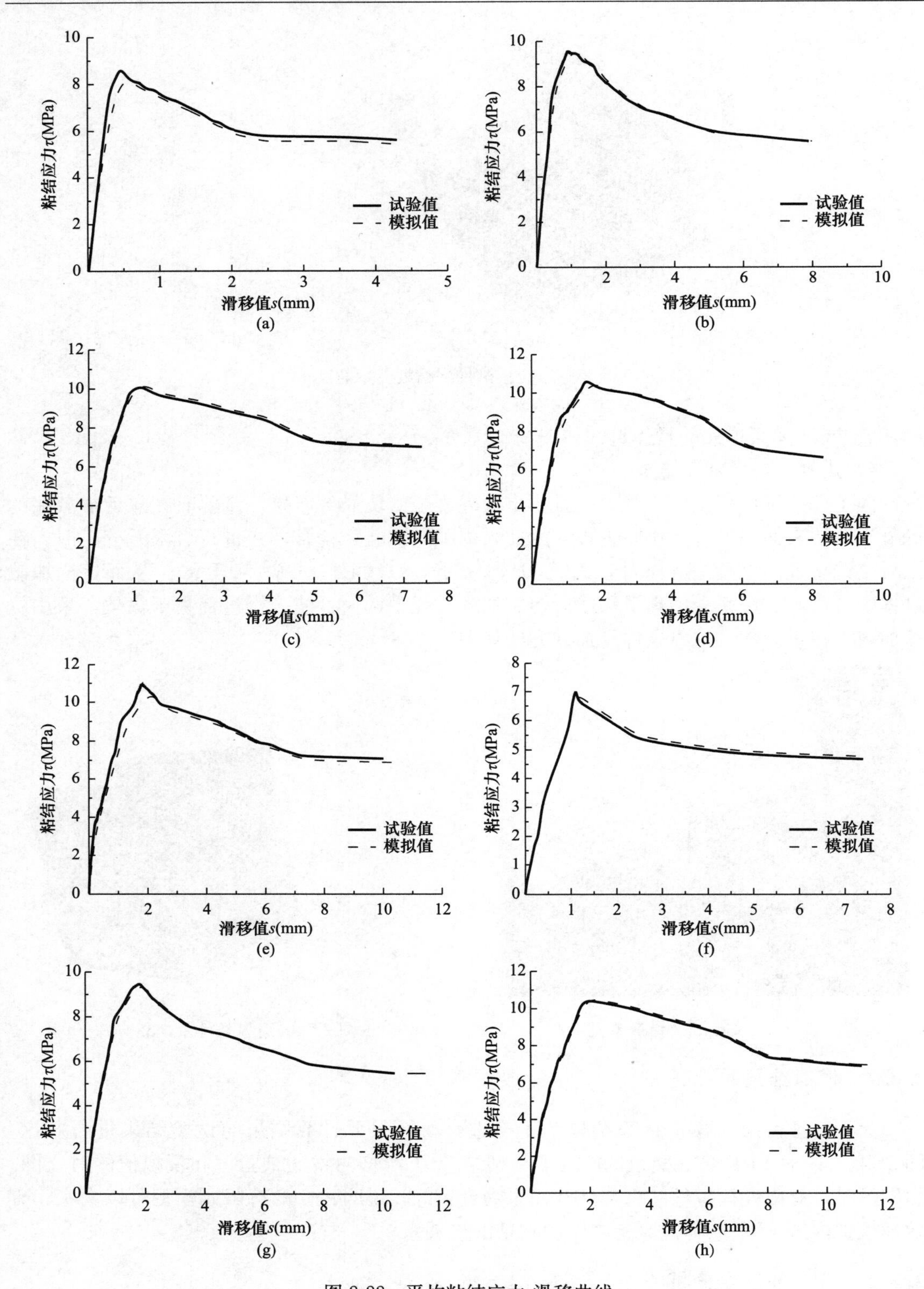

图 2-22 平均粘结应力-滑移曲线

(a) B8-5d; (b) B8-6d; (c) B8-8d; (d) B8-10d; (e) B8-12d; (f) B10-5d; (g) B10-8d; (h) B10-10d;

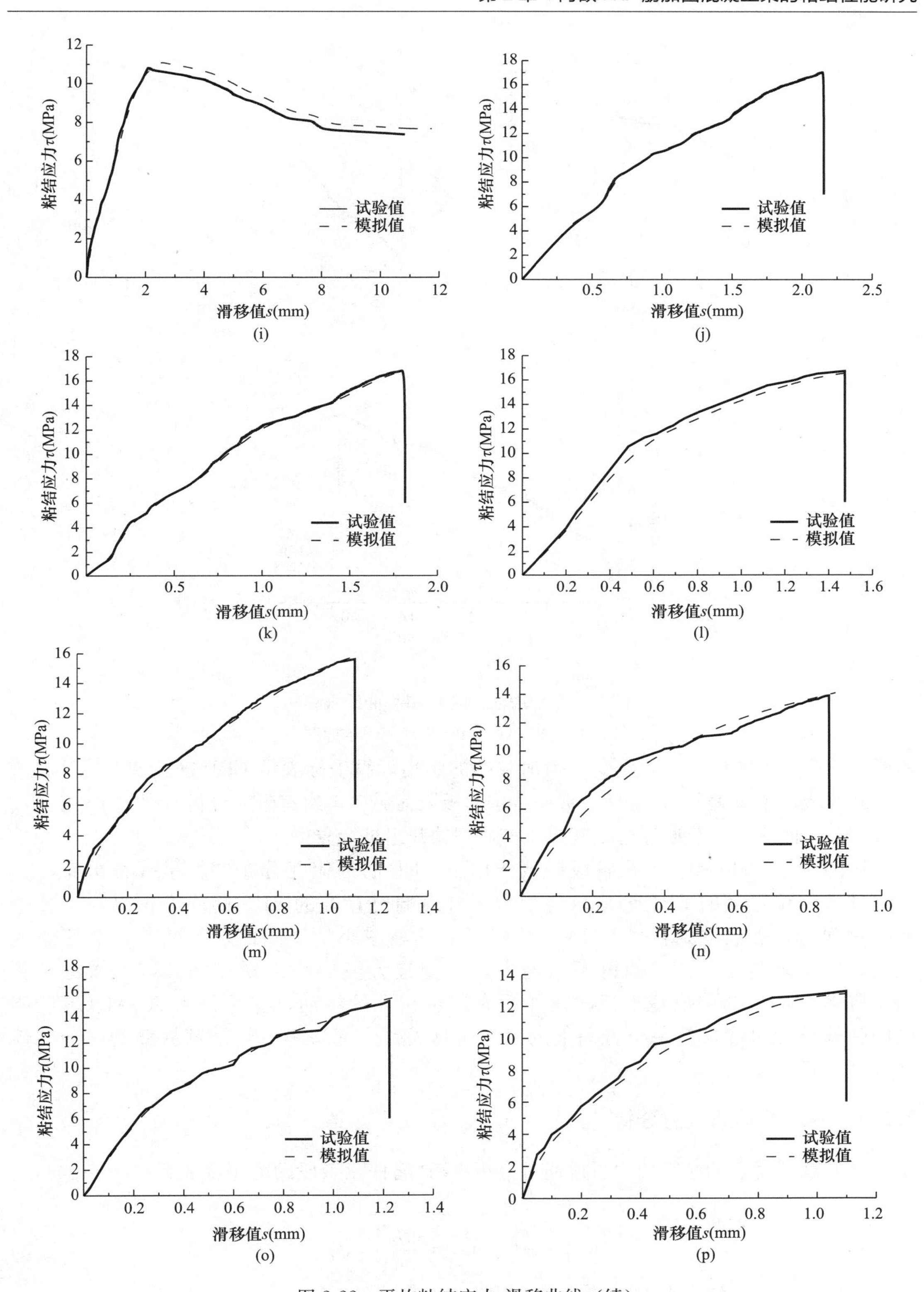

图 2-22　平均粘结应力-滑移曲线（续）

(i) B10-12d；(j) G8-5d；(k) G8-6d；(l) G8-8d；(m) G8-10d；(n) G8-12d；(o) G10-5d；(p) G10-6d；

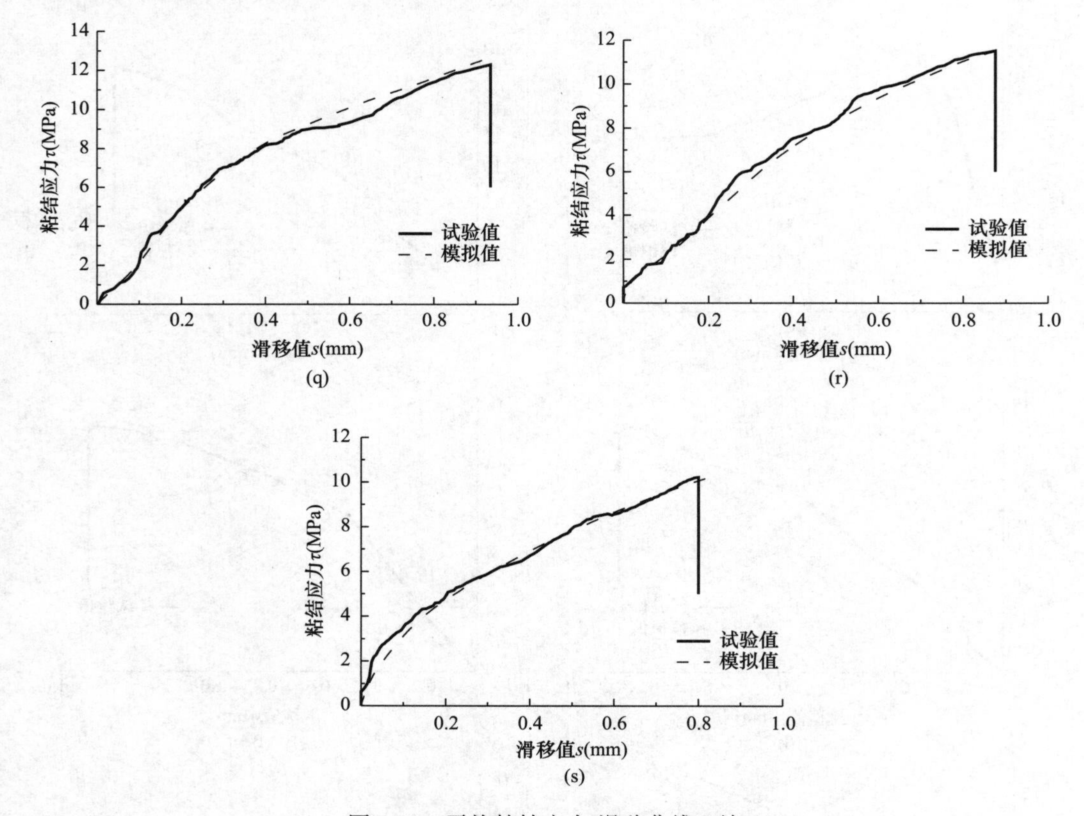

图 2-22 平均粘结应力-滑移曲线（续）
（q）G10-8d；（r）G10-10d；（s）G10-12d

坐标表示应变点的位置，即应变点距加载端的距离，纵坐标表示 FRP 筋应变。标注栏表示荷载等级，单位为 kN，最后一级荷载均为极限荷载。本次有限元分析共得到 19 组 FRP 筋应变分布曲线，本节通过选取其中比较典型的几组进行分析。

从图 2-23 可以看到，在各级荷载作用下 FRP 筋的应变分布曲线呈线性分布，其中，加载端位置处的 FRP 筋应变值最大，自由端位置处的 FRP 筋应变值最小，整个曲线呈现为自加载端到自由端 FRP 筋应变值逐渐减小的下降曲线。随着荷载等级的提高，FRP 筋各点的应变值也不断增大，应变最大值始终出现在加载端位置处，且 FRP 筋各点的应变差值基本相同，并没有出现较大的波动，这是因为 ABAQUS 所提供的弹簧单元只能模拟一个方向上的力与滑移关系，无法考虑粘结剂握裹的不均匀性等客观因素的影响。

2.3.4 FRP 筋粘结应力分析

FRP 筋任意点的粘结应力可以通过分析 FRP 筋任意微段的力平衡关系（图 2-24）得出：

$$\tau(x) \cdot \pi d_{\mathrm{f}} \cdot \mathrm{d}x = \frac{\pi d_{\mathrm{f}}^{\ 2}}{4} \cdot \mathrm{d}\sigma_{\mathrm{f}} \tag{2-6}$$

同时，FRP 筋的应力-应变关系表达式为：

$$\mathrm{d}\sigma_{\mathrm{f}} = E_{\mathrm{f}} \mathrm{d}\varepsilon_{\mathrm{f}} \tag{2-7}$$

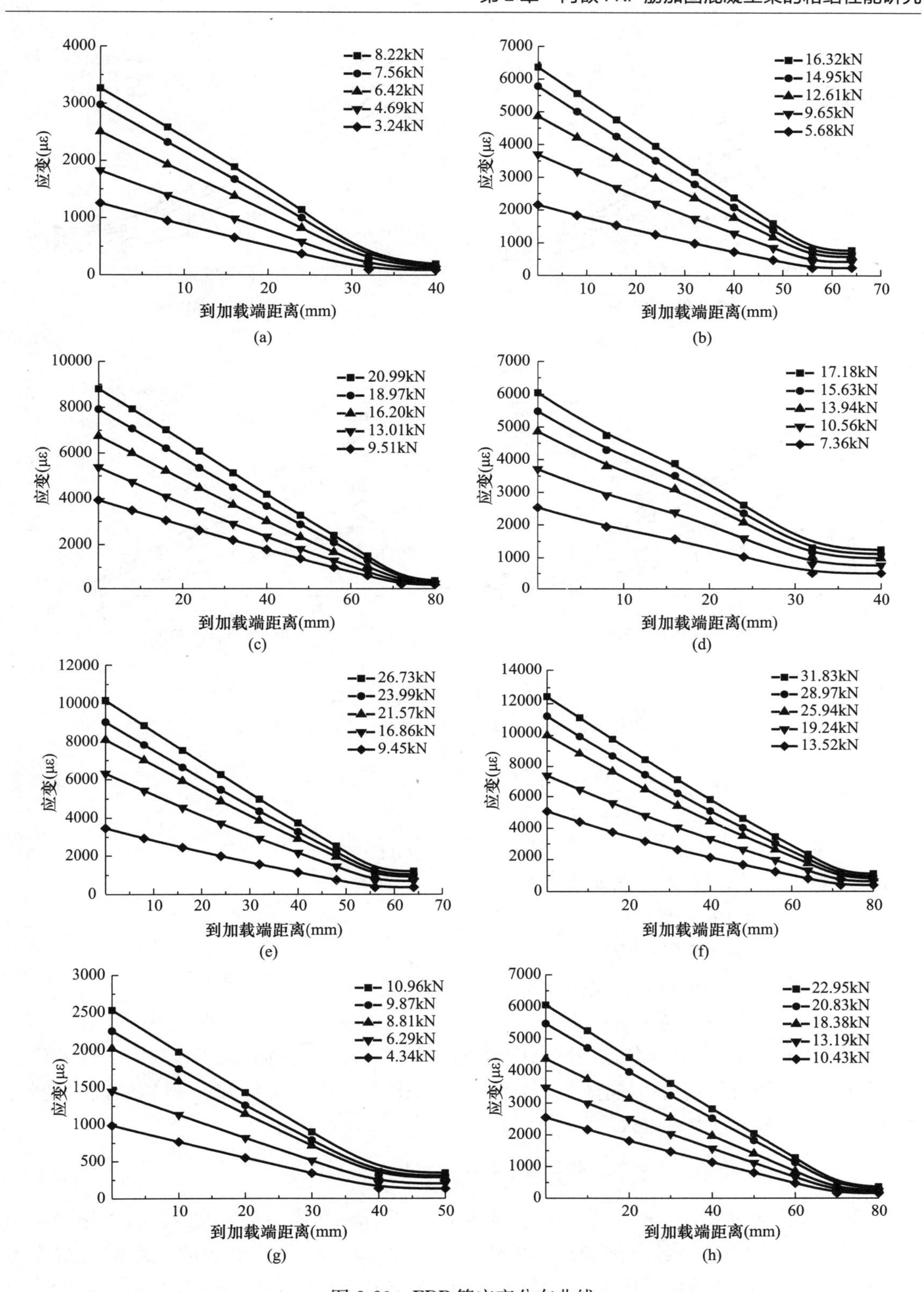

图 2-23　FRP 筋应变分布曲线

(a) B8-5d；(b) B8-8d；(c) B8-10d；(d) G8-5d；(e) G8-8d；(f) G8-10d；(g) B10-5d；(h) B10-8d；

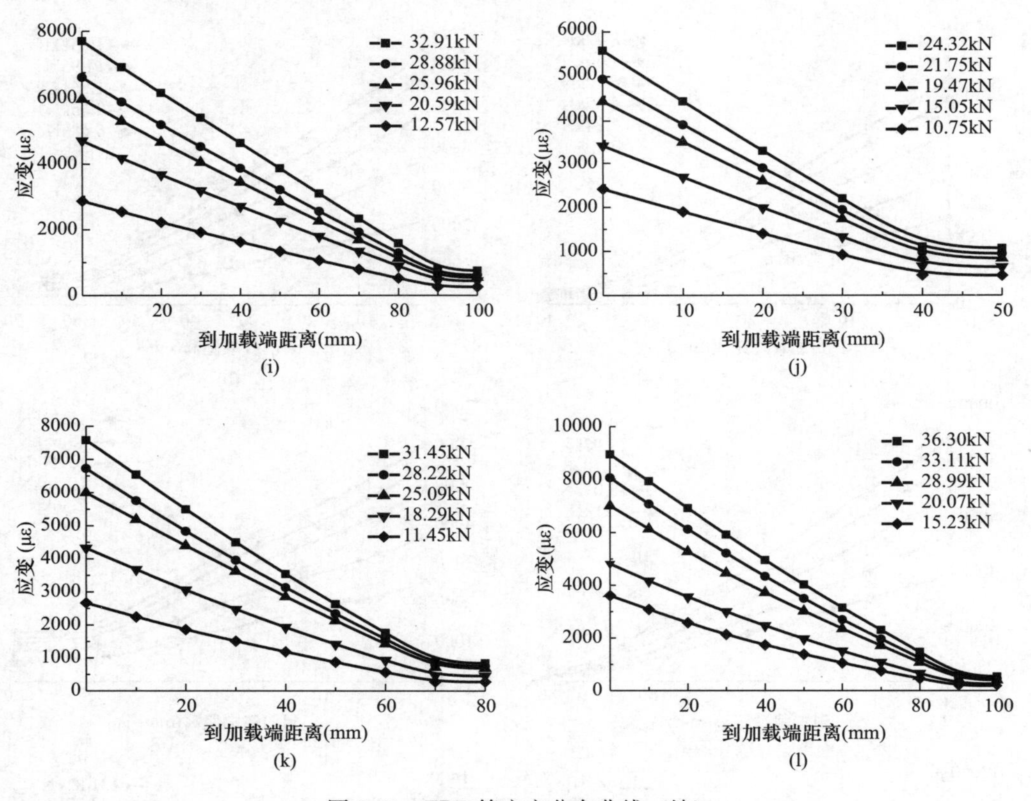

图 2-23　FRP 筋应变分布曲线（续）

(i) B10-10d；(j) G10-5d；(k) G10-8d；(l) G10-10d

上述两式联立得出：

$$\tau(x)=\frac{E_{\mathrm{f}}d_{\mathrm{f}}}{4}\cdot\frac{\mathrm{d}\varepsilon_{\mathrm{f}}}{\mathrm{d}x} \tag{2-8}$$

式中　τ（x）——FRP 筋局部粘结应力；

d_{f}——FRP 筋直径；

σ_{f}——FRP 筋拉应力；

E_{f}——FRP 筋的抗拉弹性模量；

ε_{f}——FRP 筋纵向拉应变。

利用图 2-25 对 FRP 筋各点的粘结应力进行计算，x_i、ε_i 分别为 FRP 筋应变片的位置和对应 x_i 位置处的 FRP 筋纵向应变，x_0、ε_0 为 FRP 筋自由端坐标和 x_0 位置纵向应变值。相邻两点间的粘结应力可由式（2-9）表示。

$$\tau\left(\frac{x_i+x_{i+1}}{2}\right)=\frac{E_{\mathrm{f}}d_{\mathrm{f}}}{4}\cdot\left(\frac{\varepsilon_{i+1}-\varepsilon_i}{x_{i+1}-x_i}\right)\qquad i=0,1,\cdots,n-1 \tag{2-9}$$

图 2-26 为通过式（2-9）计算所得到的内嵌 FRP 筋粘结应力分布曲线，横坐标表示应变点的位置，即 FRP 筋各点到加载端的距离，纵坐标表示 FRP 筋各应变点的粘结应力值，标注栏表示荷载等级，单位为 kN。由于 FRP 筋粘结区域的加载端和自由端处无法通过式（2-9）求得，故假设两端点粘结应力为 0MPa。

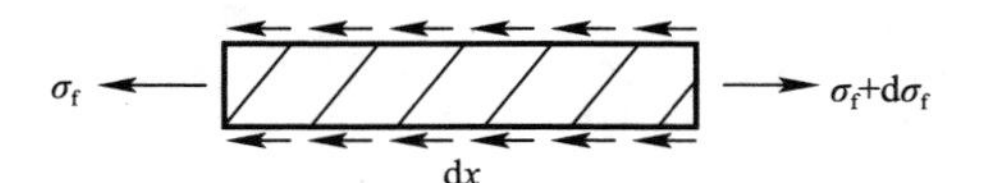

图 2-24　FRP 单元筋微段应力图

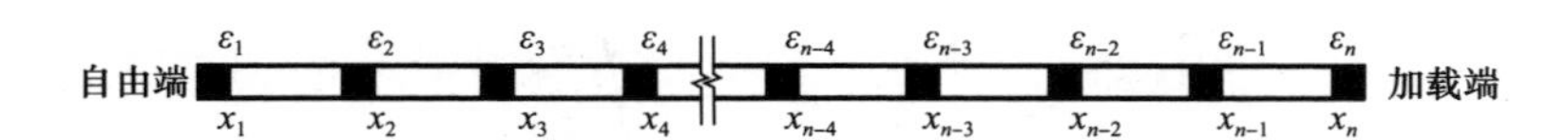

图 2-25　FRP 筋粘结应力分析图

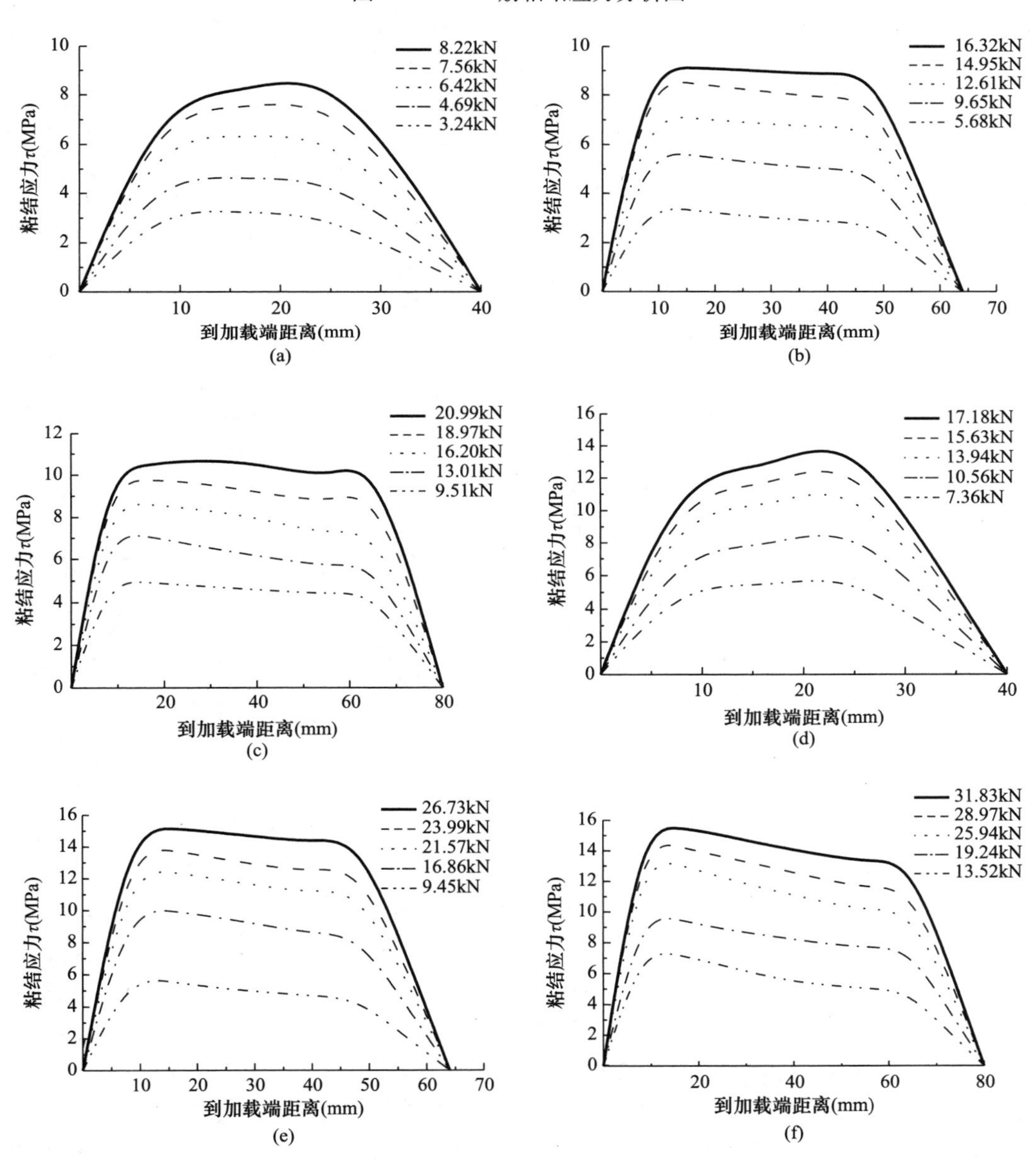

图 2-26　FRP 筋粘结应力分布曲线

(a) B8-5d；(b) B8-8d；(c) B8-10d；(d) G8-5d；(e) G8-8d；(f) G8-10d；

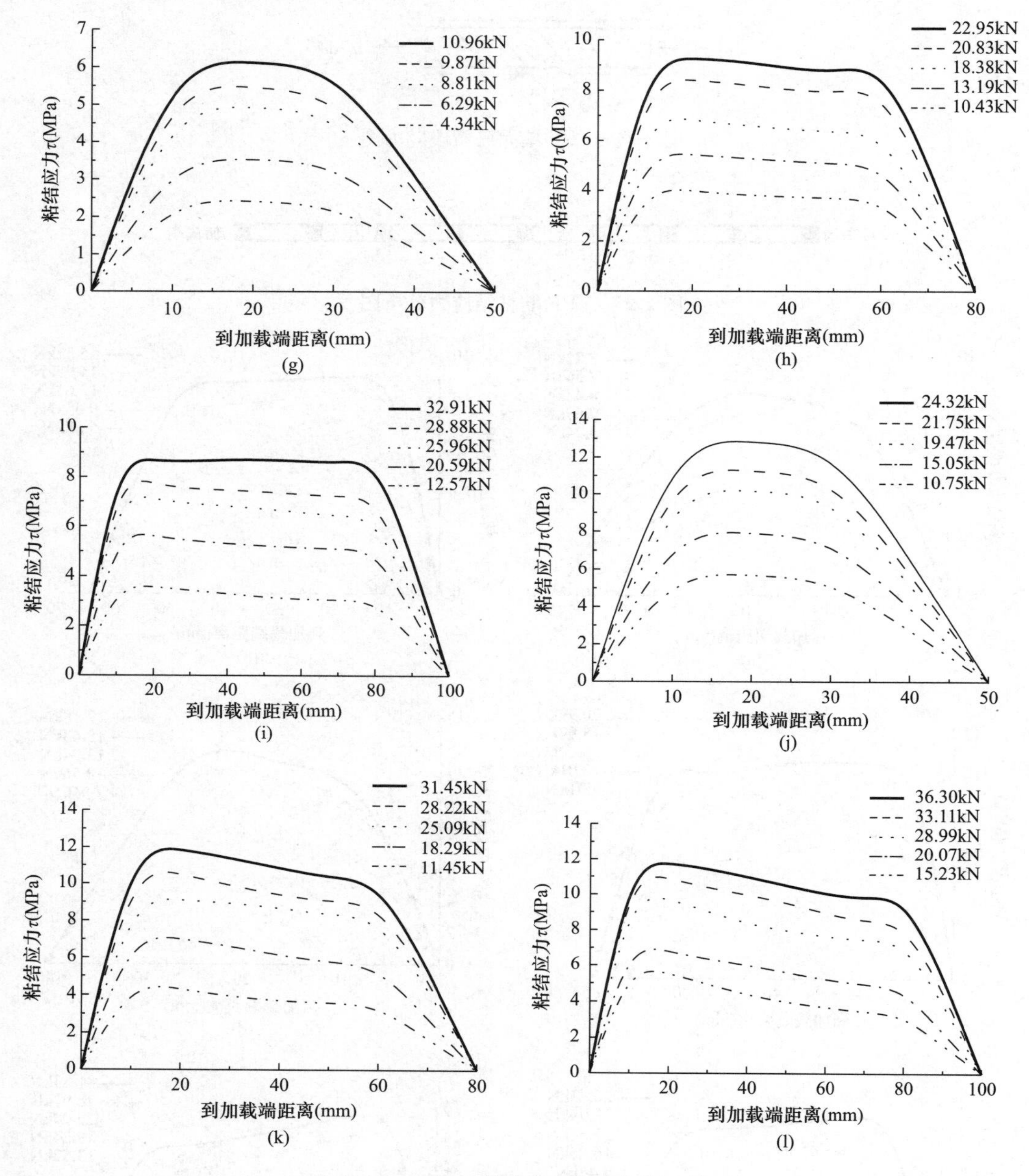

图 2-26　FRP 筋粘结应力分布曲线（续）

(g) B10-5d；(h) B10-8d；(i) B10-10d；(j) G10-5d；(k) G10-8d；(l) G10-10d

从图 2-26 可以看出，在各荷载等级作用下，FRP 筋所受的粘结应力自加载端到自由端呈先增大后减小的分布趋势，且随着荷载等级的提高，FRP 筋各点所受到的粘结应力也随之增大。对于粘结长度最短的 B8-5d、G8-5d、B10-5d 和 G10-5d 试件，粘结应力在 FRP 筋的分布从加载端到自由端呈明显的先增大后减小的趋势。对于粘结长度为 $8d$ 和 $10d$ 的 FRP 筋混凝土构件，FRP 筋所承受的粘结应力表现为自加载端先增大，然后较为平稳的发展，到自由端附近开始下降的曲线形式，且在未达到极限荷载之前，最大粘结应力均出现在加载端附近，当达到极限荷载后，FRP 筋中部的粘结应力呈水平直线分布。

2.4　内嵌 FRP 筋加固混凝土梁局部粘结滑移性能研究

2.4.1　试验概况

（1）试件设计

本试验共制作梁 23 根，根据试件标准跨径和粘结长度的不同，可将其分为两组。

第一组试件包括对比梁 1 根，加固梁 14 根，截面均为矩形，截面尺寸 150mm×250mm，跨度为 1250mm，有效长度 l_0为 1100mm，混凝土设计强度为 C30、C40 和 C50。试验采用正位四点弯曲加载，2 个分配梁加载点距离为 200mm，加载点距离支座中心为 450mm。截面主筋为 2 根直径 12mm 钢筋，配筋率为 0.6%，箍筋采用双肢箍筋直径 8mm，间距 75mm，架立筋为 2 根直径 8mm 钢筋，梁内除主筋为 HRB400 级钢筋外，其他钢筋均为 HPB300 级钢筋。梁的截面尺寸及配筋情况如图 2-27（a）所示。

第二组试件包括 8 根加固梁，截面均为矩形，截面尺寸 150mm×250mm，跨度为 1650mm，有效长度 l_0为 1500mm，混凝土设计强度为 C30、C40 和 C50。试验采用正位四点弯曲加载，2 个分配梁加载点距离为 200mm，加载点距离支座中心为 650mm。截面主筋、架立筋、箍筋配筋情况同第一组试件。梁的截面尺寸及配筋情况如图 2-27（b）所示。

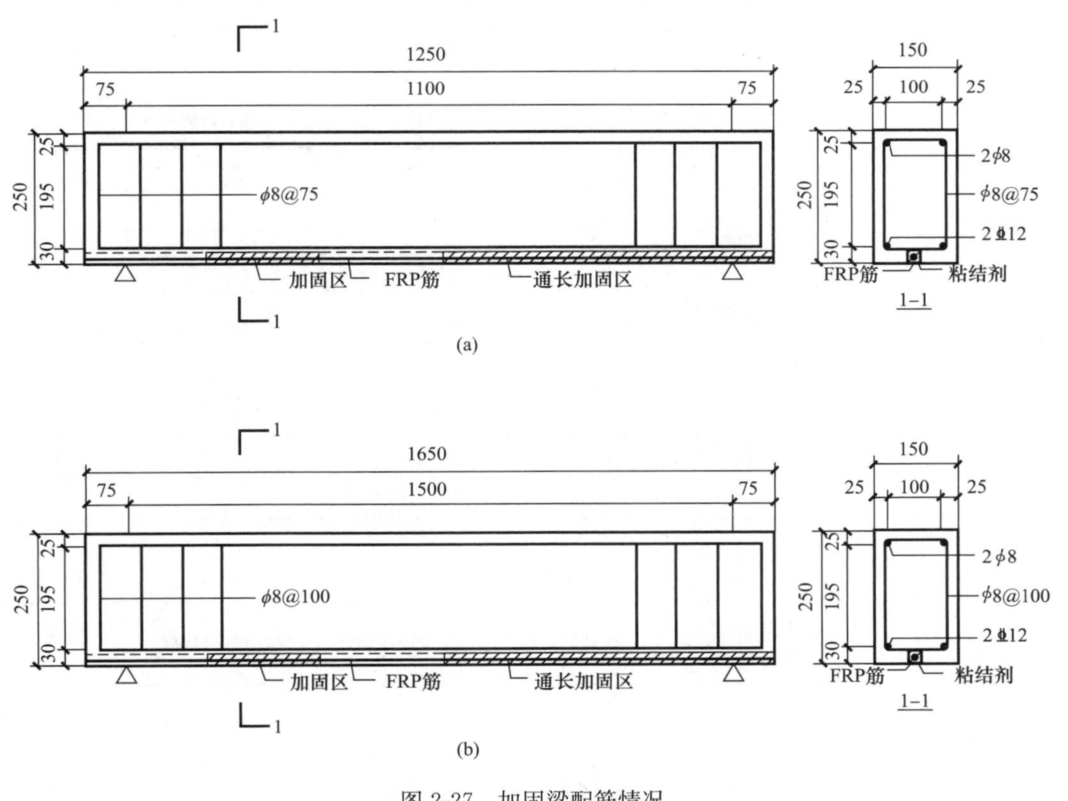

图 2-27　加固梁配筋情况

（a）第一组梁；（b）第二组梁

（2）加固方案

FRP 筋的局部粘结方案见表 2-7。在梁的受拉区一侧距跨中 50mm 处进行通长加固，另一侧为试验粘结段，靠近跨中的一端为加载端，远离跨中的一端为自由端。

试验参数包括：FRP 筋的直径 d，FRP 筋的种类，混凝土的强度和粘结长度 l。槽宽与 FRP 筋直径的比值 $k=2.0$，FRP 筋表面均为带肋。粘结剂采用结构胶。试件的具体信息见表 2-8。

局部粘结方案　　表 2-7

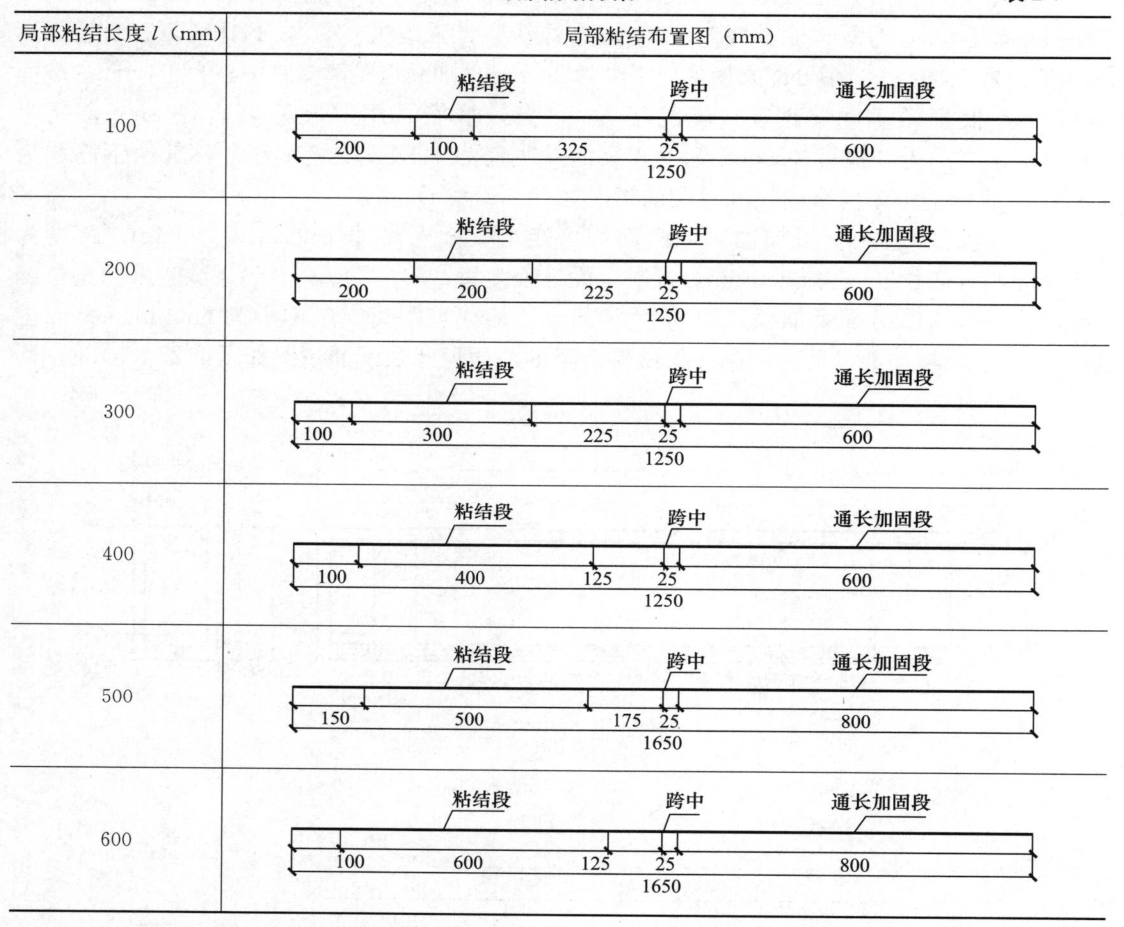

局部粘结长度 l（mm）	局部粘结布置图（mm）
100	粘结段 跨中 通长加固段 200 100 325 25 600 1250
200	粘结段 跨中 通长加固段 200 200 225 25 600 1250
300	粘结段 跨中 通长加固段 100 300 225 25 600 1250
400	粘结段 跨中 通长加固段 100 400 125 25 600 1250
500	粘结段 跨中 通长加固段 150 500 175 25 800 1650
600	粘结段 跨中 通长加固段 100 600 125 25 800 1650

试件具体信息　　表 2-8

试件编号		FRP 筋直径（mm）	FRP 筋类型	FRP 筋表面形状	混凝土强度等级	粘结长度（mm）
第一批	BC-30	—	—	—	C30	—
	BG-30-7.9-100	7.9	GFRP	带肋	C30	100
	BG-30-7.9-200	7.9	GFRP	带肋	C30	200
	BG-30-7.9-300	7.9	GFRP	带肋	C30	300
	BG-30-7.9-400	7.9	GFRP	带肋	C30	400

续表

试件编号		FRP 筋直径（mm）	FRP 筋类型	FRP 筋表面形状	混凝土强度等级	粘结长度（mm）
第一批	BG-30-10-100	10	GFRP	带肋	C30	100
	BG-30-10-200	10	GFRP	带肋	C30	200
	BG-30-10-300	10	GFRP	带肋	C30	300
	BG-30-10-400	10	GFRP	带肋	C30	400
	BG-40-10-400	10	GFRP	带肋	C40	400
	BG-50-10-400	10	GFRP	带肋	C50	400
	BB-30-7.9-100	7.9	BFRP	带肋	C30	100
	BB-30-7.9-200	7.9	BFRP	带肋	C30	200
	BB-30-7.9-300	7.9	BFRP	带肋	C30	300
	BB-30-7.9-400	7.9	BFRP	带肋	C30	400
第二批	BG-30-7.9-500	7.9	GFRP	带肋	C30	500
	BG-30-7.9-600	7.9	GFRP	带肋	C30	600
	BG-30-10-500	10	GFRP	带肋	C30	500
	BG-30-10-600	10	GFRP	带肋	C30	600
	BG-40-10-500	10	GFRP	带肋	C40	500
	BG-50-10-500	10	GFRP	带肋	C50	500
	BB-30-7.9-500	7.9	BFRP	带肋	C30	500
	BB-30-7.9-600	7.9	BFRP	带肋	C30	600

（3）FRP 筋应变片布置

FRP 筋上的应变片从自由端开始，沿自由端到加载端方向间距 50mm 进行粘贴（图 2-28）。应变片粘贴完成后，从自由端开始编号（自由端为 F1，依次排列）。

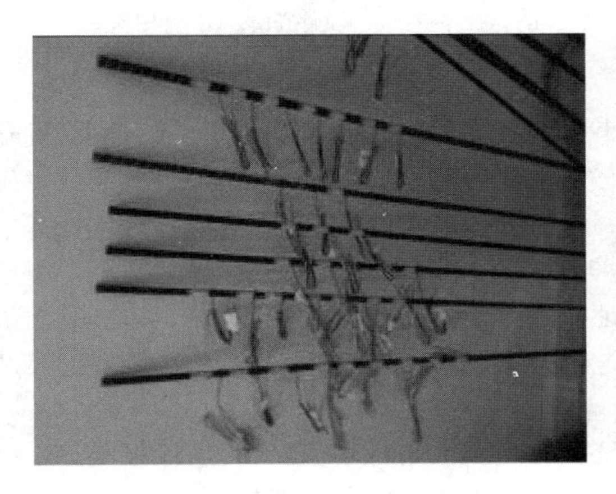

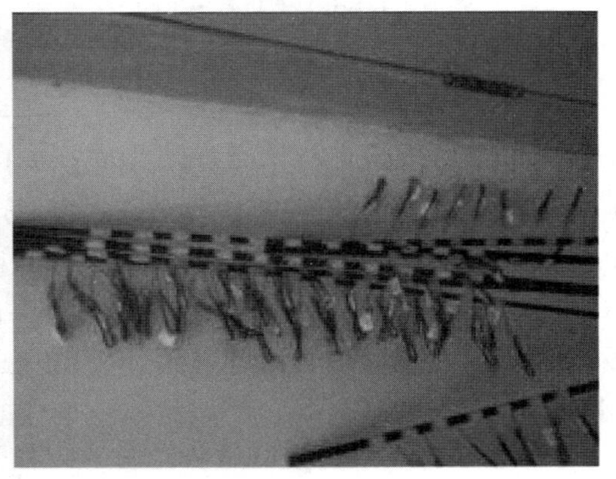

图 2-28　FRP 筋应变片布置

（4）试件制作

试件的制作分为钢筋混凝土梁的制作、开槽、嵌入 FRP 筋、试件养护 4 个步骤，试件制作的整个过程如图 2-29 所示。按照试件配筋图配制钢筋，绑扎成钢筋骨架，使用 30mm 的混凝土垫块，保证试件底部有足够的保护层厚度进行开槽，23 个试件均采用木模板，将混凝土浇筑完成，在室温条件下浇水养护 28d。同时为每种型号的混凝土各制作 3 个 150mm×150mm×150mm 的立方体试块，与试件同条件养护，在试验进行前后测试混凝土立方体抗压强度和弹性模量。混凝土试件养护完成后，将试件倒置，梁底面朝上以便于在底部进行开槽。按照方案中槽的尺寸和位置，先用墨线绘出切割线，再使用手提式石片切割机进行切割。切割深度可以由切割机设定，试件切割方法、嵌入 FRP 筋和试件养护方式同 2.2.1 节。

图 2-29　试件制作过程

（a）钢筋骨架绑扎；（b）模板制作；（c）混凝土浇筑；（d）试件养护；（e）试件开槽；（f）加固养护

（5）试验装置与试验加载过程

本试验采用正位四点弯曲加载，试验加载示意图和装置图如图 2-30 所示。根据极限荷载的理论计算值，试验采用量程 60t 的液压千斤顶，使用电动油泵进行加载与卸载，荷载通过分配梁传递两点对称至试件。在梁跨中设置一个位移计，测量加载过程中试件跨中的实际位移。试件 FRP 筋自由端和加载端处各设置 1 个测量滑移的位移计，其中，测量 FRP 筋自由端滑移的表座固定在梁侧面，保证在试验过程中与梁的位移同步，以准确测量 FRP 筋与混凝土的相对滑移。压力传感器通过数据线与电脑连接，使用数据控制器记录试验数据。

本试验为单调静力加载试验，静力加载程序一般分为预加载、正常使用极限状态、承载力极限状态三个阶段。预载，正式加载试验前，一般均需要对结构进行预载试验，通过预载不仅可以对尚未负载的试件节点与结合部之间进一步密实，还可以检查试验装置和荷载设备的可靠性。预载值应小于开裂荷载计算值的 70%，预载分 3 级进行，然后分 2 级卸载。在达到正常使用极限状态试验荷载值前，每级加载值不宜大于其荷载值的 20%，在超

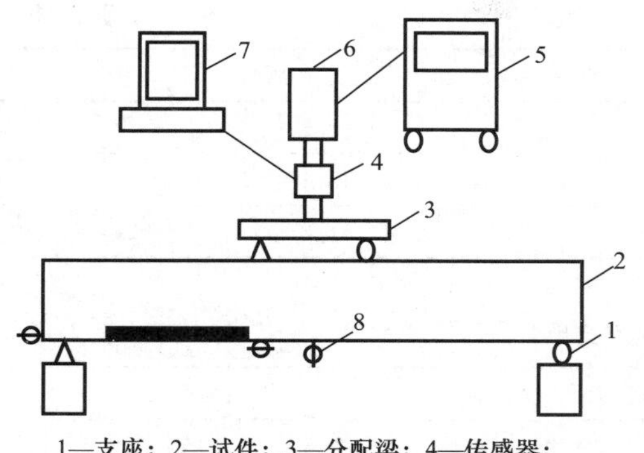

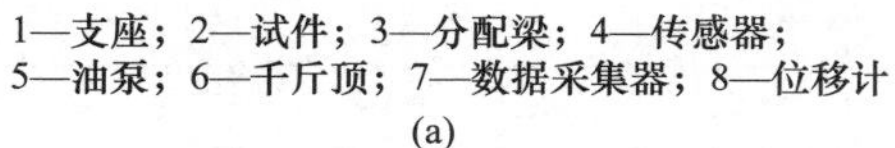
1—支座；2—试件；3—分配梁；4—传感器；
5—油泵；6—千斤顶；7—数据采集器；8—位移计

(a)

(b)

图 2-30 试验加载示意图和装置图

(a) 示意图；(b) 装置图

过其使用状态荷载值后，每级加载值不大于其荷载值的 10%。为了准确地获得试件开裂荷载的实测值，在加载达到开裂试验荷载计算值的 90%后，应将荷载级减小，每级加载值不宜大于正常使用极限状态试验荷载值的 5%。在加载达到承载力极限状态荷载计算值的 90%后，每级加载值同样不宜大于使用状态试验荷载值的 5%，直至破坏。分级荷载级间间歇，保持 10min 的恒载时间。

(6) 材料力学性能

1) 混凝土

混凝土采用设计强度等级为 C30、C40 和 C50 的普通混凝土，其中 C30 混凝土为商品混凝土，C40 和 C50 混凝土水泥采用 42.5 R P・Ⅱ普通硅酸盐水泥，细骨料为优质河砂，粗骨料采用最大粒径为 20mm 的碎石，拌和用水为自来水，外加剂采用 UNF-5 型萘系高效减水剂。混凝土配合比设计见表 2-9。混凝土强度通过随试件同时浇筑、同条件养护的 150mm×150mm×150mm 混凝土立方体试块测得。每种强度等级混凝土试块各测 3 个，取其平均值。混凝土立方体抗压强度值见表 2-10。

2) 钢筋

按照金属拉伸试验标准，每个型号的钢筋取 3 个试样进行屈服强度和极限抗拉强度测定，结果见表 2-11。

3) FRP 筋和粘结剂

本次试验所用 FRP 筋材料和粘结剂与 2.2.1 节所用材料相同，材料具体性能参数见表 2-4 和表 2-5。

混凝土配合比设计 **表 2-9**

混凝土强度等级	水泥强度等级	水灰比	材料用量 (kg/m^3)				
			水泥	水	石子	砂	减水剂
C40	42.5	0.43	480	210	1122	618	0.48
C50	42.5	0.32	468	148	1178	606	4.68

混凝土抗压强度值　　表 2-10

混凝土强度等级	抗压强度（MPa）
C30	40.8
C40	43.1
C50	51.2

钢筋性能测定结果　　表 2-11

钢筋型号	试样标号	屈服强度（MPa）	极限强度（MPa）
HPB300 级 $d=8$mm	S1	246.6	331.0
	S2	236.3	355.3
	S3	233.0	355.8
	平均值	238.6	347.4
HRB400 级 $d=12$mm	S1	396.1	581.8
	S2	396.2	582.1
	S3	396.4	582.8
	平均值	396.3	582.2

2.4.2 试验结果与分析

（1）破坏模式

在已有的内嵌 FRP 筋局部粘结滑移试验中所表现出来的破坏模式主要有 FRP 筋被拉断、FRP 筋与粘结剂界面破坏、粘结剂与混凝土界面破坏、混凝土劈裂破坏和粘结剂劈裂破坏等。通过对本次试验进行观察，发现加固梁的破坏模式主要包括：结构胶整体破坏、粘结区域结构胶剥离破坏和 FRP 筋被拉断 3 种。表 2-12 为试验结果汇总，表中破坏模式（1）为适筋梁的破坏模式。

试验结果汇总　　表 2-12

试件编号	梁长度 l_0（mm）	粘结长度 l（mm）	极限荷载 P_u（kN）	跨中极限位移 Δ（mm）	FRP 筋自由端最大应变（$\mu\varepsilon$）	FRP 筋自由端滑移值 s（mm）	破坏模式
BN	1250	—	142.2	6.54	—	—	(1)
B8-100-30	1250	100	148.9	12.72	4313	1.39	(2)
B8-200-30	1250	200	139.8	10.35	5313	0.46	(3)
B8-300-30	1250	300	159.4	13.85	5215	0.06	(3)
B8-400-30	1250	400	162.9	17.01	1625	0.20	(3)
G8-100-30	1250	100	153.4	16.03	2136	0.20	(2)
G8-200-30	1250	200	147.5	14.37	2419	0.01	(3)
G8-300-30	1250	300	155.9	17.58	62	0.14	(3)
G8-400-30	1250	400	154.9	18.52	192	0.25	(3)
G10-100-30	1250	100	153.2	6.05	3707	—	(2)
G10-200-30	1250	200	150.9	7.92	3930	0.54	(3)

续表

试件编号	梁长度 l_0（mm）	粘结长度 l（mm）	极限荷载 P_u（kN）	跨中极限位移 Δ（mm）	FRP 筋自由端最大应变（με）	FRP 筋自由端滑移值 s（mm）	破坏模式
G10-300-30	1250	300	167.3	9.96	1232	0.30	(3)
G10-400-30	1250	400	177.8	14.62	1343	1.29	(3)
G10-400-40	1250	400	146.3	19.86	2869	0.08	(3)
G10-400-50	1250	400	161.9	15.37	6006	0.39	(3)
B8-500-30	1650	500	111.4	28.33	367	0.01	(3)
B8-600-30	1650	600	101.6	20.79	121	0.02	(3)
G8-500-30	1650	500	106.2	24.19	93	0.02	(4)
G8-600-30	1650	600	100.4	22.48	−869	0.01	(4)
G10-500-30	1650	500	121.7	29.77	832	−0.04	(4)
G10-600-30	1650	600	118.5	26.43	−1468	−0.05	(4)
G10-500-40	1650	500	103.8	32.81	2553	0	(4)
G10-500-50	1650	500	119.2	29.80	2183	0.16	(4)

1）结构胶整体破坏

对于粘结长度较短的 B8-100-30、G8-100-30 和 G10-100-30 试件，均发生了结构胶整体破坏，破坏模式如图 2-31 所示。

试验现象以试件 G8-100-30 为例，在试验开始后，当荷载达到 55kN（36%极限荷载）时，混凝土梁受拉侧跨中附近开始出现裂缝，随着荷载的增加，裂缝数量开始增加且逐渐向梁受压侧延伸。在此期间，粘结区域结构胶整体完好，自由端处未出现明显滑移。在荷载达到极限值之前，粘结区域结构胶沿 GFRP 筋埋置方向开始出现细微裂纹，自由端开始出现明显滑移。当荷载达到极限值时，结构胶发出“砰”的一声巨响，胶体完全破碎，GFRP 筋表面的肋出现明显的断裂和脱落现象。整个破坏过程非常短暂，表现为突然破坏。

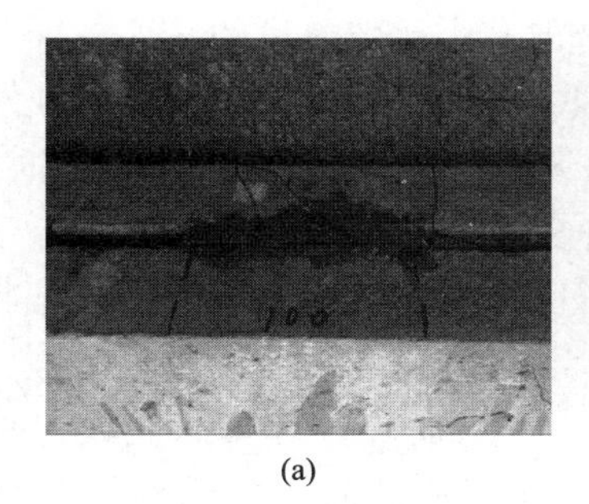
(a)

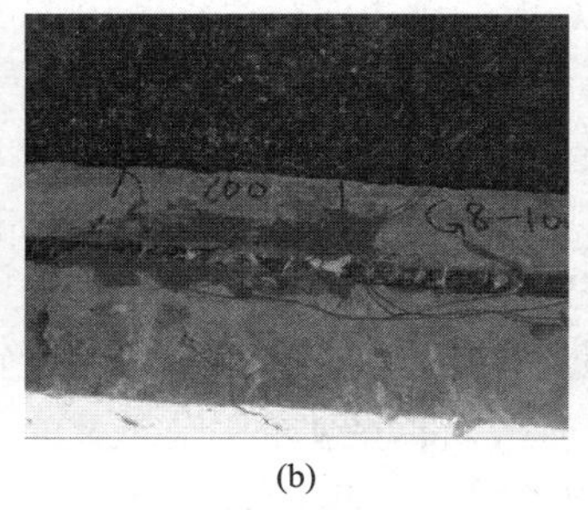
(b)

(c)

图 2-31　试件结构胶整体破坏模式

(a) B8-100-30；(b) G8-100-30；(c) G10-100-30

2）粘结区域结构胶剥离破坏

在整个试验中，这种破坏模式在第一组试件中占的比例最大，共有 11 根加固梁发生了此种破坏，第二组试件中只有 B8-500-30 和 B8-600-30 这两个试件出现了此种破坏模式。图 2-32 为 B8-400-30 试件的破坏过程。在试验开始后，当荷载达到 56.5kN（35%极限荷载）时，混凝土梁受拉侧跨中附近开始出现裂缝，随着荷载的增加，裂缝的数量不断增加，且裂缝自混凝土梁底部外侧向粘结区域发展，从而使加载端处的结构胶表面开始出现一些细微的裂纹；当荷载达到 89.7kN 时，胶体表面出现明显的裂缝，随着荷载的继续增加，胶体表面的裂缝数量和开裂宽度也在不断增长；当荷载接近极限荷载时，加载端附近的结构胶开始出现破裂，且从裂缝处可以看到 FRP 筋，此时自由端处的结构胶基本完好，未出现明显裂纹；极限荷载后，整个胶体完全破碎，并伴随着“砰”的一声巨响。

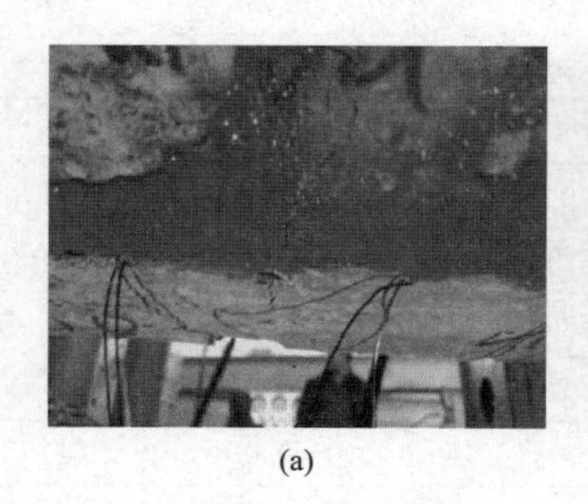
(a)

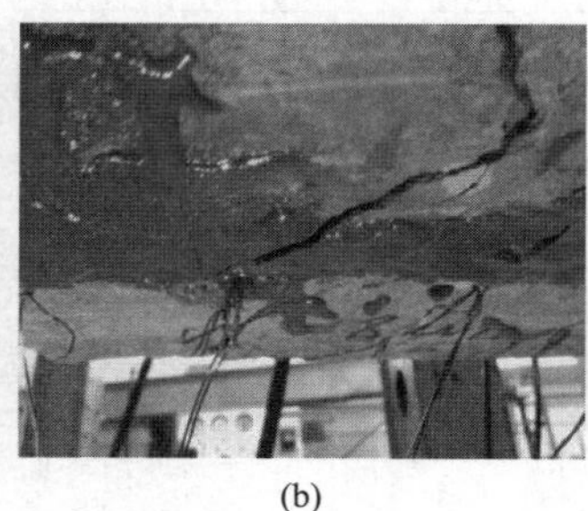
(b)

(c)

图 2-32　试件粘结区域结构胶剥离破坏模式

(a) 开始出现裂缝；(b) 裂缝宽度增加；(c) 胶体破坏

3）FRP 筋被拉断

此种破坏模式均出现在第二批试件中的 GFRP 筋加固试件中。图 2-33 为试件 G8-600-30 的破坏过程。在试验开始后，当荷载达到 32kN 时，混凝土梁受拉侧跨中附近开始出现裂缝；随着荷载的增加，梁受拉侧裂缝数量不断增加，粘结区域靠近跨中附近的结构胶开始受混凝土梁开裂影响而出现裂缝；随着荷载的继续增大，加载端处的结构胶裂缝数量不断增加，裂缝宽度也不断增大；当荷载接近极限荷载时，随着“砰”的一声响动，加载端处的结构胶发生完全破碎，此时自由端处的胶体依然完好；极限荷载后，跨中附近的 FRP 筋断裂。在整个试验过程中，自由端均未出现明显滑移。

（2）FRP 筋应变分析

本次试验共得到 22 组 FRP 筋应变分布曲线，本节通过选取其中比较典型的几组进行分析。图 2-34 为试件 B8-100-30、G8-100-30 和 G10-100-30 的 FRP 筋应变分布曲线。3 个试件的屈服荷载分别为 94.8kN、92.1kN 和 103.2kN。试件 G8-100-30 在荷载达到 149.7kN 时，受结构胶破裂的影响，造成应变片损坏，未能在极限荷载时采集到有效数据。

从图 2-34 中可以看出，在各级荷载作用下，FRP 筋的应变值沿筋轴线方向从加载端（$x=0$）到自由端逐渐减小，荷载越大，应变值的减小趋势越明显。随着荷载的增大，FRP 筋各点的应变值不断增大；在试件达到屈服荷载之前，FRP 筋应变分布曲线较为平缓，各点间的纵向应变增量差相差不大；当试件达到各自的屈服荷载后，加载端的 FRP 筋应变值突然急剧增大，纵向应变增量差达到最大，产生此种现象是由于混凝土梁发生了内力重分布所致；屈服荷载之前，加固梁的受拉侧钢筋和 FRP 筋共同承担拉应力；屈服后，FRP 筋承担的拉应力大于钢筋所承受的拉应力。

图 2-35 为试件 B8-200-30、G8-200-30、G8-300-30、G10-400-30、G8-500-30、G10-500-30 和 G10-500-40 的 FRP 筋应变分布图，其中试件 G8-200-30、G8-300-30、G10-400-30、G8-500-30、G10-500-30 和 G10-500-40 的曲线分布趋势基本一致，本书选取试件 B8-200-30 和试

图 2-33 试件 FRP 筋被拉断破坏模式

(a) 跨中附近出现裂缝；(b) 跨中附近胶体破坏；(c) FRP 筋拉断；(d) 自由端结构胶完好

件 G8-200-30 为典型试件进行分析。两个试件的屈服荷载分别为 84.8kN 和 91.9kN。屈服荷载前，两个试件的 FRP 筋应变分布趋势基本一致，表现为沿 FRP 筋轴线方向自加载端（$x=0$）到自由端逐渐减小；随着荷载的增大，各点的应变值增加，最大应变值始终出现在加载端，且自由端处的应变值变化基本不大，在零点附近小幅波动。当达到各自的屈服荷载以后，两个试件的 FRP 筋应变分布开始呈现出不同的变化趋势。对于 B8-200-30 试件，屈服后，BFRP 筋各点的应变值突然增大，加载端的应变值增大趋势最为明显，其纵向应变差值达到最大。曲线整体分布仍然呈现为自加载端到自由端逐渐减小的趋势，但是 F4 点（$x=50$）的应变值增加幅度明显大于其他各点。当达到极限荷载时，BFRP 筋的应变分布呈现为自加载端到自由端先增大后减小的趋势，应变的最大值出现在 F4 点处。

对于 G8-200-30 试件，屈服后，GFRP 筋各点的应变值突然地增大，随着荷载的增加，各点的应变值也在不断地增加，且应变最大值始终出现在加载端处；但是 F4 点（$x=50$）的应变值始终小于 F3 点（$x=100$），从而使 GFRP 筋上的应变分布曲线呈现出自加载端到自由端先减小后增大的趋势。随着荷载等级的继续提高，当荷载达到 126.3kN 时，F5 点首先出现破坏；当荷载达到 141kN 时，F3 点出现破坏；当荷载达到 143.9kN 时，F4 点也出现破坏。GFRP 筋的应变分布再次呈现出逐渐减小的趋势。

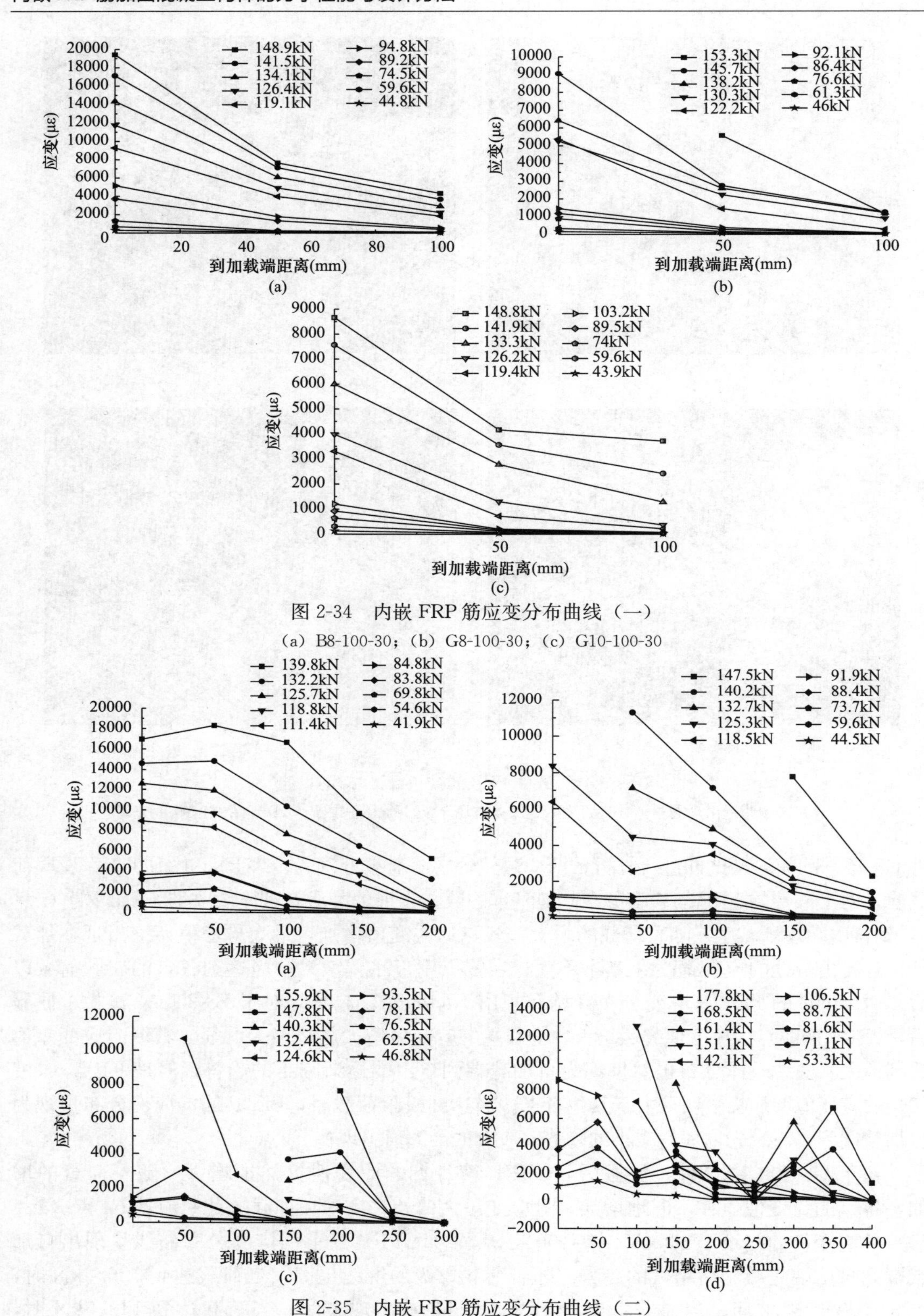

图 2-34　内嵌 FRP 筋应变分布曲线（一）

（a）B8-100-30；（b）G8-100-30；（c）G10-100-30

图 2-35　内嵌 FRP 筋应变分布曲线（二）

（a）B8-200-30；（b）G8-200-30；（c）G8-300-30；（d）G10-400-30；

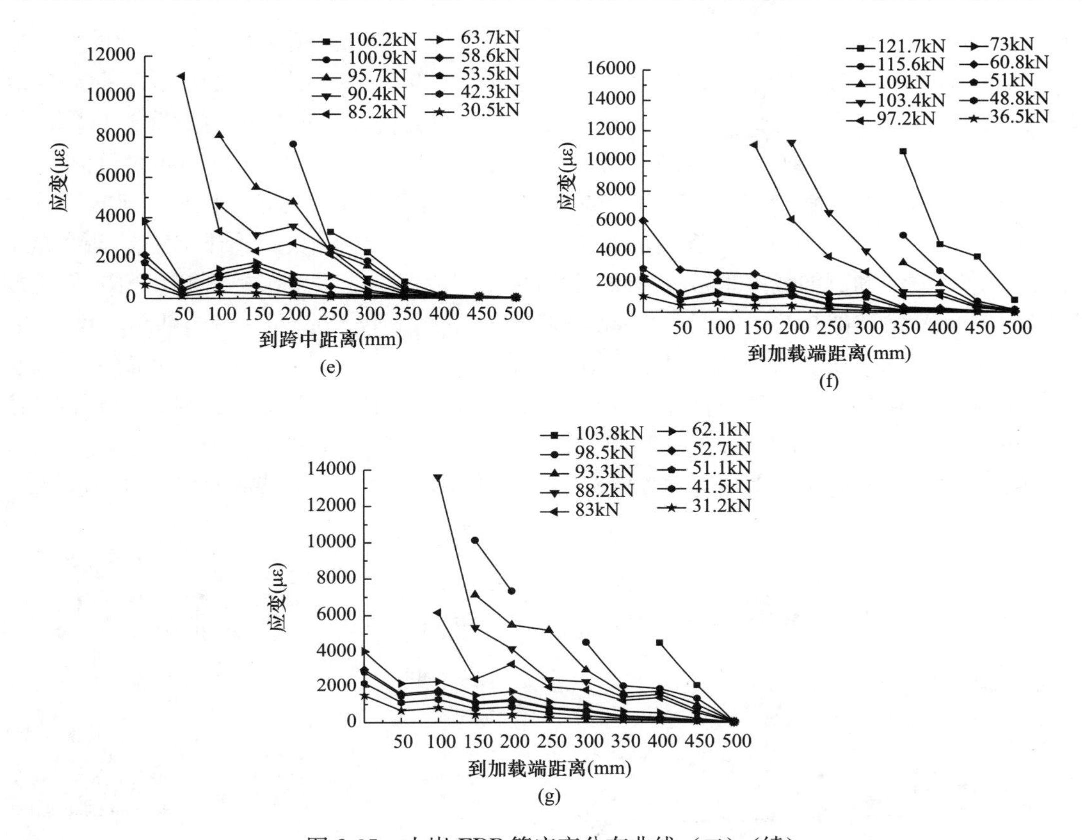

图 2-35　内嵌 FRP 筋应变分布曲线（二）（续）

(e) G8-500-30；(f) G10-500-30；(g) G10-500-40

图 2-36 为试件 B8-400-30、G10-400-30、G10-300-30 和 B8-600-30 的 FRP 筋应变分布曲线。在各级荷载的作用下，这 4 个试件自由端处的 FRP 筋应变均出现了负值，本节选取最为典型的试件 B8-400-30 和 B8-600-30 进行详细分析。

试件 B8-400-30 的屈服荷载为 72.8kN，在试件达到屈服荷载之前，结构胶在加载端附近先出现裂纹，导致 F8（$x=50$）点应变突然变大，但 BFRP 筋应变分布整体趋于平缓，自由端处的应变值基本为零。当荷载达到 130.3kN 时，BFRP 筋各点的应变值均有明显的增大，此时粘结区域的结构胶已大面积开裂，受结构胶开裂所造成的 FRP 筋应变值突变现象已不再明显，整个 BFRP 筋的应变分布呈现出自加载端到自由端不断下降的趋势，此时自由端应变值出现明显的负值。随着荷载的增大，自由端处 BFRP 筋的应变值也不断增大，但仍然表现为负值；当荷载达到极限值时，自由端处 FRP 筋应变值变为正值。在整个加载过程中，由于结构胶开裂的影响，导致应变片出现不同程度的破坏，荷载为 109kN 时，F8 点应变片首先破坏；荷载为 129.5kN 时，F9 点应变片破坏；荷载为 134.4kN 时，F7 点应变片破坏；荷载为 143.9kN 时，F6 点应变片破坏；荷载为 160.3kN 时，F3 点应变片破坏，这也与试验过程中所观察到的结构胶开裂现象相符合。

试件 B8-600-30 的屈服荷载为 62.8kN，在试件达到屈服荷载之前，BFRP 筋的应变分布曲线整体呈现自加载端到自由端递减的趋势。但是由于受结构胶开裂的影响，粘结区域靠近加载端附近处（$0\leqslant x\leqslant 300$）BFRP 筋出现了明显的应变突变现象，而在自由端附近

（300＜x≤600）BFRP 筋的应变分布较为平缓。当试件达到屈服荷载以后，由于发生了应力重分布，BFRP 筋各点的应变值突然增大，此时自由端开始出现负应变；随着荷载等级的不断提高，BFRP 筋各点的应变值也在不断增加，而自由端处的应变值始终为负值。当荷载达到极限值时，BFRP 筋各点的应变值达到最大，此时自由端应变值仍然为负值。

两个试件在受力过程中 BFRP 筋自由端处出现负应变值的现象与粘结区域的破坏形式有关。试件 B8-400-30 和 B8-600-30 在荷载作用下，粘结区域加载端附近的结构胶先出现大范围的破坏，造成粘结剂对加载端附近的 FRP 筋粘结作用减弱，受梁变形的影响，FRP 筋出现了自跨中向两端滑移的趋势，由于自由端结构胶依然完整，能够起到良好的粘结约束效果，从而导致自由端的应变值为负值。对于粘结长度较短的 B8-400-30 试件，当达到极限荷载时，其破坏形式为结构胶整体破裂，自由端约束效果明显降低，BFRP 筋承受的拉应力导致自由端应变值为正值。而对于粘结长度较长的 B8-600-30 试件，当达到极限荷载时，其破坏形式为 BFRP 筋被拉断，此时自由端结构胶依然完好，导致 BFRP 筋自由端应变值依然为负值。

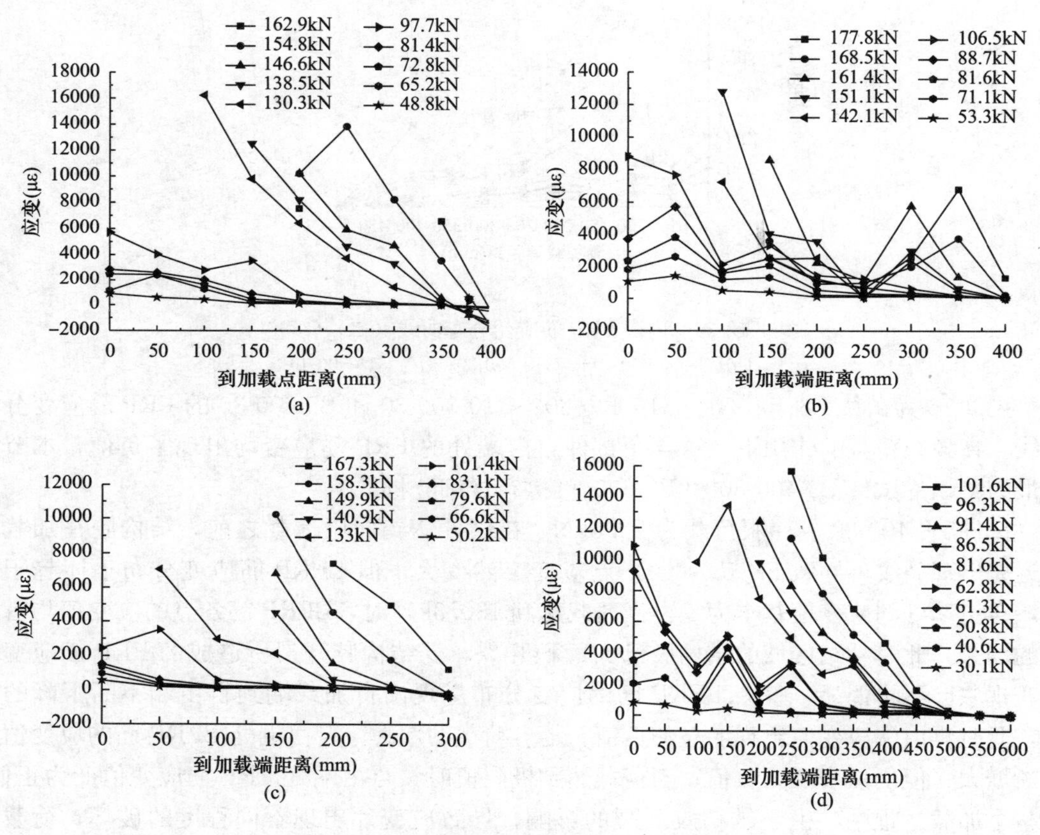

图 2-36 内嵌 FRP 筋应变分布曲线（三）

（a）B8-400-30；（b）G10-400-30；（c）G10-300-30；（d）B8-600-30

（3）FRP 筋局部粘结应力分析

图 2-37 是粘结长度为 100mm 的试件 B8-100-30、G8-100-30 和 G10-100-30 的 FRP 筋粘结应力分布曲线，横坐标表示应变点的位置，即 FRP 筋各点到加载端的距离，纵坐标表示 FRP 筋各应变点的粘结应力的大小，标注栏表示荷载等级。对于 B8-100-30 和 G10-

100-30试件，最后一级荷载均为极限荷载；对于G8-100-30试件，最后一级荷载为极限荷载的95%。由于自由端和加载端的FRP筋粘结应力无法通过计算求得，本节假设这两点的FRP筋粘结应力为零。

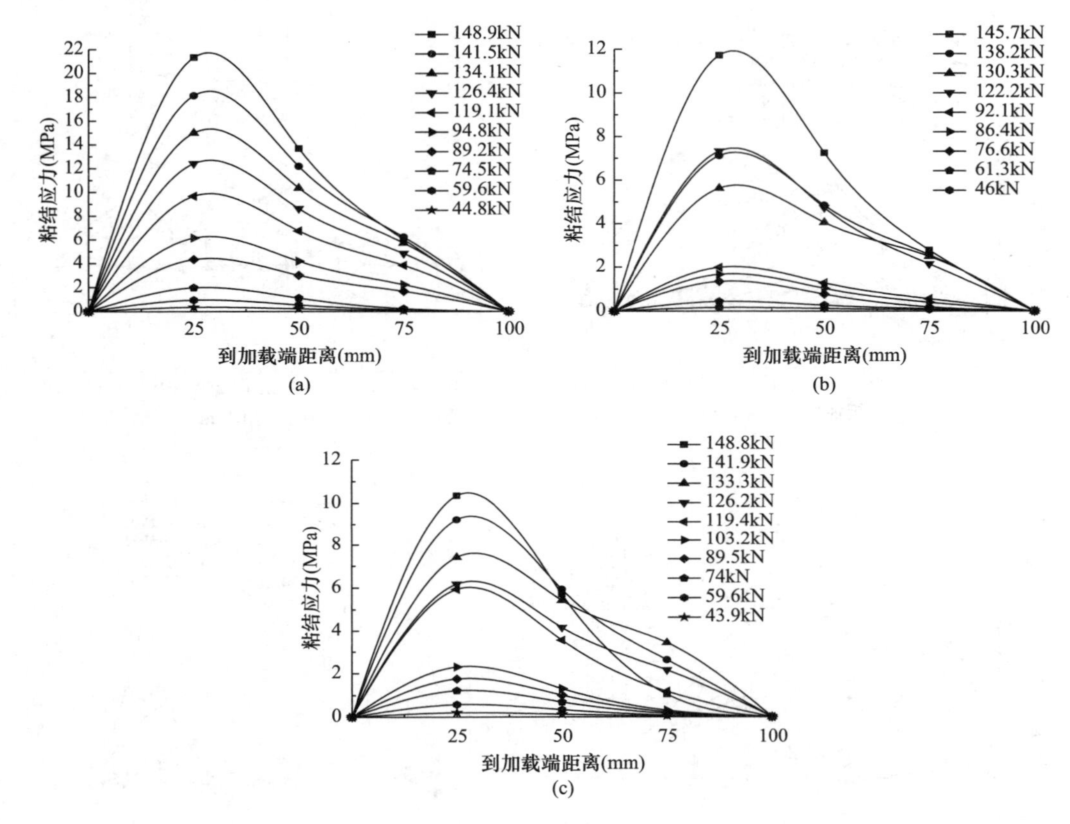

图2-37　内嵌FRP筋粘结应力分布曲线（一）
（a）B8-100-30；（b）G8-100-30；（c）G10-100-30

从图2-37中可以看到，在各级荷载作用下，FRP筋的粘结应力分布沿FRP筋埋置轴线方向呈现出自加载端到自由端先增大后减小的趋势。屈服荷载之前，FRP筋的粘结应力分布曲线比较平缓，各点的粘结应力纵向差值不大；屈服荷载以后，FRP筋各点的粘结应力值突然增大，各点的粘结应力纵向差值也有了明显的提高。这一现象在图2-37（b）和图2-37（c）中表现尤为明显。

对于B8-100-30试件，随着荷载的增加，BFRP筋各点的粘结应力不断增大，且粘结应力的峰值始终出现在距离加载端25mm的位置附近。对于G8-100-30试件，随着荷载等级的不断增加，GFRP筋各点的粘结应力不断增加，但当荷载达到130.3kN时，GFRP筋距离加载端25mm和50mm位置处的粘结应力值出现了明显的下降，且低于荷载为122.2kN（82%极限荷载）时各点的粘结应力值；当达到95%的极限荷载时，GFRP筋各点的粘结应力达到最大值。对于G10-100-30试件，随着荷载的增加，GFRP筋各点的粘结应力值也不断增加，但当荷载达到141.9kN（95%极限荷载）时，距离加载端75mm位置处的粘结应力值出现下降；当达到极限荷载时，此点的粘结应力值减小幅度更加明显。

图 2-38 为试件 B8-200-30、B8-400-30、G8-200-30、G8-300-30、G10-200-30、G10-300-30、G10-400-30 和 G10-400-50 的内嵌 FRP 筋粘结应力分布曲线。本节选取较为典型的试件 B8-200-30 和试件 G10-400-30 的内嵌 FRP 筋粘结应力分布曲线进行分析。

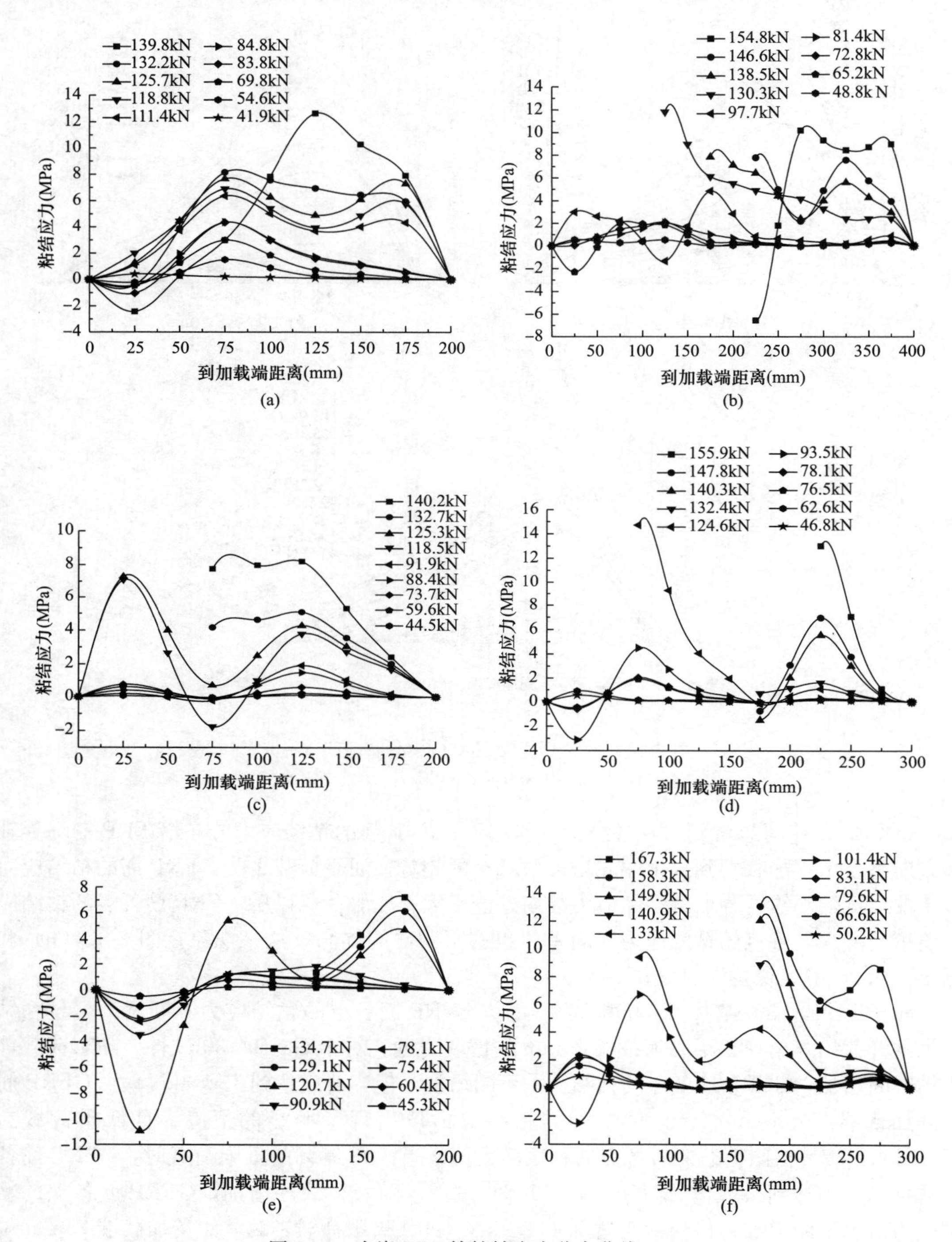

图 2-38 内嵌 FRP 筋粘结应力分布曲线（二）

(a) B8-200-30；(b) B8-400-30；(c) G8-200-30；(d) G8-300-30；(e) G10-200-30；(f) G10-300-30；

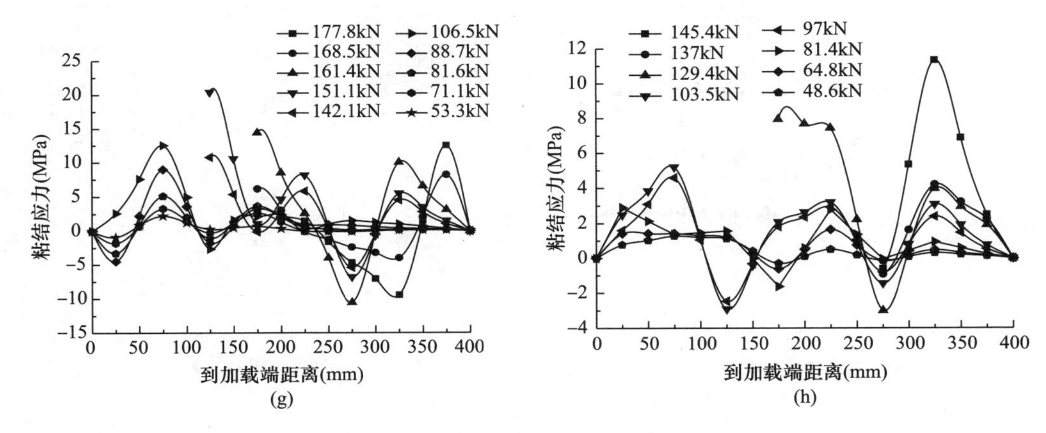

图 2-38　内嵌 FRP 筋粘结应力分布曲线（二）（续）

(g) G10-400-30；(h) G10-400-50

对于试件 B8-200-30，在荷载等级较低时，BFRP 筋的粘结应力分布曲线近似为一条直线；随着荷载等级的提高，粘结应力沿 BFRP 筋轴向呈现出明显的波浪状，在距离加载端 25mm 位置处出现负向粘结应力峰值，在距离加载端 75mm 位置处出现正向粘结应力峰值。随着荷载的增加，各点所对应的粘结应力不断增大，曲线分布趋势和峰值点位置保持不变。当荷载超过屈服荷载后，FRP 筋各点的粘结应力值明显增大，粘结应力分布曲线形式出现变化，距离加载端 25mm 位置处的粘结应力值由负值变为正值，曲线在距离加载端 75mm 和 175mm 两个位置处出现波峰，粘结应力最大值仍然出现在距离加载端 75mm 位置处。当荷载达到极限值时，距离加载端 25mm 位置处重新出现负向粘结应力峰值，粘结应力最大值向 FRP 筋自由端移动，出现在距离加载端 125mm 的位置处。

对于试件 G10-400-30，荷载等级较低时，GFRP 筋的粘结应力分布曲线在加载端附近呈现出波浪状，在自由端附近呈现为一条直线，粘结应力峰值出现在距离加载端 75mm 位置处。当荷载达到 142.1kN（80％极限荷载）时，粘结应力曲线在整个粘结区域呈现波浪状分布，在距离加载端 125mm 处出现正向粘结应力峰值，225mm 处出现负向峰值。当荷载达到极限值时，粘结应力峰值出现在距离加载端 325mm 和 375mm 位置处。

图 2-39 为试件 B8-600-30、G8-500-30、G8-600-30、G10-500-40、G10-500-30 和 G10-600-30 的 FRP 筋粘结应力分布曲线。本节选取较为典型的试件 G8-600-30 进行分析。在荷载等级较低时，GFRP 筋各点的粘结应力分布为一条直线，且粘结应力值很小；随着荷载等级的增加，粘结应力分布曲线呈现出一组波浪线，GFRP 筋各点的粘结应力值随着荷载等级的增加不断增大，在距离加载点 75mm 位置处出现粘结应力最大值。当荷载达到 80.3kN（80％极限荷载）时，粘结应力的最大值逐渐向自由端移动，最大粘结应力出现在距离加载端 175mm 位置处；当达到极限荷载时，最大粘结应力出现在距离加载端 300mm 位置处。在整个加载过程中，靠近自由端的粘结区域，GFRP 筋粘结应力分布近似为直线，且粘结应力值很小。

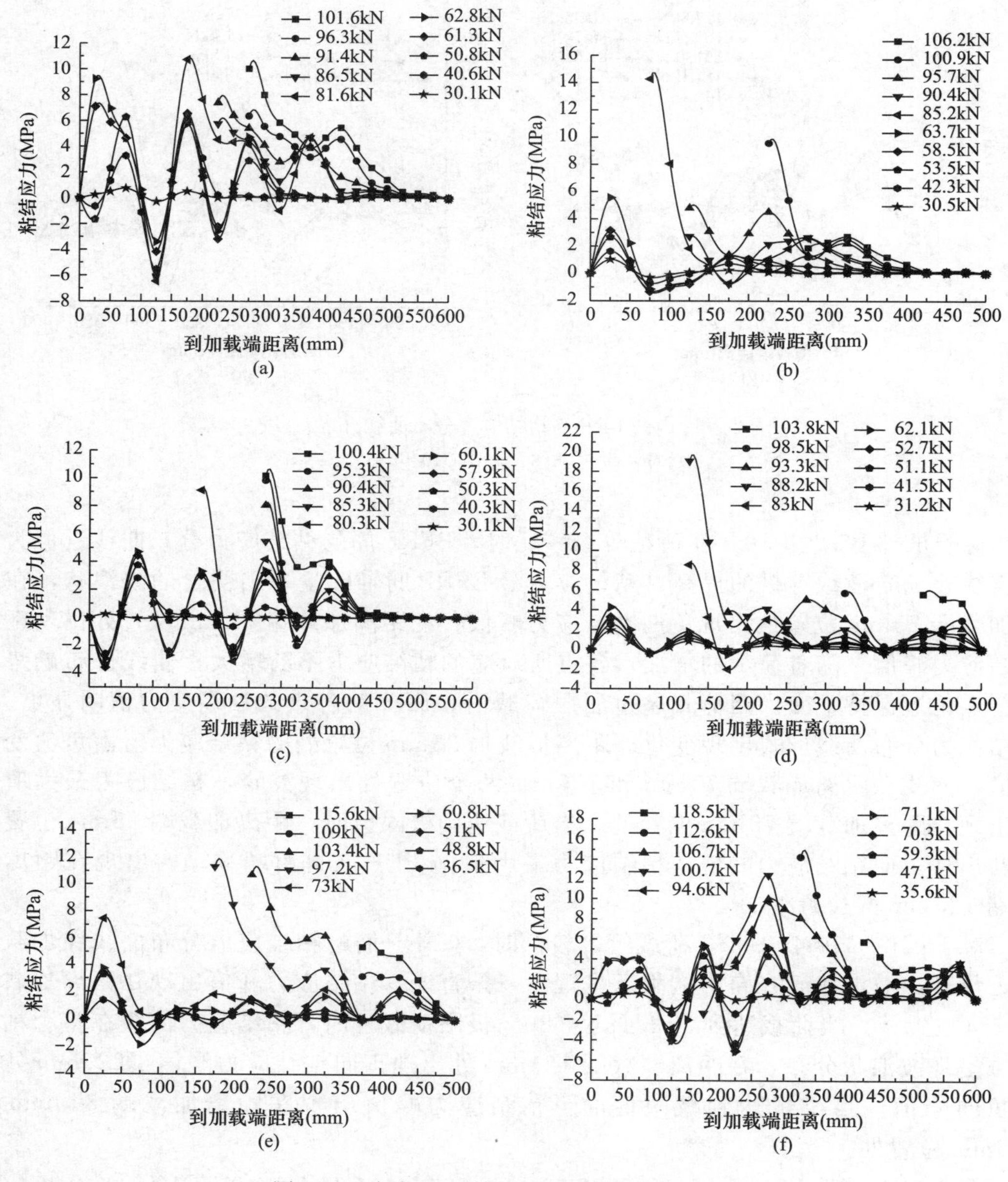

图 2-39 内嵌 FRP 筋粘结应力分布曲线（三）

(a) B8-600-30；(b) G8-500-30；(c) G8-600-30；(d) G10-500-40；

(e) G10-500-30；(f) G10-600-30

2.4.3 局部粘结性能影响因素分析

(1) FRP 筋直径的影响

图 2-40 为 FRP 筋直径对内嵌 FRP 筋加固混凝土梁局部粘结性能的影响。从图中可以看出，在 FRP 筋类型相同和局部粘结长度相同的情况下，内嵌 d=10mm 的 FRP 筋加固梁的极限荷载要高于 d=8mm 的加固梁。这是因为在荷载作用下，加固梁局部粘结区域没

有出现粘结失效的剥离破坏，而是出现了以结构胶自身强度破坏为主的破坏形式。这说明梁在弯矩作用下，局部粘结区域的 FRP 筋的受力方向与 FRP 筋轴心方向并不一致，这就导致粘结区域的 FRP 筋同时受到沿筋轴线方向的粘结应力和结构胶自身强度的共同约束，且结构胶强度的约束所占比重更大。因此，相比于 $d=8$mm 的 FRP 筋，$d=10$mm 的 FRP 筋与结构胶的接触面积更大，受到的约束效果更好，从而使得梁的承载力提高更多。

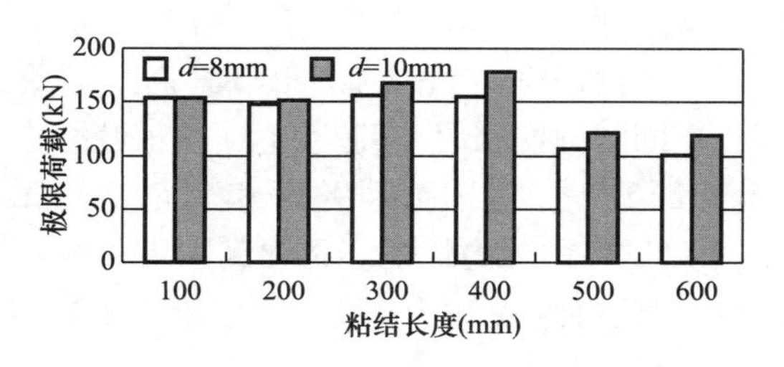

图 2-40　FRP 筋直径对粘结性能的影响

（2）FRP 筋局部粘结长度的影响

图 2-41 为 FRP 筋局部粘结长度对粘结性能的影响。从图中可以看出，对于跨度为 1250mm 的加固梁［图 2-41（a）］，在 FRP 筋类型和 FRP 筋直径均相同的情况下，随着粘结长度的增加，加固梁的极限荷载不断提高；而对于跨度为 1650mm 的混凝土梁［图 2-41（b）］，在 FRP 筋类型和直径均相同的情况下，局部粘结长度为 600mm 的加固梁极限承载力小于局部粘结长度为 500mm 的加固梁。出现此种情况，主要是对于跨度为 1250mm 的加固梁，加固区域 FRP 筋的粘结性能主要依靠结构胶的强度来保证，因此，随着粘结长度的增加，结构胶对 FRP 筋的约束效果也有了明显的提升，从而使梁的极限荷载随着粘结长度的增加而提高。而对于跨度为 1650mm 的加固梁，当局部粘结长度为 500mm 和 600mm 时，试件的破坏模式为 FRP 筋被拉断破坏，结构胶部分破坏。这说明当粘结长度达到 500mm 以后，梁的极限承载能力开始由 FRP 筋自身的强度所决定，粘结长度的影响不起主导作用。

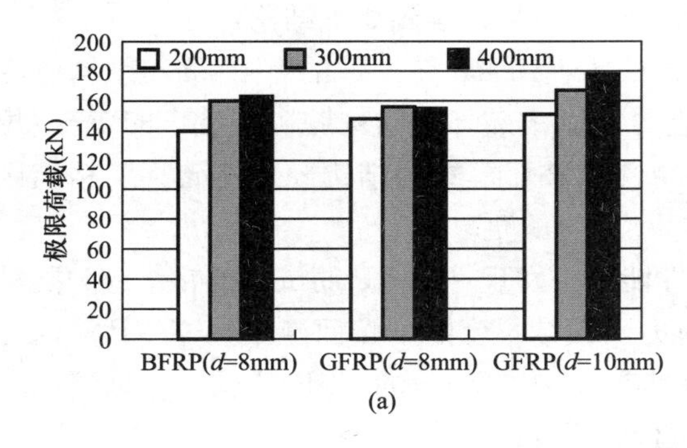

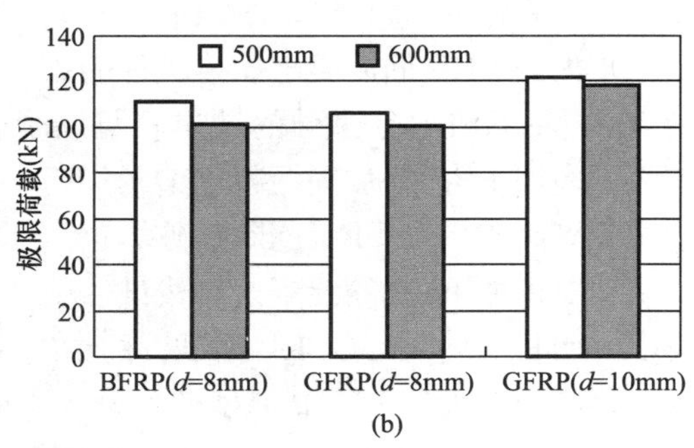

图 2-41　FRP 筋局部粘结长度对粘结性能的影响

（a）梁长度 1250mm；（b）梁长度 1650mm

（3）FRP 筋纤维类型的影响

图 2-42 为 FRP 筋纤维类型对局部粘结性能的影响。从图中可以看出，在 FRP 筋直径和局部粘结长度均相同的情况下，当局部粘结长度为 100mm 和 200mm 时，内嵌 GFRP 筋

加固混凝土梁的极限荷载高于内嵌 BFRP 筋加固梁；当局部粘结长度大于 200mm 时，内嵌 BFRP 筋加固混凝土梁的极限荷载高于内嵌 GFRP 筋加固混凝土梁。这是因为当局部粘结长度不大于 200mm 时，结构胶与 FRP 筋、结构胶与混凝土之间的界面约束作用对试件的受力性能起到控制作用。此时 BFRP 筋表面形式近似光滑，而 GFRP 筋表面具有约 1mm 高，间距约为 10mm 的缠绕肋，GFRP 筋表面在肋的影响下变得凹凸不平。当 FRP 筋埋入粘结区域的结构胶中时，相比于表面近似光滑的 BFRP 筋，带肋效果良好的 GFRP 筋能够与结构胶更好地结合。当加固养护完成后，BFRP 筋主要受到结构胶与筋表面所形成的化学胶着力约束，而 GFRP 筋则受到化学胶着力、机械咬合力和摩擦力的共同约束作用，因而其粘结性能要优于 BFRP 筋。当局部粘结长度大于 200mm 时，胶体与 FRP 筋和混凝土之间的界面约束作用对试件的受力性能不再起到主要的控制作用。由于 BFRP 筋的极限抗拉强度高于 GFRP 筋，使得内嵌 BFRP 筋加固混凝土梁的整体受力性能要好于内嵌 GFRP 筋加固混凝土梁。

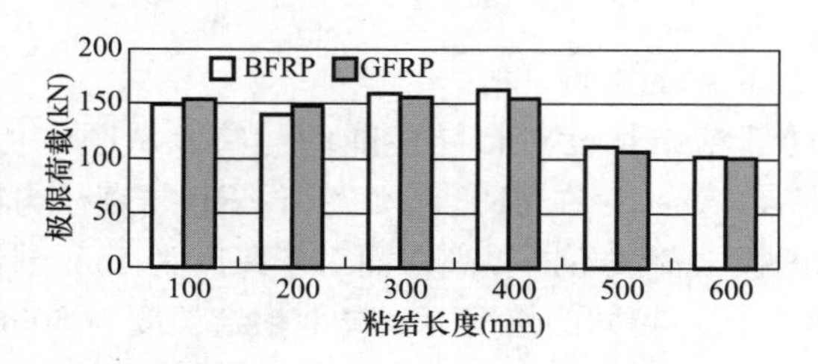

图 2-42 FRP 筋纤维类型对粘结性能的影响

2.5 本章小结

本章较为系统地对内嵌 FRP 筋加固混凝土试件进行了单端拉拔受力试验和梁式抗弯受力试验，在试验研究的基础上，结合理论分析与有限元模拟，对内嵌 FRP 筋加固混凝土试件的受力性能、破坏模式和粘结应力分布等进行分析，得到如下结论：

（1）内嵌 FRP 筋混凝土拉拔试件的破坏模式为：BFRP 筋试件的 FRP 筋与结构胶界面剥离破坏；GFRP 筋试件的结构胶与混凝土界面剥离破坏、结构胶破裂和 FRP 筋被拉断破坏。内嵌 FRP 筋加固混凝土梁的局部粘结性能破坏模式为结构胶整体破坏、粘结区域结构胶剥离破坏和 FRP 筋断裂破坏；

（2）对内嵌 FRP 筋混凝土拉拔试件粘结性能分析发现：BFRP 筋试件的粘结应力随粘结长度的增长而增大，GFRP 筋试件的粘结应力随粘结长度的增长而减小；GFRP 筋试件的最大粘结应力大于 BFRP 筋试件的最大粘结应力；d=8mm 的 FRP 筋混凝土试件的最大粘结应力大于 d=10mm 的 FRP 筋混凝土试件；

（3）对内嵌 FRP 筋加固混凝土梁的局部粘结性能分析发现：FRP 筋的应变分布呈现为自加载端到自由端逐渐减小的趋势；粘结应力的分布为上下起伏的波浪形；试件的极限承载能力与 FRP 筋的直径、局部粘结长度和 FRP 筋的类型等影响因素有较大关系；

（4）有限元结果与试验结果基本吻合，证明了运用 Spring 2 弹簧单元进行粘结滑移模拟的正确性；模拟结果表明，FRP 筋粘结应力分布曲线呈现为自加载端到自由端先增大后减小的分布趋势。

本章参考文献

[1] De Lorenzis L., Rizzo A., La Tegola A. A modified pull-out test for bond of near-surface mounted FRP rods in concrete [J]. Composites Part B-Engineering, 2002, 33 (8): 589-663.
[2] 朱伯芳. 有限单元法原理与应用 [M]. 北京：中国水利水电出版社，1998.

第3章

内嵌 FRP 筋加固混凝土梁的受弯性能试验研究

3.1 引言

本章开展内嵌 FRP 筋加固混凝土梁一次荷载作用下和二次受力影响下的受弯性能试验研究，分析加固梁的受力过程和破坏模式、荷载-挠度曲线、荷载-应变曲线以及初始荷载大小、卸载情况、FRP 筋加固量和 FRP 筋粘结长度等主要因素对加固梁受力性能的影响。

3.2 加固梁一次荷载作用下的弯曲性能试验

3.2.1 试验概况

(1) 试件设计

本试验共设计 7 个试件，均为矩形截面梁，截面尺寸 150mm×300mm，计算跨径 l_0 为 2.2m，标准跨径 l_b 为 2.5m，混凝土设计强度等级为 C30。试验采用正位四点弯曲加载，2 个分配梁加载点距离 600mm，距离支座中心 800mm。试件共有两种截面配筋形式，一种截面纵向受拉钢筋为 2 根直径为 12mm 的 HRB400 级钢筋，配筋率为 0.6%；另一种截面纵向受拉钢筋为 2 根直径为 14mm 的 HRB335 级钢筋，配筋率为 0.81%。箍筋均采用直径 8mm 的 HPB300 级双肢箍筋，纯弯段内不设置箍筋，架立筋为 2 根直径 8mm 的 HPB300 级钢筋。梁截面尺寸及配筋如图 3-1 所示。

试验主要研究配筋率 ρ 和 GFRP 筋加固量对加固梁受弯性能的影响，试件 BA0 与 BB0 为未加固的对比梁，试件 BA1、BA2 和 BA3 与试件 BB1 和 BB2 为两组相同配筋率不同 GFRP 筋加固量的试件，具体方案见表 3-1。

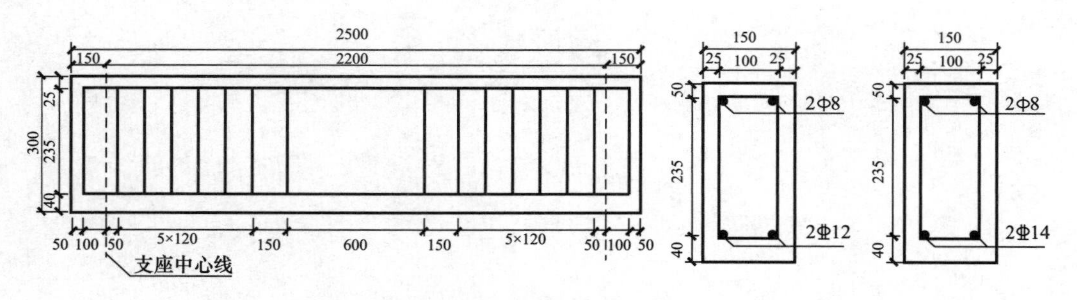

图 3-1 梁截面尺寸及配筋图

加固梁配筋和加固情况　　表 3-1

试件编号	混凝土设计强度等级	钢筋配筋率 ρ	加固梁 $d_f \times n$（mm）
BA0	C30	0.60%	—
BB0	C30	0.81%	—
BA1	C30	0.60%	7.9×1
BA2	C30	0.60%	7.9×2
BA3	C30	0.60%	10×1
BB1	C30	0.81%	10×1
BB2	C30	0.81%	7.9×1

（2）试验加载装置

本试验采用正位四点弯曲加载，试验加载示意图和装置实图如图 3-2 所示。根据极限荷载的理论计算值，试验采用量程 200kN 的液压千斤顶，使用手动油泵进行加载与卸载，荷载通过分配梁传递两点对称至试件。在两个支座和跨中分别设置一个位移计，测量加载过程中试件跨中的实际位移。压力传感器通过数据线与电脑连接，使用数据采集系统记录试验数据。

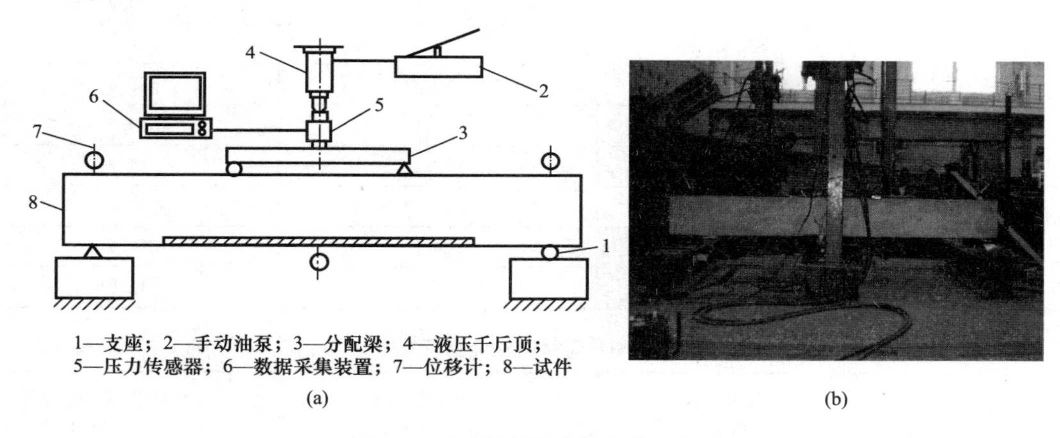

图 3-2　试验加载示意图和装置实图
（a）加载示意图；（b）装置实图

（3）材料力学性能

1）混凝土

本试验均采用强度等级为 C30 的商品混凝土，制作了 150mm×150mm×150mm 的标准混凝土试块 6 块，在标准条件下养护，28d 后测得混凝土试块强度测定结果见表 3-2。表 3-2 中，轴心抗压强度 f_{cm} 、轴心抗拉强度 f_{tm} 与立方体抗压强度 $f_{cu,m}$ 通过换算得到。

2）钢筋

本试验纵向受拉钢筋采用直径 12 的 HRB400 钢筋和直径 14 的 HRB335 钢筋，按照金属拉伸试验标准，每种钢筋分别取 3 个试样进行屈服强度和极限抗拉强度测定，钢筋性能指标见表 3-3。

3）GFRP 筋性能

本试验采用的表面带肋 GFRP 筋，如图 3-3 所示，GFRP 筋密度为 1.9～2.1 g/cm^3 ，其他性能指标采用供应商提供的数据，详见表 3-4。

4）粘结剂

本次试验所用粘结剂与 2.2.1 节所用材料相同，材料具体性能参数见表 2-5。

混凝土试块强度测定结果 表 3-2

试块编号	极限荷载（kN）	$f_{cu,m}$（MPa）	f_{cm}（MPa）	f_{tm}（MPa）
C1	658.65	29.3	19.6	2.23
C2	690.79	30.7	20.6	2.25
C3	768.49	34.1	22.8	2.42
C4	750.17	33.3	22.3	2.39
C5	740.17	32.9	22.0	2.37
C6	636.44	28.3	19.0	2.18
平均值	707.45	31.4	21.0	2.32

钢筋性能指标 表 3-3

钢筋型号	试样标号	屈服强度（MPa）	极限抗拉强度（MPa）
HRB400 $d=12$mm	S1	422.5	589.3
	S2	424.7	592.9
	S3	429.2	588.4
	平均值	425.5	590.2
HRB335 $d=14$mm	S4	352.2	511.3
	S5	349.3	514.5
	S6	354.8	510.7
	平均值	352.1	512.2

GFRP 筋材料性能指标 表 3-4

直径（mm）	面积（mm^2）	抗拉弹性模量（GPa）	极限抗拉强度（MPa）	极限拉应变（%）	泊松比	温度线膨胀系数（℃）
7.9	62.4	41	800	1.95	0.2	3×10^{-6}
10	100	41	800	1.95	0.2	3×10^{-6}

图 3-3 试验所用 GFRP 筋形式

3.2.2 试验结果与分析

（1）破坏模式

在已有的研究内嵌 FRP 筋加固混凝土梁受弯试验中所出现的破坏模式主要有 FRP 筋被拉断、混凝土被压碎和粘结破坏（出现较多）等[1-6]。本试验中，试件 BA0 和 BB0 是两个配筋率不同的对比试件，未进行加固，破坏模式为钢筋混凝土梁适筋破坏，其余加固试件只出现了一种破坏模式，即 GFRP 筋被拉断破坏。表 3-5 为试验结果汇总。

试验结果汇总表　　表 3-5

试件编号	开裂荷载 P_{cr}（kN）	屈服荷载 P_y（kN）	极限荷载 P_u（kN）	屈服位移 Δ_y（mm）	极限位移 Δ_u（mm）	$\frac{P_{cr}}{P_{crC}}$	$\frac{P_y}{P_{yC}}$	$\frac{P_u}{P_{uC}}$	$\frac{P_u}{P_y}$	破坏模式
BA0	21.0	49.4	65.4	5.67	31.03	1	1	1	1.32	(1)
BA1	17.5	56.3	86.5	6.40	37.22	0.81	1.14	1.32	1.54	(2)
BA2	25.4	71.7	109.8	6.61	32.06	1.20	1.45	1.68	1.53	(2)
BA3	23.3	62.4	95.5	6.31	36.26	1.11	1.26	1.46	1.53	(2)
BB0	21.9	53.2	68.9	4.77	34.67	1	1	1	1.30	(1)
BB1	17.4	68.9	105.5	7.20	31.94	0.79	1.29	1.53	1.53	(2)
BB2	23.5	67.9	104.5	6.47	40.91	1.07	1.28	1.52	1.54	(2)

注：破坏模式（1）适筋破坏；（2）GFRP 筋被拉断。表中 P_{crC}、P_{yC}、P_{uC} 分别为对比试件 BA0 与 BB0 的开裂荷载、屈服荷载和极限荷载；P_{cr}/P_{crC}、P_y/P_{yC}、P_u/P_{uC} 分别为各试件与相应的对比试件的开裂荷载比值、屈服荷载比值和极限荷载比值。

对比试件 BA0 和 BB0 未嵌入 GFRP 筋，极限荷载分别为 65.4kN 和 68.9kN，均发生了适筋梁破坏。梁内受拉钢筋屈服后，受压区混凝土边缘达到极限压应变，由于纵筋配筋较小，没有出现明显的混凝土被压碎的现象。破坏时，多条裂缝已经发展到离混凝土受压区边缘 40mm 或 50mm 处，裂缝均为垂直裂缝，典型试件 BA0 破坏模式如图 3-4（a）所示。

5 个加固试件分别嵌入了相同长度、不同面积的 GFRP 筋，极限荷载在 86.5～109.8kN 之间，与对比试件的极限荷载相比提高了 32%～68%，5 个加固试件发生了相同的破坏模式。极限状态时，受拉钢筋屈服，GFRP 筋被拉断，混凝土受压区边缘没有达到极限压应变，多条裂缝已经开展到了混凝土受压区边缘。图 3-4（b）和图 3-4（c）为典型试件 BA1 与 BB2 的破坏形态。

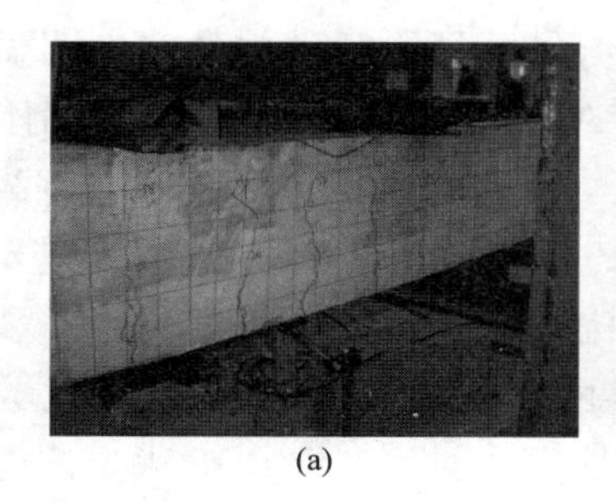
(a)

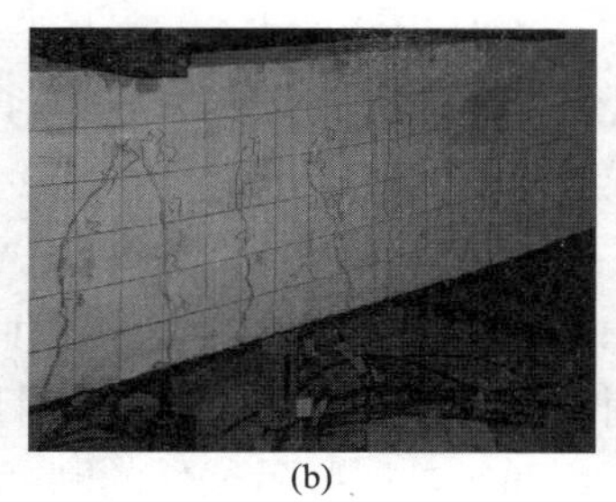
(b)

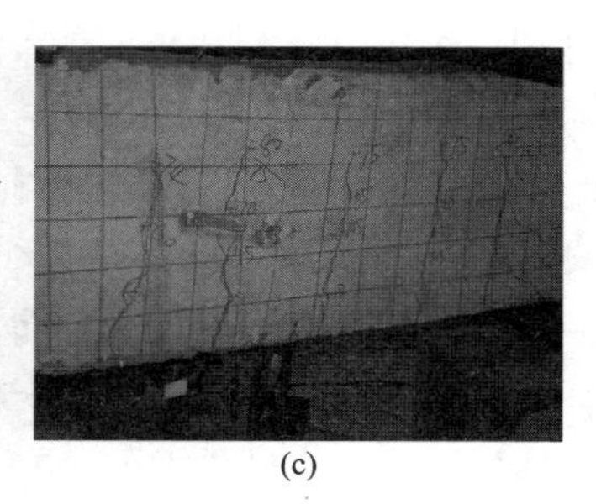
(c)

图 3-4　典型试件破坏模式
（a）试件 BA0；（b）试件 BA1；（c）试件 BB2

（2）荷载-位移关系曲线

图 3-5 为试件的荷载-位移关系曲线。由表 3-5 和图 3-5 可以看出，对比试件 BA0 的开裂荷载为 21.0kN，开裂后混凝土退出工作，荷载-位移关系曲线出现第一个转折点，试件的刚度明显降低，试件的位移增大加快，随着荷载的增大，试件荷载达到屈服荷载 49.4kN，对应的屈服位移为 5.67mm，钢筋应变进入流幅阶段，试件的位移急剧增大，表现为荷载-位移曲线出现第二个转折点，试件的刚度大幅度降低，曲线变得非常平缓。对比试件 BA0 的极限荷载为 65.4kN，极限荷载后，试件的位移继续增大，当位移达到

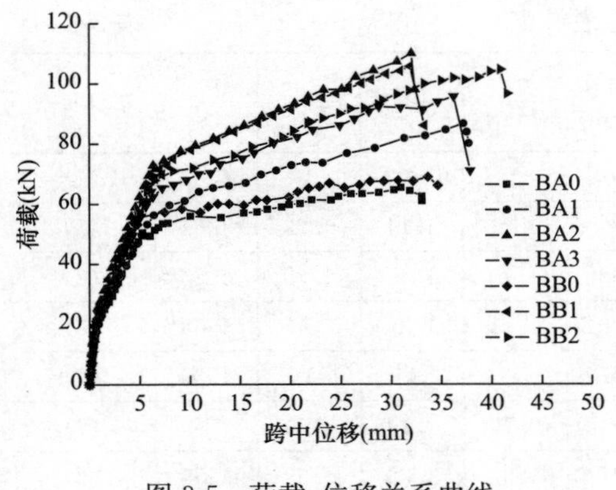

图 3-5 荷载-位移关系曲线

31.03mm 后，试件由于裂缝开展到接近混凝土受压区边缘，试验终止，发生适筋破坏。从整体上看，试件 BA0 的荷载-位移关系曲线近似为一条斜率逐渐降低的平缓线段。对比试件 BA0 与 BB0 是配筋率不同的钢筋混凝土梁，虽然试件 BB0 中受拉钢筋级别比试件 BA0 的受拉钢筋高一个等级，但同钢筋面积等效后的配筋率相差不大，试件 BB0 的开裂荷载、屈服荷载、极限荷载分别为 21.9kN、53.2kN、68.9kN，分别只比 BA0 增大了 4.3%、7.7%、5.3%，试件 BB0 的屈服位移和极限位移分别为 4.77mm 和 34.67mm，两个试件的荷载-位移曲线非常接近。

加固试件 BA1 嵌入了一根直径为 7.9mm 的 GFRP 筋，开裂荷载为 17.5kN，与对比试件 BA0 相比降低了 16.5%。试件 BA1 开裂后，刚度明显下降，屈服荷载前，试件 BA1 与试件 BA0 的曲线接近重合，两者的刚度基本相等。试件 BA1 的屈服荷载为 56.3kN，比对比试件 BA0 增大了 14%；屈服荷载后，试件的刚度大幅度降低，位移增大加快。此阶段试件 BA1 的刚度明显大于对比试件 BA0。试件 BA1 的极限荷载为 86.5kN，比 BA0 增大了 32%，破坏时，GFRP 筋被拉断，荷载-位移曲线突然大幅度下降。本节认为 GFRP 筋被拉断为极限状态，对应的位移为极限位移，试件 BA1 的极限位移为 37.22mm，且大于试件 BA0 的极限位移。试件 BA2 嵌入了两根直径 7.9mm 的 GFRP 筋，GFRP 筋加固面积比 BA1 增大了一倍。BA2 的开裂荷载为 25.4kN，比对比试件 BA0 增大了 20%；混凝土开裂后，试件刚度下降，下降后的刚度明显要大于对比试件 BA0 在此阶段的刚度。试件 BA2 的屈服荷载为 71.7kN，比对比试件 BA0 增大了 45%，屈服后试件的刚度明显下降，位移增大加快，试件 BA2 屈服后的刚度明显大于 BA0，略大于 BA1 屈服后的刚度。试件 BA2 的极限荷载为 109.8kN，比 BA0 增大了 68%，GFRP 筋被拉断的瞬间荷载大幅度下降，极限位移为 32.06mm，同样大于对比试件 BA0 的极限位移。试件 BA3 嵌入了一根直径 10mm 的 GFRP 筋，开裂荷载为 23.3kN，比对比试件 BA0 增大了 11%；开裂后试件的刚度下降，稍大于对比试件 BA0 开裂后的刚度。试件 BA3 的屈服荷载为 62.4kN，比对比试件 BA0 增大了 26%，屈服后试件的刚度明显比对比试件 BA0 大。试件 BA3 的极限荷载为 95.5kN，比对比试件 BA0 增大了 46%，极限位移为 36.26mm。

加固试件 BB1 与对比试件 BB0 比较，试件 BB1 嵌入了一根直径 10mm 的 GFRP 筋，开裂荷载为 17.4kN，比对比试件 BB0 减小了 20%，开裂后试件的刚度明显下降。试件 BB1 的屈服荷载为 68.9kN，比对比试件 BB0 增大了 29%，屈服后试件的刚度大幅度下降，位移急剧增大，刚度明显大于对比试件 BB0 屈服后的刚度。试件 BB1 的极限荷载为 105.5kN，比对比试件 BB0 增大了 53%，极限状态时，GFRP 筋被拉断，荷载-位移曲线突然出现一个明显的下降段，极限位移为 31.94mm。试件 BB2 嵌入了一根直径 7.9mm 的 GFRP 筋，开裂荷载为 23.5kN，比 BB0 减小了 7%，开裂后试件的刚度明显下降。试件 BB2 的屈服荷载为 67.9kN，比 BB0 增大了 28%；试件 BB2 的极限荷载为 104.5kN，比 BB0 增大了 52%，GFRP 筋被拉断，极限位移为 40.91mm。

综上所述，加固试件嵌入 GFRP 筋不同程度地增大了试件的屈服荷载与极限荷载，且极限荷载增大幅度明显大于屈服荷载，加固试件的屈服位移与极限位移也相应增大，加固试件的屈服荷载与极限荷载则随着 GFRP 筋加固面积的增大而增大。GFRP 筋对试件刚度有明显影响，开裂荷载前，未加固试件与加固试件的抗弯刚度基本相同；开裂荷载后，试件的刚度均明显下降，而加固试件的刚度明显大于未加固试件；屈服荷载后，试件的刚度均大幅度下降，但加固试件的刚度仍明显大于未加固试件的刚度。这说明在开裂荷载以后的阶段，嵌入 GFRP 筋增大了试件的抗弯刚度，且各加固试件的抗弯刚度随着 GFRP 筋加固面积的增大而增大。

（3）荷载与钢筋、GFRP 筋应变关系曲线

图 3-6 为试件的荷载与钢筋、GFRP 筋应变关系曲线。从图中可以看出，对比试件 BA0 在受拉区混凝土开裂后，截面应力只由受拉钢筋承担，应变持续增长，直至钢筋屈服，屈服时钢筋的应变为 2202$\mu\varepsilon$；当荷载超过屈服荷载后，钢筋应变突然增大，试验测得的最大钢筋应变为 6264$\mu\varepsilon$。典型加固试件 BA1 由开始加载到开裂荷载阶段，混凝土承担主要的拉应力，钢筋与 GFRP 筋的应变都很小，两者的应变几乎相同。开裂荷载后，试件受拉区的应力由钢筋与 GFRP 筋承担，钢筋与 GFRP 筋的应变增大加快，GFRP 筋的应变稍大于钢筋的应变，但是钢筋承受的拉应力远大于 GFRP 筋所承受的拉应力，这与钢筋弹性模量远大于 GFRP 筋弹性模量有关。当荷载达到屈服荷载时，钢筋应变增大至 2766$\mu\varepsilon$，之后的荷载阶段，钢筋的应变基本就为维持在 2800$\mu\varepsilon$，与对比试件 BA0 中钢筋应变对比，可以看出 GFRP 筋对于钢筋的应变有较大的限制作用。GFRP 筋应变在荷载超过屈服荷载后急剧增大，应变的增大速率加快，截面增加的拉应力主要由 GFRP 筋承担；当荷载达到 71.9kN 时，GFRP 筋应力为 10268$\mu\varepsilon$，所受的拉应力为 420.9MPa，超过钢筋的屈服强度。极限荷载时，测得的 GFRP 筋跨中最大应变为 17890$\mu\varepsilon$。其他加固梁的荷载与钢筋、GFRP 筋应变关系同试件 BA1 的相似，不再赘述。

综上所述，试件嵌入 GFRP 筋后，钢筋与 GFRP 筋将在混凝土开裂后共同承担受拉区的应力。钢筋屈服前，拉应力的大部分主要由钢筋承担，钢筋与 GFRP 筋的应变相差不大；钢筋屈服后，钢筋应变受到 GFRP 筋的限制作用，其增大的速率未有加快或者接近停止，钢筋应变维持在 2700～3200$\mu\varepsilon$。GFRP 筋的应变在钢筋屈服后，经过一个小缓冲段后（钢筋屈服后，GFRP 筋应变维持原来的应变增大速率，未马上急剧增大），其应变增大速率急剧加快，应变大幅度增大，加固梁截面新增加的拉应力大部分由 GFRP 筋承担，直至加固梁破坏。

（4）裂缝的开展与分布

裂缝的观测是研究受弯构件受弯性能的一个重要部分，本节详细叙述各个试件的裂缝开展与分布情况。在试件的一个侧面观测裂缝，称为观测面，试件截面高 300mm，以试件受拉区边缘为 0，受压区边缘为 300，每隔 50mm 水平划一条裂缝观测辅助线，以跨中为中心，向左右每隔 50mm 划一组垂直线，以便于观测裂缝。图 3-7 为 7 个试件裂缝开展与分布图。

1）试件 BA0

当荷载达到开裂荷载 21.0kN 时，在试件裂缝观察面的对立面的跨中位置出现第 1 条微裂缝。当荷载达到 28.0kN 时，纯弯段内出现多条裂缝，裂缝开展到截面高度 50mm 左右，其中一个加载点位置处的裂缝开展到截面高度 62mm。当荷载达到 40kN 时，裂缝急

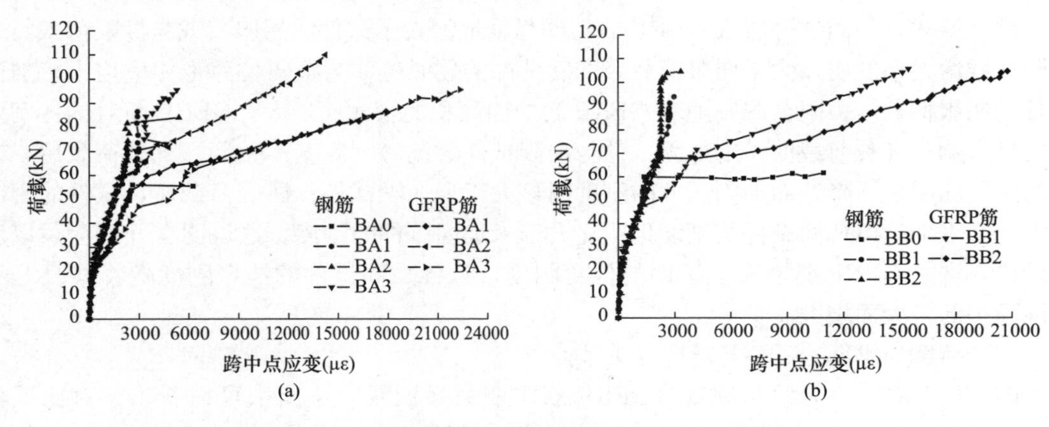

图 3-6 荷载与钢筋、GFRP 筋应变关系曲线

(a) 试件 BA0～BA3；(b) 试件 BB0～BB2

剧开展，纯弯段内形成了 5 条主裂缝，跨中裂缝和一条相邻的裂缝已经开展到了截面高度 170mm，其余 3 条裂缝也开展到截面高度 130～145mm 之间，同时试件弯剪区出现一条裂缝，开展到截面高度 75mm，所有裂缝都沿跨中左右对称分布，且裂缝宽度很小。当荷载达到 50kN 时，此时受拉钢筋达到屈服，跨中裂缝的宽度为 0.1mm，裂缝继续向上延伸，开展到了截面高度 205mm，左右对称分布的裂缝开展到截面高度 170～190mm 之间，弯剪区出现了 2 条新裂缝，裂缝的开展在截面高度 150mm 以下。当荷载达到 54kN 时，纯弯段内的裂缝宽度突然增大，达到 2mm，裂缝已经开展到了截面高度 250mm。当荷载达到 58kN 时，裂缝宽度继续增大，两个加载点处裂缝的宽度达到 2.5mm，比纯弯段内其他 3 条裂缝宽度稍大，裂缝的开展速度放缓或停止。当达到极限荷载时，加载点处的最大裂缝宽度达到了 4mm，跨中裂缝开展程度最大，达到了截面高度 270mm，所有裂缝均为垂直裂缝，弯曲破坏特性明显。

2）试件 BA1

当荷载为 17.5kN 时，在加载点处出现第 1 条微裂缝。当荷载达到 38.0kN，纯弯段内

(a)

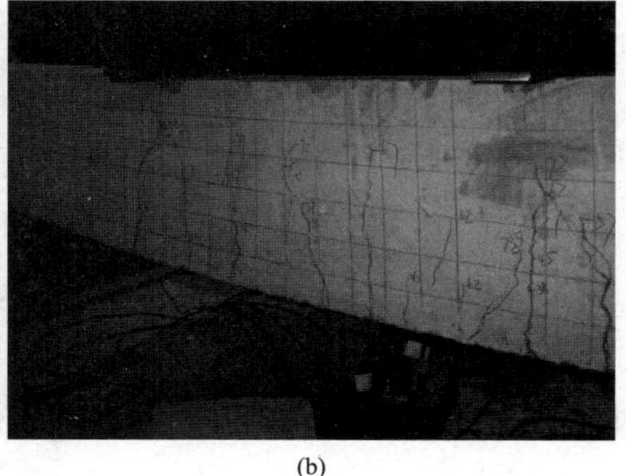

(b)

图 3-7 试件裂缝开展与分布图

(a) 试件 BA0；(b) 试件 BA1；

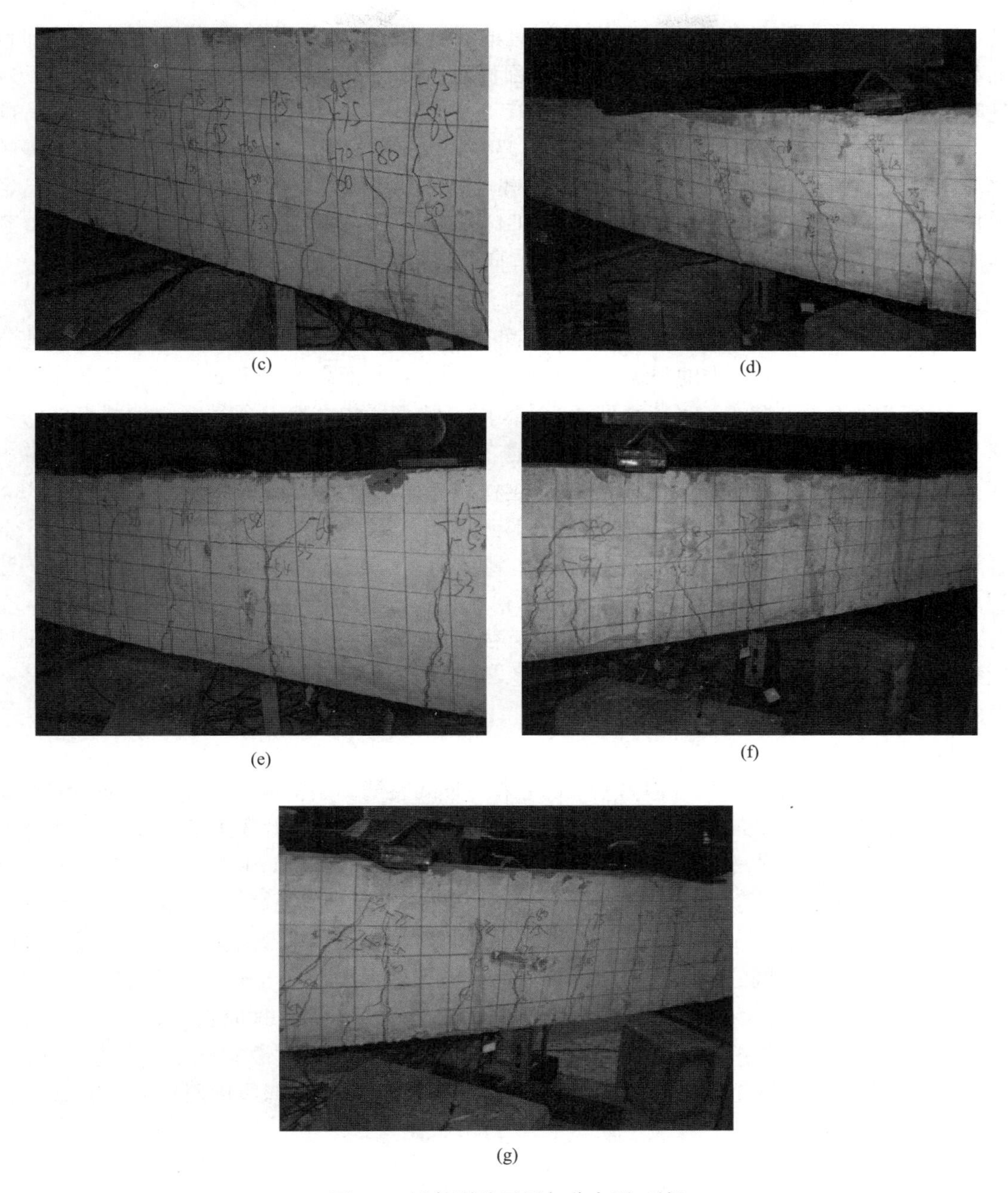

(c)　(d)　(e)　(f)　(g)

图 3-7　试件裂缝开展与分布图（续）

(c) 试件 BA2；(d) 试件 BA3；(e) 试件 BB0；(f) 试件 BB1；(g) 试件 BB2

出现 5 条裂缝，裂缝宽度很小，跨中的裂缝开展到截面高度 123mm，其他 4 条裂缝开展到截面高度 80～100mm 之间，弯剪区还没有出现裂缝。当荷载达到 57kN 时，钢筋屈服，裂缝急剧向上开展，但是裂缝宽度仍然非常微小。纯弯段内始终是此 5 条主裂缝，除了加固梁跨中裂缝向上开展相对变缓，裂缝开展到截面高度 140mm 外，其他 4 条裂缝开展速度加快，均已到达截面高度 165mm。当荷载达到 62kN 时，2 个加载点与跨中之间的裂缝已经开展到截面高度 190mm 左右，加载点处的裂缝宽度为 0.5mm。当荷载达到 67kN 时，加载点处的裂缝宽度达到 1mm，开展到截面高度 240mm，纯弯段内新出现了一条裂缝，且瞬间开展至截面高度 225mm，弯剪区有 2 条明显裂缝，其中 1 条开展到截面高度 170mm。当荷载到达 74kN 时，纯弯段内的裂缝最大裂缝宽度为 2.5mm，裂缝向上开展的趋势已经不明显。当荷载达到 79kN 时，加载点处的裂缝宽度最大，达到 4mm，试件已经接近极限状态，纯弯段内的裂缝最大开展到截面高度 240mm，弯剪区有一条裂缝开展到截面高度 220mm，其他裂缝均为垂直裂缝，且沿跨中左右对称分布。

3）试件 BA2

当荷载 25.4kN 时，在纯弯段内出现了第 1 条微裂缝。当荷载达到 35.0kN 时，纯弯段内出现了 3 条裂缝，跨中的裂缝开展程度最大，达到截面高度 125mm，其余 2 条裂缝开展至截面高度 80mm 左右。当荷载到达 50kN 时，纯弯段内共有 5 条裂缝，加载点处的裂缝已经开展至截面高度 175mm，其他的裂缝在截面高度 125～150mm 之间，弯剪区也出现了一条开展至截面高度 100mm 的裂缝，这些裂缝的宽度都非常微小。当荷载达到 70kN 时，弯剪区的 1 条裂缝与加载点处的裂缝都开展到截面高度 200mm。当荷载达到 75kN 时，钢筋已经屈服，加载点处的裂缝宽度达到 0.2mm，跨中处的裂缝开展程度最大，达到截面高度 220mm。当荷载达到 88kN 时，最大裂缝宽度为 1mm，在截面高度 225mm 左右；弯剪区的最大裂缝发展成为斜裂缝，倾角接近 45°。当荷载达到 95kN 时，纯弯段最大裂缝为 1.5mm，裂缝最大开展至截面高度 245mm。此后至极限荷载之间，裂缝已经不再向上开展，最大裂缝宽度达到 2.5mm。

4）试件 BA3

当荷载达到 23.3kN 时，纯弯段内出现第 1 条微裂缝。当荷载达到 40kN 时，纯弯段有 4 条主裂缝，其中 2 条裂缝开展至截面高度 150mm，弯剪区出现 1 条开展至截面高度 125mm 处的裂缝。当荷载达到 57kN 时，纯弯段内的 3 条主裂缝以相同的开展速度开展至截面高度 175mm，弯剪区新出现若干条微裂缝，已经开展至截面高度 125mm 的裂缝继续向上开展至截面高度 175mm。当荷载达到 64kN 时，纯弯段内的裂缝最大开展至截面高度 200mm，跨中与弯剪区的裂缝宽度相对较大，最大裂缝宽度为 0.3mm。当荷载达到 70kN 时，纯弯段内裂缝最大开展至截面高度 220mm，弯剪区的裂缝最大开展至截面高度 215mm，此时的最大裂缝宽度达到 1.5mm。当达到极限荷载时，最大裂缝宽度达到 2mm，纯弯段内多条裂缝开展至截面高度 250mm，弯剪区的裂缝向纯弯段内斜向开展，最大开展也达到截面高度 250mm。

5）试件 BB0

当荷载为 21.9kN 时，在试件裂缝观察面的对立面的跨中出现第 1 条微裂缝。当荷载达到 32.0kN 时，纯弯段内出现多条裂缝，裂缝开展到截面高度 50mm 左右。荷载达到 54kN 时，此时受拉钢筋已经屈服，裂缝急剧开展，纯弯段内形成了 4 条主裂缝，裂缝已经开展到了截面高度 170mm；两侧弯剪区各出现一条裂缝，开展到截面高度 125mm，所有裂缝都沿跨中左右对称分布，此荷载作用下的纯弯段内最大裂缝宽度已达到 2mm。当达到极限荷载 68.9kN 时，纯弯段内的裂缝没有继续向上开展，最大裂缝宽度达到 4mm，弯剪区的几条裂缝开展相对较小，最大开展到截面高度 125mm，裂缝均为垂直裂缝，弯曲破坏特性明显。

6）试件 BB1

当荷载达到 17.4kN 时，纯弯段内出现第 1 条微裂缝。当荷载达到 42kN 时，纯弯段内有 2 条裂缝，都在加载点附近，弯剪区也出现了 1 条裂缝，3 条裂缝的开展程度相近，均在截面高度 75mm 左右。当荷载达到 60.0kN 时，纯弯段内有 3 条主要裂缝，最大开展至截面高度 150mm，弯剪区的裂缝开展至截面高度 125mm。当荷载达到 74kN 时，受拉钢筋已经屈服，纯弯段内仍然是 3 条主裂缝，裂缝最大开展至截面高度 180mm，最大裂缝宽度为 0.8mm；弯剪区有 4 条裂缝，其中 1 条裂缝最大开展至截面高度 170mm。荷载达到 87kN 时，纯弯段内新出现了 1 条主裂缝，弯剪区 1 条裂缝宽度较大，达到 1mm，这条裂缝与加载点处的裂缝开展都达到截面高度 225mm。当荷载达到 93kN 时，最大裂缝宽度为 1.3mm，达到极限荷载时，弯剪区的裂缝宽度最大，达到 2mm，裂缝向加载点开展，最大开展至截面高度 250mm。

7）试件 BB2

当荷载达到 23.5kN 时，纯弯段内出现第 1 条微裂缝。当荷载达到 35kN 时，纯弯段内有 3 条裂缝，裂缝开展至截面高度 50mm 左右。当荷载达到 45kN 时，纯弯段内一共有 6 条主裂缝，加载点处的裂缝急剧开展至截面高度 140mm，弯剪区的裂缝开展至截面高度 75mm。当荷载达到 70kN 时，受拉钢筋已经屈服，最大裂缝宽度为 0.2mm，裂缝最大开展至截面高度 170mm，多数裂缝都已经开展至截面高度 150mm。当荷载达到 75kN 时，裂缝急剧开展，加载点处的最大裂缝宽度为 0.8mm，纯弯段内的裂缝都开展至截面高度 200～225mm 之间，弯剪区的裂缝也开展至截面高度 180mm。当荷载达到 80kN 时，最大裂缝宽度达到 1mm，此时裂缝没有明显向上开展。达到极限荷载时，弯剪区的 1 条裂缝与加载点处的裂缝都急剧开展至截面高度 250mm，加载点处的裂缝宽度最大，达到 2mm。

图 3-8 为试件的荷载与裂缝开展关系曲线（此裂缝为最大开展裂缝），BA 系列试件是配筋率相同，不同 GFRP 筋加固面积的试件。当荷载小于 35kN 时，加固试件的裂缝开展比未加固试件 BA0 大；当荷载超过 35kN 后，相同荷载作用下，加固试件的裂缝开展均比未加固试件 BA0 小；达到未加固试件 BA0 极限荷载时，试件 BA0 的裂缝开展至截面高度 270mm，最大裂缝宽度为 4mm，对应的加固试件 BA1、BA2 与 BA3 的裂缝最大开展高度分别为 205mm、190mm 与 220mm，3 个试件在此荷载作用下的最大裂缝宽度为 1mm，可见 GFRP 筋在限制裂缝开展方面起了一定的作用。当荷载超过 62kN 后，相同荷载作用下，GFRP 筋加固面积越大，裂缝的开展高度越小。对比试件 BA1、BA2 与 BA3 的裂缝宽度可以得出，在相同荷载作用下，裂缝宽度随着 GFRP 筋加固面积的增大而减小。BB 系列试件是另一组相同配筋率，不同 GFRP 筋加固面积的试件。当荷载超过 38kN 后，相同荷载作用下，GFRP 筋加固面积越大，裂缝开展高度越小。加固试件 BB1 的裂缝宽度比加固试件 BB2 小，极限荷载时两者的最大裂缝宽度均为 2mm。

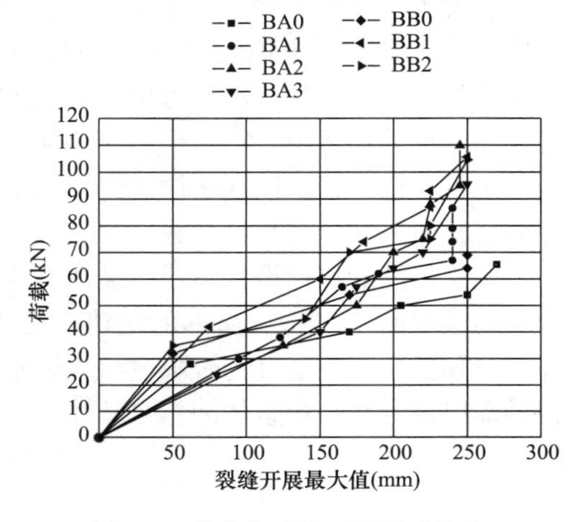

图 3-8　荷载与裂缝开展关系曲线

3.2.3 影响因素分析

(1) 纵向钢筋配筋率

试件 BA1 与 BB2，BA3 与 BB1 是配筋率不同，GFRP 筋加固面积相同的试件。从表 3-5 可以看出，与未加固试件相比，试件 BA1 与 BA3 的极限荷载提高幅度分别为 32% 与 46%，而 BB2 与 BB1 的极限荷载提高幅度分别为 52%与 53%，配筋率小的加固试件的极限承载力提高幅度比配筋率大的加固试件大。

由图 3-8 可知，在相同荷载作用下，GFRP 筋加固面积相同时，配筋率大的试件，其最大裂缝开展高度和裂缝宽度均比配筋率小的试件小。

(2) GFRP 筋加固面积

加固试件 BA1、BA2、BA3 嵌入的 GFRP 筋面积分别为 $49mm^2$、$98mm^2$ 和 $78.5mm^2$，3 个试件的屈服荷载分别为 56.3kN、71.7kN 和 62.4kN，分别比未加固试件 BA0 的屈服荷载提高了 14%、45%和 26%；极限荷载分别为 86.5kN、109.8kN 和 95.5kN，分别比未加固试件 BA0 的极限荷载提高了 32%、68%和 46%，这表明加固试件的屈服荷载与极限荷载随着 GFRP 筋加固面积的增大而增大，且屈服荷载增大的幅度较极限荷载大。加固试件 BB1 与 BB2 嵌入的 GFRP 筋面积分别为 $78.5mm^2$ 和 $49mm^2$，两个试件的屈服荷载分别为 68.9kN 和 67.9kN，分别比未加固试件 BB0 的屈服荷载提高了 29%和 28%，极限荷载分别为 105.5kN 和 104.5kN，分别比未加固试件 BB0 的极限荷载提高了 53%和 52%。对于 BB 组试件，其极限荷载提高的幅度随加固面积的提高变化不明显，这与加固梁的协同工作性能有关。

由图 3-8 可知，在相同荷载作用下，纵向钢筋配筋率相同的加固试件，其裂缝宽度随着 GFRP 筋加固面积的增大而减小。

3.2.4 延性性能分析

钢筋混凝土梁的受拉截面拉应力主要由钢筋承担，钢筋屈服点是延性的一个控制点，钢筋屈服前，承载力随位移增大；钢筋屈服后，梁的承载力基本不再增大，位移显著增大，表现为一个屈服平台，体现出较好的延性。而在内嵌 FRP 筋加固混凝土构件中，FRP 筋与钢筋共同承担截面的拉应力，从大量的试验结果看出，加固构件发生较大的非弹性变形的同时，构件的承载力仍在继续增大。因此，传统的延性定义对内嵌 FRP 筋加固混凝土构件并不适用，需要采用新的延性评价方法。本节采用几种不同的延性指标对试验试件进行延性分析，以期获得适合加固梁的延性分析指标。

(1) 曲率和位移延性系数

衡量延性的量化设计指标，最常用的是曲率延性系数和位移延性系数。曲率延性系数定义为极限曲率与屈服曲率的比值，见式 (3-1)，通常用于延性构件临界截面的相对延性。位移延性系数定义为极限位移与屈服位移的比值，见式 (3-2)，通常用于反映延性构件局部以及延性结构整体的相对延性。

$$\mu_{\phi} = \frac{\phi_u}{\phi_y} \tag{3-1}$$

$$\mu_{\Delta} = \frac{\Delta_u}{\Delta_y} \tag{3-2}$$

式中　μ_{ϕ}、μ_{Δ}——曲率延性系数与位移延性系数；

ϕ_u、ϕ_y——极限曲率与屈服曲率；

Δ_u、Δ_y——极限位移与屈服位移。

（2）能量延性系数

能量延性系数为极限变形能与屈服变形能的比值：

$$\mu_E = \frac{E_u}{E_y} \tag{3-3}$$

式中　μ_E——能量延性系数；

E_u、E_y——极限变形能与屈服变形能。

（3）Naaman 和 Jeong 延性指标

1995 年，Naaman 和 Jeong 提出了基于总变形能与弹性变形能比值的延性模型[7]，延性指标表达式为：

$$\mu_{en} = 0.5\left(\frac{E_{tot}}{E_{ela}} + 1\right) \tag{3-4}$$

式中　E_{tot}——总变形能；

E_{ela}——弹性变形能。

μ_{en} 是对双线性理想弹塑性模型用能量形式表述推导得到的，即以可恢复的弹性变形能作为参照来反映塑性变形能力的大小，从而将传统延性系数推广到无明显屈服点的荷载-变形关系。这个定义比采用名义屈服点的方法物理概念更为明确。但与传统延性系数相同，如果在总变形中弹性变形占主要，μ_{en} 就很小，因此这个指标本质上还没有突破传统延性系数的局限[8]。

（4）延性综合性能指标

1996 年，Mufti 等提出从综合性能的角度描述结构的延性[9]。加拿大《公路桥梁抗震设计规范》CHBDC 将这个研究成果应用于设计。《公路桥梁抗震设计规范》CHBDC 要求，对于矩形截面梁，延性综合性能指标 J 不小于 4；对于 T 形截面梁，延性综合性能指标 J 不小于 6。

$$S = \frac{M_u}{M_c} \tag{3-5}$$

$$D = \frac{\phi_u}{\phi_c} \tag{3-6}$$

$$J = \frac{\phi_u}{\phi_c} \cdot \frac{M_u}{M_c} \tag{3-7}$$

式中　S、D——承载力系数和变形性系数；

M_u、M_c——极限弯矩和混凝土受压区边缘压应变为 0.001 时的弯矩；

ϕ_c——混凝土受压区边缘压应变为 0.001 时的截面曲率。

（5）P. Zou 延性指标

2003 年，P. Zou 对于预应力钢筋或 FRP 混凝土构件，考虑兼顾构件开裂与极限两种状态提出了一个新的延性指标[10]：

$$Z = \left(\frac{\Delta_u}{\Delta_c}\right)\left(\frac{M_u}{M_c}\right) \tag{3-8}$$

式中　Δ_c、Δ_u——开裂位移与极限位移；

M_c、M_u——开裂弯矩与极限弯矩。

本节选用几种延性指标分析试件的延性，结果见表 3-6。

试件的延性指标　　表 3-6

试件编号	曲率延性 μ_ϕ	位移延性 μ_Δ	能量延性 μ_E	承载力系数 S	变形性系数 D	综合性能指标 J
BA0	2.75	5.47	9.67	1.44	2.81	4.04
BA1	5.37	5.82	10.95	1.58	5.94	9.38
BA2	3.75	4.85	8.57	1.79	5.85	10.49
BA3	3.38	5.75	10.63	2.21	7.08	15.62
BB0	5.82	7.27	11.91	1.28	5.89	7.56
BB1	3.91	4.44	7.98	1.64	7.46	12.21
BB2	7.61	6.32	11.81	1.62	8.95	14.50

从表 3-6 中可以看出，未加固试件与加固试件的曲率延性、位移延性和能量延性没有明显表现出嵌入 GFRP 筋对于试件延性的影响。而新的延性指标 J 则将嵌入 GFRP 筋对于试件延性的影响体现得较为明显。加固试件的综合性能 J 在 9.38～14.50 之间，远大于加拿大《公路桥梁抗震设计规范》CHBDC 要求的延性综合性能系数大于 4 的要求，体现了良好的延性。

3.2.5　内嵌 GFRP 筋加固梁协同工作性能

内嵌 GFRP 筋加固混凝土梁中的混凝土、受拉钢筋与 GFRP 筋是否能共同工作，充分发挥材料的性能，是一个十分复杂的问题，本节通过对试验结果的分析，进一步探讨内嵌 GFRP 筋加固混凝土梁中各种材料之间的协同工作性能。

(1) 平截面假定的验证

图 3-9 为本试验加固试件的跨中截面应变分布图，纵坐标轴为截面高度，标注栏表示荷载等级，单位 kN，沿截面高度 8mm 与 47mm 位置处分别为 GFRP 筋与钢筋的实测应变值，其余点均为混凝土上应变片实测值。从图 3-9 可以看出，屈服荷载前，截面各点的应变沿梁高呈线性分布，基本认为截面的平均应变保持平面。钢筋屈服后，GFRP 筋的应变大幅度增大，远大于钢筋的应变，裂缝开展高度迅速上升，截面各点应变已经不能保持在一个平面内，但是钢筋到受压区混凝土边缘的应变基本上仍然保持平面。

(2) GFRP 筋与钢筋的应力分析

对试件跨中截面各级荷载作用下的受拉钢筋与 GFRP 筋的应力作分析。为了使钢筋屈服后的应力-应变关系接近实际情况，钢筋采用硬化弹塑性本构模型。

GFRP 筋与钢筋的应力关系可分为 3 个阶段，即开始加载至加固梁开裂阶段、加固梁开裂荷载至屈服阶段、屈服至极限阶段。图 3-10 为 GFRP 筋、钢筋应力比与荷载比的关系曲线。图 3-11 为 GFRP 筋、钢筋应力与荷载比的关系曲线图。图 3-12 为钢筋、GFRP 筋应力与荷载关系曲线。

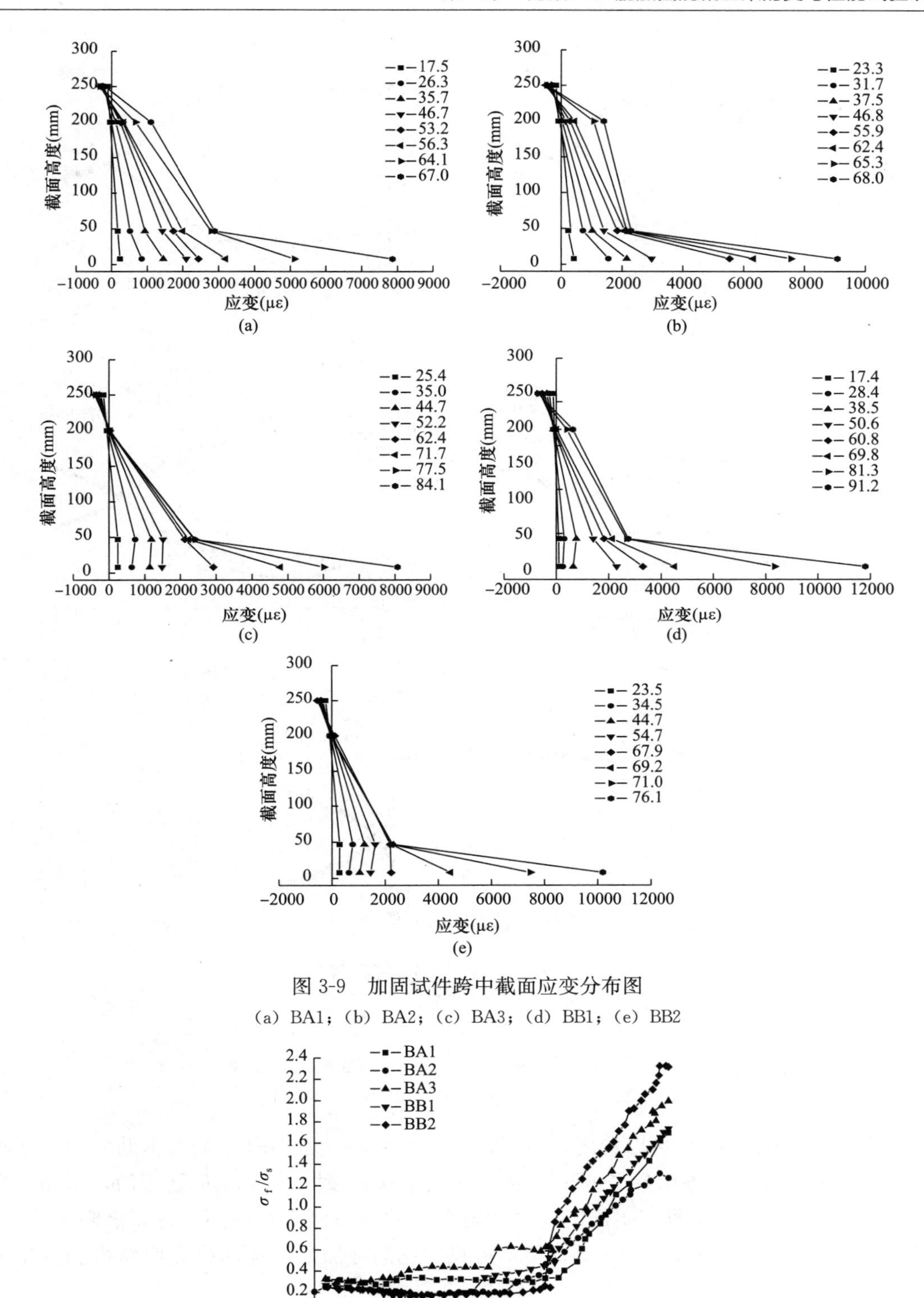

图 3-9　加固试件跨中截面应变分布图

(a) BA1；(b) BA2；(c) BA3；(d) BB1；(e) BB2

图 3-10　GFRP 筋、钢筋应力比与荷载比的关系曲线

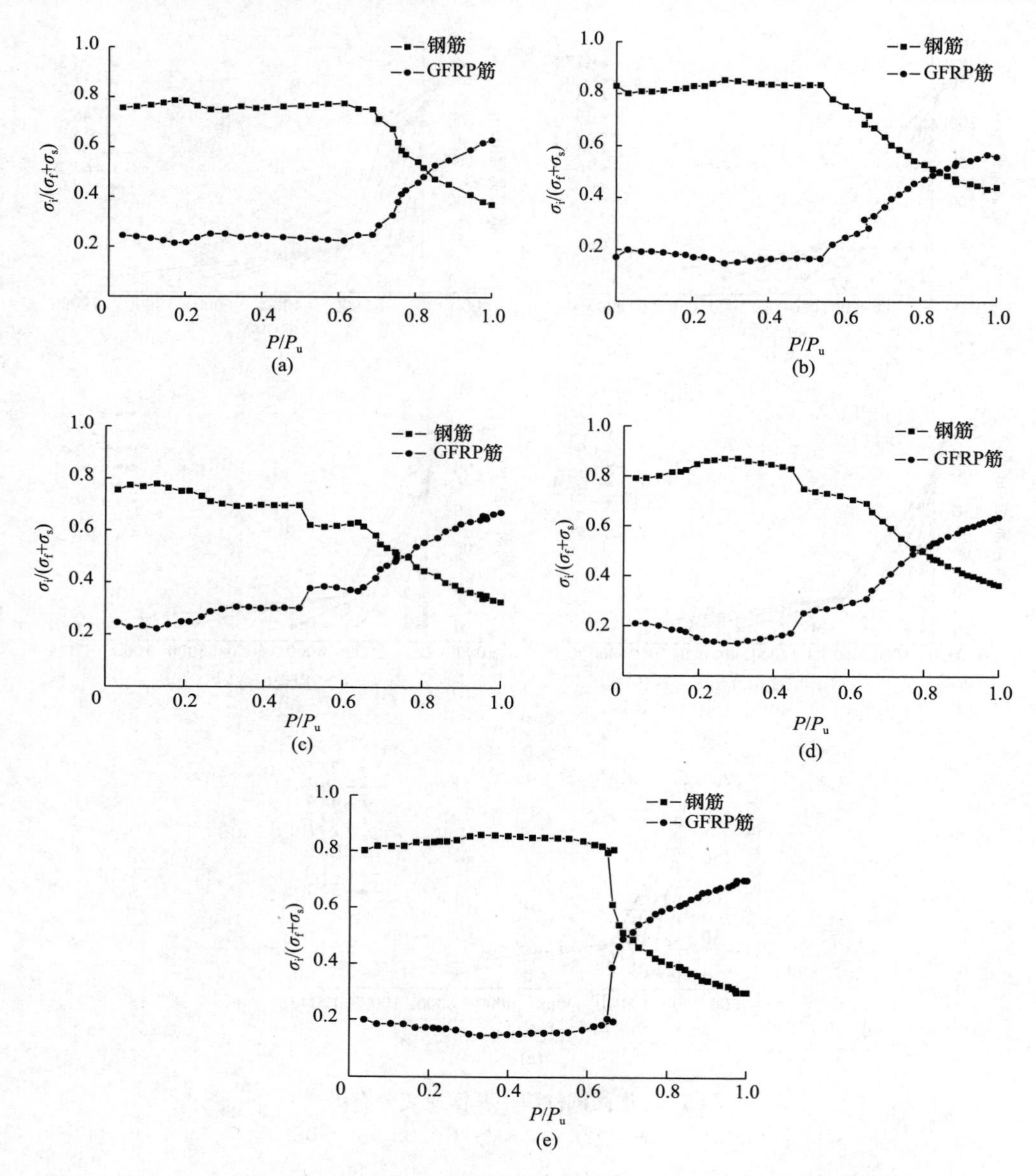

图 3-11　GFRP 筋、钢筋应力比与荷载比的关系曲线

(a) BA1；(b) BA2；(c) BA3；(d) BB1；(e) BB2

从图 3-10～图 3-12 中可以看出，当荷载比小于 0.65 时，GFRP 筋与钢筋的应力比随荷载的增加稳定在 0.25～0.30 之间；当荷载比大于 0.65 时，试件钢筋屈服后，截面发生应力重分布现象，GFRP 筋与钢筋的应力比随荷载的增加而大幅提高，达到极限荷载时，GFRP 筋应力是钢筋应力的 1.1～2.0 倍，可见，钢筋屈服后，加固梁截面新增加的拉力几乎都由 GFRP 筋承担。

σ_f/σ_s 与 P/P_u 的关系可以用表达式（3-9）与式（3-10）表示，其中 c、k 为常数，它的取值与 GFRP 筋加固面积、纵筋配筋率、混凝土强度、截面尺寸等因素有关；P_y、P_u 为屈服荷载与极限荷载。

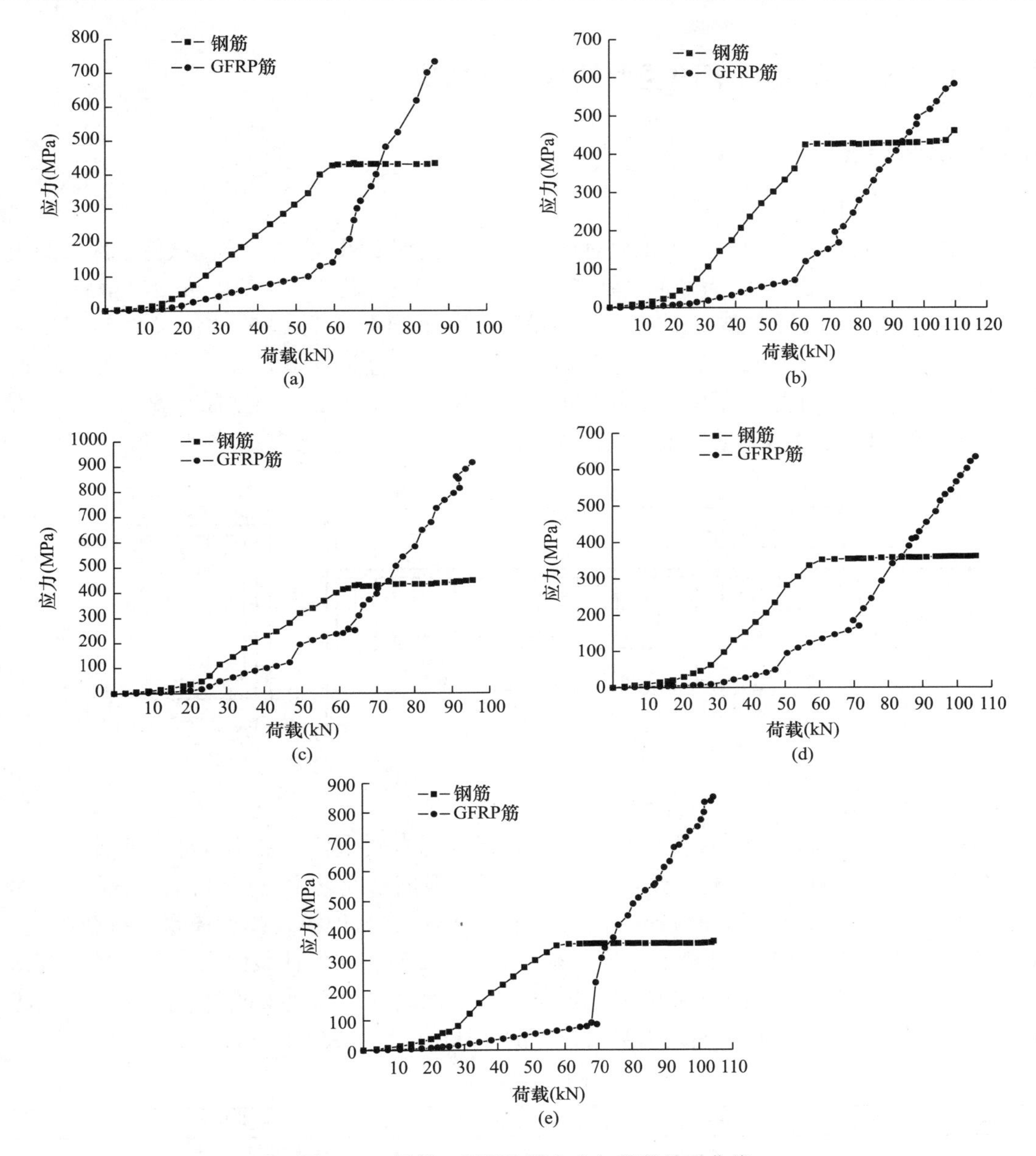

图 3-12　钢筋、GFRP 筋应力与荷载关系曲线

(a) BA1；(b) BA2；(c) BA3；(d) BB1；(e) BB2

$$\frac{\sigma_{\mathrm{f}}}{\sigma_{\mathrm{s}}}=c \qquad 0<P\leqslant P_{\mathrm{y}} \tag{3-9}$$

$$\frac{\sigma_{\mathrm{f}}}{\sigma_{\mathrm{s}}}=k\left(\frac{P}{P_{\mathrm{u}}}\right)+c \qquad P_{\mathrm{y}}<P\leqslant P_{\mathrm{u}} \tag{3-10}$$

通过截面应力分析认为，钢筋屈服点是加固梁协同工作性能的一个临界点，屈服荷载前，截面应变保持平面，GFRP 筋与钢筋应力比值恒定，GFRP 筋与钢筋具有良好的协同工作性能。屈服荷载后，截面应力重分布，GFRP 筋与钢筋的应力比值随着荷载的增大呈线性增大。

3.3 加固梁二次受力下的受弯性能试验研究

3.3.1 试验概况

(1) 试件设计

本试验共设计梁 12 根，其中 1 根对比梁，11 根内嵌 FRP 筋加固梁。试件全部采用矩形截面简支梁，截面尺寸为 $b \times h = 150\text{mm} \times 300\text{mm}$；跨度 $l = 2400\text{mm}$，净跨 $l_n = 2200\text{mm}$；剪跨比为 2.8，跨高比为 7.3；混凝土强度设计等级为 C30，钢筋保护层厚度为 40mm；试验采用反向加载，2 个分配梁加载点之间距离为 800mm，加载点距支座中心的距离为 700mm。梁内主筋采用直径为 12mm 的 HRB400 级钢筋，架立筋和箍筋均采用直径为 8mm 的 HPB300 级钢筋。梁截面尺寸及配筋如图 3-13 所示。

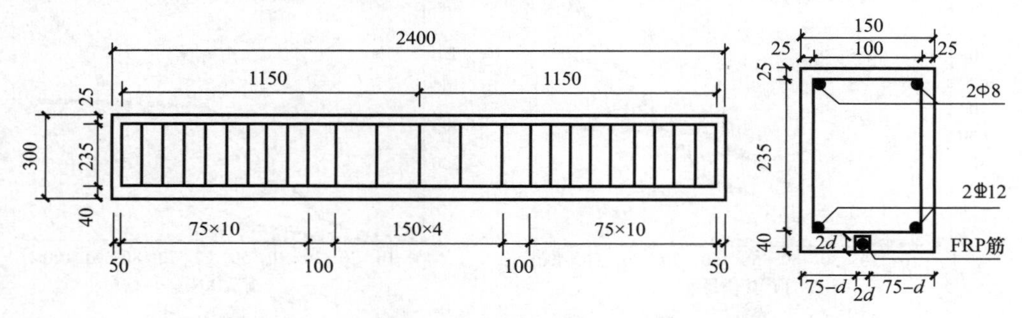

图 3-13 梁截面尺寸及配筋图

(2) 加固方案

影响内嵌 FRP 筋加固混凝土梁抗弯加固效果的因素较多，主要可以分为两类。第一类是加固构件本身的性能及初始情况：包括混凝土强度、配筋率、剪跨比、初始荷载大小、配箍率等；第二类是加固材料的性能：包括 FRP 筋的种类、弹性模量、抗拉强度、锚固长度、结构胶的种类及开槽尺寸等。本次试验主要研究初始荷载的大小，包括完全卸载和部分卸载、FRP 筋加固量和 FRP 筋粘结长度对加固梁加固效果的影响。槽宽与 FRP 筋直径的比值 $k = 2.0$。粘结剂采用结构胶。试件具体信息见表 3-7。

试件具体信息 **表 3-7**

试件编号	FRP 筋类型	FRP 筋直径 (mm)	粘结长度 (mm)	加载方法
DB0		—	—	直接加载到破坏
EA0	BFRP 筋	8	2000	加固后直接加载到破坏
EA3	BFRP 筋	8	2000	加载到 30%P_y持载加固后加载到破坏
EA5	BFRP 筋	8	2000	加载到 50%P_y持载加固后加载到破坏
EA6.5	BFRP 筋	8	2000	加载到 65%P_y持载加固后加载到破坏
EA8	BFRP 筋	8	2000	加载到 80%P_y持载加固后加载到破坏
EA8-0	BFRP 筋	8	2000	加载到 80%P_y完全卸载加固后加载到破坏
EA8-5	BFRP 筋	8	2000	加载到 80%P_y卸载至 50%P_y 加固后加载到破坏
FA8	BFRP 筋	10	2000	加载到 50%P_y持载加固后加载到破坏
GA8	BFRP 筋	12	2000	加载到 50%P_y持载加固后加载到破坏
EB8	BFRP 筋	8	1600	加载到 50%P_y持载加固后加载到破坏
EC8	BFRP 筋	8	1800	加载到 50%P_y持载加固后加载到破坏

注：P_y为对比梁 DB0 的屈服荷载。

（3）试验测量内容和测点布置

本次试验的主要内容是对加固试件进行强度、刚度、变形和抗裂性能的研究，以了解试件加固后承载能力的提升情况。试验中采用电阻应变片测量应变大小，使用位移计测量挠度，裂缝宽度使用裂缝测试仪和裂缝对比卡测量，裂缝发展过程则通过直接观察并描绘记录，具体的测试内容如下。

1）混凝土应变的测量

在跨中纯弯段一侧粘贴 6 个应变片（灵敏系数为 2.018±0.10%，栅长×栅宽为 100mm×3mm）。应变片粘贴的位置为梁跨中截面一侧，沿梁高度分别为 50mm、100mm、150mm、200mm、250mm 和 280mm 处，具体位置如图 3-14（a）所示。

2）钢筋应变的测量

在试件浇筑之前，预先在两根受拉钢筋上粘贴应变片［灵敏系数为（2.05±0.28)%，栅长×栅宽为 3mm×2mm］，以此来测量受拉钢筋在加载过程中应变变化情况。应变片具体粘贴位置如图 3-14（b）所示。

3）FRP 筋应变的测量

本试验中 FRP 筋采用的应变片型号与钢筋相同，并在梁的纯弯段和端点处粘贴应变片，以测量 FRP 筋在加载过程中的受力情况。测点具体位置如图 3-14（c）所示。

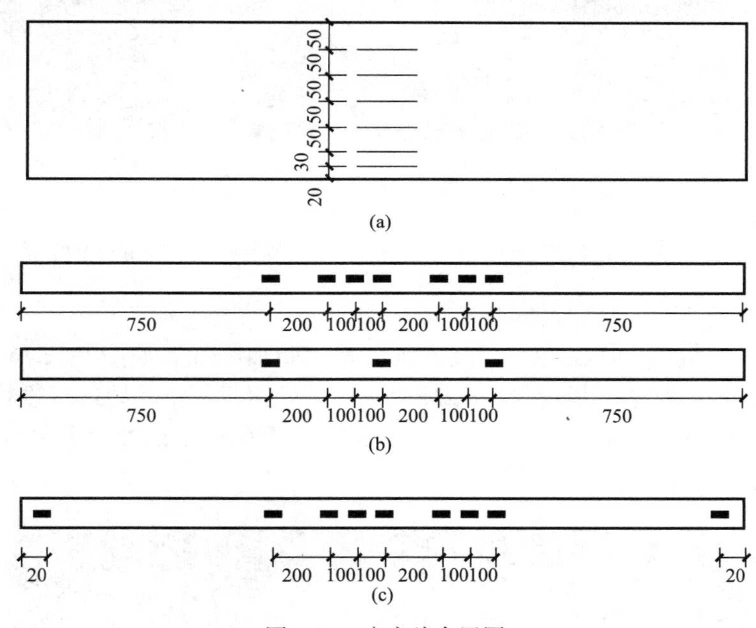

图 3-14　应变片布置图

（a）混凝土测点；（b）钢筋测点；（c）FRP 筋测点

4）挠度的测量

在梁跨中、加载点及支座处各安装一个位移计，以测量试验梁在荷载作用下各点的挠度，了解试件的变形情况。

5）裂缝的测量

裂缝的观测包括 3 个方面的内容。①裂缝出现的观测：在加载过程中对裂缝的出现进行观测，辅助荷载-挠度曲线确定开裂荷载。裂缝出现的观测在试验中借助放大镜以目测为主，并结合梁挠度和钢筋应变值的变化来确定。②主要裂缝宽度的测量：采用裂缝观测仪（前期裂缝较小时使用）和裂缝对比卡（后期裂缝较大时使用）进行测量，在各级荷载作用下选取几条宽度较大的主要裂缝进行测量。③裂缝发展的观测：试验中出现裂缝后，对每级荷载下各裂缝的位置、长度、发展形态在梁的侧面进行标注。

（4）试件的制作

试件的制作分为钢筋混凝土梁的制作、梁底部开槽、嵌入 FRP 筋、试件养护四个步骤，试件制作的整个过程同 2.5.1 节，具体如图 3-15 所示。

图 3-15　试件制作过程

（a）钢筋骨架绑扎；（b）模板制作；（c）混凝土浇筑；（d）混凝土养护；（e）试件开槽；（f）加固养护

（5）试验装置与试验加载过程

为了便于注胶植筋，本试验采用反向加载，试验加载装置如图 3-16 所示。根据极限荷载的理论计算值，试验采用量程 500kN 的液压千斤顶，使用手动油泵进行加载与卸载，荷载通过分配梁传递至试件。在两个支座、加载点和跨中分别设置一个位移计，测量加载过程中试件跨中的实际位移。

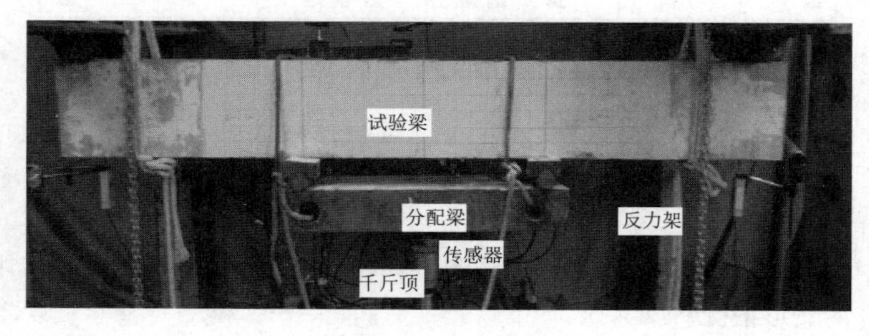

图 3-16　试验加载装置图

本试验为单调静力加载试验，先预载，再正式加载。预载的目的是使反力架、支座和试件之间进一步紧密，检查试验装置和数据采集设备的可靠性。正式加载的方法同 2.5.1 节。测量各级荷载作用下试件的主要裂缝宽度时，在试件上标出裂缝开展趋势及荷载大小。各级荷载结束后，选取 3 条或 3 条以上较大裂缝，测量其宽度。正截面裂缝应取受拉筋重心处的最大裂缝，斜截面裂缝应取斜裂缝与箍筋交汇处测量。

（6）材料力学性能

1）混凝土强度

本试验均采用强度等级为 C30 的商品混凝土，制作了 150mm×150mm×150mm 的标准混凝土试块 6 块，采用标准试验方法测定混凝土强度，具体见表 3-8。表中 f_{cm} 和 f_{tm} 为换算值。

混凝土强度值　　**表 3-8**

试样标号	$f_{cu,m}$（MPa）	f_{cm}（MPa）	f_{tm}（MPa）
C1	38.1	25.5	2.58
C2	40.2	26.9	2.65
C3	38.1	25.5	2.58
C4	41.6	27.9	2.70
C5	41.0	27.5	2.68
C6	41.5	27.8	2.70
平均值	40.0	26.8	2.65

2）钢筋性能

本试验中纵向受拉钢筋采用直径为 12mm 的 HRB400 钢筋，架立筋采用直径为 8mm 的 HPB300 钢筋，按照金属拉伸试验标准，每种钢筋取 3 个试样进行屈服强度和极限抗拉强度测定，结果见表 3-9。

3）FRP 筋性能

本试验采用的表面带肋 BFRP 筋的性能指标由供应商提供，详见表 3-10。

4）粘结剂性能指标

试验采用的粘结剂与 2.2.1 节所用相同，具体性能参数见表 2-5。

钢筋性能指标　　**表 3-9**

钢筋型号	试样标号	屈服强度（MPa）	极限强度（MPa）
HPB400 级 d=12mm	S1	425.0	570.0
	S2	412.5	570.0
	S3	437.5	580.0
	平均值	425.0	573.3
HRB300 级 d=8mm	S1	245.0	356.2
	S2	253.4	348.0
	S3	248.9	362.8
	平均值	249.1	355.5

BFRP 筋材料性能 **表 3-10**

直径（mm）	面积（mm^2）	抗拉弹性模量（GPa）	极限抗拉强度（MPa）	极限拉应变（%）	泊松比	温度线膨胀系数（/℃）
8	62.4	41.4	964	2.38	0.2	3×10^{-6}
10	100	41.4	964	2.38	0.2	3×10^{-6}

3.3.2 试验结果与分析

（1）试验主要结果

在内嵌 FRP 筋加固混凝土梁的抗弯试验中，常见的加固梁破坏模式有：FRP 筋被拉断、混凝土被压碎、粘结破坏和适筋破坏等。本试验加固梁的破坏模式主要包括：①适筋破坏；②粘结破坏；③混凝土被压碎；④结构胶劈裂四种模式。试验结果表明：加固后，试验梁的屈服荷载、极限荷载及刚度均有不同程度的提高；初始荷载、FRP 筋加固量、粘结长度及卸载情况均对试件的受弯性能有不同程度的影响。试验结果汇总见表 3-11。

试验结果汇总 **表 3-11**

试件编号	开裂荷载 P_{cr}（kN）	屈服荷载 P_y（kN）	极限荷载 P_u（kN）	屈服位移（mm）	极限位移（mm）	$\frac{P_{cr}}{P_{crC}}$	$\frac{P_y}{P_{yC}}$	$\frac{P_u}{P_{uC}}$	$\frac{P_u}{P_y}$	破坏模式
DB0	24.6	57.4	72.4	9.33	46.47	1	1	1	1.26	①
EA0	24.8	62.9	107.7	9.83	54.71	1.01	1.10	1.49	1.71	④
EA3	25.2	63.6	105.6	9.60	48.74	1.02	1.11	1.46	1.66	①
EA5	22.2	60.4	104.6	7.93	47.32	0.90	1.05	1.44	1.73	④
EA6.5	21.9	56.5	101.8	10.67	56.94	0.89	0.98	1.41	1.8	③
EA8	24.4	60.0	102.0	8.17	45.6	0.99	1.05	1.41	1.70	③
EA8-0	22.0	62.3	111.4	7.88	56.08	0.89	1.09	1.54	1.79	④+③
EA8-5	22.2	60.1	109.6	7.83	50.87	0.90	1.05	1.51	1.82	①
FA8	24.4	61.6	112.1	9.41	46.92	0.99	1.07	1.55	1.82	③
GA8	25.0	67.7	130.6	9.03	45.11	1.02	1.18	1.80	1.93	③
EB8	22.6	62.8	102.9	8.37	42.59	0.92	1.09	1.42	1.64	②
EC8	22.2	65.4	95.9	9.32	38.45	0.91	1.14	1.32	1.46	④

注：破坏模式，①适筋破坏；②粘结破坏；③混凝土被压碎；④结构胶劈裂。表中 P_{crC}、P_{yC}、P_{uC} 分别为对比试件 DB0 的开裂荷载、屈服荷载和极限荷载；P_{cr}/P_{crC}、P_y/P_{yC}、P_u/P_{uC} 分别为各试件与对比试件 DB0 的开裂荷载比值、屈服荷载比值和极限荷载比值。

（2）试件受力过程分析

在试验过程中，现场记录了各试验梁的变形和裂缝的开展情况，本节对典型试件的受力过程进行分析。

1）对比梁 DB0

DB0 为未加固梁，破坏时受拉钢筋已屈服，而混凝土受压区边缘达到极限压应变，但未出现明显压碎现象。当加载至24.6kN（34.0%极限荷载）时，在距离跨中178mm处截面混凝土出现第一条微裂缝，即开裂荷载为24.6kN；随着荷载的增大，纯弯段内出现多条裂缝并迅速向下发展，裂缝基本呈对称分布；当荷载增加到53kN（73.2%极限荷载）时，混凝土梁在弯剪段出现斜裂缝，裂缝出现的范围由纯弯段向弯剪段发展；当荷载增加到57.4kN（79.3%极限荷载）时，荷载-挠度曲线出现拐点，试件挠度迅速变大，钢筋已屈服，试验中可以观察到主裂缝宽度迅速变大，荷载增长变慢；随着荷载继续增加，试件的挠度和主裂缝的宽度不断增大，当荷载增加到72.4kN时，因挠度（46.47mm）和主裂缝宽度（约4mm）过大而难以继续加载，混凝土梁宣告破坏。

2）直接加固梁EA0

EA0为无损伤直接加固梁，FRP筋内嵌长度为2000mm。梁破坏时荷载为107.7kN，破坏形式为多处胶层劈裂，附带周边小块混凝土碎屑剥离。在荷载达到24.8kN（23.0%极限荷载）时，试件在靠近跨中位置处出现首条微裂缝；随着荷载的增大，纯弯段内不断出现新的裂缝，当荷载增加到40kN（37.1%极限荷载）时，只听见“砰”的一声，此时结构胶开裂；当荷载达到50kN（46.4%极限荷载）时，靠近FRP筋自由端一侧出现首条斜裂缝，并随着荷载的增加迅速向下发展；荷载达到62.9kN（58.4%极限荷载）时，加固梁屈服，此时试验梁的荷载-挠度曲线发生转折，挠度增长迅速变快；加固梁屈服后继续加载，荷载增长缓慢，主裂缝宽度迅速变大，主裂缝位置处的结构胶多处开裂；当荷载达到107.7kN时，只听见“砰”的一声巨响，结构胶多处劈裂，加固梁发生破坏。破坏时加固梁的跨中挠度达到50mm，极限荷载与对比梁相比提高了48.8%，可见内嵌FRP加固可以有效地提高梁的极限受弯承载力。

3）二次受力抗弯加固梁EA5

EA5为二次受力抗弯加固梁，将预先开好槽的混凝土梁加载至对比梁屈服荷载的50%（即加载至28.5kN，此时混凝土梁已开裂），然后在持载条件下进行注胶、植筋并养护3d。3d后结构胶已经完全达到强度，可以继续进行加载，直到试件破坏。

试验中观察到，当荷载达到22.2kN（21.1%极限荷载）时，梁在跨中位置出现第一条微裂缝；随着荷载的增加，纯弯段内出现多条裂缝，基本呈对称分布。当荷载增加至28.5kN（27.2%极限荷载）时，停止加载，保持该荷载不变，等待该荷载稳定后，在预先开好的槽内注胶植筋并养护3d。在养护期间，应保持荷载在28.5kN左右。随着结构胶的固化，FRP筋与混凝土梁形成整体，可以共同受力，此时加固梁的刚度增加，各测点的应变值会略微增加，最后趋于稳定。3d后重新进行加载，此时试验梁承受的荷载由28.5kN增加到29.6kN，跨中挠度增加了0.28mm，裂缝宽度也有所增大；当荷载增加至45kN（43.0%极限荷载）时，出现“砰”的一声，结构胶开裂，此时弯剪段也出现斜裂缝；当荷载增加到60kN（57.4%极限荷载）时，EA5梁的荷载-挠度曲线出现转折，挠度增长速度变快，裂缝宽度也迅速变大，钢筋屈服；屈服后随着荷载的继续增大，挠度和主裂缝宽度不断增大；当荷载增加到104.6kN时，突然出现剧烈声响，加固梁破坏。破坏时，结构胶多处劈裂，破坏模式和直接加固梁EA0相似。加固梁的极限荷载与对比梁相比提高了44.5%。

4）完全卸载抗弯加固梁 EA8-0

EA8-0 为完全卸载的二次受力抗弯加固梁。试件的开裂荷载为 22kN（19.7%极限荷载），受拉区混凝土开始退出工作，钢筋承受全部拉力；荷载增加至 45.6kN（40.9%极限荷载）时，停止加载，待荷载稳定后将荷载卸至 0kN，然后进行加固，3d 后重新进行加载。在二次加载前，通过钢筋应变读数和跨中位移读数可以看出，卸载后钢筋应变和梁挠度没有完全恢复，具有明显的残余应变，这是由于在初始荷载作用下，构件已表现出塑性性质，在卸载后，塑性应变不可恢复，弹性应变可以恢复，产生残余应变；当荷载增加至 62.3kN（55.9%极限荷载）时，试验梁的荷载-挠度曲线发生转折，曲线曲率变小，挠度和裂缝宽度增长速度变快，加固梁已经屈服；荷载增加至 85kN（76.3%极限荷载）以后，随着荷载继续增加，陆续伴有结构胶开裂的声响；当荷载增加至 109.2kN（98.0%极限荷载）时，受压区混凝土开始有压碎迹象；当荷载增加至 111.4kN 时，结构胶多处劈裂，受压区边缘混凝土被压碎，加固梁破坏突然，且伴有响声。与未加固梁相比，试件 EA8-0 的极限荷载提高了 53.9%。

（3）破坏模式分析

1）适筋破坏

此种破坏模式在 DB0、EA3、EA8-5 这 3 个试件中出现，本节选取 DB0 作为典型试件进行分析。DB0 的极限荷载为 75.4kN，其破坏模式如图 3-17 所示。当梁屈服时，纯弯段竖向裂缝宽度迅速变大；随着荷载继续增加，受压区边缘混凝土达到极限压应变，由于试验梁配筋率较低，受压区边缘混凝土没有被压碎。破坏时，纯弯段多条竖向裂缝已经开展到离混凝土受压区边缘约 50mm 处，挠度达到 46.67mm，最大裂缝宽度约 4mm。

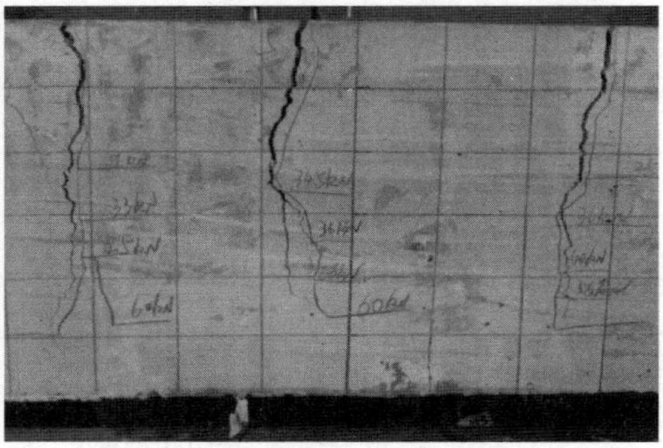

图 3-17　试件 DB0 破坏模式

2）粘结破坏

整个试验中只有粘结长度（1600mm）最小的试件 EB8 出现了此种破坏模式，其破坏模式如图 3-18 所示。试验中，当荷载达到 42.6kN（41.4%极限荷载）时，在靠近加载点约 200mm 处出现了斜裂缝；当荷载增加至 62.8kN（61.0%极限荷载）时，受拉钢筋屈服，纯弯段竖向裂缝宽度迅速变大，弯剪段斜裂缝没有明显的变化；当荷载增加至 70kN（68.0%极限荷载）后，斜裂缝宽度迅速变大，并发展为控制破坏的主斜裂缝；当达到极限荷载时，混凝土保护层在弯剪作用下出现剥离破坏，裂缝处 FRP 筋被拔出，结构胶碎裂。

3）受压区混凝土被压碎破坏

对于初始荷载较大的试件 EA6.5、EA8、EA8-0、FA8 和 GA8，均出现了混凝土被压碎破坏，典型试件 EA8 破坏模式如图 3-19 所示。试验现象以试件 EA8 为例，试验开始后，当荷载增加至 24.4kN（23.9%极限荷载）时，混凝土梁纯弯段出现第一条微裂缝；荷载增加到 45.6kN（44.7%极限荷载）时，停止加载，此时纯弯段内已经出现多条主裂缝，并基本呈对称分布，待荷载稳定后，进行加固并养护 3d，3d 后重新进行加载。

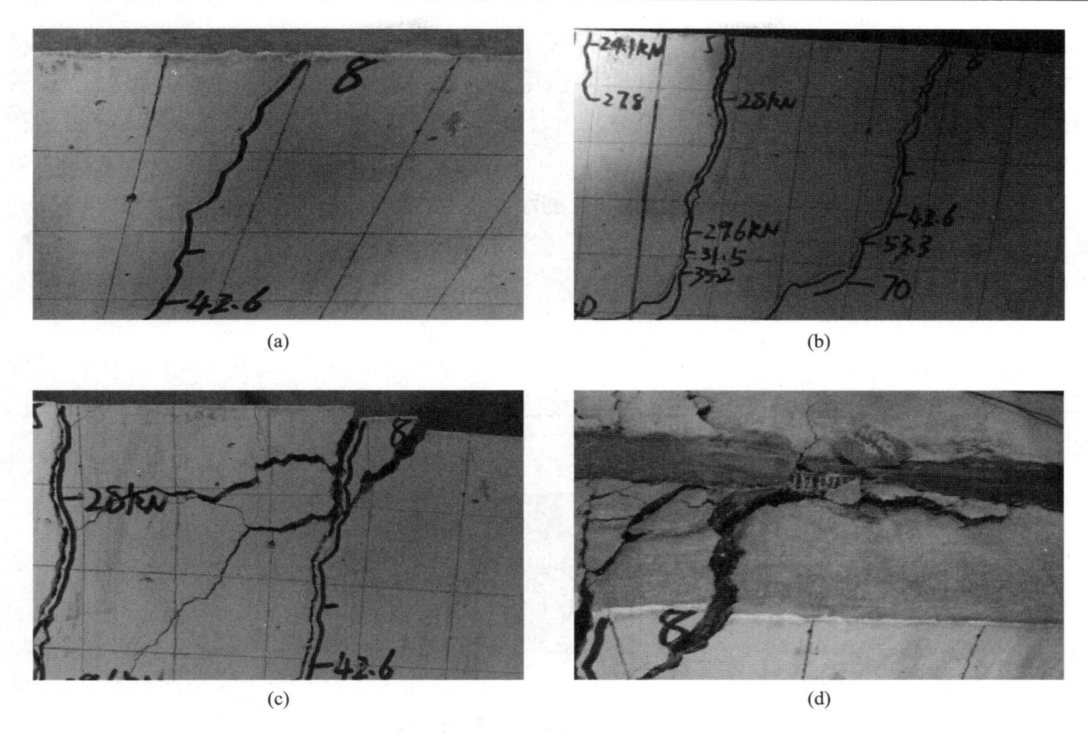

(a)　(b)　(c)　(d)

图 3-18　试件 EB8 破坏模式

(a) 开始出现斜裂缝；(b) 斜裂缝宽度增大；(c) 混凝土保护层剥离；(d) 胶体破坏

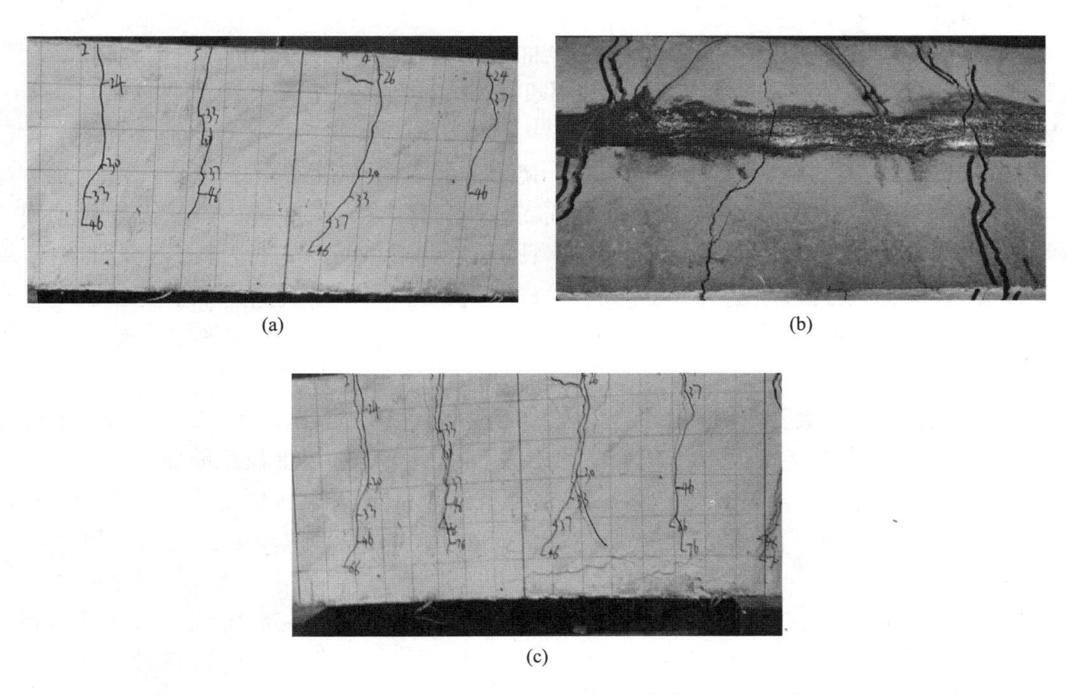

(a)　(b)　(c)

图 3-19　试件 EA8 破坏模式

(a) 出现多条裂缝；(b) 结构胶开裂；(c) 混凝土被压碎

在进行二次加载前，EA8 试件梁的初始荷载由 45.6kN 降落到了 41.1kN，跨中挠度增加了 0.64mm，这是因为在荷载的长时间作用下，由钢筋和混凝土的变形所致；当荷载增加至 51kN（50％极限荷载）时，弯剪段出现斜裂缝；当荷载达到 60kN（58.8％极限荷载）时，混凝土梁屈服；当荷载增加至 86kN（84.3％极限荷载）时，结构胶开裂，随着荷载的继续增加，持续出现响声，主裂缝处的结构胶陆续开裂。当荷载增加至 102kN 时，受压区边缘混凝土被压碎，试件宣告破坏，底部混凝土压碎区域从加载点一侧延伸至梁跨中。

4）结构胶劈裂破坏

试验梁 EA0、EA5、EA8-0、EC8 均发生了此种破坏，典型试件 EA0 破坏模式如图 3-20 所示。试件破坏时，纯弯段竖向裂缝已经开展到离混凝土受压区边缘约 50mm 处，梁的跨中挠度达到 50mm。

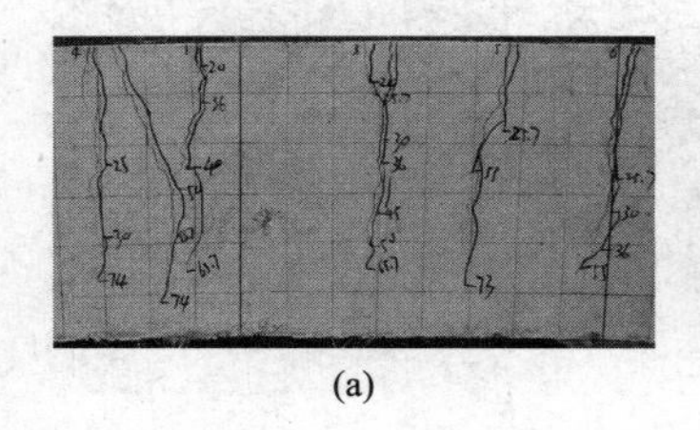
(a)

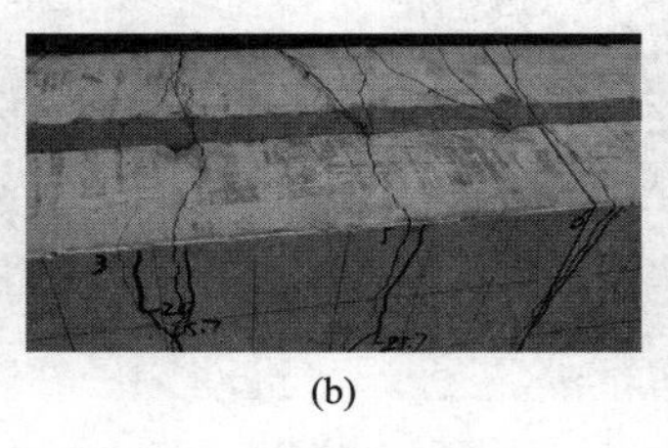
(b)

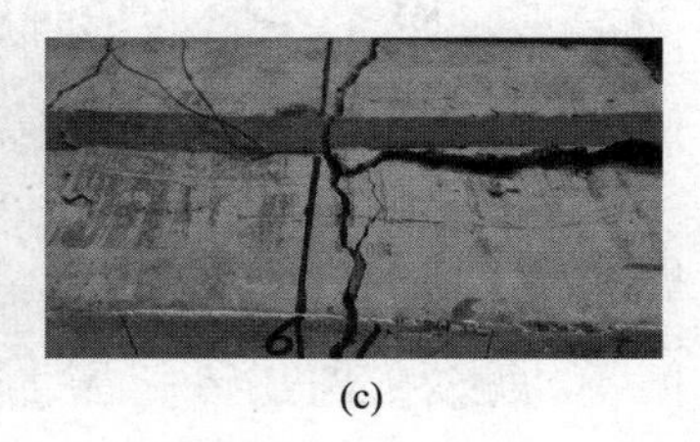
(c)

图 3-20 试件 EA0 破坏模式

(a) 裂缝向受压区发展；(b) 结构胶开裂；(c) 结构胶劈裂

（4）荷载-挠度曲线

图 3-21（a）为所有试验梁的荷载-挠度曲线，由图可以看出，内嵌 FRP 筋加固后，试验梁的极限承载力和刚度都得到了大幅度的提升。本节选取典型试件 EA0、GA8、EA8-5 进行详细的分析。

图 3-21（b）为直接加固梁 EA0 的荷载-挠度曲线，图中定义了 A、B、C3 个特征点。A 点为受拉区混凝土开裂点，B 点为受拉钢筋屈服点，C 点为试件破坏点。当荷载达到 A 点时，曲线出现拐点，但不明显，试验梁抗弯刚度略有减小；当荷载达到 B 点时，曲线斜率突然减小，试验梁抗弯刚度大幅度降低，挠度增长变快；当荷载达到 C 点时，试验梁发生破坏。EA0 的屈服荷载和极限荷载分别为 62.9kN 和 107.7kN，与对比梁 DB0 相比分别提高了 9.6％和 48.8％。

图 3-21（c）为二次受力梁 GA8 的荷载-挠度曲线，图中定义了 A、B、C、D4 个特征点。A 点为受拉区混凝土开裂点，B 点为 FRP 筋加固点，C 点为受拉钢筋屈服点，D 点为试件破坏点。当荷载达到 A 点时，受拉区混凝土开裂；当荷载达到 B 点时，停止加载，待荷载稳定后，进行加固并养护，3d 后重新进行加载，加固后试验梁的抗弯刚度得到提高，在进行二次加载前，试验梁的初始荷载由 46.0kN 回落到了 44.8kN，跨中挠度增加了 0.96mm，这是因为在荷载长时间作用下，由钢筋和混凝土的变形所致；当荷载达到 C 点时，受拉钢筋屈服，试件抗弯刚度下降，挠度增长变快；当荷载达到 D 点时，试件发生破坏。EA0 的屈服荷载和极限荷载分别为 67.7kN 和 130.6kN，与对比梁 DB0 相比分别提高了 17.9％和 80.4％。

图 3-21（d）为卸载加固梁 EA8-5 的荷载-挠度曲线，图中定义了 A、B、C、D、E5

个特征点。A 点为受拉区混凝土开裂点，B 点为开始卸载点，C 点为 FRP 筋加固点，D 点为受拉钢筋屈服点，E 点为试件破坏点。当荷载达到 A 点时，受拉区混凝土开裂；当荷载达到 B 点时，停止加载，待荷载稳定后，卸载至 C 点，然后进行加固并养护，加固后试验梁的抗弯刚度得到提高；当荷载达到 D 点时，受拉钢筋屈服，试件抗弯刚度下降，挠度增长变快；当荷载达到 E 点时，试件发生破坏。EA8-5 的屈服荷载和极限荷载分别为 60.1kN 和 109.6kN，与对比梁 DB0 相比分别提高了 4.7%和 51.4%。

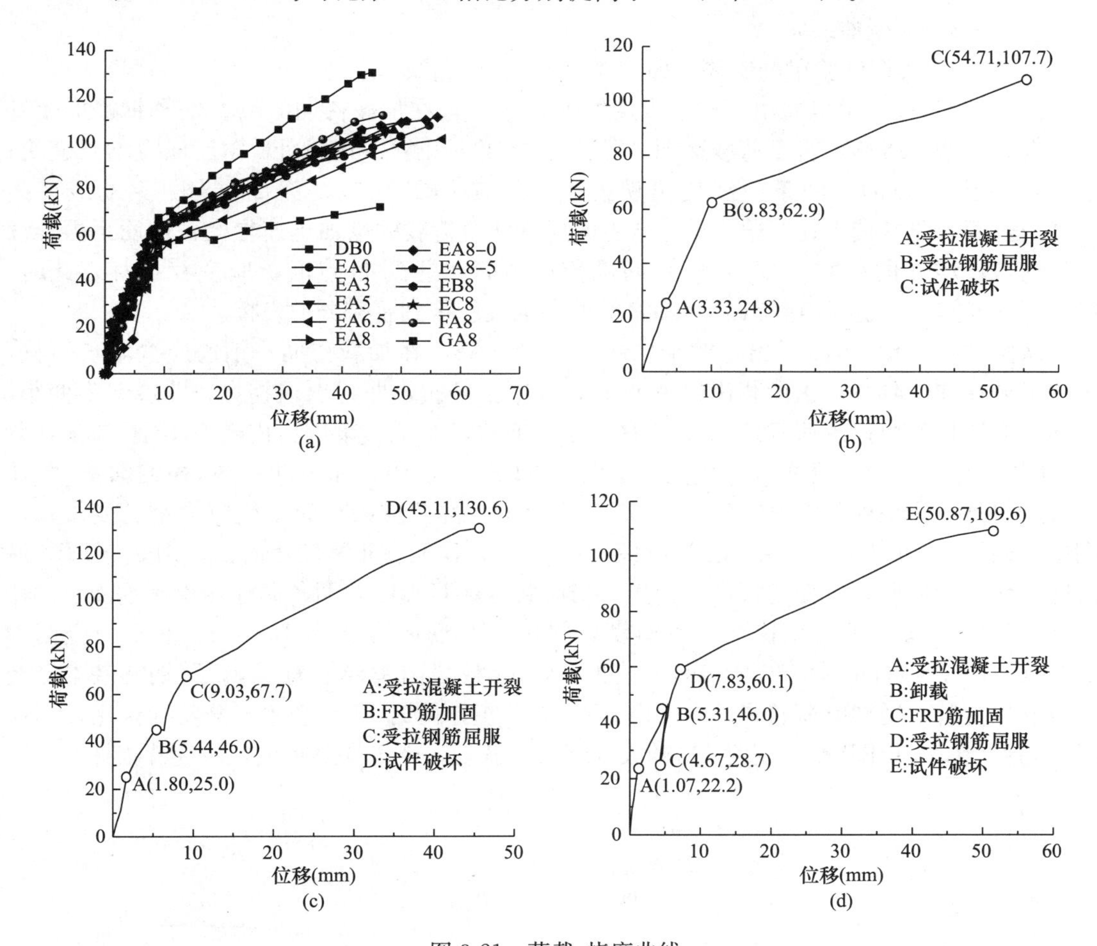

图 3-21　荷载-挠度曲线

（a）所有试件；（b）试件 EA0；（c）试件 GA8；（d）试件 EA8-5

综上，由图 3-21 可以看出，内嵌 FRP 筋加固混凝土梁的荷载-挠度曲线变化规律基本相同，大致可以分为三个阶段：弹性阶段、带裂缝工作阶段和破坏阶段。

1）弹性阶段

当荷载较小时，挠度和弯矩接近直线变化，荷载的增长速度快于挠度的增长，这时受拉区混凝土没有开裂，试验梁的变形非常小。

2）带裂缝工作阶段

受拉区混凝土开裂后，随着荷载的增大，纯弯段内不断出现新的裂缝，并迅速向受压区发展，挠度增长变快，随着荷载的增加而增加；当内嵌 FRP 筋加固后，FRP 筋和钢筋共同受力，试验梁的抗弯刚度略有提高，挠度增长变慢，直至受拉钢筋到达屈服强度。

3）破坏阶段

钢筋屈服后，荷载-挠度曲线出现拐点，试验梁进入破坏阶段。在此阶段，挠度迅速增长，而荷载增长缓慢，试验梁变形增大；纯弯段内，主裂缝宽度急剧变大，结构胶多处开裂；此阶段 FRP 筋开始发挥作用，增加的荷载主要由 FRP 筋承担；破坏时，试验梁的极限承载力得到了大幅度提高，且曲线无下降段。

(5) 荷载-应变曲线

图 3-22 为典型试验梁的钢筋、FRP 筋荷载-应变曲线。

从图 3-22（a）可以看出，对于直接加固梁 EA0，在加载初期，FRP 筋和钢筋应变基本重合，且增长缓慢，直至荷载达到 A 点时，混凝土开裂。开裂后，钢筋应变增长变快；当荷载达到 B 点时，两条曲线均出现拐点，此时 FRP 筋应变为 2316$\mu\varepsilon$，钢筋应变为 2402$\mu\varepsilon$，两者非常接近；屈服之后，两者的应变随着荷载的增加迅速增大，钢筋不再继续承担荷载，增加的荷载主要由 FRP 筋承担；当荷载达到 D 点时，应变片损坏，此时，FRP 筋的应变已经达到 14274$\mu\varepsilon$，FRP 筋的高强性能得到了充分的发挥。

从图 3-22（b）可以看出，对于二次受力梁 EA5，在加载初期，钢筋应变增长缓慢，试验梁处在弹性阶段；当荷载达到 A 点时，混凝土开裂，曲线出现拐点，曲线斜率变小，钢筋应变增长变快；当荷载达到 B 点时，停止加载，对试验梁进行内嵌 FRP 筋加固，此时 FRP 筋与钢筋的应变差为 1184$\mu\varepsilon$。从图中可以明显看出，加固以后 BC 段的斜率比 AB 段有所提高，这是由于 FRP 筋参与工作，分担了一部分应力，而钢筋应力增长变缓；从图中可以发现，B_0C_0 段和 BC 段两者斜率基本相同，说明在正常使用阶段，钢筋与 FRP 筋协同工作性能良好，应变增长基本同步；当荷载达到 C 点时，两条曲线均出现拐点，FRP 筋和钢筋应变增长迅速变快，此时钢筋屈服，FRP 筋的应变为 1343$\mu\varepsilon$，钢筋的应变为 2504$\mu\varepsilon$，FRP 筋的滞后应变为 1161$\mu\varepsilon$；屈服后，CD 段斜率接近为 0，说明钢筋基本已经不再分担荷载，增加的荷载几乎全部由 FRP 筋承担，此时 FRP 筋才充分发挥作用；当荷载达到 D_0 点时，FRP 筋应变为 11435$\mu\varepsilon$，继续加载后，由于变形较大，应变片损坏。

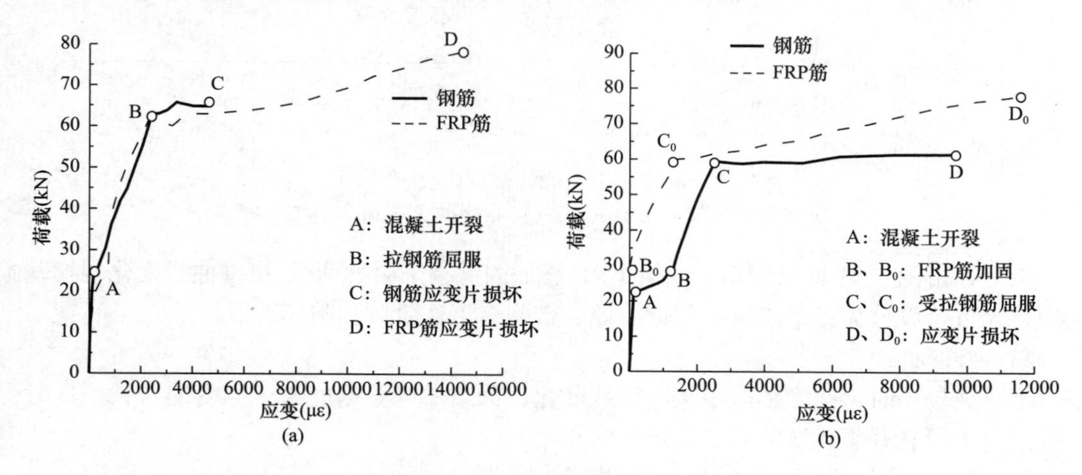

图 3-22 钢筋、FRP 筋荷载-应变曲线

(a) 试件 EA0；(b) 试件 EA5

3.3.3 影响因素分析

（1）初始荷载的影响

对比梁DB0、直接加固梁EA0、二次受力梁EA3、EA5、EA6.5、EA8为其他参数不变，初始荷载不同的试验梁。试验研究结果表明：初始荷载对试件的受力性能有一定的影响，初始荷载大小影响了试件的破坏模式。与未加固对比梁相比，FRP筋直径为8mm的二次受力加固梁的极限承载力提高了40%～50%，屈服承载力提高了5%～10%，这说明极限承载力提高幅度要大于屈服承载力，初始荷载大小对屈服承载力提高程度的影响保持在10%以内；二次受力加固梁还可以有效地提高试件的延性，并能控制裂缝的开展。

1）破坏特征

试件DB0和EA3为适筋梁破坏，EA0、EA5为胶层劈裂破坏，二次受力梁EA6.5和EA8为混凝土压碎破坏。结构胶不仅沿梁宽方向开裂（横向裂缝），沿梁长方向也出现了裂缝（纵向裂缝），横纵裂缝交错，结构胶发生碎裂。随着初始荷载的增大，试验梁破坏形式由胶层劈裂破坏变为混凝土压碎破坏。这是由于当初始荷载较小时，胶体在加载初期就开始承受力的作用，最后梁由于胶体达到其极限承载力而发生破坏，而对于初始荷载较大的试件，胶体在加载的中后期才开始承受力的作用，当梁破坏时，胶体并没有达到其极限强度。

2）荷载-挠度、荷载-应变关系曲线

图3-23是以初始荷载为参数的试件荷载-挠度曲线，从图中可以看出，与未加固梁相比，加固梁的屈服荷载和极限荷载均有提高，且极限荷载提高的幅度更为显著。这是由于屈服之前钢筋和FRP筋共同承受荷载，FRP筋的弹性模量较小，只有钢筋四分之一左右，同时对于二次受力梁，FRP筋相对于钢筋具有滞后应变，所以钢筋屈服前FRP筋只分担了一小部分荷载；而钢筋屈服后，FRP筋应变迅速增加，荷载主要由FRP筋承担。

图3-24为FRP筋荷载-应变曲线，从图中可以看出，当钢筋屈服时，EA0和EA3的FRP筋应变较大，分别为7886με和4272με，而EA5、EA6、和EA8的FRP应变分别为1996με、1116με和134με，说明初始荷载越大，FRP筋参与工作越晚，在钢筋屈服前，FRP筋承担的荷载则越小，屈服荷载提高程度越小，其中EA0和EA3的屈服荷载和对比梁相比分别提高了10%和11%，而梁EA5、EA6.5和EA8的屈服荷载相差不大，较对比

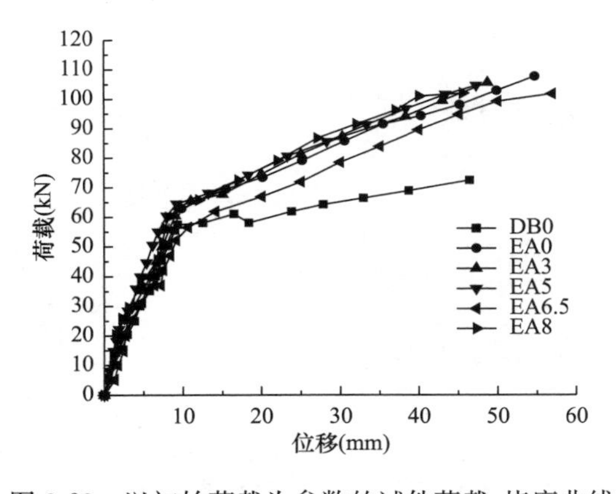

图3-23　以初始荷载为参数的试件荷载-挠度曲线

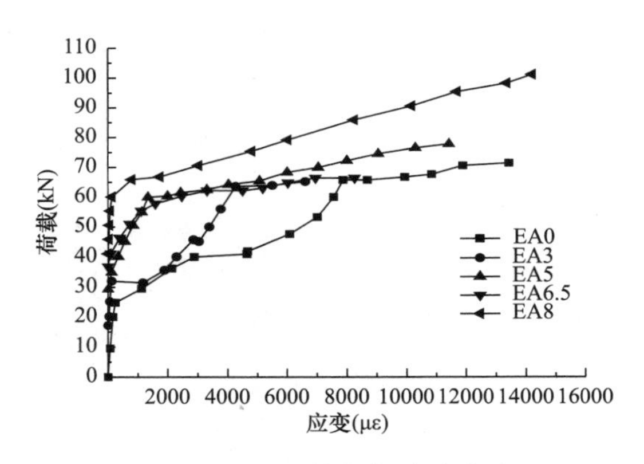

图3-24　FRP筋荷载-应变曲线

梁提高了 5%左右。因此，当初始荷载小于开裂荷载时，屈服承载力的提高程度与直接加固梁相差不大，可以忽略初始荷载的影响；当初始荷载大于开裂荷载时，初始荷载的存在，会降低加固梁屈服承载力的提高程度。

当钢筋屈服后，FRP 筋应变迅速增长，在相同作用荷载下，初始荷载越小的加固梁，FRP 筋的应变越大，承担的力越大，加固效果越好，其中 EA0、EA3、EA5、EA6.5 和 EA8 的极限承载力与对比梁相比分别提高了 49%、46%、44%、41%和 41%，可以看出，随着初始荷载的增大，极限承载力的提高程度呈下降趋势，初始荷载对极限承载力的影响在 5%～10%。

3）裂缝开展情况分析

从试验过程中观察到，所有试验梁均出现明显的弯曲裂缝且基本呈对称分布。图 3-25 为未加固对比梁 DB0、直接加固梁 EA0 及不同初始荷载下加固梁的裂缝开展及分布情况。通

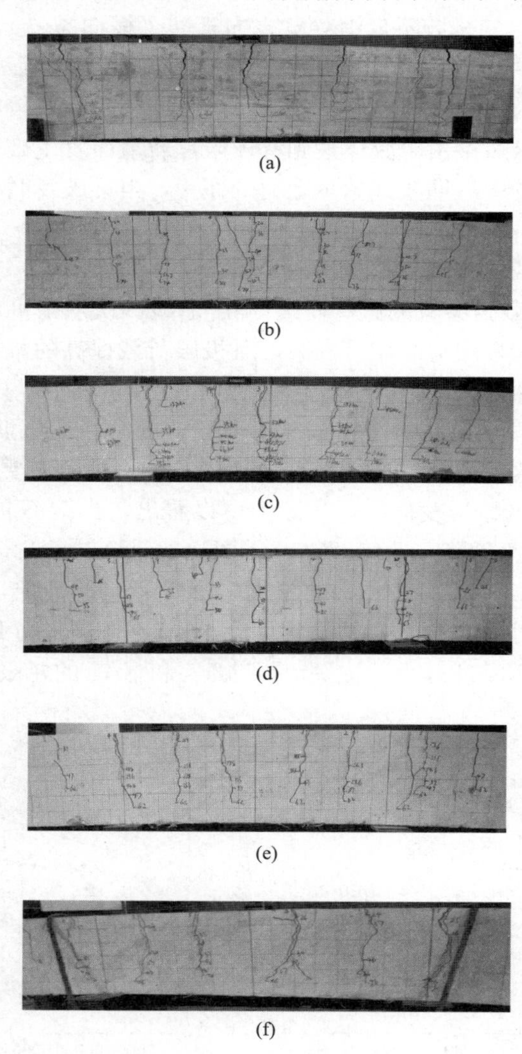

图 3-25　试验梁裂缝分布及形态（一）

(a) 梁 DB0；(b) 梁 EA0；(c) 梁 EA3；(d) 梁 EA5；(e) 梁 EA6.5；(f) 梁 EA8

过对比可以发现，在纯弯段内，加固梁的裂缝数量较未加固梁有所增多，初始荷载越小，裂缝分布越密。表 3-12 为各试验梁裂缝间距及最大裂缝宽度。从表中可以看出，加固梁的平均裂缝间距和相同荷载下最大裂缝宽度都较对比梁小，平均裂缝间距减小了 7%～25.1%，最大裂缝宽度减小了 7.3%～39%，随着初始荷载的增大，平均裂缝间距和裂缝宽度都增大，表明内嵌 FRP 筋加固可以限制裂缝的发展，初始荷载越小，加固梁裂缝限制效果越好。

各试验梁裂缝间距及最大裂缝宽度　　表 3-12

试件编号	平均裂缝间距（mm）	减小程度（%）	最大裂缝宽度（mm）	减小程度（%）
DB0	193.1	0	0.41	0
EA0	144.7	25.1	0.29	29.3
EA3	157.1	18.6	0.28	31.7
EA5	163.9	15.1	0.25	39.0
EA6.5	170.2	11.9	0.31	24.4
EA8	179.5	7.0	0.38	7.3

（2）卸载的影响

EA8 梁为加载至 80%屈服荷载后持载加固，EA8-0 梁为加载至 80%屈服荷载后完全卸载，然后进行加固，EA8-5 梁为加载至 80%屈服荷载后卸载至 50%屈服荷载，然后进行加固。这 3 根梁是以卸载程度为参数的试件，旨在研究卸载程度对加固梁受弯性能的影响。

试验研究结果表明：不同卸载程度的加固梁出现了不同的破坏形式，说明卸载会影响试件的破坏形式。卸载加固还会影响加固梁的极限承载力，加固前卸载量越大，加固效果越好。但卸载对加固梁刚度的影响不大，各加固梁裂缝开展情况相似。

1）破坏特征

EA8 梁破坏形式为受压区边缘混凝土压碎破坏；EA8-0 梁破坏时结构胶达到其极限强度（多处裂碎），同时受压区边缘混凝土压碎；EA8-5 则是由于主裂缝宽度和挠度过大而难以继续承受荷载而宣告破坏，为受弯破坏。

2）荷载-挠度、荷载-应变关系曲线

图 3-26 为试件 EA8、EA8-0 和 EA8-5 的荷载-挠度关系曲线，图 3-27 为 FRP 筋荷载-应变关系曲线。从图 3-26 中可以看出，EA8 梁、EA8-0 梁和 EA8-5 梁的荷载-挠度曲线相差不大，基本重合，说明卸载程度对加固梁的刚度影响很小；EA8-0 梁、EA8-5 梁和 EA8 梁的极限位移分别为 56.08mm、50.87mm 和 45.60mm，可见，卸载程度越大，梁的极限位移越大，卸载加固可以提高梁的延性。从图 3-27 中可以看出，当钢筋屈服时，EA8-0 梁、EA8-5 梁和 EA8 梁的 FRP 筋应变分别为 4010$\mu\varepsilon$、252$\mu\varepsilon$ 和 134$\mu\varepsilon$，可见，随着卸载程度的增大，FRP 筋就越早参与工作；屈服前，FRP 筋承担的荷载越大，屈服荷载提高的程度越大，其中 EA8-0 屈服承载力较对比梁提高了 9%，EA8-5 和 EA8 的屈服承载力相同，提高了 5%。完全卸载加固可以更好地提高试验梁的屈服承载力，而 EA8-5 虽然进行了卸载，但由于卸载程度较小，对屈服承载力的提高影响很小。在钢筋屈服后，FRP 筋应变迅速增长。当试验梁破坏时，EA8-0 梁的 FRP 筋应变最大，其次是 EA8-5 梁，EA8 的 FRP 筋应变最小，说明卸载使 FRP 筋与钢筋提前共同受力，增强了加固效果，从而提

高了试验梁的极限承载力。EA8 梁、EA8-5 梁和 EA8-0 梁的极限承载力和对比梁相比分别提高了 41%、51%和 54%，随着卸载程度的增大，极限承载力提高幅度上升，EA8-0 梁比 EA8 梁提高 13%，EA8-5 梁比 EA8 梁提高了 10%，因此加固前卸载可以有效地提高试验梁的极限承载力。

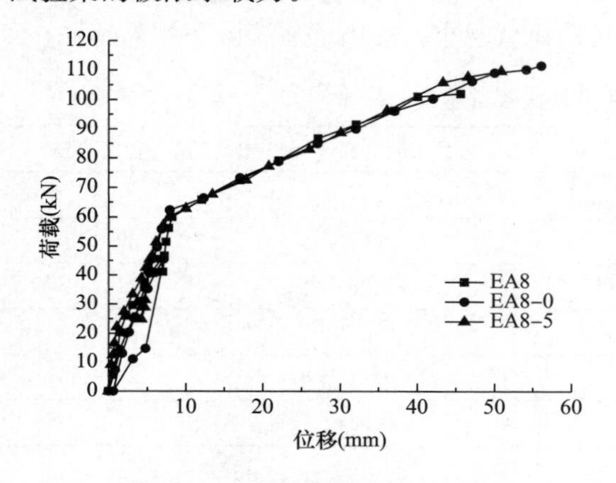

图 3-26 荷载-挠度关系曲线

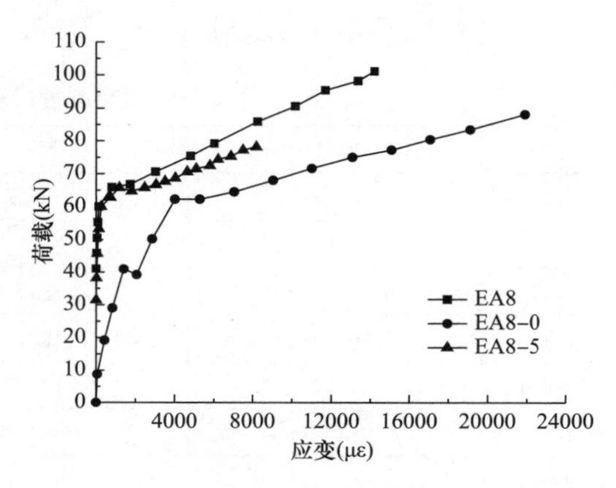

图 3-27 FRP 筋荷载-应变关系曲线

3）裂缝开展情况分析

所有试验梁均出现明显的弯曲裂缝且基本呈对称分布，随着荷载的增大，形成 1 至几条主裂缝。图 3-28 为不卸载加固梁 EA8、完全卸载加固梁 EA8-0 及部分卸载加固梁 EA8-5 的裂缝开展及分布情况。从图中可以看出，各试验梁裂缝形态基本相似，纯弯段的主裂缝均匀分布。EA8 梁、EA8-5 梁和 EA8-0 梁的平均裂缝间距分别为 179.5mm、180.4mm 和 185.3mm，可以看出，卸载程度对平均裂缝间距影响很小，这是由于一次受力时，裂缝基本已经出齐，再次加载时，裂缝在原有位置继续发展。EA8 梁、EA8-5 梁和 EA8-0 梁在 50kN 时最大裂缝宽度为分别为 0.38mm、0.36mm 和 0.30mm，说明卸载程度越大，在相同荷载下最大裂缝宽度越小。

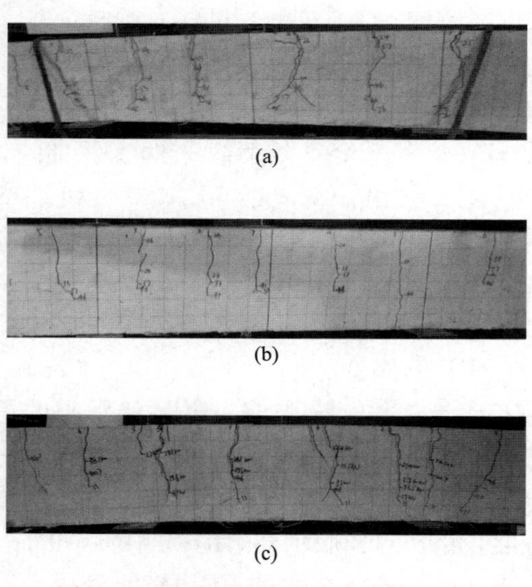

(a)

(b)

(c)

图 3-28 试验梁裂缝分布与形态（二）
（a）梁 EA8；（b）梁 EA8-0；（c）梁 EA8-5

（3）加固量的影响

EA8、FA8和GA8梁是以不同FRP筋加固量为参数的试件，旨在研究FRP筋加固量对加固梁受弯性能的影响。试验研究结果表明：当加固梁初始配筋率较小时，增大加固量可以有效地提高试件的极限承载力；加固量对试件屈服前的刚度影响较小，对屈服后的刚度影响较大；本次试验中，FRP筋加固量对试验梁的破坏形式未有影响。

1）荷载-挠度、荷载-应变关系曲线

图3-29为各试验梁的荷载-挠度对比曲线。从图中可以看出，在屈服之前，各试验梁的荷载-挠度曲线基本重合；屈服之后，试验梁挠度迅速增大，曲线出现拐点，随着荷载不断的增大，曲线之间的差距也不断增大，其中GA8梁的刚度略大于其余2个试件。从极限承载力来看，加固量越大，试验梁的承载力越高，EA8梁、FA8梁和GA8梁的极限承载力和对比梁相比分别提高了41%、55%、80%，FA8和GA8较EA8分别提高了14%和39%，这说明在初始配筋率较小的情况下，增大加固量可以有效提高试件的极限承载力。

图3-30为FRP筋荷载-应变曲线。从图中可以看出，在钢筋屈服前，各试验梁的FRP筋应变增长缓慢，当钢筋屈服时，EA8、FA8和GA8梁的FRP筋应变分别为134$\mu\varepsilon$、1894$\mu\varepsilon$、1583$\mu\varepsilon$，虽然FA8梁的FRP筋应变比GA8梁略大，但由于GA8梁FRP筋直径大，所以GA8梁FRP筋承受更大的应力。EA8、FA8和GA8梁的屈服承载力和对比梁相比分别提高了5%、7%、18%，GA8较EA8提高了13%，说明增大FRP筋加固量可以有效地提高试件的屈服承载力。

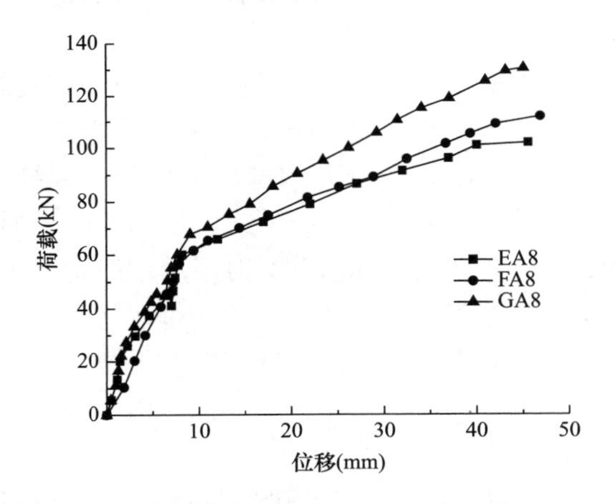

图3-29　各试验梁的荷载-挠度对比曲线

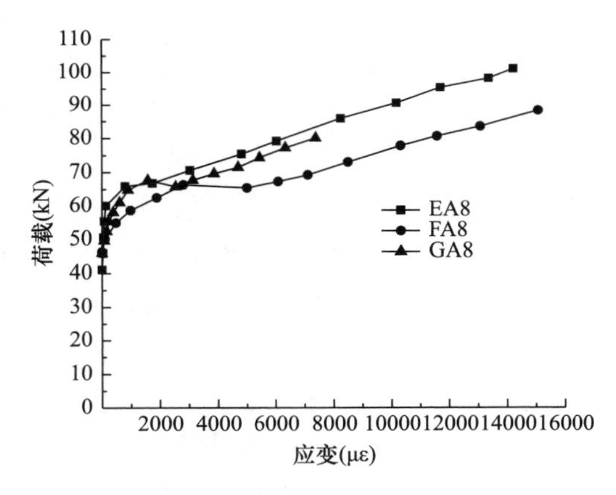

图3-30　FRP筋荷载-应变曲线

2）裂缝开展情况分析

图3-31为各试验梁裂缝分布情况，通过对比可以发现，各试验梁裂缝数量基本相同，分布情况也基本相似，EA8、FA8和GA8梁的平均裂缝间距分别为179.5mm、182.3mm和178.5mm，基本相差不大，这是由于试验梁初始荷载较大，在加固前受弯裂缝已基本出现所致。EA8、FA8和GA8梁在50kN时的最大裂缝宽度分别为0.38mm、0.37mm和0.35mm，可以看出，随着加固量的增加，在相同荷载作用下，各试验梁的最大裂缝宽度呈下降趋势。加固量越大的试验梁，裂缝向受压区发展的越缓慢，说明加固量越大，裂缝限制的效果越好。

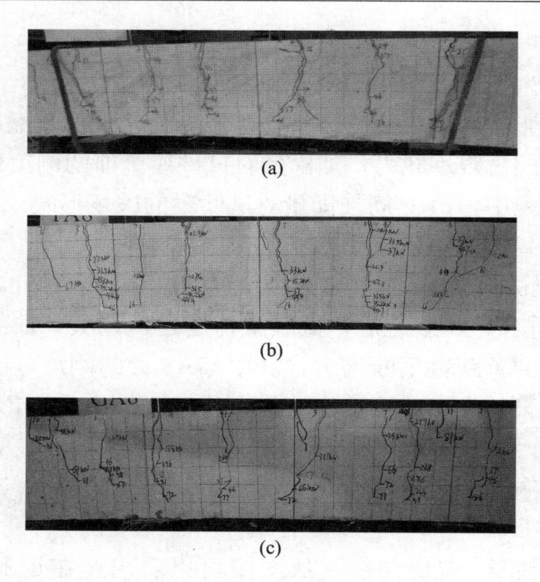

(a)

(b)

(c)

图 3-31 试验梁裂缝分布与形态（三）
(a) 梁 EA8；(b) 梁 FA8；(c) 梁 GA8

（4）粘结长度的影响

粘结长度为 2000mm 的梁 EA8、粘结长度为 1800mm 的梁 EC8 和粘结长度为 1600mm 的梁 EB8 是以不同粘结长度为参数的试件，旨在研究不同粘结长度对加固梁受弯性能的影响。

试验研究结果表明：粘结长度对试件承载力影响效果明显，粘结长度越长，承载力提高幅度越大，同时，粘结长度还会影响试验梁的破坏形式。梁 EB8 的破坏形式表现为：首先在纯弯段出现竖向裂缝，随着荷载增大，在弯剪段靠近 FRP 端部位置出现斜裂缝，并逐渐发展为主斜裂缝，最后在弯剪共同作用下导致混凝土保护层劈裂；梁 EC8 破坏形式表现为：结构胶与混凝土界面出现滑移，导致粘结失效而破坏，破坏时梁的承载力比较低，FRP 筋没有完全发挥作用，破坏比较突然，属于脆性破坏。根据分析，可能是由于温度的变化，影响了结构胶的固化，结构胶没有完全达到强度，所以出现了粘结失效，适当增加养护时间可以避免该种破坏的发生。

1）荷载-挠度、荷载-应变关系曲线

图 3-32 为各试验梁的荷载-挠度曲线，从图中可以看出，各试验梁的荷载-挠度曲线基本重合，说明粘结长度的减小对试件的刚度影响很小。EA8、EB8 和 EC8 梁的极限位移分别为 45.6mm、42.59mm、38.45mm，由于粘结长度的减小，试件延性降低。EA8、EB8 和 EC8 梁的极限承载力较对比梁分别提高了 41%、42%、32%，随着粘结长度的减小，试件的极限承载力有呈现下降的趋势。

图 3-33 为 FRP 筋荷载-应变曲线，从图中可以看出，当钢筋屈服时，各试验梁的 FRP 筋的应变都不大，EA8、EB8 和 EC8 梁的 FRP 筋应变分别为 $134\mu\varepsilon$、$142\mu\varepsilon$、$726\mu\varepsilon$。钢筋屈服后，FRP 筋应力迅速增长。在相同荷载作用下，FRP 筋粘结长度越大，FRP 筋的平均粘结应力越小，则各试验梁同一截面处 FRP 筋的应变越小。

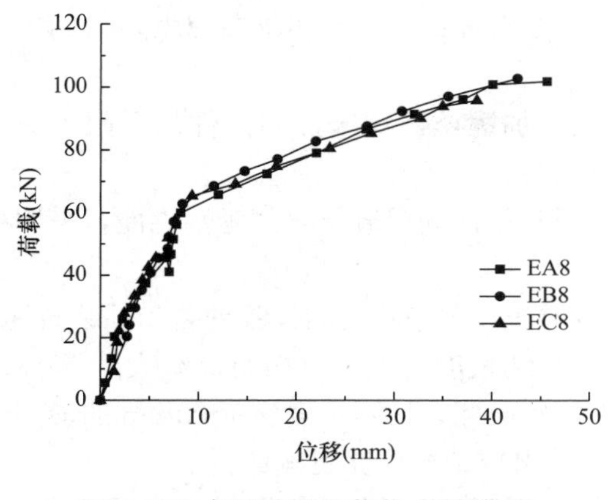

图 3-32　各试验梁的荷载-挠度曲线

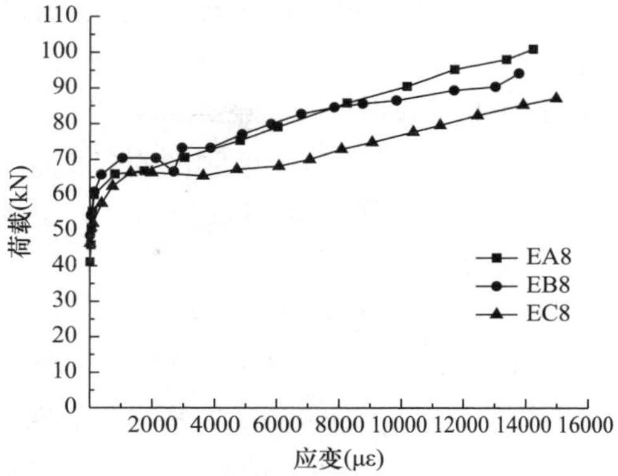

图 3-33　FRP 筋荷载-应变曲线

2）裂缝开展情况分析

图 3-34 为各试验梁裂缝分布情况，通过对比可以发现，各试验梁裂缝数量基本相同，分布情况也基本相似，梁 EA8、EB8 和 EC8 的平均裂缝间距分别为 179.5mm、184.6mm 和 187.9mm，基本相差不大。梁 EA8、EB8 和 EC8 在 50kN 时的最大裂缝宽度分别为 0.38mm、0.39mm、0.39mm，可以看出，在相同荷载下，各试验梁的裂缝宽度基本相同，说明粘结长度对裂缝的影响不大。

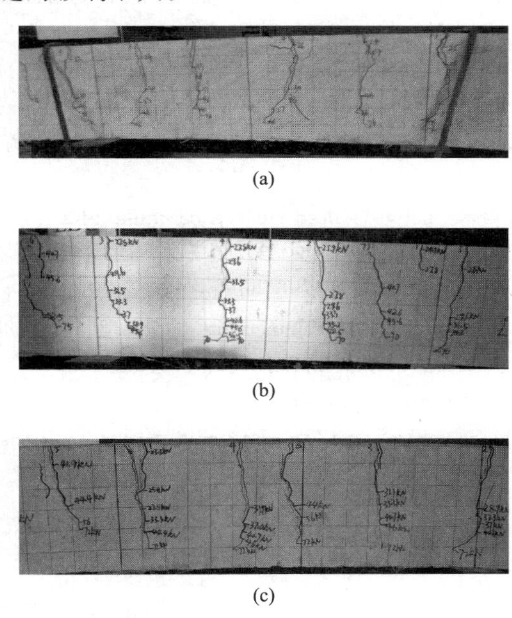

图 3-34　试验梁裂缝分布与形态（四）

（a）梁 EA8；（b）梁 EB8；（c）梁 EC8

3.4　本章小结

本章通过对内嵌 FRP 筋加固混凝土梁一次荷载作用下和二次受力影响下的弯曲性能

性能试验，研究了加固梁的受力特征、破坏模式及影响其受弯性能的主要因素，得到如下结论：

（1）内嵌 FRP 筋加固是一种有效的加固方法，加固试件比未加固试件的极限承载力提高了 40%～80%，加固后刚度明显提高，延性变好。

（2）传统的延性指标不适合用来评价内嵌 GFRP 筋加固混凝土梁的延性性能，采用延性综合性能指标 J 更为合适。

（3）在二次受力加固试验中，加固梁出现了混凝土压碎破坏、结构胶劈裂和粘结破坏 3 种破坏形式，破坏形式与初始荷载大小和 FRP 筋粘结长度有关。当初始荷载大于 65%P_y 时，粘结长度为 2000mm 的加固试件出现混凝土压碎破坏，粘结长度为 1600mm 的加固试件出现粘结破坏；当初始荷载小于 50%P_y时，试件出现结构胶劈裂破坏。

（4）当加固梁配筋率较低时，增加 FRP 筋加固量可以有效提高试件的极限承载力。

（5）初始荷载水平会影响加固构件裂缝的开展，初始荷载越小，平均裂缝间距和最大裂缝宽度越小。相对于直接加固梁，二次受力梁的极限承载力降低了 5%～8%。

（6）卸载加固试件承载力比未卸载加固试件承载力高，说明卸载加固可以取得更好的加固效果。

本章参考文献

[1] De Lorenzis L，Nanni A. Characterization of FRP rods as near-surface mounted reinforcement [J]. Journal of Composites for Construction，2001，5 (2)：114-121.

[2] De Lorenzis L，Nanni A. Shear strengthening of reinforced concrete beams with NSM fiber reinforced polymer rods [J]. ACI Structure Journal，2001，98 (1)：60-68.

[3] 李荣，滕锦光，岳清瑞．嵌入式 CFRP 板条－混凝土界面粘结性能的试验研究 [J]. 工业建筑，2005，35 (8)：31-34.

[4] De Lorenzis，Nanni A. Bond between near surface mounted FRP rods and concrete in structural strengthening [J]. ACI Structural Journal，2002，99 (2)：123-132.

[5] De Lorenzis L，Rizzo A，La Tegola A. A modified pull out test for bond of near surface mounted FRP rods in concrete [J]. Composites Part B：Engineering，2002，33 (8)：589-603.

[6] De Lorenzis L，Teng JG. Near-surface mounted FRP reinforcement：An emerging technique for strengthening structures [J]. Composites：Part B，2006 (8)：1-25.

[7] Naaman A E，Jeong S M. Structural ductility of concrete beams prestressed with FRP tendons [A]. Non-metallic (FRP) reinforcement for concretes structures，Taerwe，L. ed.，E. &FN Spoon，London，1995：379-401.

[8] 冯鹏，叶列平，黄羽立．受弯构件的变形性与新的性能指标的研究 [J]. 工程力学，2005，22 (6)：28-36.

[9] Mufti A，Newhook J P and Tadros G. Deformability versus ductility in concrete beams with FRP reinforcement [A]. Proc，Advanced Composite Materials in Bridges and Structures [C]. 1996：189-199.

[10] Patrick X. W. Zou. Flexural. Behavior and deformability of fiber reinforced polymer prestressed concrete beams [J]. Journal of Composites for Construction，2003，7 (4)：275-284.

第4章 内嵌 FRP 筋加固混凝土梁的受剪性能试验研究

4.1 引言

本章开展内嵌 FRP 筋加固混凝土梁一次荷载作用下和二次受力影响下的受剪性能试验研究，分析加固梁的受力过程和破坏模式、荷载-挠度曲线、荷载-应变曲线、承载力、剪切延性性能以及 FRP 筋类型、FRP 筋间距、FRP 筋角度、不同预载程度及卸载程度、端部锚固等主要因素对加固梁受剪性能的影响。

4.2 加固梁一次荷载作用下的受剪性能试验

4.2.1 试验概况

（1）试件设计

本试验共设计 9 根试验梁，其中 2 根对比梁，7 根内嵌 FRP 筋加固梁。试件的截面为矩形，其尺寸为 200mm×340mm（宽度×高度），全长 2100mm，净跨为 1800mm，剪跨比为 2.0，混凝土强度设计等级为 C30，箍筋的保护层厚度为 30mm，架立筋的保护层厚度为 20mm；该试验采用正位四点加载。为了能够使试验梁发生剪切破坏，梁内的纵向受拉钢筋和架立筋采用 HRB400 级钢筋，加固区及加强区的箍筋采用 HPB300 级钢筋。试验梁的截面尺寸及配筋详图如图 4-1 所示。本试验以 FRP 筋类型、FRP 筋间距和 FRP 筋角度为试验参量，试验梁的具体信息见表 4-1。

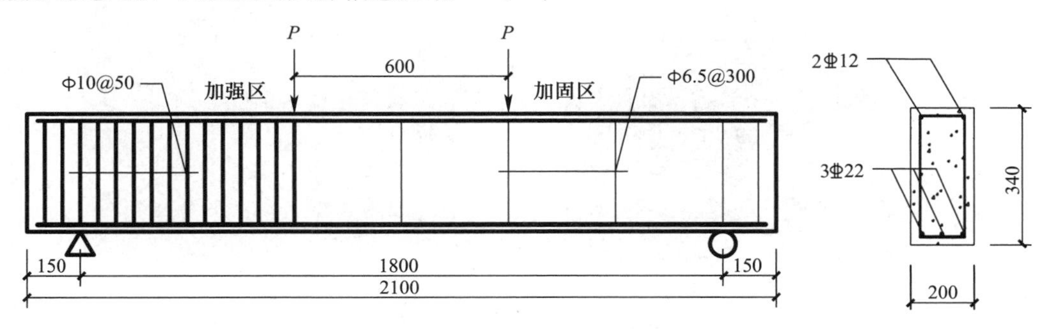

图 4-1　试验梁的截面尺寸及配筋详图

（2）试件制作

在捆绑钢筋骨架之前，将箍筋、受拉纵筋以及 FRP 筋表面上需要粘贴应变片的位置用记号笔进行标记；然后，将做记号的钢筋表面用打磨机进行打磨处理，除去钢筋表面的铁锈，使其局部呈现光亮的表面。其后，用工业酒精对打磨处进行擦拭，待酒精挥发干后，用 502 胶水将钢筋应变片顺着钢筋轴向进行粘贴。最后，先用小块纱布将应变片遮盖，再将调配好的环氧树脂敷在应变片位置处做防水保护。

加固梁的试验方案 **表 4-1**

试验梁编号	原梁内配箍情况		剪跨比 λ	FRP 筋类型	FRP 筋间距（mm）	FRP 筋角度	FRP 筋直径（mm）
	加固区	加强区					
BS1	Φ6.5@300	Φ10@50	1.875	—	—	—	—
BS2	Φ6.5@300	Φ10@50	1.5625	—	—	—	—
BF1	Φ6.5@300	Φ10@50	1.5625	CFRP	300	90°	8
BF2	Φ6.5@300	Φ10@50	1.5625	CFRP	200	90°	8
BF3	Φ6.5@300	Φ10@50	1.5625	CFRP	150	90°	8
BF4	Φ6.5@300	Φ10@50	1.5625	CFRP	100	90°	8
BF5	Φ6.5@300	Φ10@50	1.5625	CFRP	200	60°	8
BF6	Φ6.5@300	Φ10@50	1.5625	BFRP	200	60°	8
BF7	Φ6.5@300	Φ10@50	1.5625	CFRP	200	45°	8

本试验试件的浇筑、拆模、养护等流程均在结构试验室完成。试件采用商品混凝土 C30 浇筑。在试件浇筑过程中，要求做到速度快、质量好。为了保证混凝土的密实度，在浇筑试件时要用振捣棒对试件各部位进行均匀振捣。整个试件制作过程如图 4-2 所示。

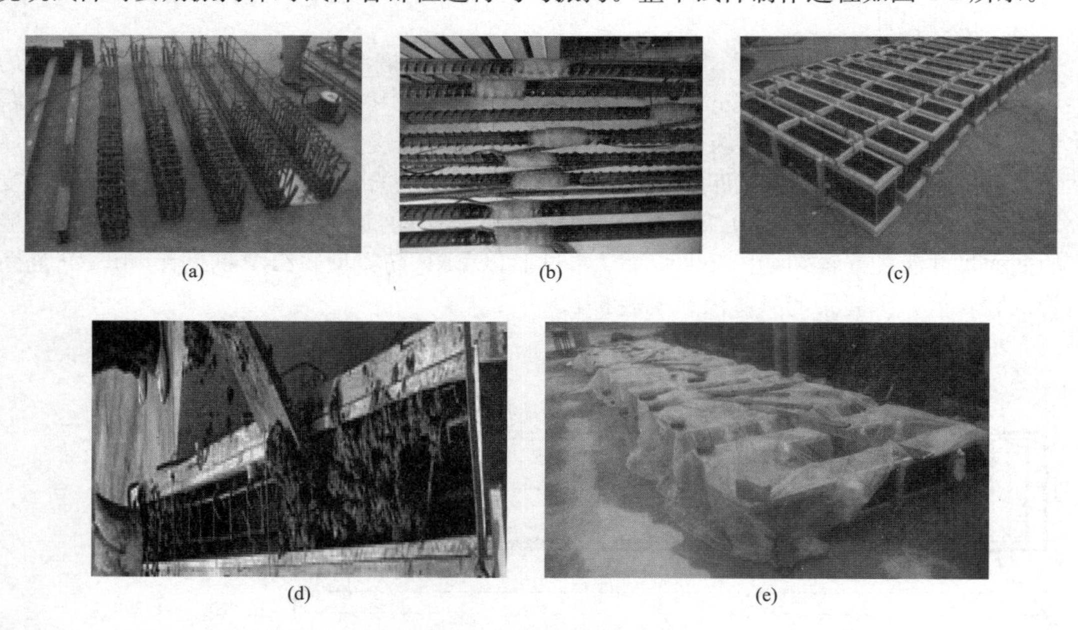
(a) (b) (c) (d) (e)

图 4-2 混凝土梁试件制作
(a) 钢筋骨架制作；(b) 应变片防水保护；(c) 制作模板；(d) 浇筑；(e) 室外养护

(3) 试验装置及加载制度

试验梁加载方法是正位四点加载，加载装置如图 4-3 所示。根据试验梁的极限荷载理论估算值，试验中采用液压千斤顶量程为 100t，对其使用油泵进行加卸载，其加载制度采用分级加载，每级荷载 50kN，预加荷载值为 30kN。为了使荷载能够通过分配梁均匀传力给试验梁，在加载点处的钢垫板下铺设一层细砂。

在试验正式加载前，应先对试件进行预加载。其目的是检查试件各部分接触是否良好、检查加载装置是否可靠、检查仪表是否正常、熟悉试验操作，保证采集的数据正确。

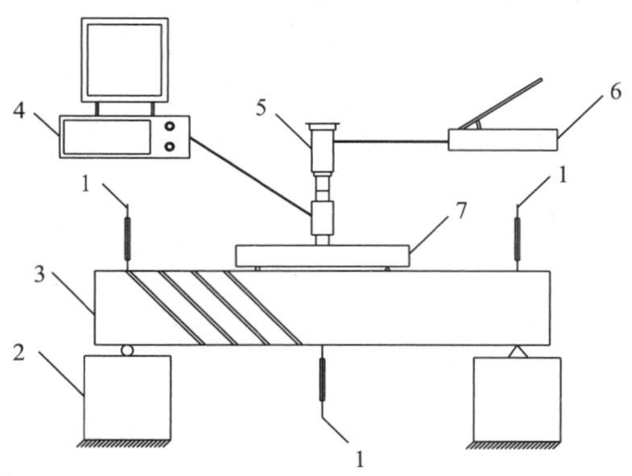

图 4-3　试验加载装置示意图

（4）试验测量内容及测点布置

本试验所测试的主要内容：①首条弯曲裂缝出现时，记录试验梁所承受的荷载大小及其宽度；②观察斜裂缝的发展情况，测量裂缝宽度，记录梁两支座及跨中位置挠度的变化；③监测各阶段纵筋应变、箍筋应变、FRP 应变及纯弯段混凝土应变的变化情况。具体测试内容如下。

1）混凝土应变的测量

本试验梁采用单面沿等高度布置应变片，以检测加载过程中混凝土的应变情况。具体布置情况如图 4-4 所示。

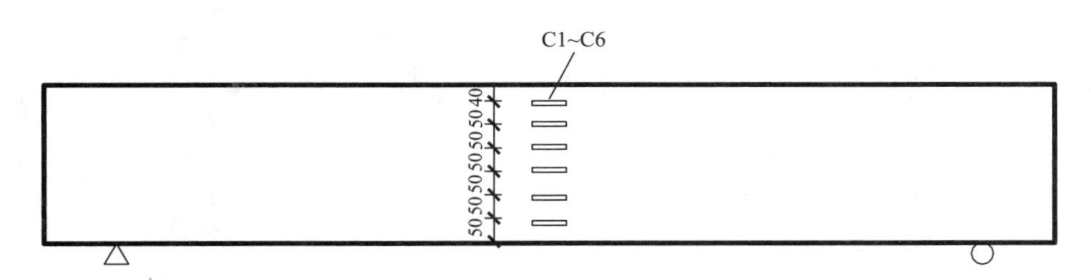

图 4-4　混凝土应变片布置图

2）钢筋应变的测量

为了研究试验梁加固区内箍筋和纵向受拉钢筋应力的变化规律，故在试件浇筑前，在梁箍筋预设位置粘贴应变片，箍筋测点应变片布置情况如图 4-5（a）所示。在梁底端集中荷载作用处每根纵筋上粘贴应变片，纵筋测点应变片布置情况如图 4-5（b）所示。由于本试验中箍筋采用双箍粘贴应变片，故图 4-5 中的 G_1 表示正面 1 号箍筋上的应变片，G_1' 表示负面相应位置 1 号箍筋上的应变片，其他的类似。

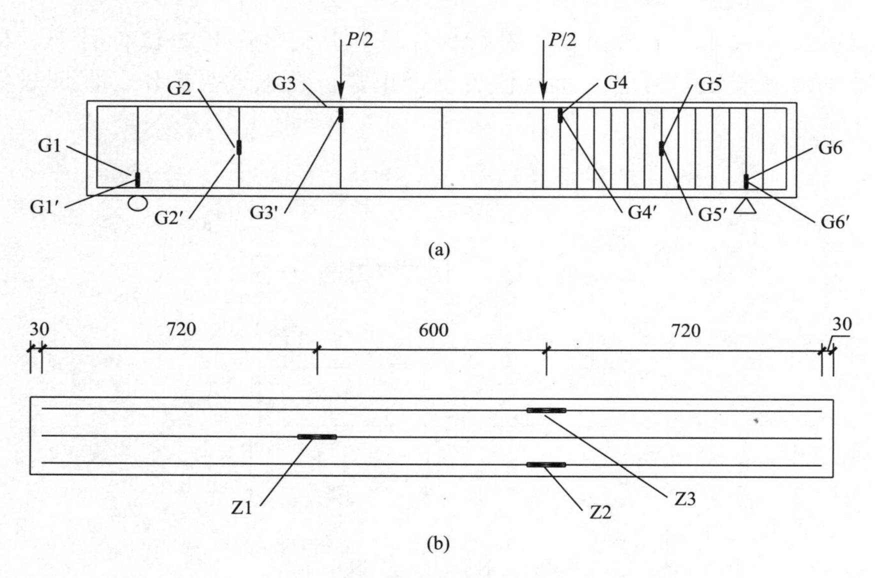

图 4-5 钢筋应变片测点布置图

（a）箍筋测点；（b）纵筋测点

3）FRP 筋应变的测量

FRP 筋表面粘贴规格为 3mm × 2mm 的应变片，以观测 FRP 筋应变的变化情况。FRP 筋测点应变片布置情况如图 4-6 所示。图中 FRP 筋应变片的序号分布情况，同一层从右往左、同一竖直方向从上往下逐渐增大。

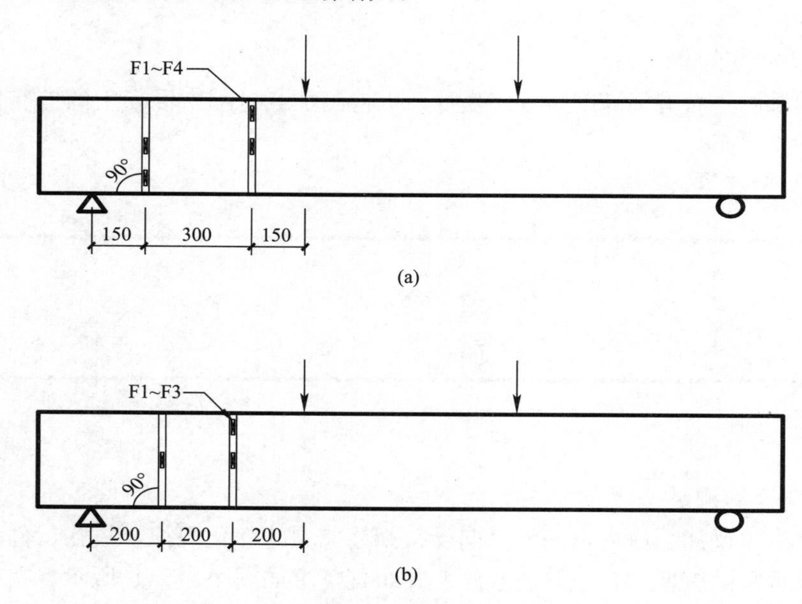

图 4-6 FRP 筋应变片测点布置示意图

（a）试验梁 BF1；（b）试验梁 BF2；

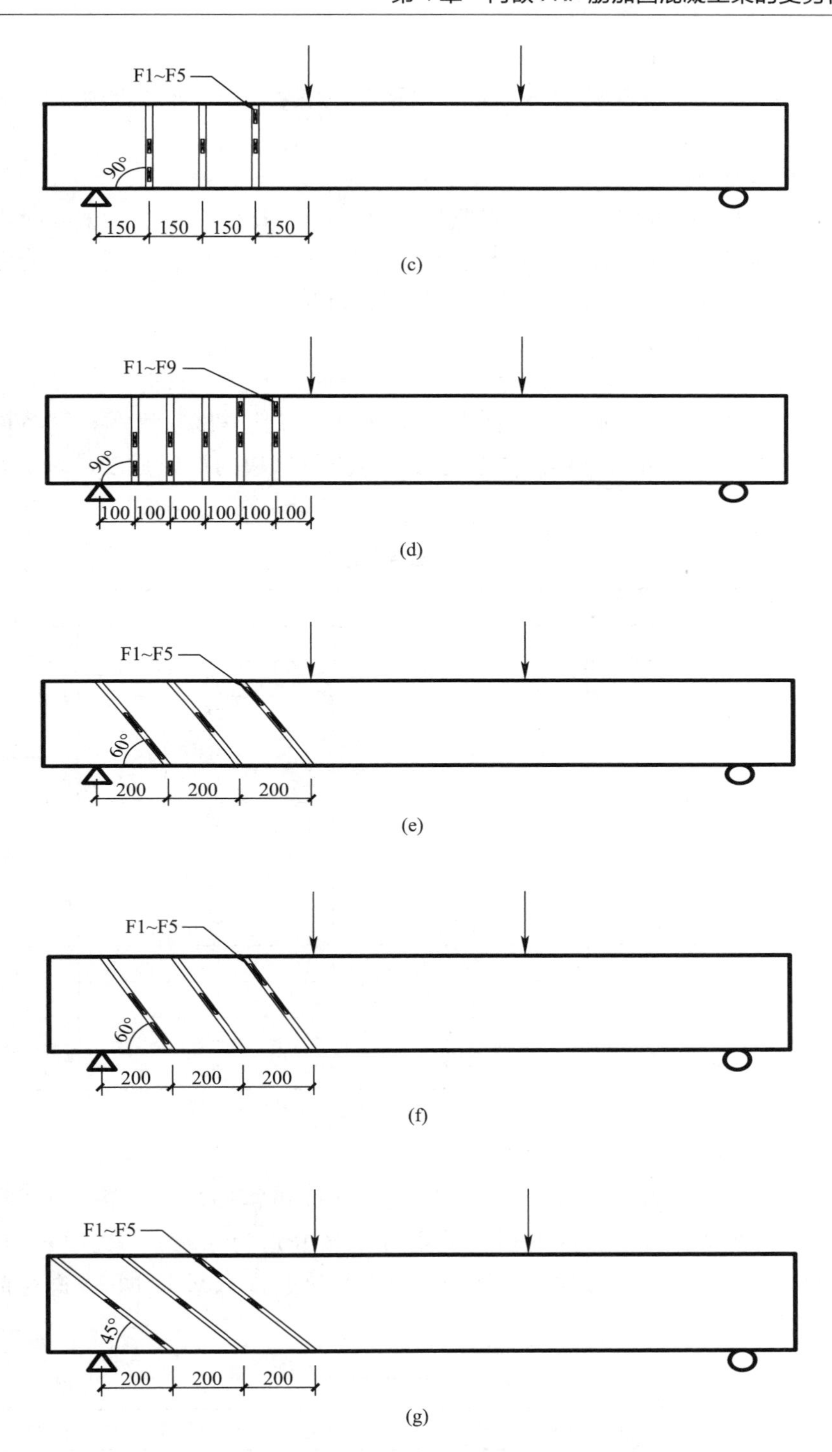

图 4-6　FRP 筋应变片测点布置示意图（续）

（c）试验梁 BF3；（d）试验梁 BF4；（e）试验梁 BF5；
（f）试验梁 BF6；（g）试验梁 BF7

4）试验梁挠度的测量

本试验中在梁跨中和支座位置分别布置位移计，用来监测试验梁跨中、支座处挠度的变化情况。

5）试验梁裂缝的测量

为了能够较准确地反映 FRP 筋加固混凝土梁的受力及变形情况，试验时在梁的侧面刷上白粉，并划分 50mm×50mm 的网格，便于观察裂缝的宽度、高度以及走势，并使用 PTS-E40 裂缝综合观测仪记录了各试件的斜裂缝开展情况。

（5）材料力学性能参数的测定

1）混凝土强度

本试验共制作了 12 个标准的立方体混凝土试块，将其与试验梁在相同条件下进行养护，然后按照标准的试验方法分别测试各混凝土立方体试块的抗压强度，取平均值作为混凝土强度，具体参数见表 4-2。

混凝土强度指标 **表 4-2**

试件编号	极限荷载（kN）	$f_{cu,m}$（MPa）	f_{cm}（MPa）	f_{tm}（MPa）
C1	882	39.2	26.3	2.6
C2	954	42.4	28.4	2.7
C3	1041	46.3	31.0	2.9
C4	953	42.4	28.4	2.7
C5	864	38.4	25.7	2.6
C6	975	43.3	29.0	2.8
C7	922	41.0	27.4	2.7
C8	982	43.6	29.2	2.8
C9	937	41.6	27.9	2.7
C10	984	43.7	29.2	2.8
C11	941	41.8	28.0	2.7
C12	966	42.9	28.7	2.7
平均值	950	42.2	28.3	2.7

注：$f_{cu,m}$ 为立方体抗压强度平均值；f_{cm} 为抗压强度平均值；f_{tm} 为抗拉强度平均值。

2）钢筋力学性能

本试验中纵向受拉钢筋采用 $d=22$mm 的 HRB400 级钢筋，架立筋采用 $d=12$mm 的 HRB400 级钢筋，加固区及加强区的箍筋采用直径 d 分别为 6.5mm 和 10mm 的 HPB300 级钢筋。每种钢筋取 3 根试样按照《金属拉伸试验标准》ASTM E8M-93 进行钢筋性能测定，其力学性能指标见表 4-3。

钢筋力学性能指标 **表 4-3**

材料	试样号	屈服荷载（kN）	屈服强度（MPa）	极限荷载（kN）	极限抗拉强度（MPa）
纵筋 $d=22$mm $A=380$mm^2	S1	166	437	218	574
	S2	169	445	220	580
	S3	167	440	220	578
	平均值	167	441	219	577

续表

材料	试样号	屈服荷载（kN）	屈服强度（MPa）	极限荷载（kN）	极限抗拉强度（MPa）
架立筋 d=12mm $A=113mm^2$	S1	55	490	71	628
	S2	56	496	70	624
	S3	55	489	71	627
	平均值	55	492	71	626
箍筋 d=10mm $A=78.5mm^2$	S1	38	487	40	514
	S2	30	383	40	504
	S3	29	373	40	509
	平均值	32	414	40	509
箍筋 d=6.5mm $A=33.2mm^2$	S1	12	346	17	514
	S2	11	324	16	495
	S3	10	302	16	486
	平均值	11	324	16	498

3）FRP 筋力学性能

本试验中采用的 BFRP 筋和 CFRP 筋的性能指标均由供货商提供，详见表 4-4。

FRP 筋力学性能指标　　　　**表 4-4**

材料	直径（mm）	面积（mm^2）	抗拉弹性模量（GPa）	极限抗拉强度（MPa）	极限拉应变（%）	密度（g/mm^3）
BFRP	8	50.24	50	700	1.6	1.90～2.10
CFRP	8	50.24	140	1800	1.5	1.50～1.60

4）粘结剂性能指标

试验中使用 JGN-I 建筑植筋粘结剂，其由两组改性环氧树脂结构胶组成。A 组结构胶呈现灰白色膏状，B 组为绿色黏稠膏状，两组的质量配合比为 4∶1。将称量好后的两种结构胶进行均匀搅拌，等到混合体呈现墨绿色的时候停止。该结构胶性能参数见表 4-5。

结构胶性能参数　　　　**表 4-5**

性能指标	性能参数	
胶体性能	劈裂抗拉强度（MPa）	≥8.5
	抗弯强度（MPa）	≥50
	抗压强度（MPa）	≥60
粘结能力	对钢拉伸剪切强度标准值（MPa）	≥10
	约束拉拔条件下带肋钢筋与混凝土的粘结强度（MPa）	≥11.0
		≥17.0
热变形温度（℃）		≥65
耐湿热老化能力	50%～90%CRH 环境中老化 90d 抗剪强度降低率	≤12%
不挥发物含量（固体含量，%）		≥99

(6) 加固流程

试验梁加固流程如图 4-7 所示。

1) 开槽

本试验加固梁需要进行开槽的位置是混凝土梁加固区的两侧。为了能够保证开槽尺寸的精确性，在使用小型石材切割机开槽前需要对试件进行定位、画线。为了避免切割所生成的混凝土粉末对试验的影响，故在切割过程中不断用自然水进行冲洗试件的表面。切割完毕之后，要求所开的槽宽、槽深与设计值误差均不超过±0.5mm，其中本试验中槽的尺寸为 20mm×18mm（宽度×深度）。

2) 清孔

用自然水对槽内残余的混凝土粉末冲洗，待干燥之后，采用专业吹风机（或毛刷）清除槽内的灰尘，然后用丙酮擦洗槽壁。同时，在嵌筋之前，用丙酮溶液对 FRP 筋表面进行清洁。

3) 嵌筋

本试验所使用的 FRP 筋的直径为 8mm。在 FRP 筋中部表面用锉刀抹平，按设计粘贴应变片、端子、接线，涂 502 胶水保护。

4) 拌胶

将环氧树脂与固化剂用电子秤按比例称好后置于塑料盆里，用粗木条进行充分搅拌均匀，待搅拌的混合物呈现墨绿色时停止搅拌。将搅拌好的粘结剂注入槽内至 1/2 槽深处，然后把 FRP 筋部分轻轻压入粘结剂中，最后将槽内用粘结剂注满。用砌刀将槽边缘多余的环氧树脂清除，以免硬化粘在混凝土梁的表面影响试件表面的平整。将试件放在室内养护 7d。

图 4-7 试验梁加固流程

(a) 开槽；(b) 拌胶；(c) 注胶；(d) 嵌筋；(e) 抹平；(f) 成形

4.2.2　试验结果与分析

（1）试件的破坏过程分析

1）对比梁 BS1

对比梁 BS1 未进行加固，其剪跨比为 1.875，破坏情况如图 4-8 所示。对比梁 BS1 破坏时，主斜裂缝贯穿弯剪区，属于典型的剪切破坏模式。当荷载加载到 140kN 时，在试验梁的跨中下边缘出现了第一条垂直向上发展的裂缝，即开裂荷载 P_{cr} 为 140kN；随着荷载的增加，混凝土裂缝不断向上发展，而裂缝数量不断增多。当荷载加载到 223kN 时，在试验梁的弯剪区出现斜裂缝，宽度为 0.25mm，随着荷载的增加，该裂缝不断向加载点方向延伸，成为主斜裂缝；当荷载加载至 281kN 时，主斜裂缝已基本上贯穿加固区的整个区域，呈现出两端小中间大的“梭子”形；当荷载为 320kN 时，在试件的荷载-挠度曲线上出现拐点，钢筋发生屈服，且试验中主斜裂缝不断变宽，试件的挠度不断变大。当荷载加载到 466kN 时，对比梁突然发出“砰”的一声，加载点附近的混凝土被压碎，整个试件发生破坏。此时，主斜裂缝与试验梁底边大致成 45°。在试件宣告破坏之前，主斜裂缝的最大宽度达到了 1.74mm。

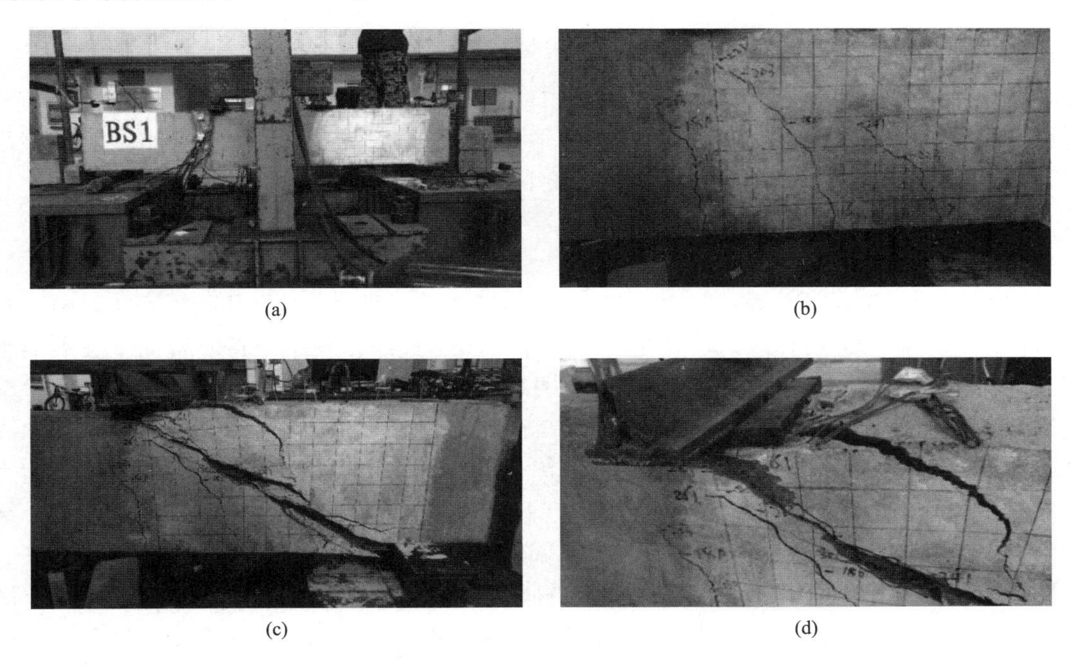

(a)　(b)　(c)　(d)

图 4-8　对比梁 BS1 的破坏情况

（a）对比梁 BS1 加载；（b）裂缝发展情况；（c）主斜裂缝；（d）混凝土被压碎

2）对比梁 BS2

对比梁 BS2 未进行加固，其剪跨比为 1.5625，破坏情况如图 4-9 所示。当荷载为 172kN 时，在试验梁的跨中区域出现了第一条垂直向上发展的裂缝，其宽度较小；当荷载增至 203kN 时，一条竖向裂缝出现在试验梁的剪跨区域（高度约 60mm，宽度约 0.07mm）；随着荷载的增大，该裂缝发展成为主裂缝；当荷载为 276kN 时，剪跨区主斜裂缝宽度为 0.45mm，顶端距梁底约 250mm；当荷载为 548kN 时，加固区表面的混凝土开始脱落，主斜

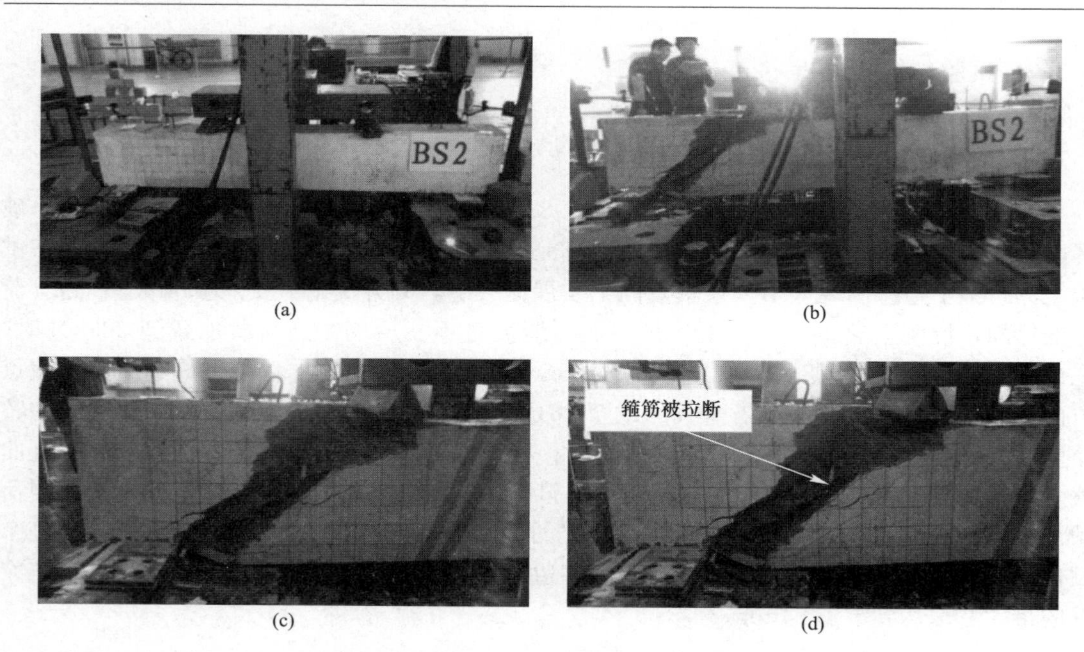

(a) (b) (c) (d)

图 4-9 对比梁 BS2 的破坏情况
(a) 对比梁 BS2 加载；(b) 主斜裂缝；(c) 混凝土被压碎；(d) 加固区箍筋被拉断

裂缝中部宽度不断增大；当荷载为 590kN 时，主斜裂缝贯穿整个试验梁的剪跨区；当荷载增大到 649kN 时，试验梁发出“砰”一声，剪跨区的箍筋被拉断，支座处的混凝土被压碎，其后荷载-挠度曲线上的荷载快速下降，试验梁发生破坏，其破坏模式为剪切破坏。

3）加固梁 BF1

梁 BF1 为内嵌 CFRP 筋、间距为 300mm 的加固梁，其受力过程和破坏模式如图 4-10 所示。当荷载加载到 141kN 时，在试验梁跨中区域下边缘出现第一条垂直向上发展的细小裂缝，该裂缝的宽度为 0.07mm，裂缝顶端高度 60mm。随着荷载的不断增加，试验梁的纯弯段内陆续出现多条垂直的裂缝。当荷载增大到 260kN 时，第 8 条裂缝出现在加固区，此条裂缝与梁下边缘水平方向成 45°，其宽度为 0.16mm，梁底边距裂缝顶端高度为 170mm。当施加的荷载达到 320kN 时，8 号斜裂缝与结构胶相交，并随着荷载的增大，结构胶发出“吱吱”的撕裂声。当荷载加至 380kN 时，主斜裂缝基本上穿过整个加固区，其后裂缝中部因荷载的增加而逐渐变宽。当荷载增至 519.9kN 时，试验梁纯弯段受压区混凝土被压坏，架立筋被压弯曲，试验梁宣告破坏。此时，CFRP 筋的应变值为 12040$\mu\varepsilon$。该试验梁的破坏形式属于弯剪破坏。破坏时试验梁的跨中位移达到了 13.94mm，相对于对比梁 BS，试验梁 BF1 的极限承载力提高了 11.57%。由此可以看出，内嵌 FRP 筋加固技术在提高混凝土梁极限承载力方面发挥着重要作用。

4）加固梁 BF2

梁 BF2 为内嵌 CFRP 筋、间距为 200mm 的加固梁，其受力过程和破坏模式如图 4-11 所示。由于 CFRP 筋加固量相对较多，为了保证梁在发生剪切破坏之前不发生弯曲破坏，故在试验梁的纯弯段进行加箍处理，其余试件均采用此处理方法。当荷载达到 182kN 时，在试验梁跨中区域出现第一条竖向裂缝，其宽度为 0.06mm，高度为 160mm。随着荷载的

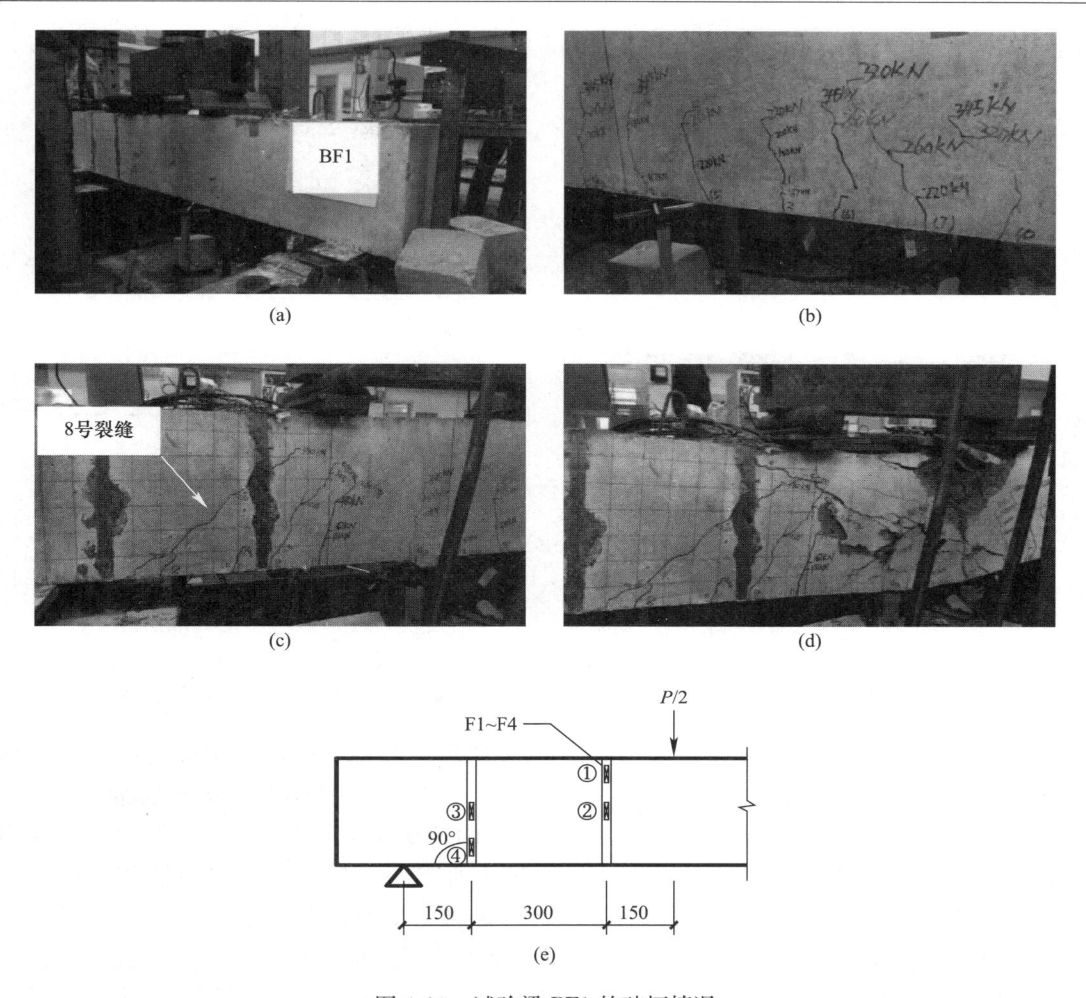

(a) (b) (c) (d) (e)

图 4-10　试验梁 BF1 的破坏情况

(a) 试验梁 BF1 加载；(b) 跨中区域裂缝发展情况；(c) 加固区斜裂缝发展情况；(d) 跨中区域混凝土被压碎；(e) FRP 筋应变片分布位置

增加，该区域陆续出现了一批竖向裂缝。当施加荷载增至 280kN 时，在试验梁的加固区出现了第一条腹剪斜裂缝，其宽度为 0.07mm，距底边的高度为 110mm。当荷载达到 330kN 时，加固区的 5 号裂缝和 6 号裂缝相交成一条斜裂缝，此时斜裂缝的最大宽度为 0.21mm，高度约为 260mm。同时在加固区还出现了一条新裂缝（7 号裂缝的宽度为 0.2mm，高度为 80mm）。当荷载增加至 480kN 时，7 号斜裂缝穿过结构胶，且结构胶发出一声“啪啪”的劈裂声。此时，随着荷载的持续增加，其他裂缝的宽度基本上没有变化，7 号裂缝中部宽度不断变大。当荷载增至 590kN 时，7 号斜裂缝中部位置的表面混凝土层开始脱落，同时在 5 号裂缝的周围出现多条与其平行斜向发展的斜裂缝。持续加载，当施加荷载增加到 717kN 时，试验梁上加载点附近的受压区混凝土被压碎，由此判断试验结束。该试验梁的破坏形式为弯剪破坏。

5）加固梁 BF3

梁 BF3 采用 CFRP 筋双侧内嵌加固，CFRP 筋间距为 150mm，倾斜角度为 90°，

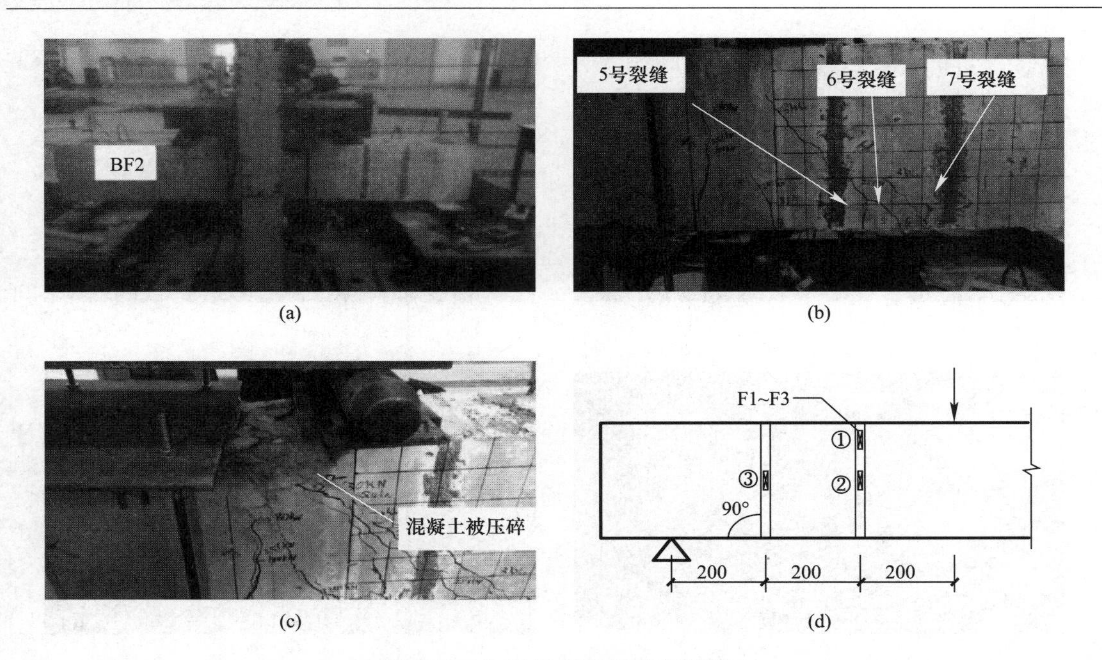

(a) (b) (c) (d)

图 4-11　加固梁 BF2 的破坏情况

(a) 加固梁 BF2 加载；(b) 斜裂缝的发展情况；(c) 支座处混凝土被压碎；(d) FRP 筋应变片分布位置

图 4-12 为加固梁 BF3 的破坏情况。当集中荷载加载至 298kN 时，在试验梁的跨中区域出现了第一条垂直向上发展的裂缝，裂缝宽度为 0.03mm，且距梁底边高度为 120mm；当荷载达到 400kN 时，在试验梁加固区出现了两条斜裂缝，其中 3 号裂缝的宽度为 0.19mm，4 号裂缝的宽度为 0.14mm；当荷载达到 625kN 时，与 3 号裂缝相交的结构胶发出一声“咔”的撕裂声；当荷载增至 946kN 时，试验梁受压区混凝土被压碎，主斜裂缝贯穿整个试验梁的加固区，同时与主斜裂缝相交的箍筋和 FRP 筋均被拉坏，由此判断试验梁破坏，试验结束。此时，CFRP 筋的应变最大数值为 5757$\mu\varepsilon$。该试验梁的破坏形式为剪切破坏。

6）加固梁 BF4

梁 BF4 采用 CFRP 筋双侧内嵌加固，CFRP 筋间距为 100mm，倾斜角度为 90°，图 4-13 为加固梁 BF4 的破坏情况。当荷载为 150kN 时，在加固梁的弯剪段出现了第一条斜裂缝。随着荷载的不断增大，加固梁的挠度开始缓慢变大，且在支座附近出现了很多细小的裂缝。当荷载为 200kN 时，加固区发出较大的开裂声，斜裂缝沿着支座与加载点的连线方向不断发展，穿过 FRP 筋 F4 和 F5 测点的加固区域。此时，与斜裂缝相交的箍筋 G2 测点的应变值出现突变；而该箍筋附近的 F5 测点的应变则突然出现剧烈增大，此时结构胶已经开裂且继续发展。随着荷载的持续增大，加固区的斜裂缝逐渐变长变宽，并伴随着不断发出“啪啪”的声音，CFRP 筋和箍筋的应变均大幅度地增加，最后发展成为主裂缝。当荷载为 275kN 时，在加载点附近混凝土裂缝不断发展，与主斜裂缝相交，主裂缝呈现 49°；在后续的持载过程中，加固梁的挠度快速增大，荷载基本上不再增大，箍筋应变剧增，试件即告破坏，CFRP 筋应变的最大值为 2663$\mu\varepsilon$，其破坏形式为混凝土保护层剥离破坏，如图 4-13（c）所示。

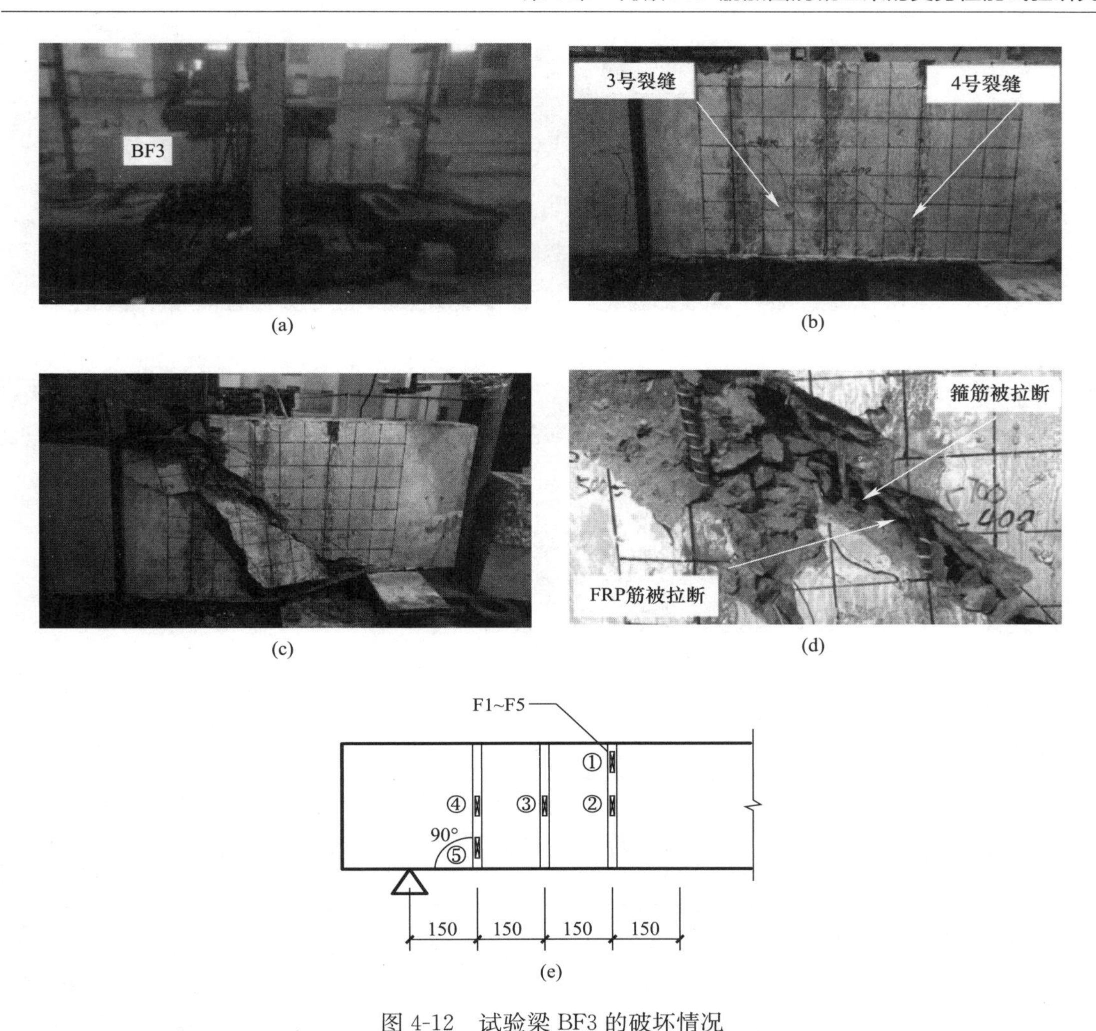

(a)　(b)　(c)　(d)　(e)

图 4-12　试验梁 BF3 的破坏情况

(a) 试验梁 BF3 加载；(b) 裂缝的发展；
(c) 受压区混凝土被压碎；(d) 箍筋及 FRP 筋破坏；(e) CFRP 筋应变片分布位置

7）加固梁 BF5

梁 BF5 采用 CFRP 筋两侧内嵌加固，CFRP 筋间距为 200mm，其角度为 60°。图 4-14 为加固梁 BF5 的破坏情况。当荷载为 150kN 时，在加固梁的加固区出现第一条斜裂缝，其宽度为 0.09mm。随着荷载的不断增大，加固梁的挠度开始缓慢变大，且在支座附近出现了很多细小的裂缝。随着加固区发出较大的开裂声，斜裂缝沿着支座与加载点的连线方向不断发展，穿过 FRP 筋 F3 和 F4 测点的加固区域。此时，与斜裂缝相交的箍筋 G5 测点的应变值出现突变；而该箍筋附近的 F3 测点的应变突然出现剧烈增大，此时结构胶已经开裂且继续发展。随着荷载的持续增大，加固区的斜裂缝延伸和变宽，并伴随着不断发出“啪啪”的开裂声，CFRP 筋和箍筋的应变均大幅度地增加，最后发展成为主裂缝。当荷载为 412.25kN 时，加固梁的挠度剧增，荷载急速下降，试件即告破坏，CFRP 筋应变的最大值为 5203$\mu\varepsilon$，破坏形式为剪切破坏。

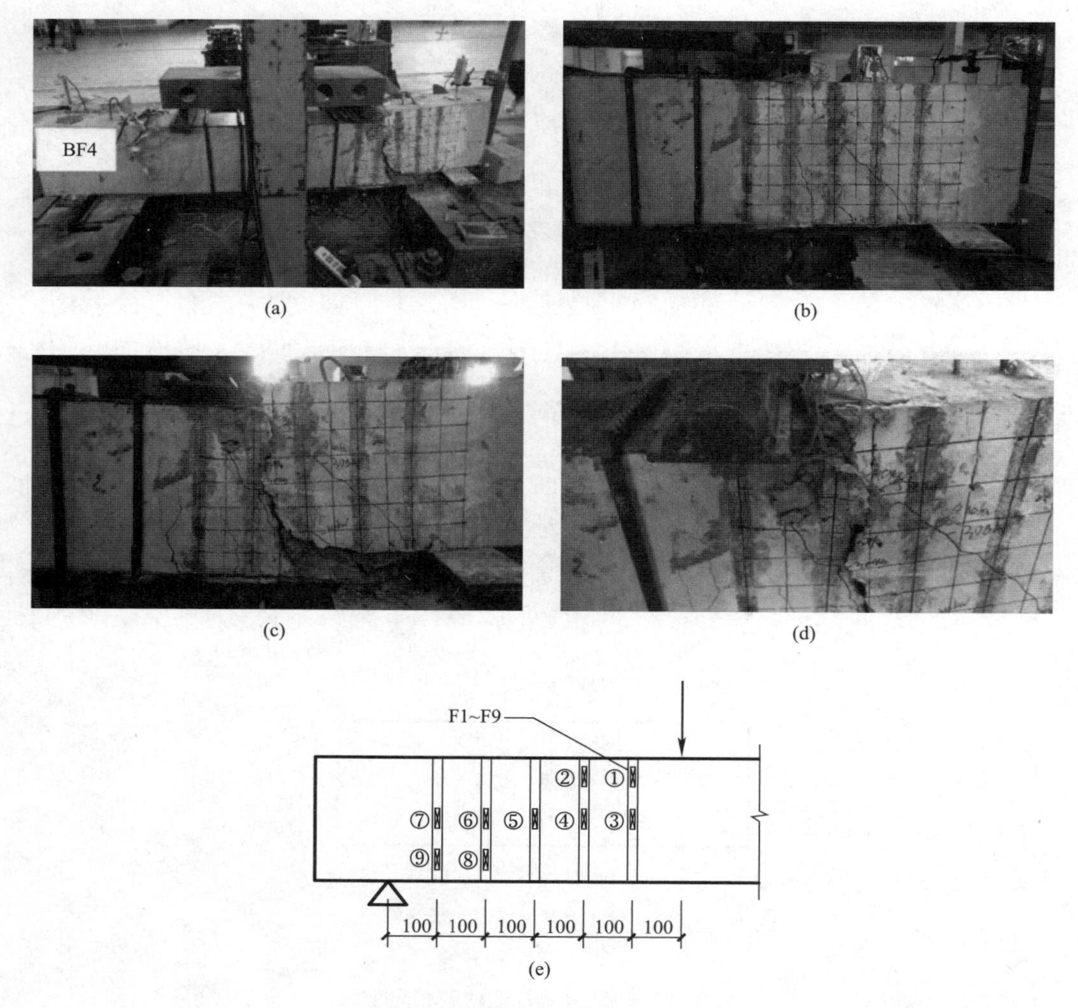

图 4-13　试验梁 BF4 的破坏情况

（a）试验梁 BF4；（b）斜裂缝的发展；（c）混凝土表面发生剥离现象；（d）受压区混凝土被压碎；（e）FRP 筋应变片分布位置

8）加固梁 BF6

梁 BF6 内嵌 BFRP 筋，与梁轴线成 60°，其破坏情况如图 4-15 所示。梁 BF6 的破坏特征与梁 BF2 的破坏特征相似，但前者破坏时斜裂缝的发展速度相对于后者比较缓慢，其宽度也比较小。破坏时，部分 BFRP 筋被拉断，同时加载点垫板附近的混凝土被压碎。梁 BF6 发生了剪切破坏，其荷载的最大值为 799kN。

9）加固梁 BF7

梁 BF7 内嵌 CFRP 筋，CFRP 筋的角度为 45°，其破坏形态如图 4-16 所示。与发生剪切破坏的梁相比，梁 BF7 加固区的混凝土在加载过程中出现了大量掉落现象。在梁发生破坏的时候，其加固区梁底的混凝土发生了剥离。与梁 BF6 相比，由于 CFRP 筋嵌入的倾斜角度和类型不同，使得主斜裂缝出现后，CFRP 筋上的应变及斜裂缝的发展速度均有一定的差异。

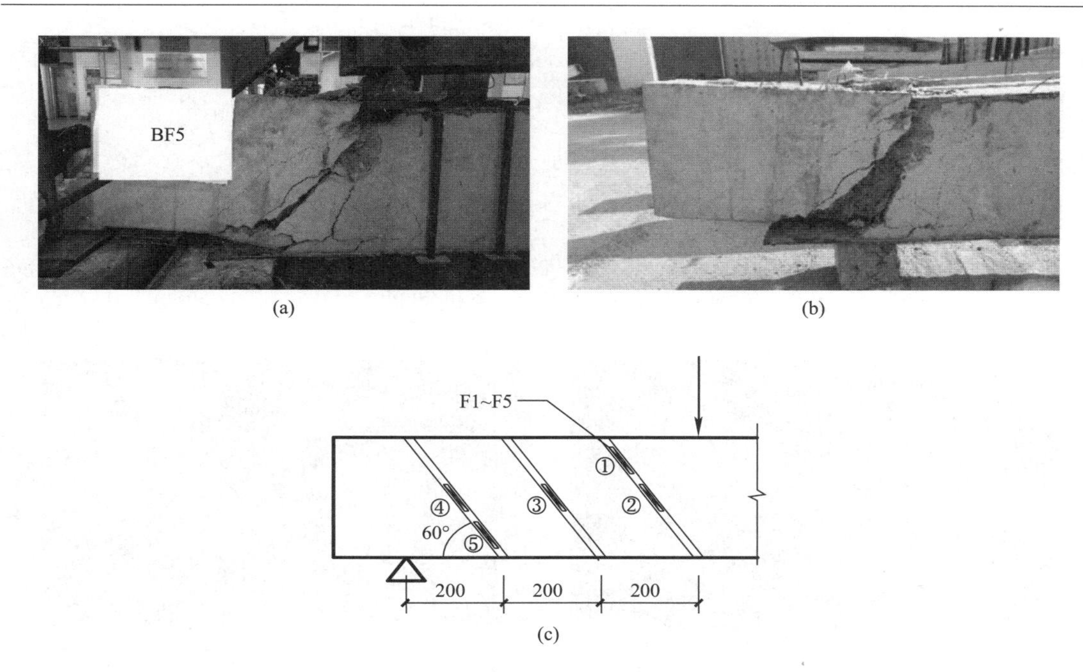

(a)　(b)　(c)

图 4-14　试验梁 BF5 的破坏情况

(a) 正面的裂缝发展情况；(b) 反面的裂缝发展情况；(c) FRP 筋应变片分布位置

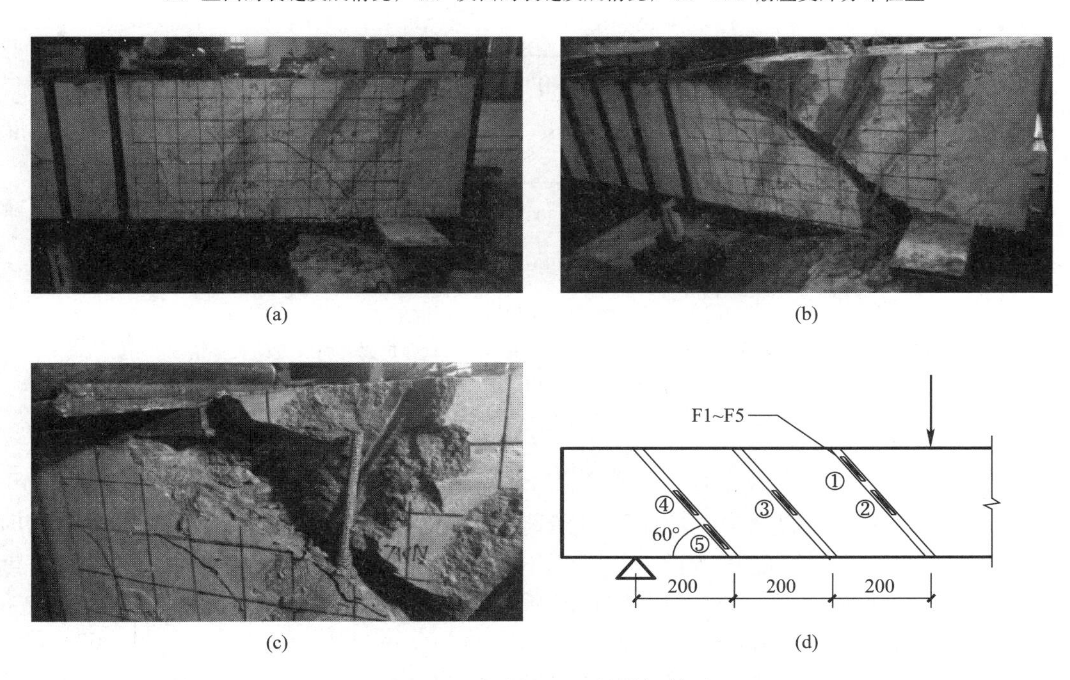

(a)　(b)　(c)　(d)

图 4-15　试验梁 BF6 的破坏情况

(a) 试验梁 BF6 加载；(b) 斜裂缝发展情况；(c) 受压区混凝土被压碎；(d) FRP 筋应变片分布位置

(2) 主要的破坏形态

从本试验 9 根试验梁的破坏情况来看，它们的破坏形态大致可以归为两类：剪切破坏和弯剪破坏。

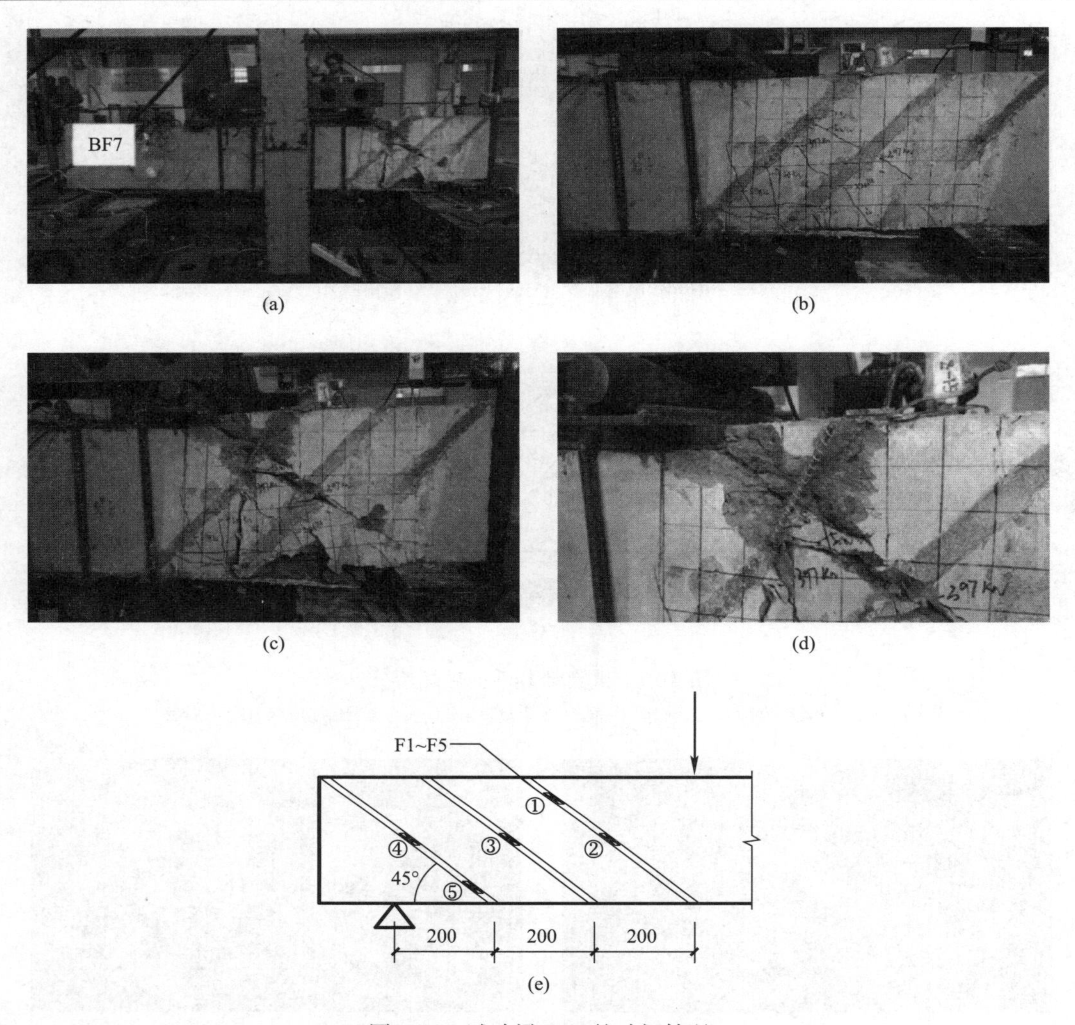

(a) (b) (c) (d) (e)

图 4-16 试验梁 BF7 的破坏情况

(a) 试验梁 BF7 加载；(b) 加固区斜裂缝发展情况；(c) 加固区斜裂缝的贯穿情况；(d) FRP 筋破坏；(e) FRP 筋应变片分布位置

1) 剪切破坏

试验梁 BS1、BS2、BF3、BF5、BF6 及 BF7 均发生了剪切破坏。对比梁 BS1、BS2 在加载初期，混凝土梁的跨中区域出现多条竖向裂缝。当试验梁加固区出现斜裂缝的时候，跨中区域的竖向裂缝停止增长，斜裂缝不断沿着加载点方向发展，同时其裂缝宽度也不断变大。加固梁 BF3、BF5、BF6 和 BF7 在加载初期时裂缝发展方向和对比梁 BS1 相同，不同的是当斜裂缝穿过结构胶期间，斜裂缝的宽度增大较慢，这主要是由于 FRP 筋参与工作，限制了斜裂缝的发展，承担了试件的部分剪力。试验梁加固区的斜裂缝一般有多条，但其中有一条斜裂缝的宽度最大，距离底边的高度最大，且呈两头小中间大的“梭形”。最后，随着荷载的持续增加，主斜裂缝贯穿试验梁的整个加固区，试件的荷载-挠度曲线发生突变，表现出脆性破坏特征，属于典型的剪切破坏，6 根梁破坏模式如图 4-17 所示。

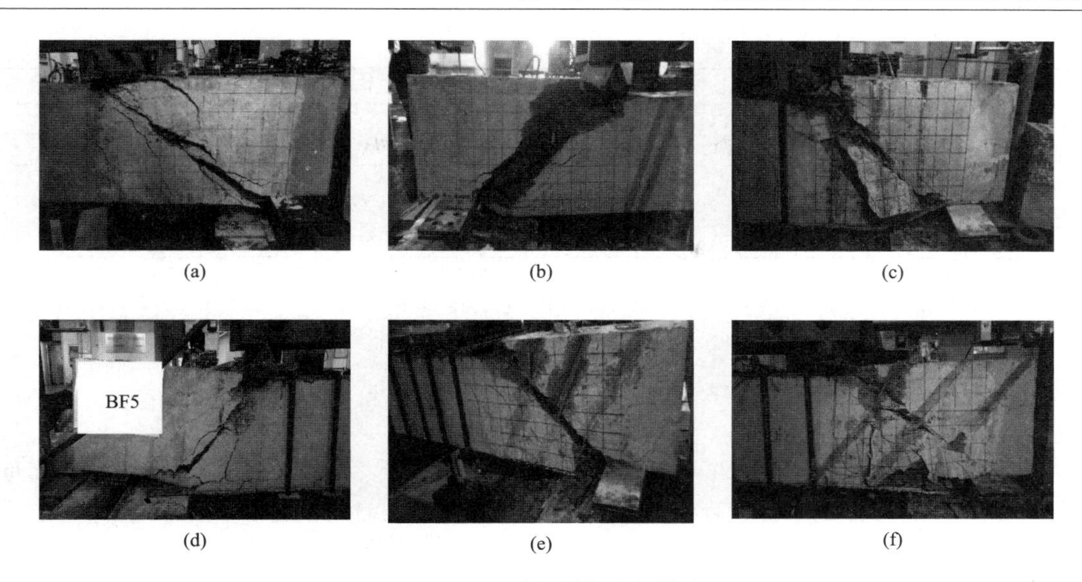

图 4-17　试验梁剪切破坏模式

（a）对比梁 BS1；（b）对比梁 BS2；（c）加固梁 BF3；（d）加固梁 BF5；（e）加固梁 BF6；（f）加固梁 BF7

2）弯剪破坏

试验梁 BF1、BF2 及 BF4 均发生了弯剪破坏。在荷载加载的初期，裂缝的发展基本上与剪切破坏的试验梁相同，其 FRP 筋也均承担了试件的部分剪力。不同的是，在后期持续加载过程中，因试件的斜截面抗弯强度不足，使得主斜裂缝基本贯穿加固区后，集中力作用点处的混凝土被压碎，受拉纵筋发生屈服，FRP 筋的应变在试件破坏前未达到最大值。虽然此 3 根试验梁前期的裂缝分布与发展情况基本与剪切破坏试验梁相同，但其破坏形式属于弯剪破坏，3 根试验梁的破坏模式如图 4-18 所示。

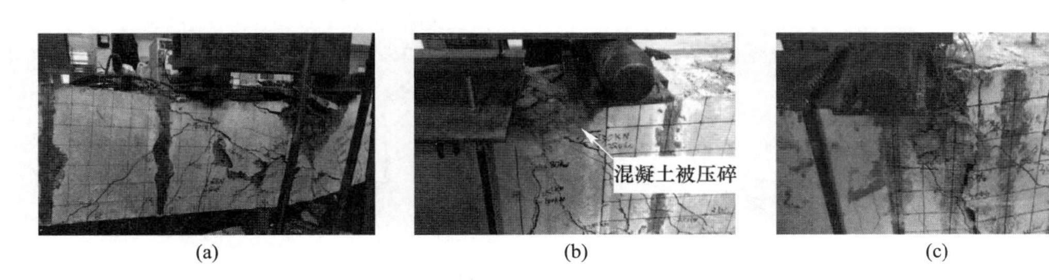

图 4-18　试验梁弯剪破坏模式

（a）加固梁 BF1；（b）加固梁 BF2；（c）加固梁 BF4

试验梁各阶段荷载及跨中位移见表 4-6。

试验结果汇总　　**表 4-6**

试件编号	P_{cr}（kN）	P_r（kN）	P_u（kN）	Δ_{cr}（mm）	Δ_r（mm）	Δ_u（mm）	破坏模式
BS1	90	140.5	233.0	1.11	3.61	8.01	(1)
BS2	86	272.5	324.5	1.42	3.61	8.59	(1)
BF1	150	250.1	260.0	1.24	2.14	13.94	(2)
BF2	140	350.4	358.5	1.17	3.19	18.95	(2)

续表

试件编号	P_{cr}（kN）	P_r（kN）	P_u（kN）	Δ_{cr}（mm）	Δ_r（mm）	Δ_u（mm）	破坏模式
BF3	149	380.3	470.0	1.43	3.05	8.96	(1)
BF4	150	307.4	373.9	1.70	3.08	25.76	(2)
BF5	173	326.9	411.9	1.66	2.56	18.64	(1)
BF6	150	325.0	399.5	1.52	3.08	10.34	(1)
BF7	160	300.0	397.6	1.88	2.36	19.50	(1)

注：1. P_{cr}表示试验梁斜裂缝的开裂荷载，P_u表示试验梁的极限荷载，P_r表示试验梁斜裂缝贯通时的荷载；Δ_{cr}表示试验梁开裂荷载时跨中对应的位移；Δ_r表示试验梁斜裂缝贯通时跨中对应的位移；Δ_u表示试验梁极限荷载时跨中对应的位移；

2.（1）表示试验梁发生剪切破坏，（2）表示试验梁发生弯剪破坏；

3. P_u 取值为千斤顶上荷载读数的 1/2。

（3）裂缝发展与分布

由于部分试验梁最终发生的是弯剪破坏，故为了更加形象地描述斜裂缝的发展及分布情况，本节将主斜裂缝宽度为 1mm 左右时各试验梁的斜裂缝分布进行绘制。

图 4-19 为各试验梁主斜裂缝宽度为 1mm 时的梁侧面裂缝分布图。由图 4-19 可以看出，集中荷载加载至极限荷载的 25%左右时，在试验梁的跨中区域（纯弯段）出现第一条竖向裂缝；当施加的荷载为极限荷载的 40%左右时，在试件加固区出现第一条裂缝垂直于梁底，随着荷载增大至极限荷载的 45%左右时，裂缝向试件腹部延伸，形成斜裂缝，其中主斜裂缝发展最快，其宽度最大。这条主斜裂缝继续向上延伸形成临界斜裂缝；集中荷载加至极限荷载的 75%左右时，主斜裂缝延伸到距梁底 85%高度位置处，其宽度为 1mm 左右，其后随着荷载的增大，主斜裂缝中部的宽度不断变大，直至最后试件破坏。

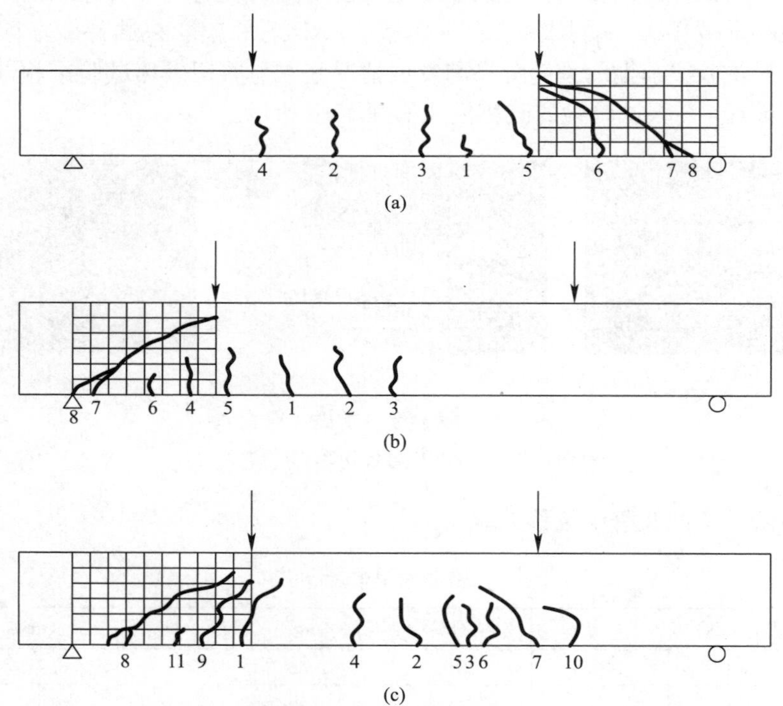

图 4-19　试验梁的裂缝分布图

（a）BS1 梁的裂缝分布图；（b）BS2 梁的裂缝分布图；（c）BF1 梁的裂缝分布图；

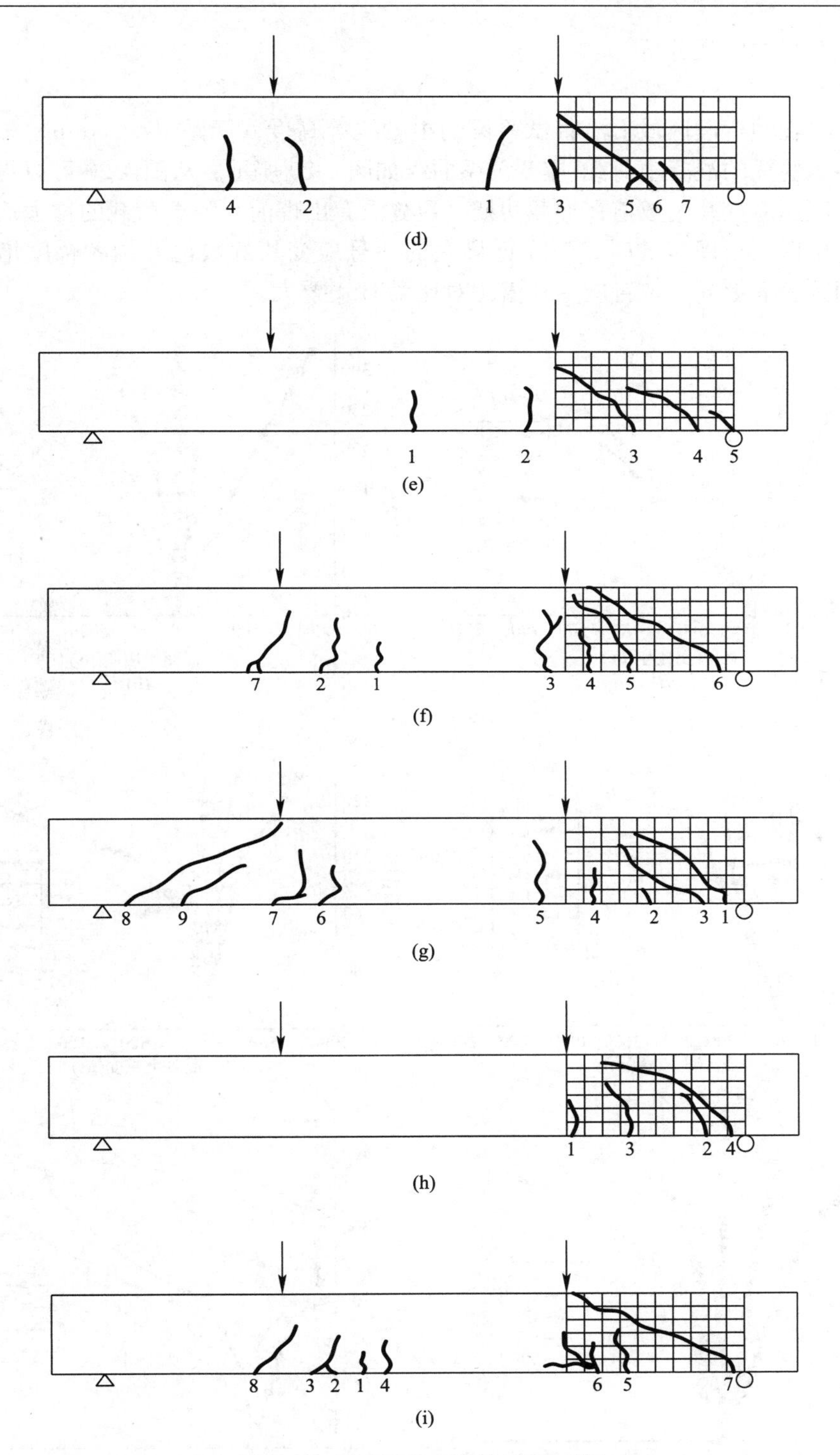

图 4-19　试验梁的裂缝分布图（续）

(d) BF2 梁的裂缝分布图；(e) BF3 梁的裂缝分布图；(f) BF4 梁的裂缝分布图；(g) BF5 梁的裂缝分布图；(h) BF6 梁的裂缝分布图；(i) BF7 梁的裂缝分布图

（4）试验梁的应变分析

1）混凝土应变

本次试验在纯弯段区域上沿着试验梁的中轴线等高度（间距 d=50mm）布置混凝土应变片。各试验梁的混凝土荷载-应变关系曲线如图 4-20 所示。从图 4-20 可以得出：①各试验梁上混凝土应变片的数值在加载初期（裂缝没有出现前）随着荷载的增大而增大；②当试验梁跨中区域出现裂缝时，最靠近梁底的 6 号应变片的数值开始大幅度增加；③梁 BF3 等加固梁表面上同一位置应变片值比对比梁 BS1 要大。

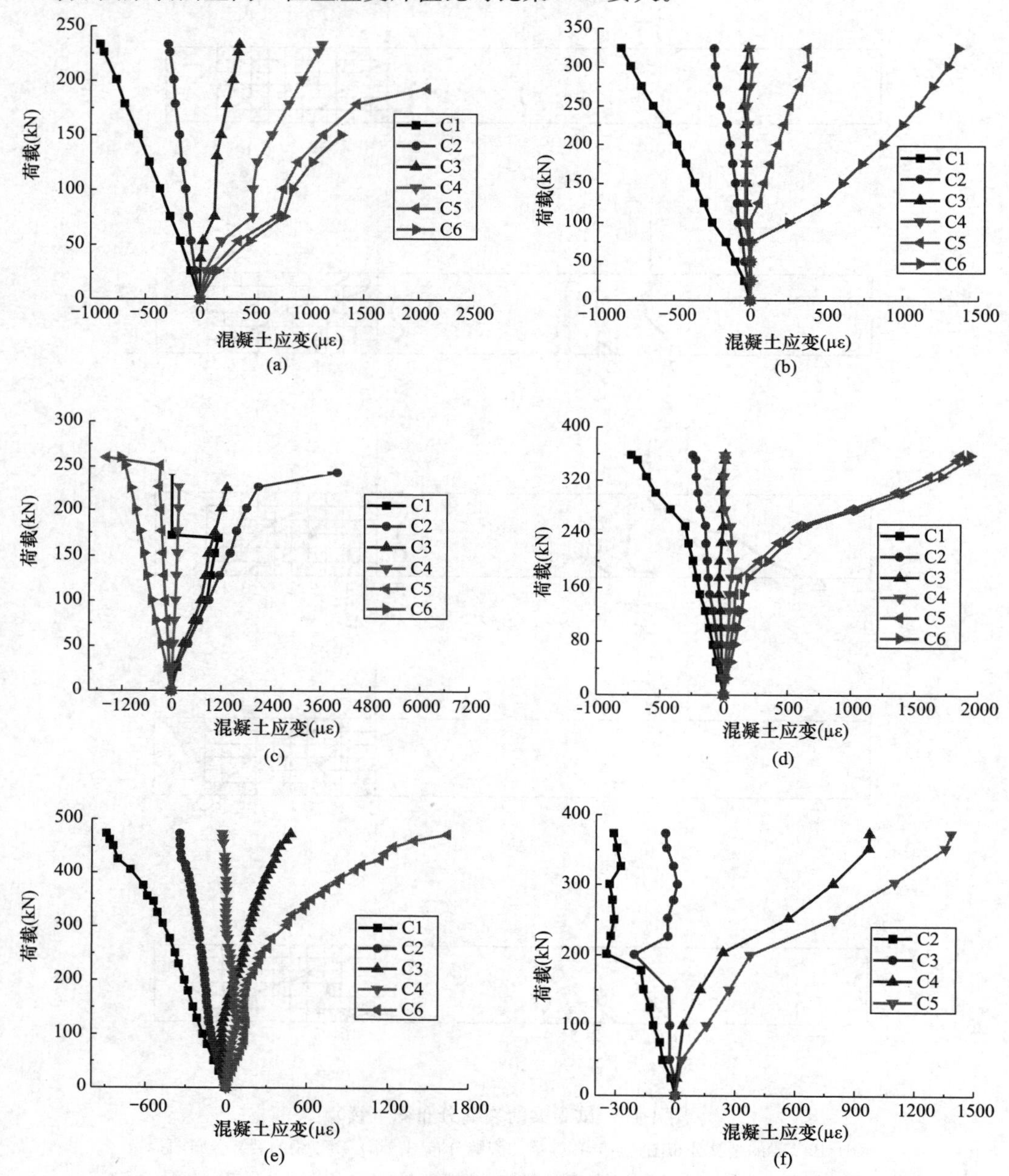

图 4-20　各试验梁的混凝土荷载-应变关系曲线

（a）对比梁 BS1；（b）对比梁 BS2；（c）加固梁 BF1；（d）加固梁 BF2；（e）加固梁 BF3；（f）加固梁 BF4；

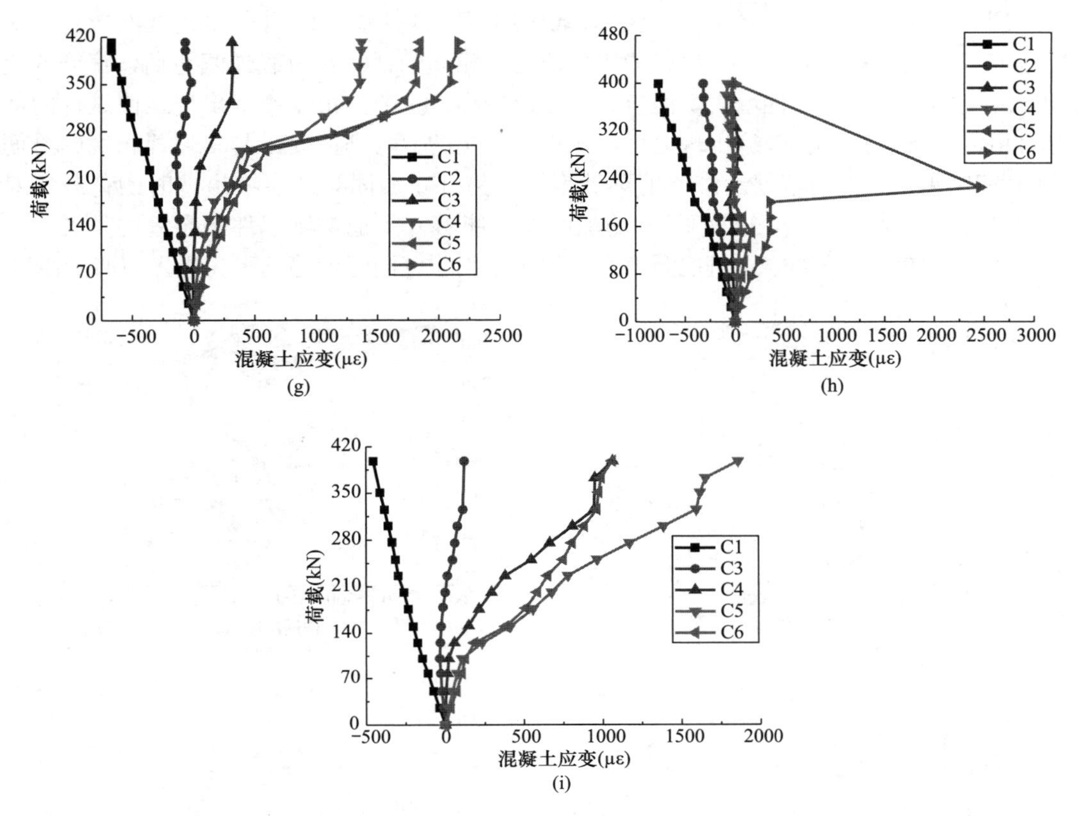

图 4-20　各试验梁的混凝土荷载-应变关系曲线（续）

（g）加固梁 BF5；（h）加固梁 BF6；（i）加固梁 BF7

图 4-21 为加固梁 BF1 不同荷载作用下混凝土应变沿梁高度的分布情况。从图 4-21 中可以看出：①随着荷载的增大，跨中区域沿着梁高方向上各点的混凝土应变值不断增大；②当荷载达到极限荷载的 87%左右时，在梁顶附近的 2 号测点混凝土应变为压应变，其数值约为 2085$\mu\varepsilon$，梁底附近 6 号混凝土应变为拉应变，其数值约为 1002$\mu\varepsilon$。

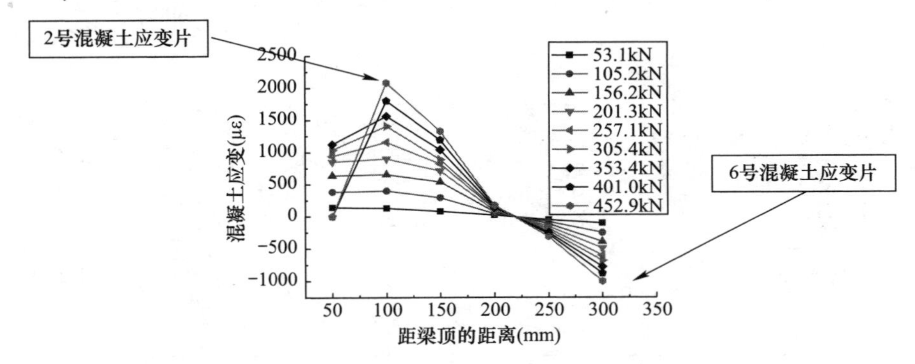

图 4-21　加固梁 BF1 不同荷载作用下混凝土应变沿高度的分布情况

2）箍筋应变

在试验梁加固区和加强区的箍筋沿着加载点与支座连线方向及箍筋中点布置了钢筋应变片。各试验梁的箍筋荷载-应变关系曲线如图 4-22 所示。

从图 4-22 可以看出：①在同一集中荷载作用下，试件加固区内离加载点不同距离箍筋的应变以及同一根箍筋上不同位置的应变值是不相同的；②在荷载加载初期，箍筋的应力随着应变的增大而呈线性增大，但应力的数值较小，主要是由于裂缝出现之前试件的剪力基本由混凝土承担。斜裂缝出现之后，试件所承担的剪力则主要由与斜裂缝相交的箍筋和 FRP 筋来承担，此时箍筋的应变值突然变大。另外，加固梁斜裂缝出现时的荷载比对比梁 BS1 要大。由此可见，内嵌 FRP 筋加固技术能够有效地抑制试件斜裂缝的发展。随着荷载的不断增大，箍筋应变值逐渐增大，位于主斜裂缝附近的箍筋率先进入屈服阶段。

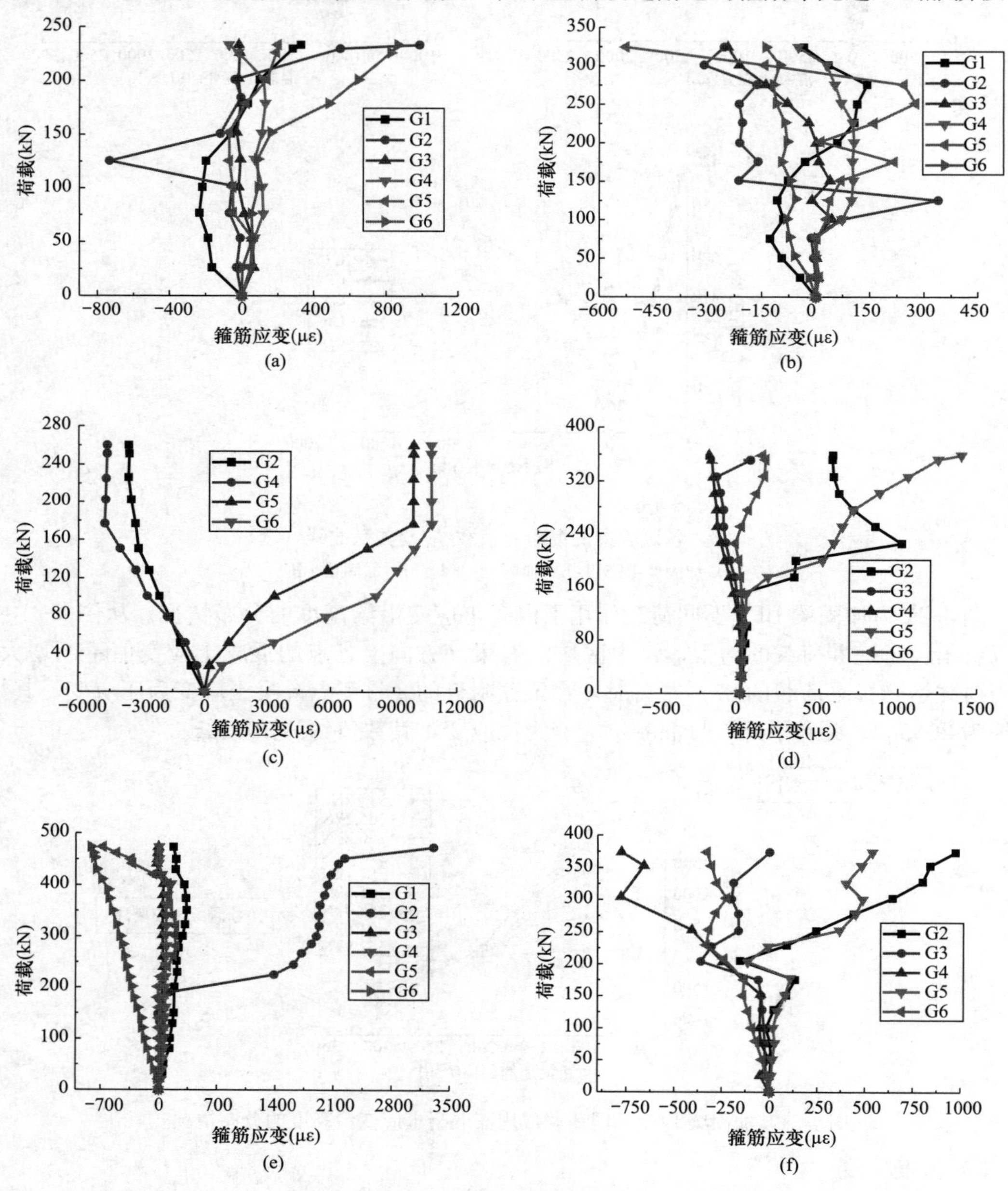

图 4-22　各试验梁的箍筋荷载-应变关系曲线

(a) 对比梁 BS1；(b) 对比梁 BS2；(c) 加固梁 BF1；(d) 加固梁 BF2；(e) 加固梁 BF3；(f) 加固梁 BF4；

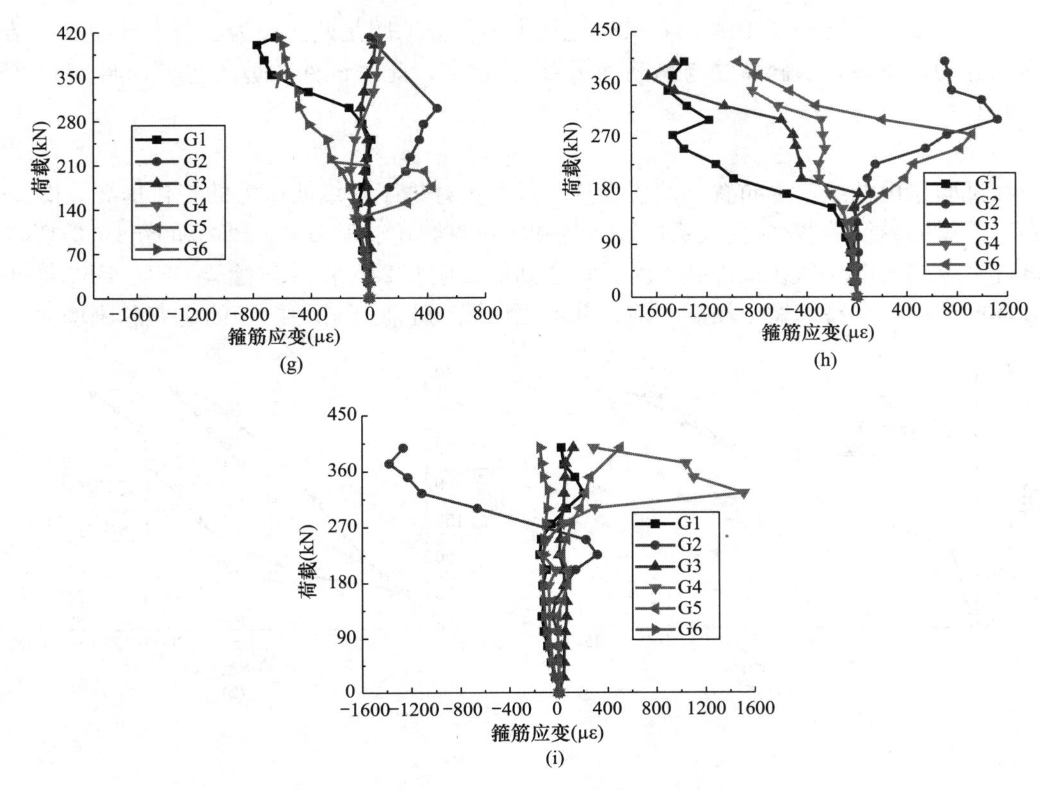

图 4-22　各试验梁的箍筋荷载-应变关系曲线（续）

（g）加固梁 BF5；（h）加固梁 BF6；（i）加固梁 BF7

图 4-23 为典型试件 BF3 加固区距离加载点不同距离位置上箍筋应变的分布情况。从图中可以看出，沿加载点与支座之间连线方向上各箍筋的应变变化，其中位于加载点与支座中间位置附近的 2 号测点其箍筋应变值变化最大，而位于支座附近的 1 号箍筋和位于加载点附近的 3 号箍筋变化不大，尤其是荷载从 150.25kN 增大到 201.10kN 这个阶段，2 号

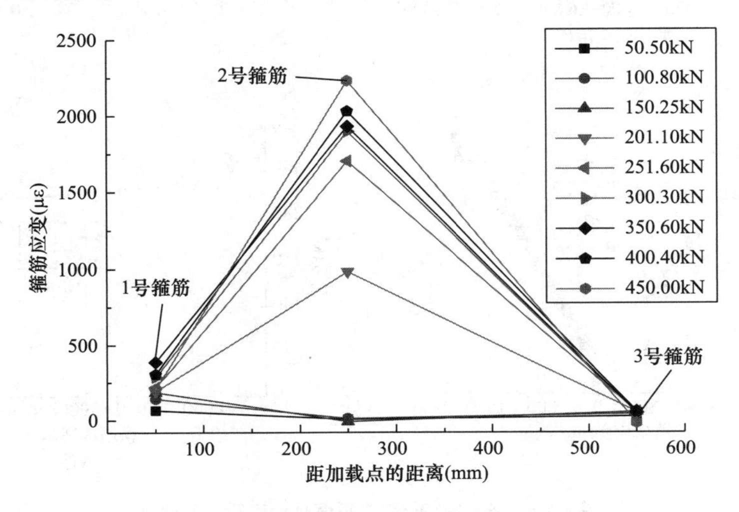

图 4-23　典型试件 BF3 箍筋的应变分布

箍筋的应变值从 0 增到了 1000$\mu\varepsilon$，其变化最大，主要原因是此阶段为混凝土开裂后，结构胶尚未开裂前阶段，因斜裂缝与箍筋和 FRP 筋相交，此时试件的剪力主要由箍筋和 FRP 筋共同承担。

3）纵筋应变

在试验梁内的纵筋上布置钢筋应变片，以便更好地了解纵筋应力的变化情况。图 4-24 为各试验梁的纵筋荷载-应变关系曲线。从图中可见，试验梁 BS1、BS2 和 BF3（剪切破坏的试件）纵筋的应变值在试件破坏时，均达到屈服应变 2450$\mu\varepsilon$。试验梁 BF1、BF2 等（弯剪破坏的试件）在箍筋发生屈服之前，其加固区混凝土被压碎，纵筋的应变急剧增大。另

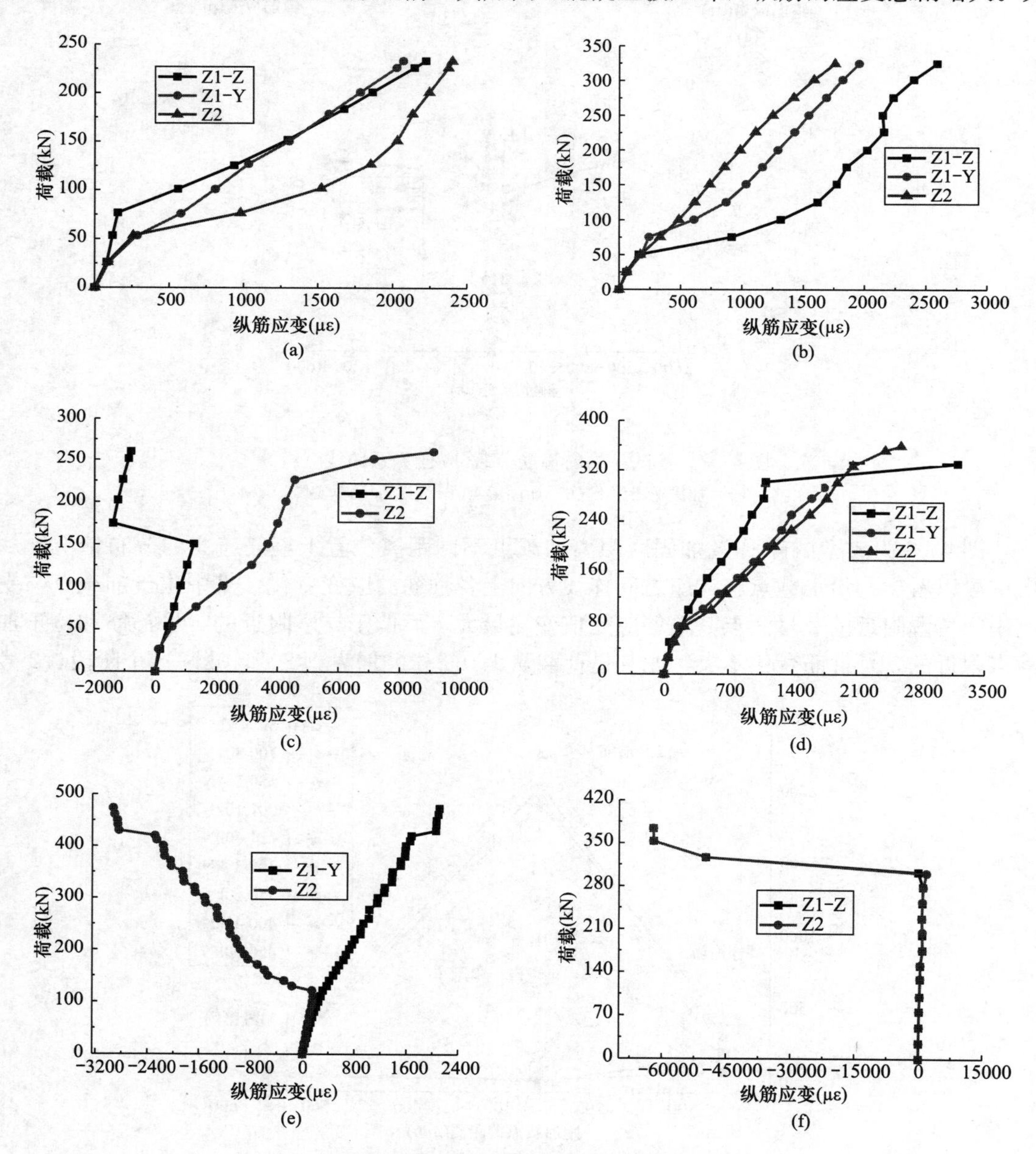

图 4-24　各试验梁的纵筋荷载-应变关系曲线

(a) 对比梁 BS1；(b) 对比梁 BS2；(c) 加固梁 BF1；(d) 加固梁 BF2；(e) 加固梁 BF3；(f) 加固梁 BF4；

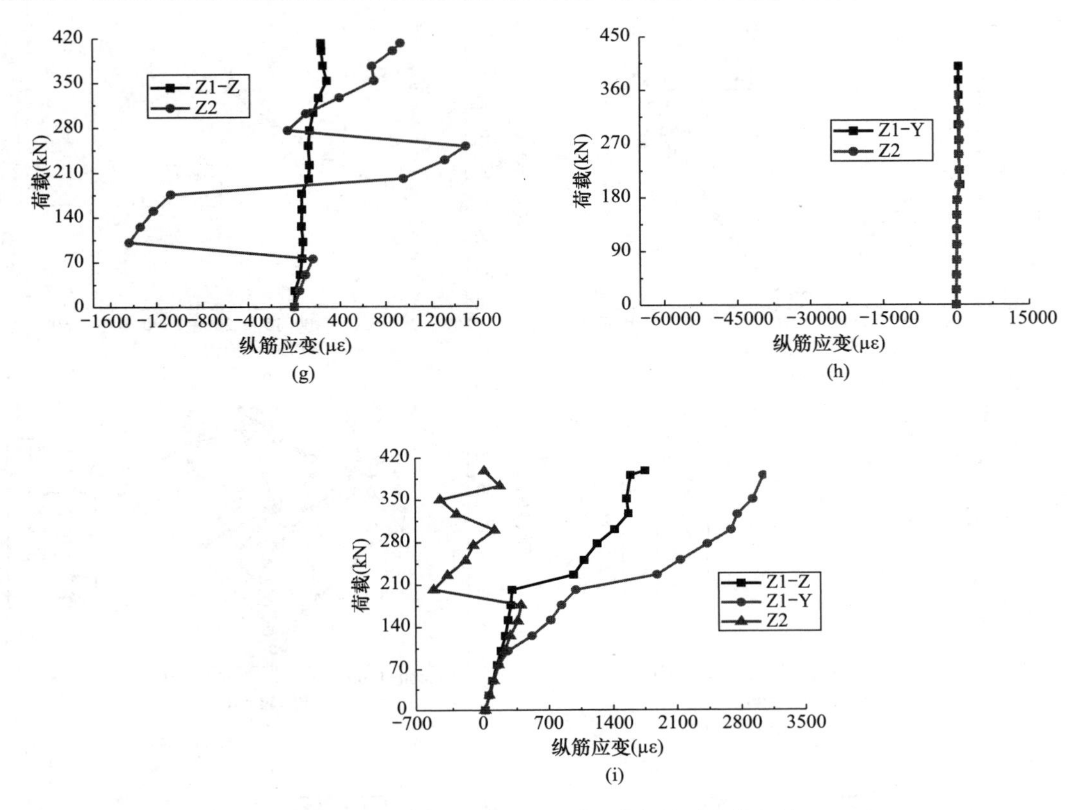

图 4-24　各试验梁的纵筋荷载-应变关系曲线（续）

（g）加固梁 BF5；（h）加固梁 BF6；（i）加固梁 BF7

外，FRP 筋加固率对试验梁的破坏形式有所影响，随着 FRP 筋加固率的增大，试件由弯剪破坏转变为剪切破坏。

4）FRP 筋应变

图 4-25 为各加固梁上 FRP 筋的荷载-应变曲线。从图中可以看出，在斜裂缝出现之前，FRP 筋应变值比较小；但当斜裂缝与结构胶相交时，FRP 筋的应变突然快速增大，说明此时 FRP 筋受力，且与箍筋共同承担试件的部分剪力。在相同的荷载下，FRP 筋的应变增大幅度比箍筋要大。在文献［1-2］中也有类似相同的结论。FRP 筋应变在同一根 FRP 筋不同部分上的分布也是不均匀的，在梁高中间部位的 FRP 筋应变值最大，而在梁上、下两端附近的应变值较小，这主要是由于在梁顶部有混凝土承担了部分试件的剪力，在梁底部有纵筋的销栓作用和骨料的咬合作用等因素的影响所致。

图 4-26 为典型加固梁 BF2 在不同荷载作用下距离加载点不同位置上 FRP 筋应变的变化情况。从图中可以看出，在相同荷载作用下，FRP 筋应变值因裂缝的分布不同而不同，在进行内嵌 FRP 筋加固混凝土梁受剪承载力计算时，需要考虑 FRP 筋的应变分布不均匀性。

5）应力重分布现象

选取典型试件 BF3 作为研究对象，通过对试验梁 BF3 上 CFRP 筋（F2）与箍筋（G2）的荷载-应变曲线进行比较可知，两者在试验梁的加载过程中存在着应力重分布的现象，如图 4-27 所示。在斜裂缝未出现时，加固区箍筋和 FRP 筋的应变值随着荷载的增大

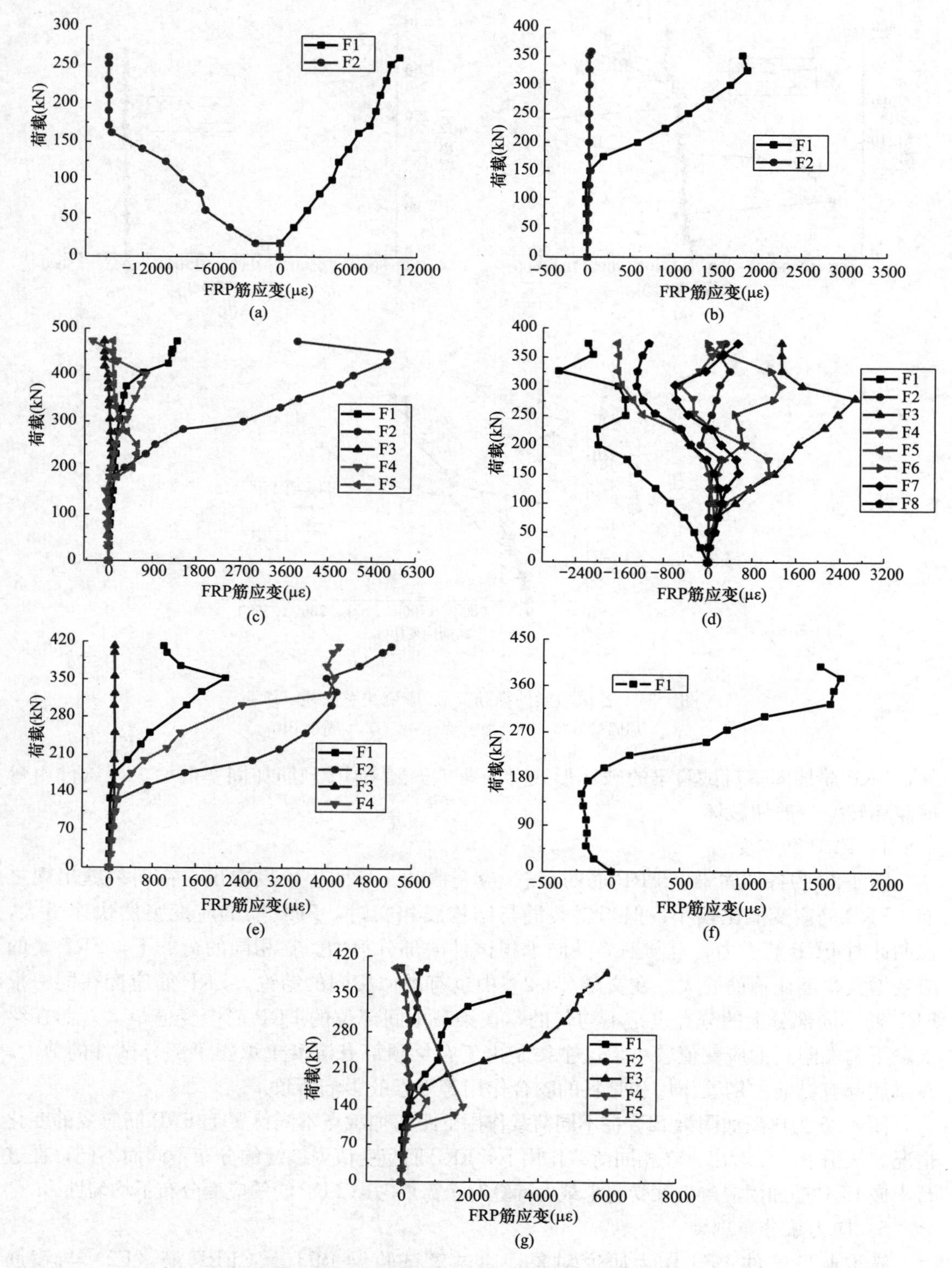

图 4-25　各加固梁上 FRP 筋的荷载-应变曲线

(a) 加固梁 BF1；(b) 加固梁 BF2；(c) 加固梁 BF3；(d) 加固梁 BF4；
(e) 加固梁 BF5；(f) 加固梁 BF6；(g) 加固梁 BF7

而呈线性增大，但数值均较小。当弯剪段加固区出现斜裂缝之后，CFRP 筋与箍筋的荷载-应变曲线上出现了第一个拐点，即加固区出现裂缝之后，混凝土不再承担工作，由 CFRP 筋和箍筋共同承担试件的部分剪力，故导致 CFRP 筋和箍筋应变值的增长率相比之前发生了改变，此时试件发生了第一次应力重分布；随着荷载的逐渐增加，箍筋发生屈服，曲线上出现了第二个拐点，屈服后，箍筋应变增加不明显，而荷载大幅增加；增加的荷载主要由 CFRP 筋承担；之后，CFRP 筋应变逐渐增加，试件发生了第二次应力重分布。

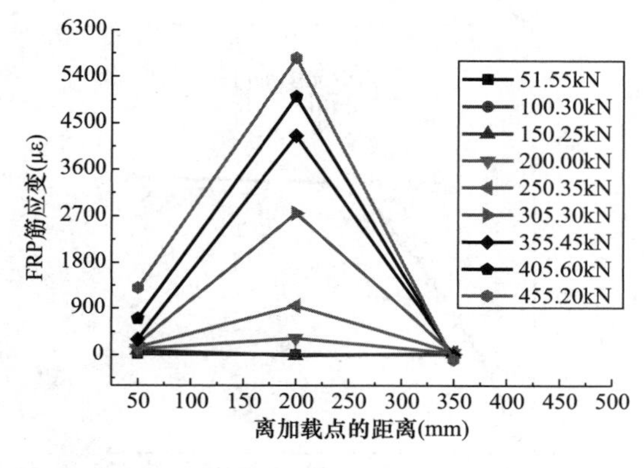

图 4-26　FRP 筋的应变分布图（加固梁 BF2）

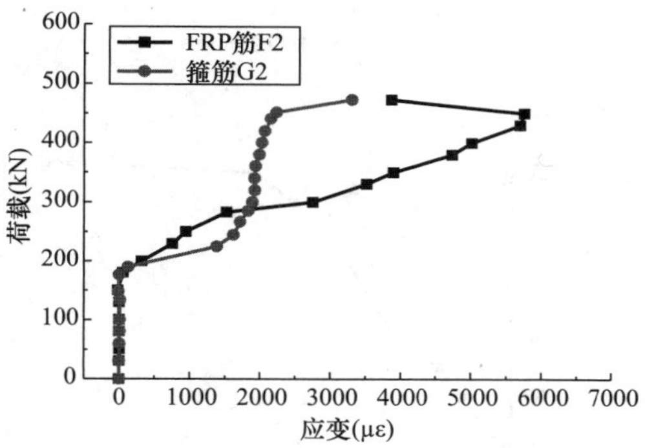

图 4-27　应力重分布现象

6）荷载-挠度曲线

图 4-28 为各试验梁的荷载-挠度关系曲线，从图中可以看出，曲线呈线性发展，加固梁刚度与对比梁相比略有提高，主要原因是 FRP 筋延缓裂缝的开展，提高梁的变形能力。

4.2.3　各影响因素对剪切延性的影响

（1）剪切延性系数

因 FRP 筋材料为脆性材料，对使用 FRP 材料进行加固的构件而言，普通混凝土梁剪切延性的计算方法已不再适用，为此，本节采用基于能量法的剪切延性系数计算方法[2]进行加固梁的剪切延性性能评价。

图 4-29 为理想弹塑性荷载-挠度关系曲线，采用能量方式定义剪切延性系数为：

$$\mu_{\Delta} = \Delta_{u}/\Delta_{y} = (E_{tot}/E_{el} + 1)/2 \tag{4-1}$$

$$E_{tot} = (\Delta_{u} - \Delta_{y})P_{u} + \Delta_{y}P_{u}/2 \tag{4-2}$$

$$E_{el} = \Delta_{y}P_{u}/2 \tag{4-3}$$

$$E_{tot}/E_{el} = 2\Delta_{u}/\Delta_{y} - 1 \tag{4-4}$$

式中　E_{tot}——E_{el} 和 E_{pl} 之和；

E_{el}、E_{pl}——曲线从加载到屈服段下的三角形面积和卸载段下的三角形面积；

Δ_{y}——屈服挠度；

Δ_{u}——极限挠度；

P_{u}——极限荷载。

式（4-1）是基于理想的弹塑性荷载-挠度关系曲线而推导的[3]，用于内嵌 FRP 筋加固混凝土梁时，P_{u} 取破坏荷载，即为相应于 80％的极限荷载值作为破坏荷载，如图 4-30 所

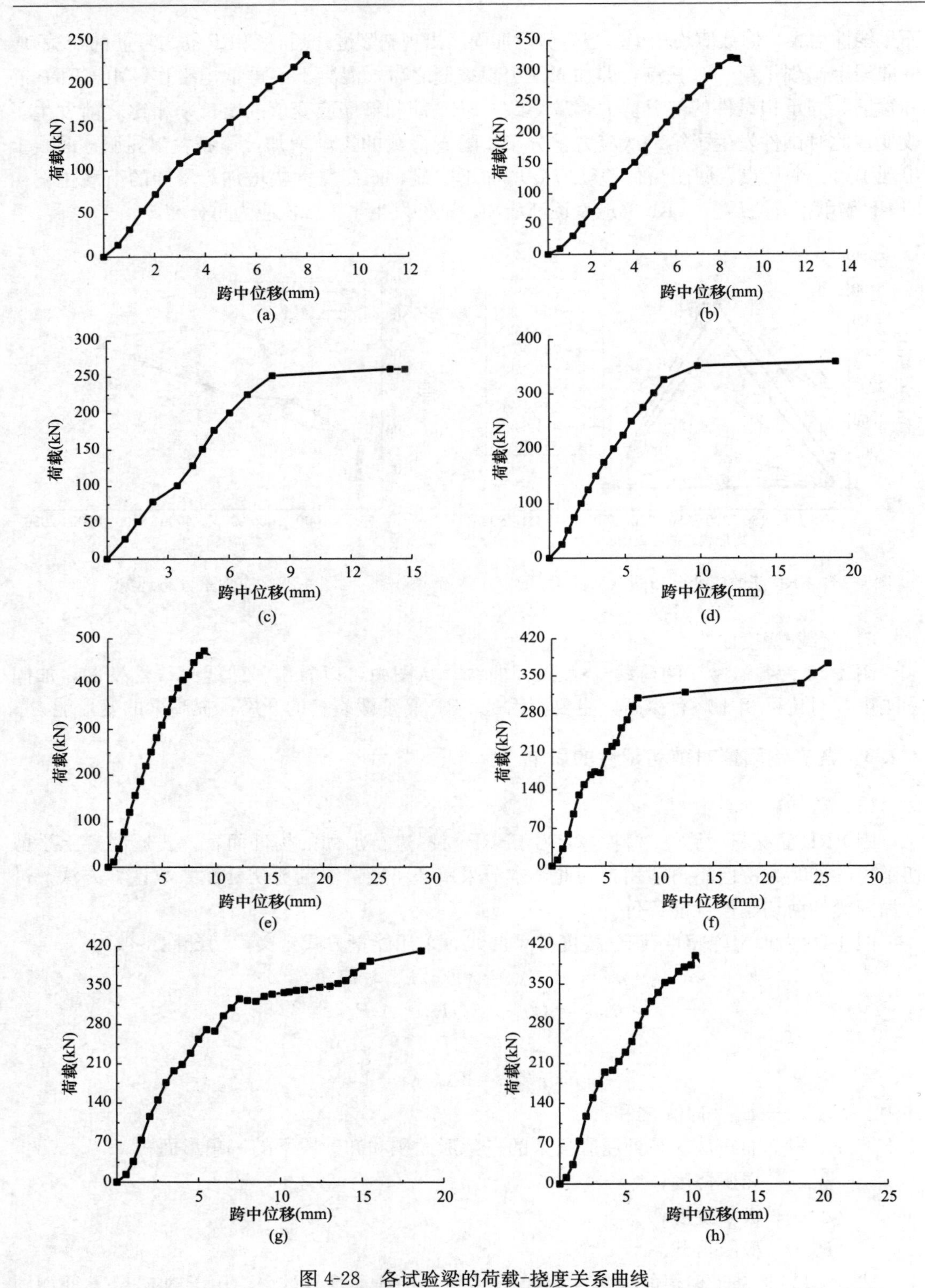

图 4-28　各试验梁的荷载-挠度关系曲线

(a) 对比梁 BS1；(b) 对比梁 BS2；(c) 加固梁 BF1；(d) 加固梁 BF2；(e) 加固梁 BF3；(f) 加固梁 BF4；(g) 加固梁 BF5；(h) 加固梁 BF6；

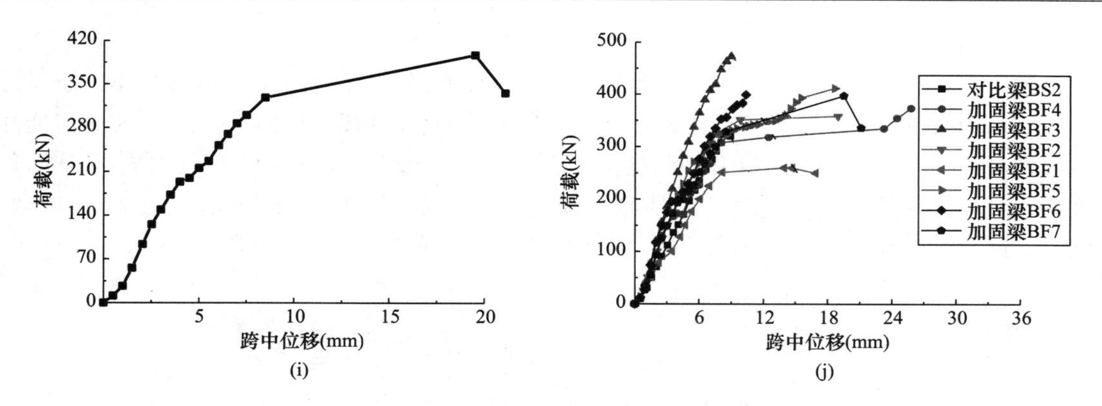

图 4-28　各试验梁的荷载-挠度关系曲线（续）

(i) 加固梁 BF7；(j) 试验梁 BF1～BF7、BS2

示。各试验梁的剪切延性系数见表 4-7。

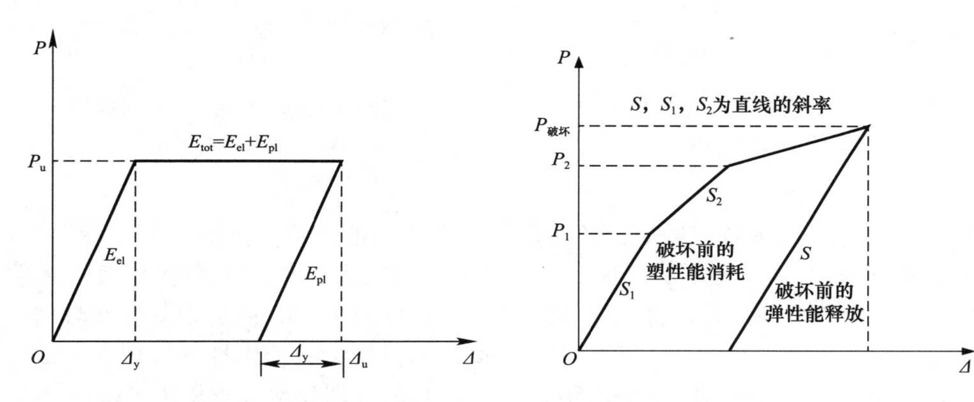

图 4-29　理想弹塑性荷载-挠度关系曲线　　　图 4-30　加固梁荷载-挠度关系曲线

试验梁的剪切延性系数　　　**表 4-7**

试件编号	FRP 筋间距 (mm)	FRP 筋角度	FRP 筋类型	FRP 筋直径 (mm)	E_{el}	E_{tot}	剪切延性系数 μ_Δ
BF1	300	90°	CFRP 筋	8	85	1065	6.76
BF2	200	90°	CFRP 筋	8	214	2064	5.32
BF3	150	90°	CFRP 筋	8	351	2341	3.83
BF4	100	90°	CFRP 筋	8	201	1312	3.77
BF5	200	60°	CFRP 筋	8	177	1379	4.89
BF6	200	60°	BFRP 筋	8	316	2397	4.29
BF7	200	45°	CFRP 筋	8	191	1522	4.48

（2）FRP 筋类型的影响

图 4-31 为 FRP 筋类型对试验梁剪切延性系数的影响，由图可知，内嵌 FRP 筋间距为 200mm、FRP 筋角度为 60°的试验梁 BF5 的剪切延性系数为 4.89，试验梁 BF6 的剪切延性系数为 4.29，可见，相比于内嵌 BFRP 筋，内嵌 CFRP 筋加固能够更好地改善试验梁的剪切延性。

（3）FRP 筋角度

图 4-32 为内嵌 FRP 筋角度对试验梁剪切延性系数的影响。由图可知，以 FRP 筋间距为 200mm 的试验梁 BF2、BF5、BF7 为例，试件 BF5（内嵌 FRP 筋角度为 60°）的剪切延性系数相对于试件 BF2（内嵌 FRP 筋角度为 90°）提高了 14.62%，试件 BF7（内嵌 FRP 筋角度为 45°）的剪切延性系数相对于试件 BF5 提高了 2.05%。可见，FRP 筋角度在 45°～90°之间，加固梁的剪切延性系数随着 FRP 筋角度的增大而增大。

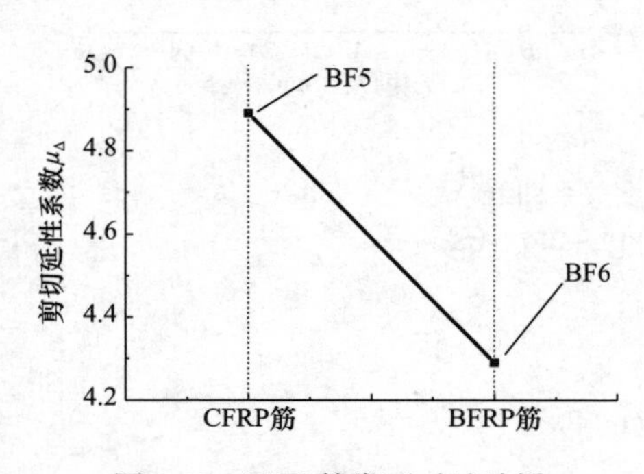

图 4-31　FRP 筋类型对试验梁剪切延性系数的影响

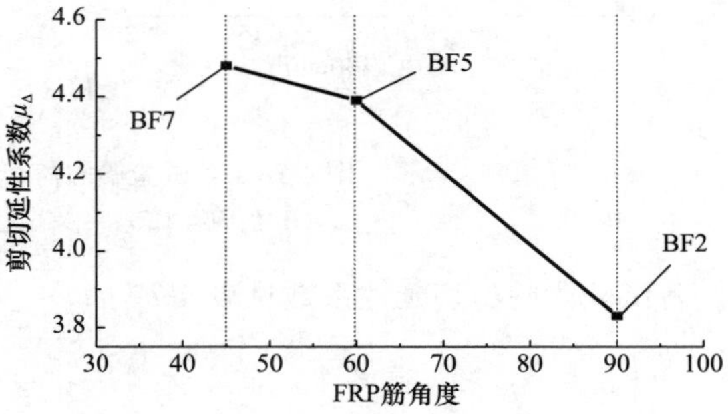

图 4-32　内嵌 FRP 筋角度对试验梁剪切延性系数的影响

（4）FRP 筋间距

图 4-33 为内嵌 FRP 筋间距对试验梁剪切延性系数的影响。由图 4-33 和表 4-5 可知，在 FRP 筋角度为 90°的情况下，试件 BF4（FRP 筋间距为 100mm）的剪切延性系数相比对比梁 BS2 提高了 3.57%，试件 BF3（FRP 筋间距为 150mm）的剪切延性系数相比试件 BF4 提高了 1.59%，试件 BF2（FRP 筋间距为 200mm）的剪切延性系数相比于试件 BF3 提高了 38.9%，试件 BF1（FRP 筋间距为 300mm）的剪切延性系数相比于试件 BF2 提高了 27.07%。其中，试验梁 BF1 的剪切延性系数最大，主要是原因该梁的破坏模式为具有一定延性的弯剪破坏。

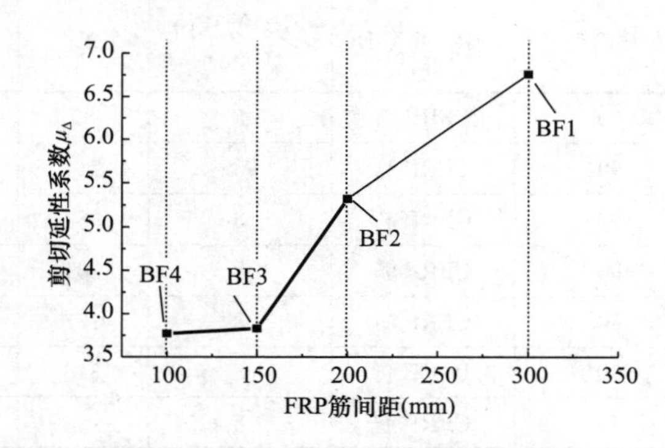

图 4-33　内嵌 FRP 筋间距对试验梁剪切延性关系的影响

4.2.4　各影响因素对受剪性能的影响

（1）FRP 筋类型

图 4-34 为加固梁 BF5、BF6 和对比梁 BS2 荷载-挠度曲线及 FRP 筋类型对极限受剪

承载力的影响曲线。由图 4-34 可知，在其他条件相同的情况下，内嵌 FRP 筋加固混凝土梁的极限受剪承载力和刚度相比对比梁 BS2 有着不同程度的提高。另外，在试件开裂之前，3 根试验梁的荷载-挠度曲线大致相同，对应的开裂荷载差距不大，这主要是由于在开裂之前，试件的承载力主要由混凝土承担，且各试件中混凝土受力情况大致相同。从图中还可以看出，加固梁 BF5（内嵌 CFRP 筋）的极限受剪承载力为 411.85kN，相比于加固梁 BF6（内嵌 BFRP 筋）的极限受剪承载力提高了 3.09%，可见，内嵌 CFRP 筋加固效果比内嵌 BFRP 筋的要好，这主要原因是 CFRP 筋材料的抗拉强度高于 BFRP 筋所致。

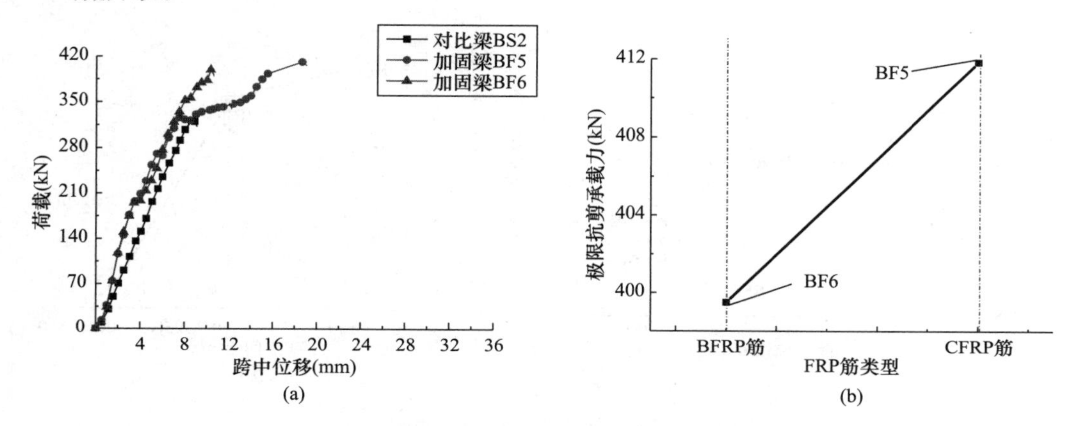

图 4-34　FRP 筋类型对抗剪性能的影响

（a）对荷载-挠度曲线的影响；（b）对极限抗剪承载力的影响

（2）FRP 筋角度

图 4-35 为加固梁 BF2、BF7 和对比梁 BS2 的荷载-挠度曲线及 FRP 筋角度对极限受剪承载力的影响曲线。从图 4-35（a）中可以发现，加固梁的刚度相比对比梁 BS2 要大，这主要是由于内嵌的 FRP 筋能够抑制斜裂缝的发展，提高试件的变形能力。从图 4-35（b）中可以发现，加固梁 BF2（FRP 筋 90°）的极限承载力比对比梁 BS2 提高了 10.48%，加固梁 BF7（FRP 筋 45°）的极限承载力比加固梁 BF2 提高了 10.89%。内嵌倾角 45°FRP 筋的加固梁其受剪承载力大于内嵌倾角 90°的 FRP 筋。

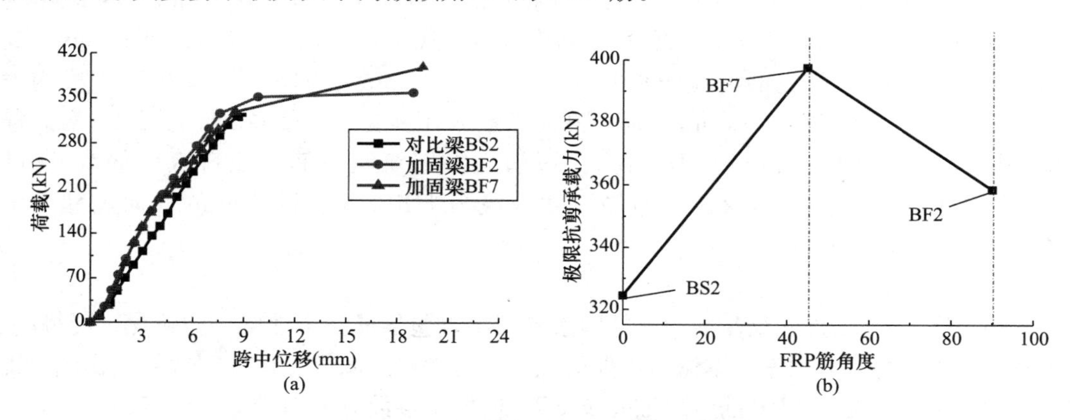

图 4-35　FRP 筋角度对抗剪性能的影响

（a）对荷载-挠度曲线的影响；（b）对极限抗剪承载力的影响

（3）FRP 筋间距

图 4-36 为相同破坏模式下加固梁 BF1、BF2 和 BF4 的荷载-挠度曲线及 FRP 筋间距对极限受剪承载力的影响曲线。从图中可以看出，随着 FRP 筋间距的增大，受剪承载力逐渐降低。加固梁 BF4（FRP 筋间距 d=100mm）的极限承载力为 373.9kN，加固梁 BF2（FRP 筋间距 d=200mm）的极限承载力比试件 BF4 降低了 4.30%，加固梁 BF1 的极限承载力比试件 BF4 降低了 43.8%，可见，FRP 筋间距不宜过大，建议在 100～200mm 之间适宜。

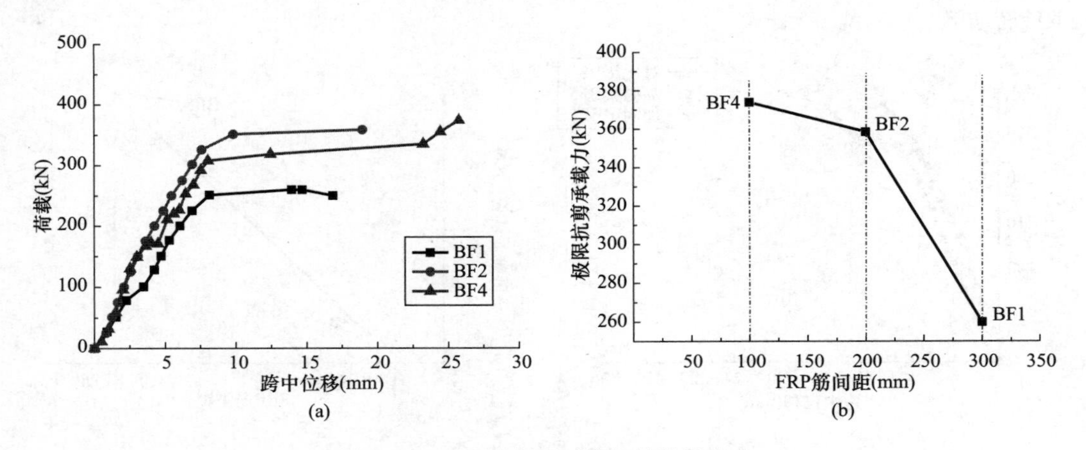

图 4-36　FRP 筋间距对抗剪性能的影响

（a）对荷载-挠度曲线的影响；（b）对极限抗剪承载力的影响

4.3　加固梁二次受力下的受剪性能试验

4.3.1　试验概况

（1）试验设计

本试验设计共 9 根混凝土 T 形梁，包括 2 根对比梁和 7 根加固梁。所有试件的截面尺寸和截面配筋情况均一致，T 形梁的截面尺寸为：梁长 2100mm，剪跨比为 1.78；梁腹板宽度 b 为 160mm，梁截面高度 h 为 320mm，翼缘宽度 b_f' 为 320mm，翼缘高度 h_f' 为 80mm。腹板的混凝土保护层厚度 c 为 25mm。为防止试件在纯弯段内发生弯曲破坏，经计算配置钢筋情况为：腹板纵筋采用 4⌀22+1⌀14，翼缘内架立筋采用 4⌀22，钢筋强度等级为 HRB400。箍筋均采用双肢箍筋，纯弯区箍筋为Φ8@100，弯剪区箍筋为Φ6.5@250，箍筋强度等级为 HPB300。试验梁的截面尺寸及配筋详图如图 4-37 所示。

（2）加固方案

影响内嵌 FRP 筋加固梁受剪性能的因素有很多，包括混凝土强度、剪跨比、配箍率、加固量、加固筋种类等因素。本试验主要研究二次受力对加固梁受剪加固效果的影响，即初始荷载、卸载情况和 FRP 筋端部锚固及 FRP 种类等参数对加固梁受剪性能的影响，具体加固方案见表 4-8，其中 BC1、BC2 为对比梁。

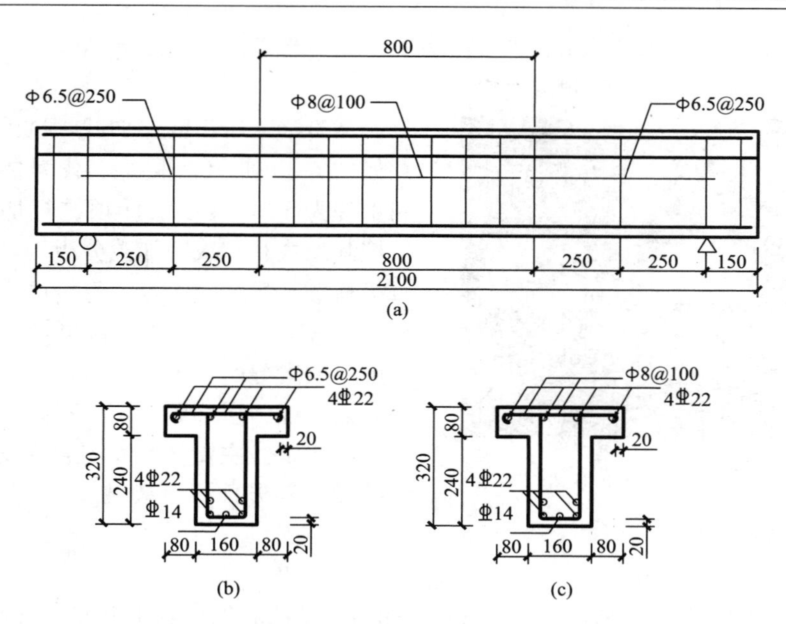

图 4-37　试验梁的截面尺寸及配筋详图

(a) 试验梁截面尺寸图；(b) 加固区截面配筋图；(c) 加强区截面配筋图

加固梁的试验方案　　表 4-8

试验梁编号	FRP 筋间距（mm）	FRP 筋角度	FRP 筋类型	锚固长度（mm）	加载情况
BC1	—	—	—	—	直接加载至破坏
BC2	—	—	—	—	直接加载至破坏
BF0	200	90°	BFRP	—	加固后直接加载至破坏
BF3	200	90°	BFRP	—	加载至 30%P_u 持载加固后，加载至破坏
BF3-1.5	200	90°	BFRP	—	加载到 30%P_u 卸载至 15%P_u，持载加固后加载至破坏
BF3-0B	200	90°	BFRP	—	加载到 30%P_u 完全卸载加固后，加载至破坏
BF3-0C	200	90°	CFRP	—	加载到 30%P_u 完全卸载加固后，加载至破坏
BF-M4	200	90°	BFRP	40	加固后直接加载至破坏
BF-M8	200	90°	BFRP	80	加固后直接加载至破坏

注：P_u为对比梁 BC1 的极限荷载。

试验梁编号中的符号意义说明：

1）试验梁编号中前两个字母 BC 表示为对比梁，BF 表示为加固梁；

2）试验梁 BF 后的第一个数字表示预加载程度，其中“0”表示无预加载，“3”表示预加载值为极限荷载 P_u的 30%；

3）试验梁 BF 后的第二个数字表示卸载程度，其中“BF3-0”表示完全卸载，“BF3-1.5”表示预卸载至极限荷载 P_u的 15%；

4）试验梁 BF3-0B 和 BF3-0C 的最后一个字母表示 FRP 筋种类，“B”表示 BFRP 筋；“C”表示 CFRP 筋；

5）试验梁 BF 后的字母 M 表示为带端部锚固的加固梁，字母 M 后的数字“4”表示

FRP 筋在翼缘内锚固长度为 40mm，依此类推，“8”表示锚固长度为 80mm。

(3) 试验加载装置与试验测试内容

图 4-38 试验加载装置示意图

试验梁采用正四点加载，试验加载装置示意如图 4-38 所示。根据承载力估算结果，选用量程为 100t 液压千斤顶进行加载，并用油泵控制加载和卸载。加载分级为斜裂缝开裂前每级荷载 10kN，开裂后每级 20kN 加载，预加载 30kN。为使荷载传递更加均匀，需在试验梁上放置分配梁来将荷载传递至试件，并在加载点处铺一层细砂。

本次试验主要的研究内容为受剪能力、斜裂缝发展等方面。试验测试内容见 4.2.1 节，具体测试内容如下：

1) 混凝土应变的测量

试验梁的混凝土应变片粘贴位置为腹板剪跨区中轴线和加载点正下方腹板侧面，共粘贴 8 个应变片（型号为 SZ120-100AA，灵敏系数为 2.018＋0.010%，栅穿×栅长为 3mm×100mm)，混凝土应变片大致粘贴在斜裂缝开展方向，布置情况为沿着试验梁腹板侧面高度等距离粘贴，应变片间距为 40mm，其可记录试验梁在加载过程中混凝土的应变情况，具体布置情况如图 4-39 所示。

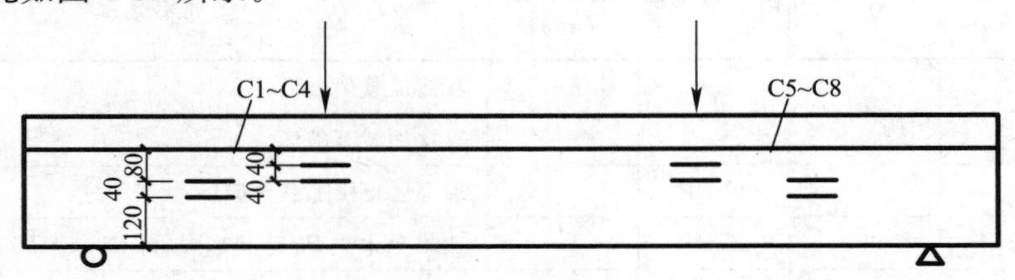

图 4-39 混凝土应变片布置图

2) 钢筋应变的测量

在试件浇筑前，预先在梁剪跨区的箍筋粘贴应变片；同样在梁底每根纵筋上粘贴相同规格的应变片，钢筋应变片测点布置如图 4-40 所示。由于本试验中箍筋采用双箍粘贴应变片，故图 4-40 中的 G1 表示正面 1 号箍筋上的应变片，G1′表示负面相应位置 1 号箍筋上的应变片，其他的类似。

3) FRP 筋应变的测量

试验中在加固梁的 FRP 筋上粘贴规格为 3mm×2mm 的应变片，以观测 FRP 筋应变的变化情况。FRP 筋应变片测点布置如图 4-41 所示。图中 FRP 筋应变片的编号分布情况，同一层从左往右、同一竖直方向从上往下逐渐增大。

(4) 材料力学性能

混凝土强度指标见表 4-2。试验中所采用的钢材分别是 $d=22$mm、$d=14$mm 的 HRB400 级钢筋和 $d=6.5$mm、$d=8$mm 的 HPB300 级钢筋，其力学性能见表 4-9。FRP 筋力学性能指标见表 4-4。

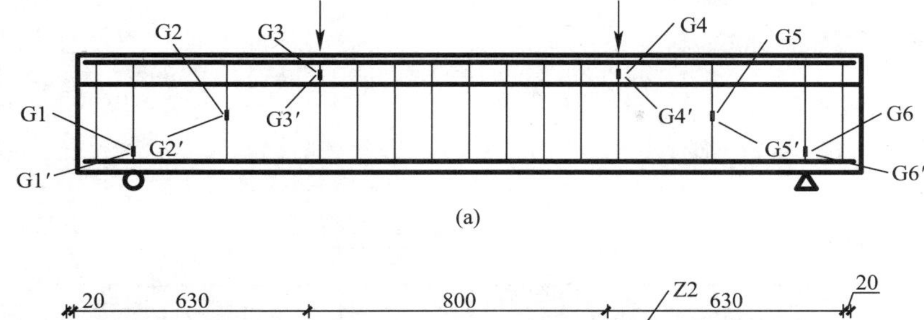

(a)

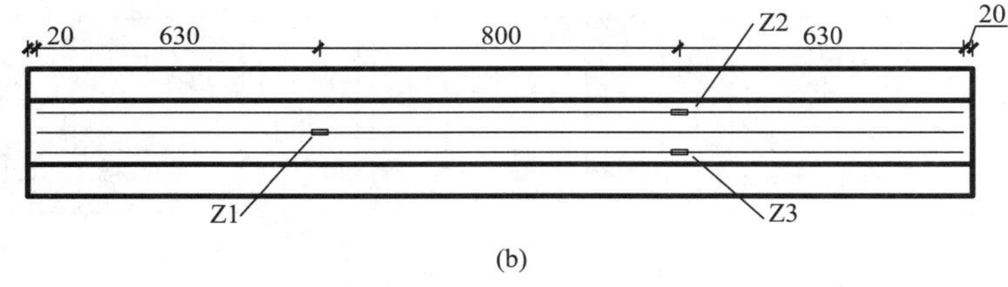

(b)

图 4-40　钢筋应变片测点布置图

(a) 箍筋应变片布置图；(b) 纵筋应变片布置图

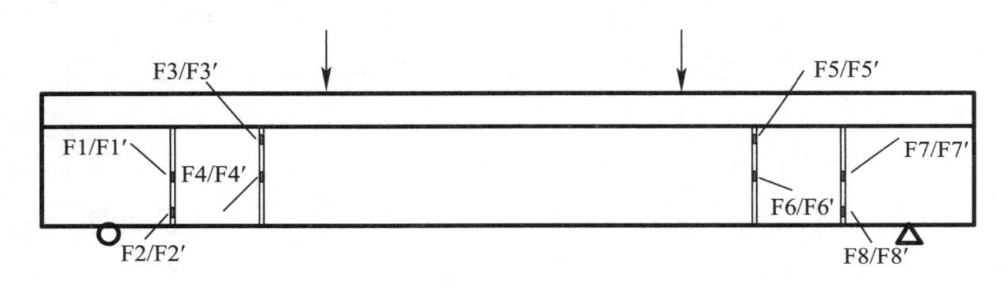

图 4-41　FRP 筋应变片测点布置图

钢筋力学性能指标　　**表 4-9**

材料	试样号	屈服荷载（kN）	屈服强度（MPa）	极限荷载（kN）	极限抗拉强度（MPa）
纵筋 d=22mm A=380mm^2	S1	169	445	217	571
	S2	170	447	220	579
	S3	165	442	219	576
	平均值	168	445	219	575
架立筋 d=14mm A=153.8mm^2	S1	65	422	86	559
	S2	66	429	88	572
	S3	67	436	88	572
	平均值	66	429	71	568
箍筋 d=8mm A=50.2mm^2	S1	22	438	25	498
	S2	21	418	25	498
	S3	20	398	24	478
	平均值	21	418	25	491
箍筋 d=6.5mm A=33.2mm^2	S1	13	391	16	482
	S2	13	391	15	451
	S3	12	361	15	451
	平均值	13	371	15	461

4.3.2 试件承载力估算

(1) 受弯承载力计算

试件弯矩图如图 4-42 所示。

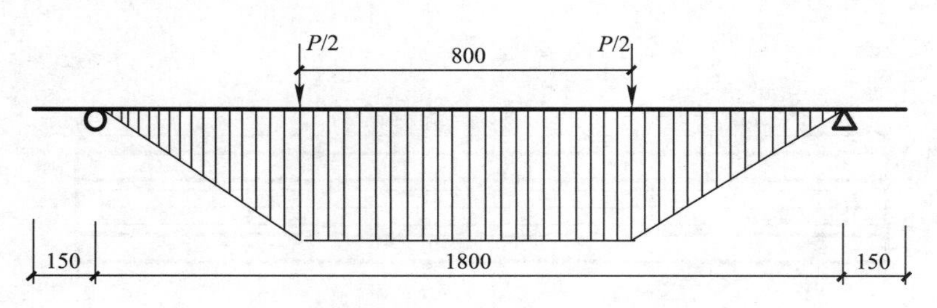

图 4-42 试件弯矩简图

图 4-42 中：梁的全长为 2.1m，净跨为 1.8m。

试件参数为：$b=160$mm，$h=320$mm，$b_f'=320$mm，$h_f'=80$mm，$h_0=260$mm，受拉钢筋 4⌀22+1⌀14，$A_s=1520+154=1674\text{mm}^2$，架立筋 4⌀22，$A_s'=1520\text{mm}^2$。

材料参数为：混凝土 $f_c=28.3\text{N/mm}^2$，纵筋⌀22 屈服强度 $f_y=445\text{N/mm}^2$，纵筋⌀14 屈服强度 $f_y=429\text{N/mm}^2$，架立筋屈服强度 $f_y'=445\text{N/mm}^2$。

按《混凝土结构设计规范》GB 50010—2010（2015 年版），正截面承载力计算基本公式（考虑压筋作用）（符号释义参见上述规范）如下。

$$\alpha_1 f_c b_f x + f_y' A_s' = f_y A_s \qquad x \leqslant \xi_b h_0 \tag{4-5}$$

$$M \leqslant M_u = \alpha_1 f_c b_f x\left(h_0 - \frac{x}{2}\right) + f_y' A_s'(h_0 - a_s') \tag{4-6}$$

$$\xi_b = \frac{\beta_1}{1 + f_y/(E_s \varepsilon_{cu})} \tag{4-7}$$

式中 ξ_b ——受压区混凝土压碎时的相对界限受压区高度。

由此求得混凝土相对界限受压区高度为：

$$\xi_b = 0.48$$

由式（4-5）得混凝土受压区高度为：

$$x = \frac{f_y A_s - f_y' A_s'}{\alpha_1 f_c b_f} = 7.3\text{mm} < h_f' = 80\text{mm}$$

则说明受压区高度位于 T 梁的翼缘内，属于第一类型。

应按式（4-6）计算弯矩，但由《混凝土结构设计规范》GB 50010—2010（2015 年版）要求：

当 $x=7.3\text{mm}<2a_s'=60\text{mm}$ 时，受弯极限承载力为：

$$M \leqslant M_u = f_y A_s(h_0 - a_s') = 171.33\text{kN}\cdot\text{m}$$

由内力计算：

最大弯矩：$M=0.5P/2$

弯矩/荷载的系数：$\psi=M/P=0.25$

则抗弯承载力确定的试件能承受的最大荷载为：

$$P_{max} = [M]/\psi = 171.33/0.25 = 685.32\text{kN}$$

（2）受剪承载力计算

试件剪力简图如图 4-43 所示。

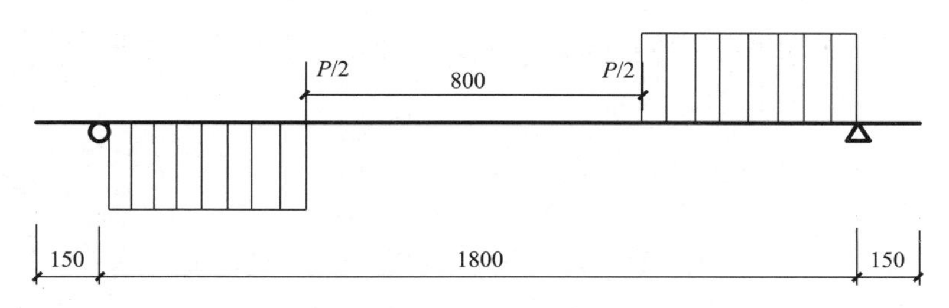

图 4-43　试件剪力简图

1）对比梁 BC

混凝土梁斜截面抗剪承载力，在集中荷载作用下：

$$V_c = \frac{1.75}{1+\lambda}\beta_h f_t b h_0 \tag{4-8}$$

试件参数：$b = 160\text{mm}$，$h = 320\text{mm}$，$b_f' = 320\text{mm}$，$h_f' = 80\text{mm}$，$h_0 = 260\text{mm}$，$a = 500\text{mm}$，$f_t = 2.7\text{N/mm}$，剪跨比 $\lambda = a/h_0 = 1.92$，$\beta_h = (800/h_0)^{0.25} = 1$

对比梁 BC 的剪力为：

$$V_c = \frac{1.75}{1+\lambda}\beta_h f_t b h_0 = \frac{1.75}{1.92+1} \times 1 \times 2.7 \times 160 \times 260 \times 10^{-3} = 67.32\text{kN}$$

2）加固区（配箍筋）的斜截面抗剪承载力 V_{cs} 验算

基本公式为：

$$V_{cs} = \frac{1.75}{\lambda+1} f_t b h_0 + f_{yv}\frac{A_{sv}}{s}h_0 \tag{4-9}$$

式中　f_{yv}、A_{sv}、s——箍筋的屈服强度、箍筋截面面积和间距。

截面限制条件：当混凝土强度等级低于 C50，$\frac{h_w}{b} < 4$ 时：

$$V_{cs} \leqslant 0.25 f_c b h_0 \tag{4-10}$$

试件截面尺寸为 $b = 160\text{mm}$，$h = 320\text{mm}$，$b'_f = 320\text{mm}$，$h'_f = 80\text{mm}$，箍筋为 HPB300，加固区直径为 $\phi6.5$，间距 250mm，跨中直径为 $\phi8$，间距 100mm。$f_c = 28.3\text{N/mm}^2$，$f_t = 2.7\text{N/mm}^2$，$f_{yv1} = 371\text{N/mm}^2$，$f_{yv2} = 418\text{N/mm}^2$，$A_{sv1} = 33\text{mm}^2$，$A_{sv2} = 50\text{mm}^2$。

$$\frac{h_w}{b} = \frac{320-80-60}{160} = 1.125 < 4$$

则 $[V_{cs}] = 0.25 f_c b h_0 = 294\text{kN}$

受剪承载力（弯剪段加固区）：

$$V_{cs} = \frac{1.75}{1+\lambda} f_t b h_0 + f_{yv}\frac{A_{sv}}{s}h_0$$

$$= 92.78\text{kN} < [V_{cs}]$$

受剪承载力（纯弯段加强区）：

$$V_{cs}=\frac{1.75}{1+\lambda}f_t bh_0+f_{yv}\frac{A_{sv}}{s}h_0$$
$$=163.78\text{kN}<[V_{cs}]$$

3）内嵌 FRP 筋加固区的受剪承载力估算

根据文献［4］所提出的针对内嵌 FRP 筋加固梁的受剪承载力计算公式：

$$V=V_{frp}+V_t+V_{cs}$$
$$=[(0.14\lambda+0.69)\sin\beta-(0.02\lambda+0.13)\cos\beta]\frac{0.8\times(1-\rho_{frp})f_{frp}A_{cf}}{s_{cf}}h_0\cdot$$
$$(1+\tan\theta\cot\beta)+(0.38\lambda^2-2.58\lambda+4.95)f_t bh_0+(0.14\lambda+0.69)\frac{f_{yv}A_{sv}}{s}h_0 \tag{4-11}$$

式中 λ——试验梁的剪跨比；

θ——斜裂缝角度；

β——FRP 嵌入角度；

s_{cf}——FRP 筋的间距；

s——箍筋的间距；

A_{cf}、A_{sv}——FRP 筋和箍筋的截面面积；

$\rho_{frp}=\frac{A_{cf}}{bs_{cf}\sin\beta}$ 为 FRP 筋加固率。

试件参数为：$\lambda=1.92$，$\tan\theta=0.64$，$\beta=90°$，$s_{cf}=200\text{mm}$，$s=250\text{mm}$，$A_{cf}=100\text{N/mm}^2$，$A_{sv}=66\text{N/mm}^2$；

则内嵌 FRP 筋加固区的承载力为：

$$V=V_{frp}+V_t+V_{CS}$$

$$V_{frp}=[(0.14\lambda+0.69)\sin\beta-(0.02\lambda+0.13)\cos\beta]\frac{0.8\times(1-\rho_{frp})f_{frp}A_{cf}}{s_{cf}}h_0(1+\tan\theta\cot\beta)$$
$$=[(0.14\times1.92+0.69)\sin90°-(0.02\times1.92+0.13)\cos90°]$$
$$\frac{0.8\times(1-0.313\%)\times700\times100}{200}\times260\times(1+0.64\cot90°)\times10^{-3}=69.8\text{kN}$$

$$V_t=(0.38\lambda^2-2.58\lambda+4.95)f_t bh_0$$
$$=(0.38\times1.92^2-2.58\times1.92+4.95)\times2.7\times160\times260\times10^{-3}=157\text{kN}$$

$$V_{cs}=(0.14\lambda+0.69)\frac{f_{yv}A_{sv}}{s}h_0$$
$$=(0.14\times1.92+0.69)\frac{371\times66}{250}\times260\times10^{-3}=24.4\text{kN}$$

综上：$V=V_{frp}+V_t+V_{cs}=251.2\text{kN}<[V_{cs}]$

4.3.3 试验现象分析

（1）试件破坏过程分析

在试验加载过程中，各个试验梁的开裂荷载、极限荷载、裂缝的出现与发展趋势等现象均由现场记录，各个试件的破坏过程如下。

1）对比梁 BC1

对比梁 BC1 的破坏情况如图 4-44 所示。试件的左右两侧剪跨区为试验研究区域，BC1 梁的最终破坏位置发生在梁的左侧剪弯区。破坏时，主裂缝贯通整个剪弯区，呈现出典型的剪切破坏形态。

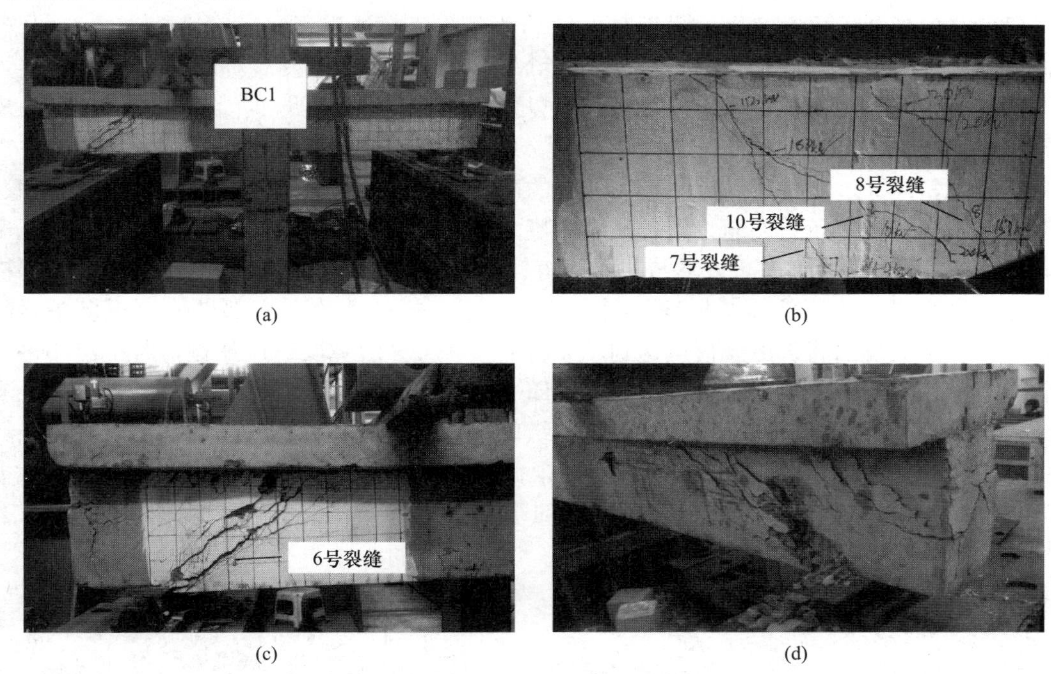

(a)　(b)　(c)　(d)

图 4-44　对比梁 BC1 的破坏情况

(a) 对比梁 BC1；(b) 裂缝发展情况；(c) 主斜裂缝；(d) 混凝土被压碎

当荷载加载到 42kN 时，在纯弯段内的腹板下方出现第一条垂直向上发展的裂缝，初始裂缝的宽度为 0.07mm，高度为 21mm。随着荷载的增加，在跨中区出现多条细小的竖向裂缝，缓慢向翼缘延伸。当荷载加载至 88kN 时，在剪弯区腹板中部高约 36mm 处出现首条斜裂缝，裂缝宽度为 0.04mm，发展方向大致为 45°。荷载继续增加，在两侧的剪弯区，出现多条平行发展的斜裂缝，在荷载加至 120kN 时，图 4-44 中 8 号裂缝出现在右侧剪弯区的腹板上方，并向支座延伸，伴随轻微的混凝土撕裂声。当荷载加至 140kN 时，右侧剪弯区的 7 号斜裂缝贯通腹板，同时 6 号裂缝缓慢向支座发展，裂缝长度、宽度均变大。荷载继续增加，6 号、7 号裂缝均出现分支裂缝，交错发展。荷载达到 170kN 时，6 号裂缝贯通剪弯区，裂缝宽度明显增大，伴随混凝土碎渣掉落，形成斜向主裂缝。在连续加载过程中，7 号、10 号裂缝于腹板中上部合并发展，且主裂缝延腹板顶部横向发展，最终跨过翼缘向加载点延伸，期间伴随着混凝土碎渣的大量掉落，出现混凝土撕裂的“咔咔”声，裂缝宽度继续变大。当荷载加至 380kN 时，左侧剪弯区 6 号裂缝上部及翼缘下侧，混凝土呈片状掉落。在试件端部区域混凝土也出现碎裂的现象。伴随着剧烈的混凝土撕裂声，翼缘底部和支座处混凝土被压碎，试件发生破坏。此时，主裂缝与梁底边大致成 40°。破坏前，主斜裂缝最大宽度为 1.58mm。对比梁 BC2 的破坏过程和破坏模式与对比梁 BC1 相同。

2）加固梁 BF0

加固梁 BF0 的加固形式为腹板每侧嵌入间距为 200mm 的 4 根 BFRP 筋，其破坏过程及裂缝发展如图 4-45 所示。当集中荷载为 42kN 时，在纯弯段偏左侧加载点处，出现首条细短的竖向裂缝（高为 5cm，宽为 0.03mm），随着荷载增加，跨中竖向裂缝数量增多。荷载达到 120kN 时，在左侧剪跨区距梁底部 10mm，两结构胶之间出现第一条斜裂缝（图 4-45 中的 4 号裂缝），裂缝角度大致为 60°，高为 9.7cm，宽为 0.05mm。随着荷载的继续增加，纯弯段的竖向裂缝不再继续发展，而是在梁的两剪跨区相继出现多条宽度较小的斜裂缝，并向翼缘根部及梁底部延伸。荷载达到 160kN 时，多条斜向上发展到翼缘根部并与结构胶端部相交，出现多条平行于 4 号裂缝的斜裂缝。当荷载为 200kN 时，在左侧支座处出现 45°的 14 号斜裂缝，斜向发展与结构胶相交。当荷载继续增加，4 号裂缝贯通腹板，并出现分支裂缝斜向穿过结构胶，有结构胶开裂的声音，支座处的 14 号斜裂缝也跨过结构胶，与 4 号斜裂缝合为一条斜裂缝，整条裂缝角度大致为 30°。荷载为 280kN 时，试件出现声响，4 号裂缝宽度明显变宽，发展成主斜裂缝。荷载持续增加，主斜裂缝会沿腹板顶部横向发展一段距离，继而延伸至翼缘，向加载点发展。梁的剪跨区底部迅速出现多条斜裂缝，结构胶不断发出脆裂声。荷载达到 432kN 时，4 号裂缝宽度迅速加宽，跨中位移迅速增大，剪跨区内的箍筋出现明显屈服现象，BFRP 筋应变迅速增大至 7715$\mu\varepsilon$，支座处混凝土破碎，翼缘上出现巨大的裂缝，试验宣告结束。该试验梁的破坏形式为剪切破坏，破坏前主斜裂缝的宽度为 1.39mm，与对比梁极限荷载平均值相比，加固梁 BF0 的极限承载力提高了 13.24%，由此可知，内嵌 BFRP 筋对混凝土 T 形梁的极限承载能力有良好的提升作用。

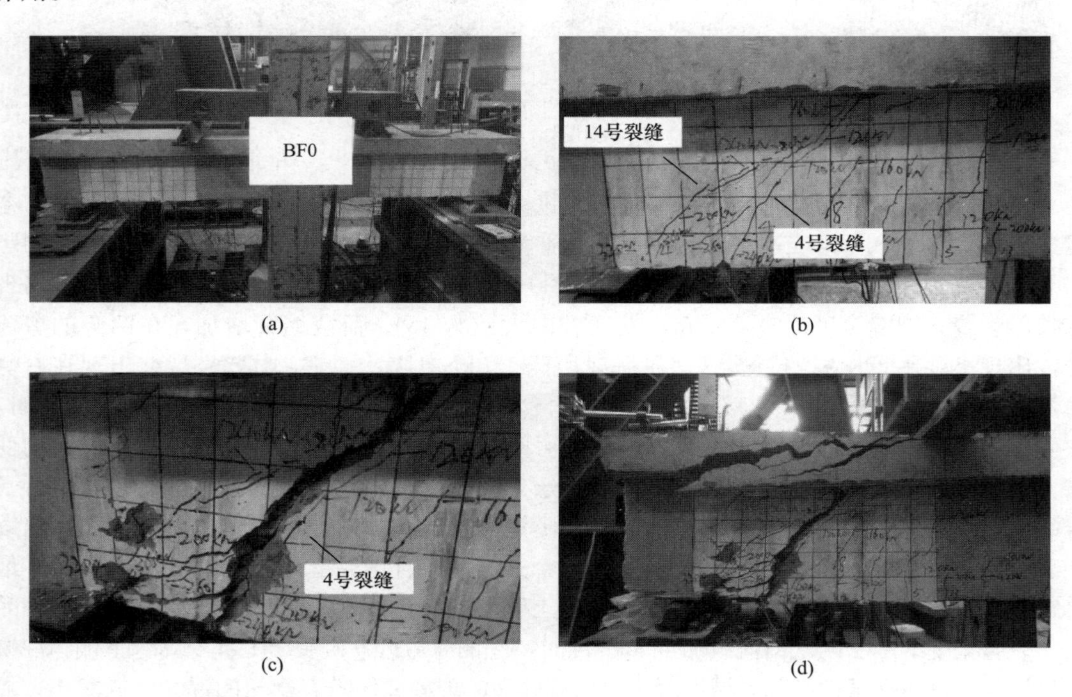

(a)　(b)　(c)　(d)

图 4-45　加固梁 BF0 的破坏情况

(a) 加固梁 BF0；(b) 裂缝发展情况；(c) 主斜裂缝；(d) 翼缘混凝土被压碎

3）加固梁 BF3

试验梁 BF3 为二次受力加固梁，将已开槽好的混凝土梁施加对比梁极限承载力的

30%（即 114kN）的荷载，此时加固梁剪跨区已出现斜裂缝，箍筋未屈服。停止加载，待荷载稳定后，在持载状态下进行注胶、嵌筋、抹平等加固处理，加固完成后需要养护 3d，待结构胶达到完全固化状态，然后继续加载直至试件破坏。加固梁 BF3 的破坏过程和裂缝发展情况如图 4-46 所示。

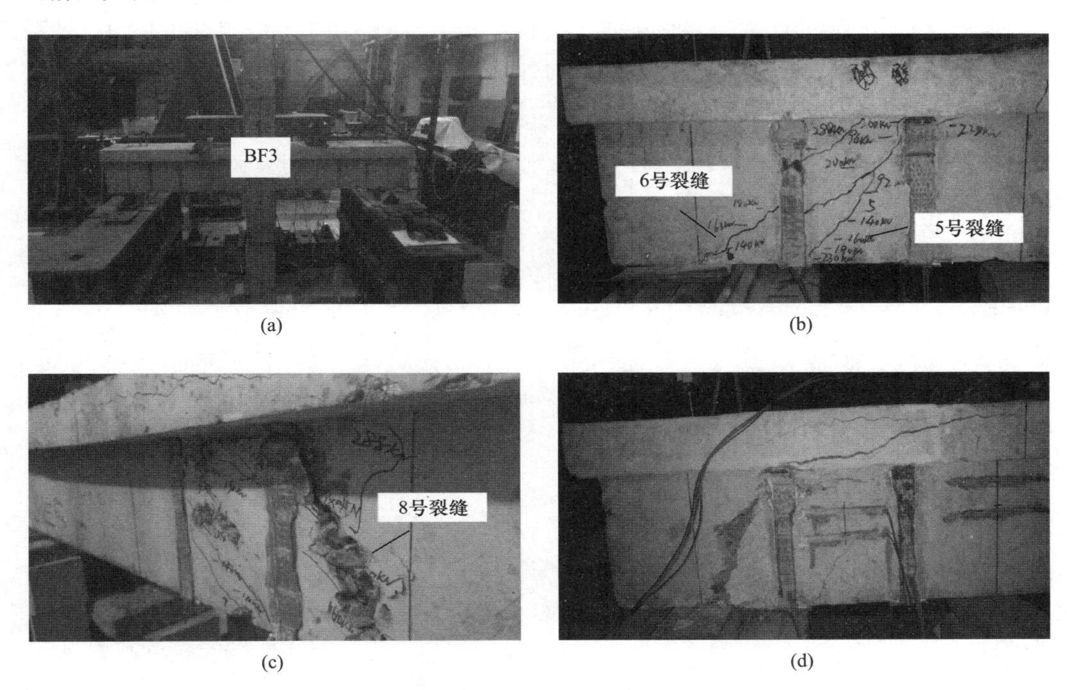

(a)　(b)　(c)　(d)

图 4-46　加固梁 BF3 的破坏情况

(a) 加固梁 BF3；(b) 裂缝发展情况；(c) 主斜裂缝；(d) 翼缘混凝土被压碎

当荷载为 40kN 时，试验梁开裂，首条跨中裂缝的高度为 50mm，宽度为 0.03mm。荷载增加，相继出现 3 条跨中弯曲裂缝。当荷载增大到 92kN 时，左侧剪跨区梁槽间中部位置率先出现一条斜裂缝，裂缝宽度 0.013mm，斜向角度大致为 50°。当荷载增加至 114kN 时，停止加载，待荷载稳定后，将荷载维持在 114kN，进行内嵌 FRP 筋加固处理并养护 3d，待持载时间到达要求后，继续加载直至破坏。在持载过程中，由于荷载出现过一次不稳波动较大的现象，使得试件剪跨区新产生了 3 条斜裂缝，同时初始斜裂缝也斜向下 45°发展了一段距离，且出现分支裂缝，宽度有一定增加。当继续重新加载时，FRP 筋应变增加，与箍筋共同承担剪力。当荷载增加到 180kN 时，多条斜裂缝与结构胶相交，两侧剪跨区斜裂缝大致成对称分布。随着荷载的增加，结构胶发出劈裂声，平行裂缝产生。当荷载为 280kN 时，图 4-46 中 5 号斜裂缝贯通腹板，且右侧剪跨区发出声响。荷载继续增加，斜裂缝发展到翼缘混凝土，箍筋出现断裂，右侧支座处的 8 号斜裂缝宽度增加明显，发展成主裂缝。在连续加载前，斜裂缝的宽度已增大到 1.19mm。当荷载增大到 416kN 时，主裂缝处混凝土碎块大量掉落，试件发出连续巨响，受压区混凝土出现大量裂缝，箍筋早已屈服，试件宣告破坏。

加固梁 BF3 的极限承载力为 416kN，较对比梁 BC1 提高了 9.04%，破坏时，弯剪段箍筋屈服，纵筋未屈服，受压区翼缘混凝土被压碎，靠近支座处结构胶附近的斜向混凝土被压碎，加固筋间距范围内腹部混凝土的保护层隆起，破坏突然，且为明显的脆性剪切破坏。

4）加固梁 BF3-1.5

试验梁 BF3-1.5 为二次受力加固梁，将已开槽好的混凝土梁施加对比梁极限承载力 30％的荷载（即 114kN），而后将荷载降至对比梁极限承载力的 15％（即 57kN），待荷载稳定后，在持载状态下进行内嵌 FRP 筋加固处理，加固完成后需要养护 3d，待结构胶达到完全固化状态，再继续加载直至试件破坏。试件的破坏过程如图 4-47 所示。

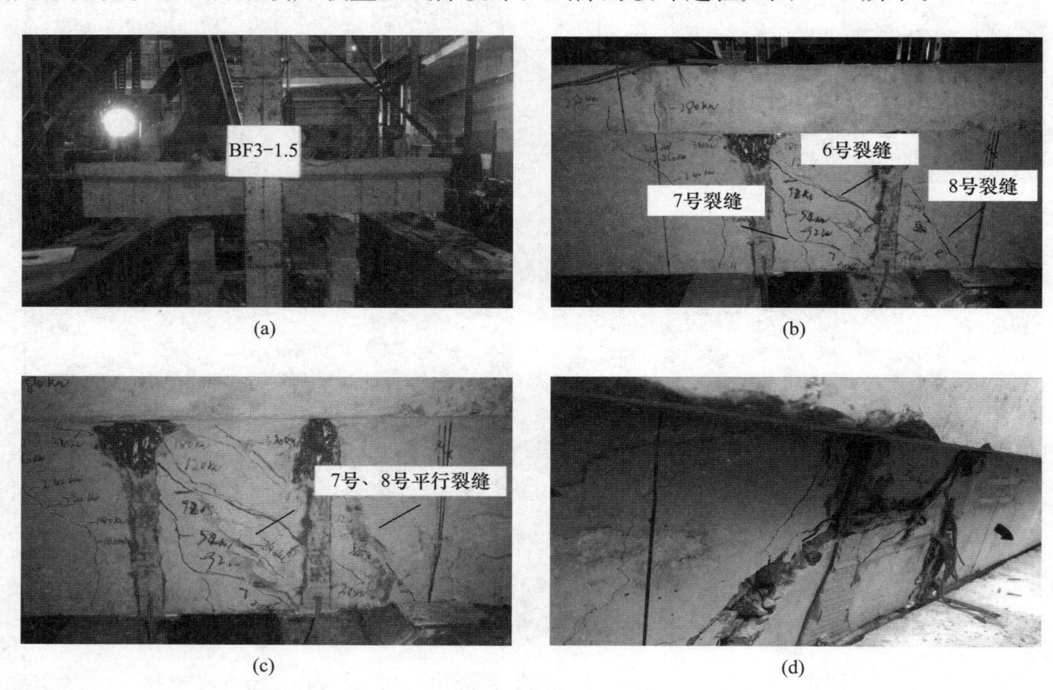

图 4-47 加固梁 BF3-1.5 的破坏情况

（a）加固梁 BF3-1.5；（b）裂缝发展情况；（c）主斜裂缝；（d）端部 FRP 筋被拉起

当荷载加至 42kN 时，在纯弯段出现第一条细微弯曲裂缝，裂缝宽度为 0.05mm，高度为 12mm。荷载继续增加，跨中附近相继出现 4 条微裂缝，均是从梁跨中底边开始出现，宽度较小，高度也发展缓慢。当荷载增加到 94kN 时，在梁右侧剪跨区腹部出现第一条斜裂缝，其位于距梁底边 8cm 处，斜向角度为 40°，裂缝宽度为 0.12mm。而后几乎同时出现三条斜裂缝，其中图 4-47 中的 7 号裂缝与 6 号裂缝在加固筋间隔区域平行发展；8 号斜裂缝出现在试件的右侧支座处，45°斜向发展。此时斜裂缝均是剪腹裂缝。当荷载增加至 114kN 时，停止加载，待荷载稳定后，将荷载降至 57kN，而后对试验梁进行加固处理且养护 3d，此时梁两侧剪跨区出现的 4 条斜裂缝大致呈对称分布。待持载时间到达要求后，继续加载直至破坏。在二次加载前，观察到荷载有微小的下降，裂缝宽度没有变化，跨中位移在持载期间出现先增大后回弹，又微降的现象。出现这种现象的原因是试验梁在持载时处于弹塑性变形阶段，跨中位移会有回弹，而长期的荷载作用下，塑性变形无法恢复。继续加载时，当荷载再次加载至 114kN，期间无新裂缝产生，原有的斜裂缝也无继续发展的趋势。荷载继续增加，剪跨区有新的斜裂缝产生，两槽间的斜裂缝向加载点和支座方向发展，宽度增加，此时 FRP 筋的应变出现明显的增加。荷载加载到 180kN 时，斜裂缝与结构胶相交且结构胶出现劈裂的声响。当荷载到 200kN 时，6 号、7 号斜裂缝贯通腹板，翼缘根部出现多条分支裂缝。荷载继续增加，箍筋出现屈服，此时箍筋的应变为 1750$\mu\varepsilon$，梁底部出现多条细裂缝，结构胶有多声劈裂的声响，翼缘也有裂缝产生，主裂缝为两条平行裂缝，如图 4-47（c）所示。荷载增加到 320kN 时，主裂缝附近出现多条分支裂缝，有混凝土碎渣掉落，裂缝宽度增大到 1.02mm。荷载达到 422kN，试件主裂缝处混凝土块大量掉落，支座处混凝土被压碎，FRP 筋端部被拉起，主斜裂缝贯穿结构胶，试验梁无法继续承受荷载，试件宣告破坏。

加固梁 BF3-1.5 的极限承载力为 422kN，较对比梁极限荷载平均值增加了 10.62%，破坏时箍筋屈服，FRP 筋的最大应变为 3753$\mu\varepsilon$。破坏形式为支座处混凝土被压碎形态的剪切破坏。

5）加固梁 BF3-0B

加固梁 BF3-0B 为二次受力加固梁，将已开槽好的混凝土梁施加对比梁极限承载力 30%的荷载（即 114kN），此时加固梁剪跨区已出现斜裂缝，箍筋并未屈服。待荷载稳定后将荷载降至 0。在完全卸载状态下进行注胶、嵌筋、抹平等加固处理，加固完成后需要养护 3d，待结构胶达到完全固化状态，然后继续加载直至试件破坏。试件的破坏过程如图 4-48 所示。

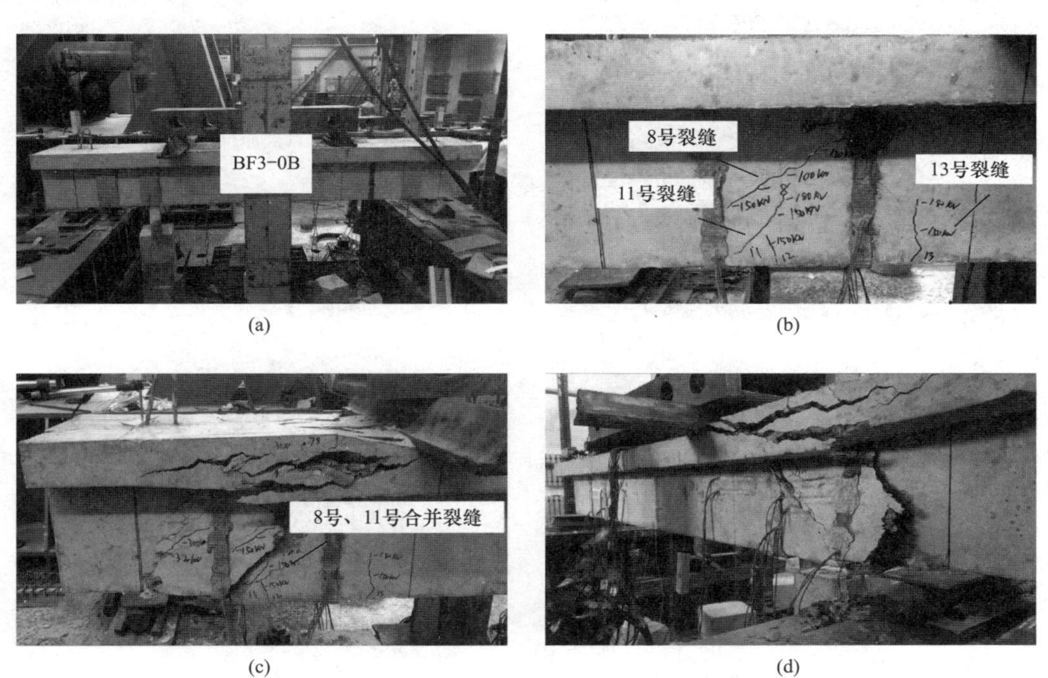

(a) (b) (c) (d)

图 4-48 加固梁 BF3-0B 的破坏情况

（a）加固梁 BF3-0B；（b）裂缝发展情况；（c）主斜裂缝；（d）混凝土保护层脱落

试件的开裂荷载为 45kN，此时跨中出现一条高度为 4.4mm，宽度为 0.03 的微裂缝。随着荷载增加，跨中陆续出现多条竖向裂缝，宽度高度均发展缓慢，在斜裂缝出现后便不再发展。首条斜裂缝出现在左侧剪跨区两槽之间，此时荷载值为 93kN，距离梁底 120mm

处开裂，斜向 45°向上延伸。二次加载前，试验梁的钢筋和混凝土有残余应变，跨中有残余位移。二次持续加载，在荷载达到 114kN 前，试件原有的裂缝长度几乎没有明显发展，FRP 筋的应变增长缓慢。当荷载增加到 114kN 时，观察到 FRP 筋应变迅速上升，跨区的斜裂缝数量增多；荷载达到 228kN 时，斜裂缝基本贯通腹板。荷载继续增加，箍筋屈服，此时 FRP 筋的应变大于箍筋应变，8 号裂缝和 11 号裂缝合并成主裂缝。荷载到 428kN 时，左侧剪跨区的主斜裂缝宽度迅速变宽，在支座处快速形成一条与主裂缝平行的斜裂缝，两主裂缝间的混凝土保护层隆起脱落，受压区翼缘混凝土被压碎，荷载-挠度曲线迅速下降，试件无法继续承受荷载，试验结束。

加固梁 BF3-0B 的极限承载力为 428.2kN，较对比梁极限荷载平均值增加 12.19%。最终的破坏形式为伴有结构胶剥离，混凝土保护层脱落，且受压区翼缘混凝土被压碎现象的剪切破坏。破坏较突然，伴随剧烈响声。

6）加固梁 BF3-0C

加固梁 BF3-0C 为二次受力加固梁，加载情况和加固梁 BF3-0B 相同，不同的是该加固梁内嵌筋为 CFRP 筋，其长度直径均与其他加固梁内嵌的 BFRP 筋相同。试件的破坏过程如图 4-49 所示。

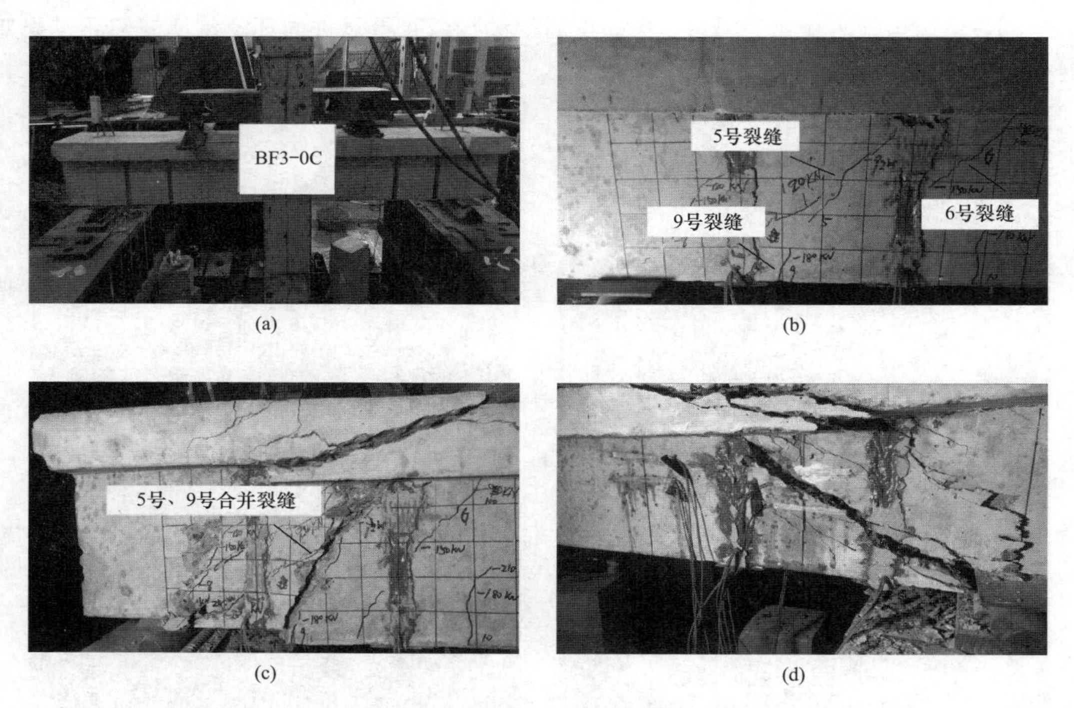

(a) (b) (c) (d)

图 4-49　加固梁 BF3-0C 的破坏情况

(a) 加固梁 BF3-0C；(b) 裂缝发展情况；(c) 主斜裂缝；(d) 结构胶劈裂

试件的开裂荷载为 42kN，在梁的跨中底边出现一条高度为 50mm 的微裂缝，而后荷载增加，纯弯段裂缝数量增加，大致发展情况与对比梁的前期裂缝发展趋势相似。当荷载增加到 92kN 时，在左侧剪跨区两槽间距梁底边 70mm 处首先出现一条斜裂缝，裂缝宽度为 0.04mm。荷载加载到 114kN 时，停止加载，待荷载稳定后卸载至 0。在完全卸载的情况下，进行加固处理，三天后继续试验。重新加载时，在荷载未达到对比梁极限荷载的 30％时，试验梁裂缝开展情况与加固梁 BF3-0B 相似，没有明显现象。当荷载达到 114kN 以后，图 4-49 中 5 号斜裂缝开始继续发展，发展至与结构胶相交，且新的斜裂缝出现在两侧的剪跨区，新出现的斜裂缝主要是在腹板顶部斜向下发展，支座附近向结构胶延伸。当荷载为 180kN 时，多条斜裂缝与结构胶相交，且 5 号裂缝出现分支裂缝与 9 号裂缝连接。荷载继续增加，斜裂缝穿过结构胶，结构胶有脆裂声音。荷载增大到 240kN 时，5 号裂缝贯通腹板区域，5 号、9 号连接形成的裂缝发展成主斜裂缝。在连续加载前测得最大裂缝宽度为 0.74mm。试件在破坏前，斜裂缝宽度不断增加，左侧剪跨区主斜裂缝附近出现新的平行细裂缝，伴随混凝土碎渣掉落，结构胶出现劈裂现象，翼缘有斜裂缝产生。当荷载到达 506kN 时，试件主斜裂缝宽度显著增大，受压区翼缘混凝土被压碎，主斜裂缝与支座处斜裂缝之间的混凝土保护层成菱形隆起，结构胶出现劈裂且发出巨响，CFRP 筋外露。跨中位移迅速增大，荷载-位移曲线迅速下降，试件宣告破坏。

加固梁 BF3-0C 的极限承载力为 506kN，较对比梁极限荷载平均值提高了 32.63％，嵌入 CFRP 筋对于抗剪加固效果提升显著。最终试验梁的破坏形式为受压区翼缘混凝土被压碎，结构胶劈裂现象的剪切破坏。

7）加固梁 BF-M4

加固梁 BF-M4 的加固形式同样为腹板侧面内嵌式加固，但 BFRP 筋顶端插入翼缘内 40mm，起到锚固作用。试件的破坏过程如图 4-50 所示。

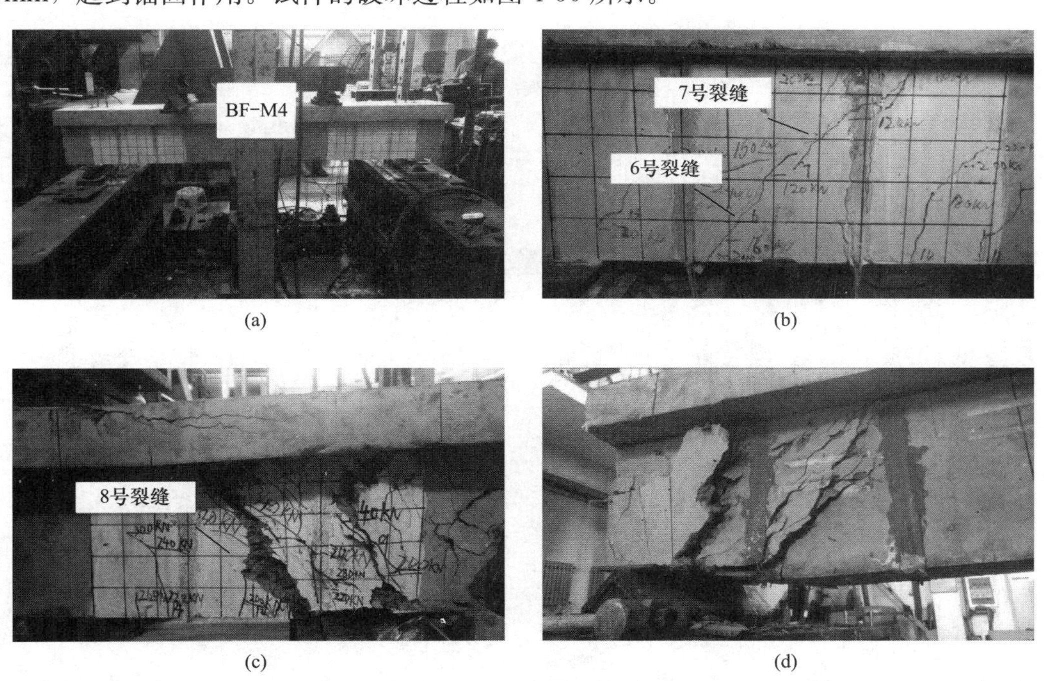

(a)　(b)　(c)　(d)

图 4-50　加固梁 BF-M4 的破坏情况

(a) 加固梁 BF-M4；(b) 裂缝发展情况；(c) 主斜裂缝；(d) 结构胶底端翘起

当荷载为 60kN 时，先后在纯弯段的两加载点正下方附近出现垂直裂缝。随着荷载的增加，纯弯段又出现三条垂直细裂缝，先前出现的裂缝向上发展了一段长度。当荷载增加到 120kN，在左侧剪跨区距离梁底边 72mm 处，出现第一条宽度为 0.11mm 的 60°斜裂缝，标记为 6 号裂缝，裂缝高度大致为 70mm。随着荷载的增加，在剪跨区，相继出现 7 号、8 号斜裂缝，前期的斜裂缝均出现在两结构胶之间。荷载继续增加，6 号、7 号合并为一条裂缝，同时梁斜裂缝均斜向发展一段长度，合并的斜裂缝角度大致为 45°，如图 4-50（b）所示。同时 8 号斜裂缝发展至与结构胶相交。当荷载增大到 180kN 时，7 号斜裂缝跨过结构胶达到翼缘根部，斜裂缝宽度也随之增大。荷载继续增大，6 号、7 号斜裂缝合并且贯通腹板，沿翼缘斜向加载点发展，8 号斜裂缝穿过结构胶，使结构胶出现开裂声响。荷载继续增加，剪跨区梁底边迅速出现多条细长的斜裂缝，支座处也出现多条跨过结构胶的斜裂缝，试件出现脆响，8 号裂缝贯通腹板区域，宽度增加明显，发展成主裂缝。当荷载为 360kN 时，剪跨区的腹板混凝土保护层出现片状脱落，主斜裂缝处有小混凝土碎渣掉落。荷载继续增加，翼缘处斜裂缝宽度增大，不断向加载点延伸。当荷载为 435.6kN 时，主斜裂缝处混凝土大量掉落，混凝土碎块成两端小中间大的形状，腹板顶部混凝土保护层大片鼓起。BFRP 下端连带结构胶翘起，结构胶与混凝土交界处出现剥离，支座处及加固梁端部的混凝土均被压碎。跨中位移迅速增大，承载力骤降，试验宣告结束。此时，BFRP 筋的最大应变为 7858$\mu\varepsilon$。破坏前，主斜裂缝的宽度为 1.23mm，角度为 50°，且主裂缝分布在两 BFRP 筋之间，说明内嵌 BFRP 筋加固方法对裂缝的发展起到一定的抑制作用。与对比梁极限荷载平均值相比，加固梁 BF-M4 的极限承载力提高了 14.28%。该试件的破坏形式为剪切破坏。

8）加固梁 BF-M8

加固梁 BF-M8 的加固形式为腹板侧面内嵌的 BFRP 筋在翼缘内的锚固长度为 80mm。试件的破坏过程如图 4-51 所示。

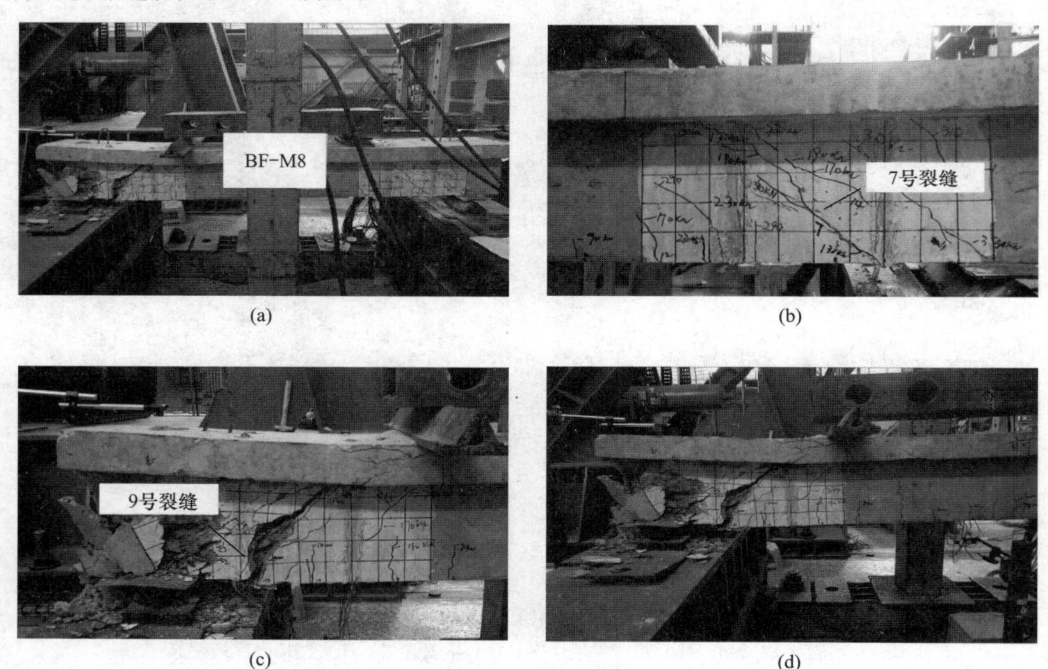

图 4-51　加固梁 BF-M8 的破坏情况

（a）加固梁 BF-M8；（b）裂缝发展情况；（c）主斜裂缝；（d）支座处混凝土被压碎

当荷载增加至 70kN 时，跨中出现首条竖向裂缝，荷载增加到 120kN 前（即剪跨区斜裂缝出现前），纯弯段的裂缝发展情况和加固梁 BF-M4 的裂缝开展情况大致相同，不再赘述。当荷载增为 120kN 时，右侧剪跨区距梁底边 50mm 处率先出现第一条宽为 0.03mm 的斜裂缝，斜向发展高度为 135mm。随着荷载增加，受结构胶和 BFRP 筋对裂缝的抑制作用，斜裂缝在两加固筋之间发展。而后在梁剪跨区底边出现多条斜裂缝，且主斜裂缝两侧也会出现平行发展的斜裂缝。当斜裂缝发展穿过加固部位向腹板顶部延伸时，结构胶开裂发出声响。当荷载 230kN 时，7 号裂缝率先贯通腹板，但随着荷载继续增加，9 号裂缝宽度增加较快，且开展更加迅速，发展成主斜裂缝。破坏前，加固梁 BF-M8 的破坏特点与加固梁 BF-M4 相似，不同的是加固梁 BF-M8 的破坏过程发展较慢，且最大裂缝宽度较小，斜裂缝发展速度也较慢，跨中位移小。当荷载达到 453kN 时，主斜裂缝处混凝土碎块大量掉落，试验梁不断发出混凝土和结构胶的撕裂声。随着声响，加固梁左侧支座处的混凝土被压碎，保护层大片脱落，梁承载力迅速下降，试验结束。此时，BFRP 筋的最大应变为 5496$\mu\varepsilon$，主裂缝破坏前最大宽度为 1.07mm，极限承载力与对比梁极限荷载平均值相比提高了 18.74%，说明锚固长度的增加对抑制加固梁裂缝的发展和极限承载力的提高均有一定的提升作用。

（2）主要的破坏形态

本试验的 9 根试验梁的破坏区域均为剪跨区，主要破坏形式为剪切破坏，但加固梁和对比梁在试验受力过程中裂缝发展情况和最终的破坏过程有些许差异，有受压区翼缘混凝土被压碎、支座处混凝土被压碎、结构胶-FRP 筋周围混凝土保护层脱落、结构胶劈裂和 FRP 筋端部翘起等不同破坏特点。

1）对比梁的破坏形态

对比梁 BC1 和 BC2 最终的破坏形式为典型的剪切破坏，表现出明显的脆性破坏特征。试件在加载初期，跨中纯弯段先出现多条细小的竖向裂缝，宽度和长度均较小，剪跨区无裂缝产生。随着荷载的增加，跨中竖向裂缝向上发展一段距离，直至剪跨区出现斜裂缝以后，竖向裂缝不再继续发展。斜裂缝首先出现在剪压区腹板中下部位置，荷载继续增加，斜裂缝会向支座及翼缘根部延伸，裂缝宽度增加，并出现多条平行发展的斜裂缝直至贯通腹板。斜裂缝发展期间会出现多条细小的分支斜裂缝，交错延伸。在试件临近破坏时，试验梁的跨中挠度会有一定的增大，主裂缝区域出现混凝土碎块掉落，裂缝与翼缘交接处也会有大片混凝土鼓起，混凝土发出明显的撕裂声响。最终，试件表现出主裂缝宽度过大，翼缘上侧加载点附近混凝土被压碎，剪跨区箍筋屈服的现象。对比梁的破坏形态如图 4-52 所示。

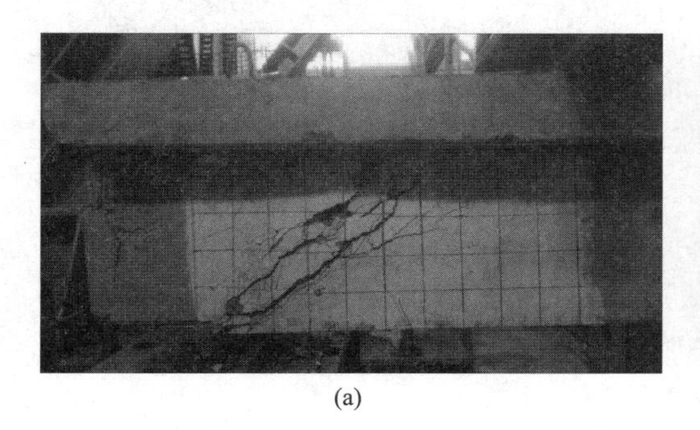

(a)

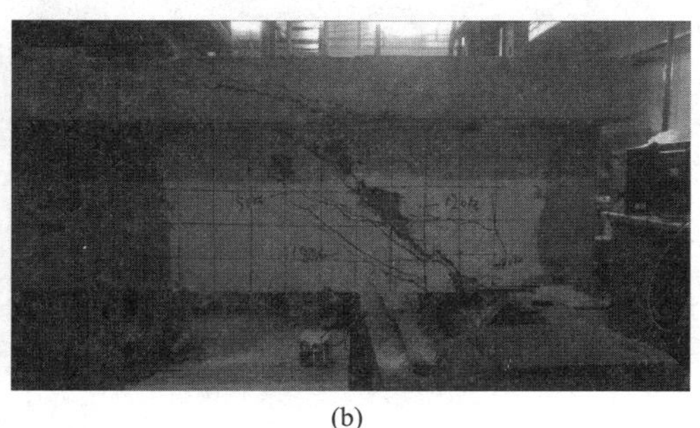

(b)

图 4-52　对比梁的破坏形态

(a) 对比梁 BC1 破坏形态；(b) 对比梁 BC2 破坏形态

2）加固梁的破坏形态

加固梁的破坏形式为剪切破坏，且斜裂缝出现前，跨中区的裂缝开展现象与对比梁基本相同，但加固梁的开裂荷载较对比梁提高了约 48%。斜裂缝首先出现在剪跨区内加固筋之间的位置，斜裂缝出现时的加固梁荷载值较对比梁提高了约 30%，斜裂缝延伸的速度较慢，宽度增加缓慢。荷载增加时，剪跨区由于内嵌 FRP 筋的作用，加固梁的受剪性能有明显增加，致使斜裂缝主要在 FRP 筋间的区域发展，荷载达到极限荷载的 50%左右时，斜裂缝才会穿过结构胶继续向腹板顶部或支座处发展，斜裂缝贯通腹板时的荷载较对比梁提升明显。破坏时，主斜裂缝位于结构胶之间区域，其倾斜角度较对比梁增大，裂缝宽度减小，翼缘和支座处的混凝土被压碎，BFRP 筋的应变在斜裂缝贯通时会急剧增大，可知，FRP 筋承担了试件的部分受剪承载力。加固梁在受力后期，会不断出现结构胶开裂声。其中，加固梁 BF-M8 破坏最为突然，裂缝的开展最为缓慢，跨中位移小，支座处混凝土压碎严重。各加固梁的具体破坏形态如图 4-53 所示。

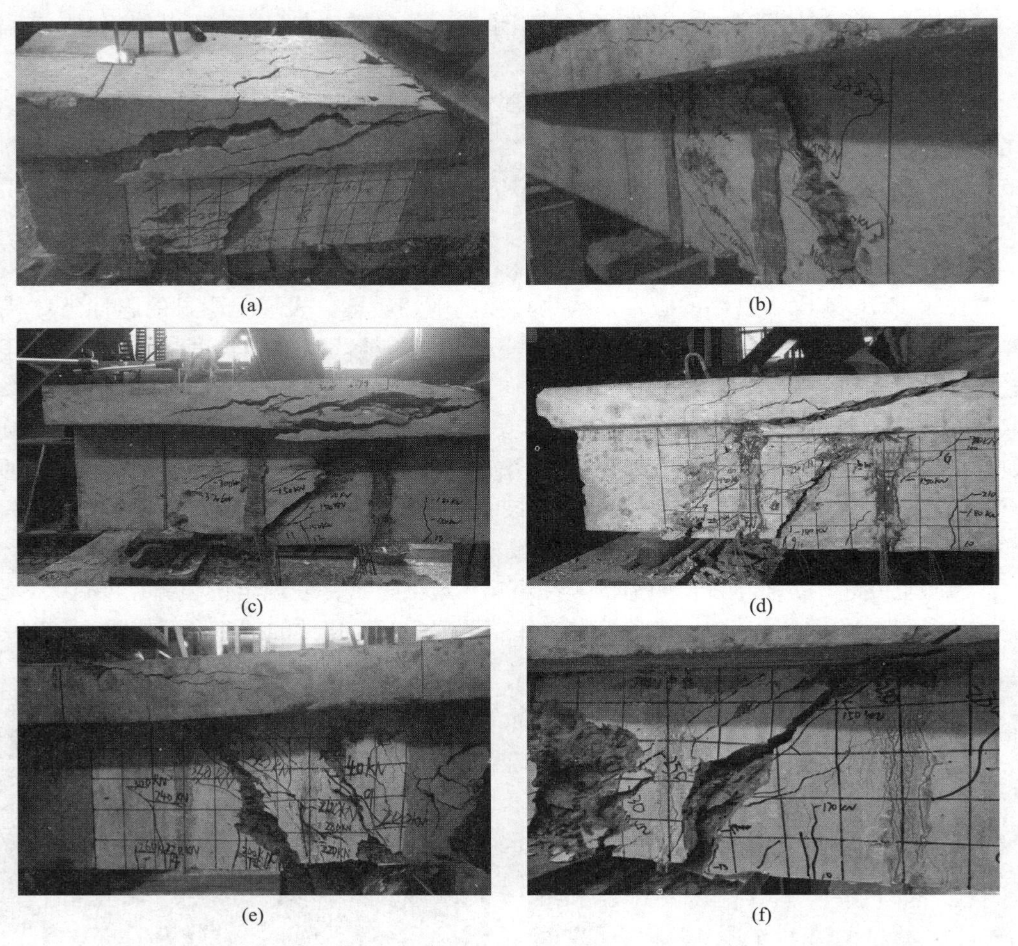

图 4-53　加固梁的破坏形态

（a）加固梁 BF0 破坏形态；（b）加固梁 BF3 破坏形态；（c）加固梁 BF3-0B 破坏形态；
（d）加固梁 BF3-0C 破坏形态；（e）加固梁 BF-M4 破坏形态；（f）加固梁 BF-M8 破坏形态

综上所述，试验梁的破坏特征主要为：①裂缝开展情况。对比梁和加固梁的跨中出现弯曲裂缝和弯剪区出现斜裂缝时的荷载值不同，斜裂缝贯通腹板的荷载值也有明显的差异，且两者主斜裂缝的宽度、角度不同，对比梁的裂缝开展速度快于加固梁；②支座处混凝土压碎情况。对比梁破坏时，支座处的混凝土无明显被压碎现象，而翼缘受压区混凝土被压碎。加固梁破坏时，支座处的混凝土保护层大面积剥落，且受压区混凝土被压碎。试验梁的荷载-挠度曲线趋势一致，均为跨中位移随着荷载的增加呈线性增大现象，破坏时，曲线迅速下降，直至为零。由于试件的受弯强度大于其受剪强度，受拉纵筋未屈服，试件属于脆性破坏。试验梁各阶段的荷载值和跨中挠度值见表4-10。

试验结果　　**表4-10**

试件编号	荷载（kN）			荷载提高（%）			跨中挠度（mm）	
	P_{cr}	P_r	P_u	ΔP_{cr}	ΔP_r	ΔP_u	Δ_{cr}	Δ_u
BC1	88	140	380	—	—	—	2.11	9.6
BC2	90	138	383	—	—	—	2.06	9.45
BF0	118	200	432	32.58	43.88	13.24	2.73	10.92
BF3	92	280	416	—	101.43	9.04	2.05	9.91
BF3-1.5	94	260	422	—	87.05	10.62	2.18	10.02
BF3-0B	90	228	428	—	64.03	12.19	2.21	10.82
BF3-0C	92	240	506	—	72.66	32.63	2.10	10.93
BF-M4	120	218	436	34.83	56.83	14.28	2.11	11.09
BF-M8	122	230	453	37.08	65.46	18.74	2.05	12.40

注：1. 表格中的P_{cr}表示试验梁出现斜裂缝时的荷载，P_r表示试验梁斜裂缝贯通时的荷载，P_u表示试验梁的极限荷载；ΔP_{cr}、ΔP_r、ΔP_u分别表示开裂荷载、贯通荷载和极限荷载的提高幅度；
2. Δ_{cr}表示试验梁出现斜裂缝时对应的跨中位移，Δ_u表示试验梁达到极限荷载时跨中对应的位移。

（3）试验梁的裂缝发展与分布情况

试验加载前，在梁的两剪跨区腹板侧面刷大白粉，并用记号笔划分50mm×50mm的网格，便于观测裂缝的发展高度和角度。在试验过程中，使用PTS-E40裂缝综合观测仪实时测量每条裂缝的宽度并进行记录。

绘制各个试验梁在临近破坏前，主斜裂缝宽度约为1mm时，梁表面裂缝开展分布图，如图4-54所示。裂缝颜色的深浅和宽度粗细代表实际试验过程中，裂缝的开展情况。从图中可以看出，试验梁破坏裂缝均发生在剪跨区。裂缝发展规律为：当荷载达到极限荷载的15%左右时，试验梁跨中区会首先开裂，并从梁底边垂直延展一段长度。荷载达到极限荷载的30%左右时，剪跨区中下部会首先出现斜裂缝，但对比梁的开裂出现较早。随着荷载增加，斜裂缝向翼缘根部发展。对比梁的斜裂缝在其极限荷载的40%时贯通梁腹板，加固梁在其极限荷载的60%贯通梁腹板。而后，主斜裂缝会越过翼缘向加载点延伸，此时主裂缝基本贯通整个试验梁，形成临界裂缝。加固梁的斜裂缝在贯通前，与结构胶相交，使得裂缝开展缓慢，最终主斜裂缝与梁轴向的角度较对比梁略大。临界裂缝宽度也由对比梁的1.61mm降为1.13mm。由此可见，采用内嵌FRP加固方法，对斜裂缝的开展和斜裂缝宽度的增大均有显著的抑制作用，提高了混凝土T形截面梁的斜截面受剪性能。

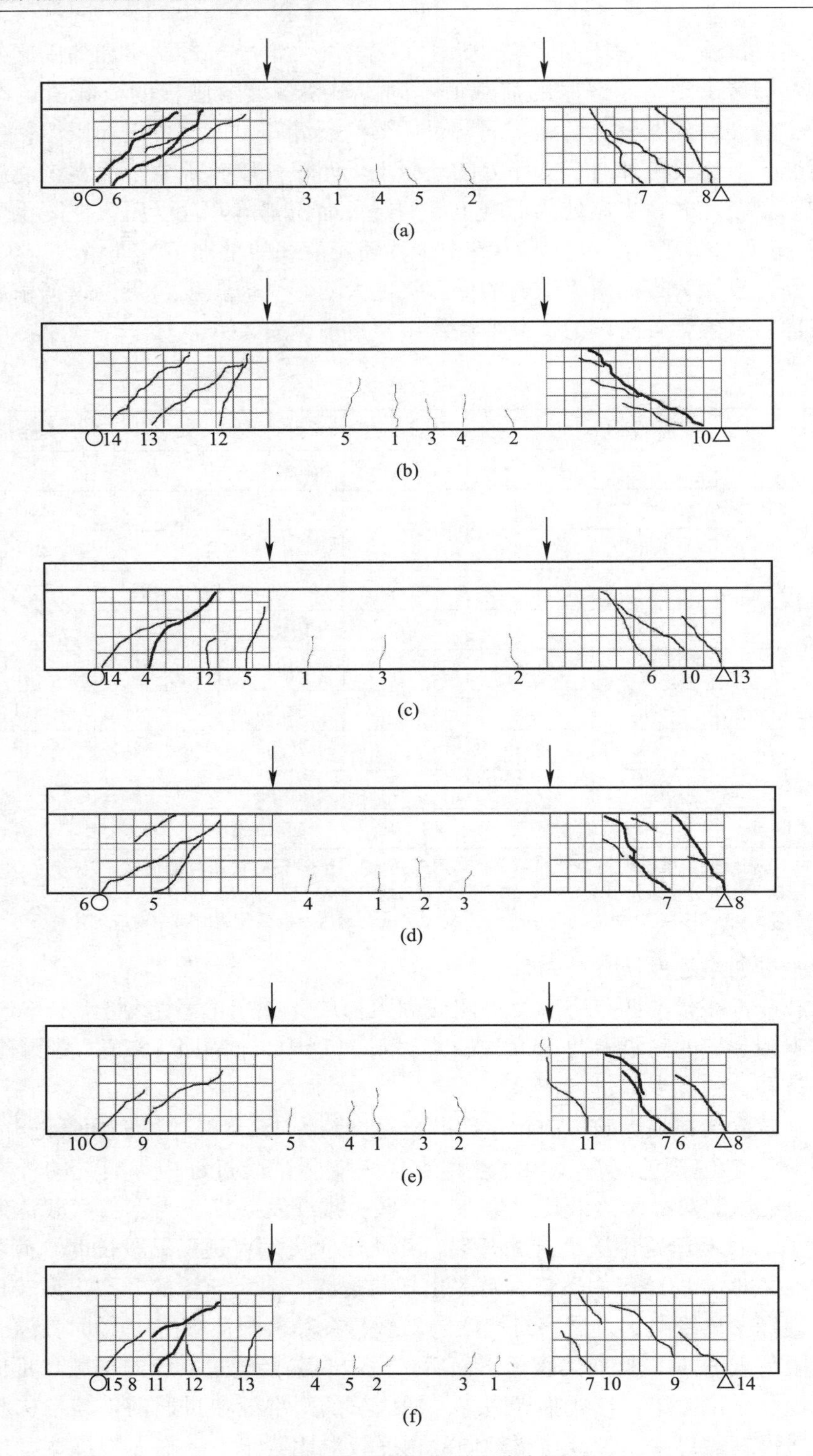

图 4-54 试验梁的裂缝分布图

(a) BC1 梁；(b) BC2 梁；(c) BF0 梁；(d) BF3 梁；(e) BF3-1.5 梁；(f) BF3-0B 梁；

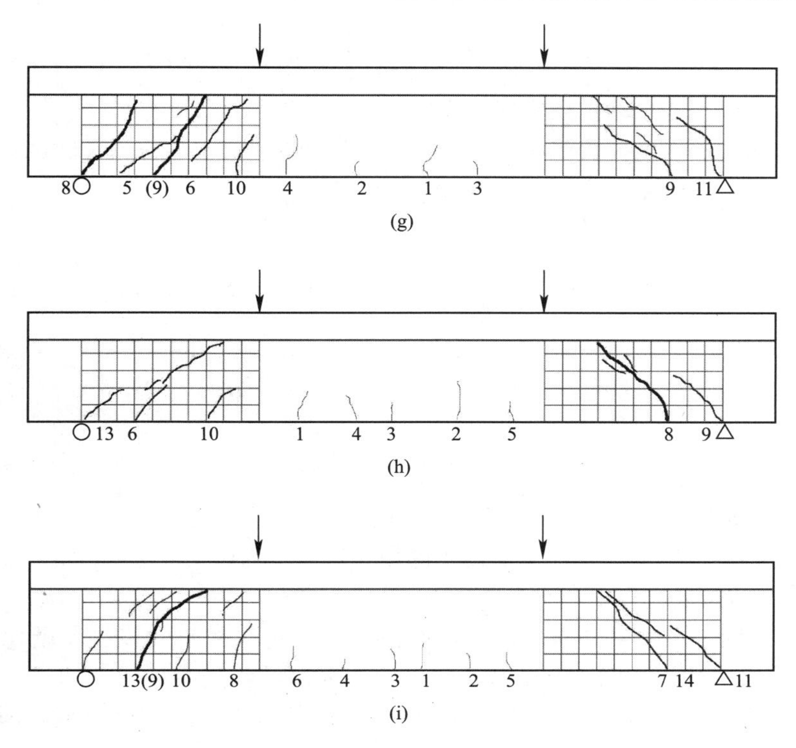

图 4-54　试验梁的裂缝分布图（续）
(g) BF3-0C 梁；(h) BF-M4 梁；(i) BF-M8 梁

4.4　加固梁受剪性能有限元分析

通过对加固梁进行有限元模拟，将模拟值与试验值进行对比，在验证模型正确性的基础上，考虑 FRP 内嵌角度、FRP 加固量、剪跨比等参数，分析其对加固梁受剪性能的影响。

4.4.1　材料的本构关系

(1) 混凝土本构关系

混凝土塑性损伤模型能够较好地反映混凝土内部的裂缝开展情况和应力变化情况，对于加载后混凝土的损伤和塑性变形，此模型具有更加精准的优势。故在进行加固梁建模时，采用混凝土塑性损伤模型作为有限元模拟混凝土材料的本构模型。混凝土受压的应力-应变曲线采用美国 E. Hognestad 建议的模型[5]，该模型的上升段为二次函数抛物线，下降段为斜直线。受拉应力-应变曲线则采用《混凝土结构设计规范》GB 50010—2010（2015 年版）所提供[6]。混凝土单轴受压的应力-应变曲线相关参数参考式（4-12）确定，混凝土单轴受拉的应力-应变曲线相关参数由式（4-13）确定。

1) 混凝土单轴受压本构关系

$$\sigma = f_c\left[2\frac{\varepsilon}{\varepsilon_0} - \left(\frac{\varepsilon}{\varepsilon_0}\right)^2\right] \qquad f_2 = f_{2\max}\left[2\left(\frac{\varepsilon_2}{\varepsilon_c'}\right) - \left(\frac{\varepsilon_2}{\varepsilon_c'}\right)^2\right] \tag{4-12a}$$

$$\sigma = f_c\left[1-0.15\frac{\varepsilon-\varepsilon_0}{\varepsilon_u-\varepsilon_0}\right] \quad \varepsilon_0 \leqslant \varepsilon \leqslant \varepsilon_u \tag{4-12b}$$

式中　f_c——混凝土的单轴抗压强度代表值；

ε_0——与抗压强度代表值相对应的混凝土峰值拉应变，取 $\varepsilon_0=0.002$；

ε_u——极限压应变，取 $\varepsilon_u=0.0038$。

2）混凝土单轴受拉本构关系

$$\sigma = \sigma_t\left[1.2\frac{\varepsilon}{\varepsilon_0}-0.2\left(\frac{\varepsilon}{\varepsilon_0}\right)^6\right] \quad \varepsilon \leqslant \varepsilon_t \tag{4-13a}$$

$$\sigma = \sigma_t\frac{\dfrac{\varepsilon}{\varepsilon_t}}{\alpha_t\left(\dfrac{\varepsilon}{\varepsilon_0}-1\right)^\beta+\dfrac{\varepsilon}{\varepsilon_0}} \quad \varepsilon = \varepsilon_t \tag{4-13b}$$

式中　σ_t——混凝土的单轴抗拉强度代表值；

ε_t——与抗拉强度代表值对应的峰值拉应变；

α_t、β——混凝土受拉应力-应变曲线下降段参数，$\alpha_t=0.36$，$\beta=1.7$。

（2）钢筋本构关系

钢筋应力-应变关系主要分为理想弹塑性模型、双折线弹塑性模型、硬化弹塑性模型及弹性-塑性-硬化塑性模型四种。本节有限元模拟采用的钢筋本构关系依据《混凝土结构设计规范》GB 50010—2010（2015 年版），选用理想的双折线弹塑性模型，即当应变小于屈服应变 ε_y时，钢筋为弹性阶段，当应变达到极限应变 ε_u时，刚度降为零。具体的参数由钢筋的拉拔试验测试所得。

钢筋本构关系为：

$$\begin{cases}\sigma_s = E_s\varepsilon_s & 0 \leqslant \varepsilon_s \leqslant \varepsilon_y \\ \sigma_s = f_y & \varepsilon_y \leqslant \varepsilon_s \leqslant \varepsilon_u \\ \sigma_s = 0 & \varepsilon_s \geqslant \varepsilon_u\end{cases} \tag{4-14}$$

式中　σ_s——钢筋的应力（N/mm^2）；

ε_s——钢筋的应变；

f_y——钢筋的屈服强度值（N/mm^2）；

ε_y——与 f_y 对应的屈服应变；

E_s——钢筋的弹性模量（MPa）；

ε_u——钢筋的极限拉应变。

（3）FRP 筋本构关系

由于采用的 FRP 筋为纤维复合增强材料，其主要以抗拉性能为主，其他力学性能暂不考虑。BFRP 筋和 CFRP 筋主要以沿纵向受拉为主，其应力-应变曲线呈现线弹性关系，无屈服点。当材料的应力达到极限应力时，材料会被拉断破坏，刚度变为零。

FRP 筋本构关系为：

$$\begin{cases}\sigma_f = E_f\varepsilon_f & 0 \leqslant \varepsilon_f \leqslant \varepsilon_{fu} \\ \sigma_f = 0 & \varepsilon_f \geqslant \varepsilon_{fu}\end{cases} \tag{4-15}$$

式中　σ_f——FRP 筋的拉应力（N/mm^2）；

ε_f——FRP筋的拉应变；

E_f——FRP筋的弹性模量（GPa）；

ε_{fu}——FRP筋的极限拉应变。

4.4.2　有限元模型的建立

（1）单元类型的选取与部件装配接触

1）单元选取

混凝土采用C3D8R单元（即八节点减缩积分实体单元）进行模拟，该单元类型可以大量节省模拟运算时间，计算精度较高，满足位移和荷载加载要求，且在划分网格方面，C3D8R单元要求较低，适合划分多种网格。钢筋和FRP筋均采用T3D2单元类型（即两节点直线桁架单元）进行模拟，两节点只有平动自由度，在平面或空间中不考虑弯矩或垂向荷载作用，只承受轴向力作用，其适用于承受拉伸或压缩的线状部件，适合模拟铰接梁结构。结构胶为弹性材料，达到极限应力时，发生碎裂破坏。由于内嵌FRP筋时，需用结构胶将槽填满，占用一部分空间，故不能忽略其强度作用。结构胶采用C3D8R单元进行模拟。T形梁的加载点和支座处布置的钢垫块，同样采用C3D8R单元。

综上所述，建模时选用的单元类型为：混凝土、结构胶和钢垫块采用实体（solid）单元；钢筋和FRP筋则采用桁架（truss）单元。具体材料性能参数见表4-11。

材料性能参数　　**表4-11**

材料名称	弹性模量 E（MPa）	泊松比 μ	抗拉强度 f_t（MPa）	抗压强度 f_c（MPa）
混凝土	3.0×10^4	0.2	2.7	28.3
钢筋Φ22	2.0×10^5	0.3	445.0	—
钢筋Φ14	2.0×10^5	0.3	429.0	—
钢筋Φ8	2.1×10^5	0.3	418.0	—
钢筋Φ6.5	2.1×10^5	0.3	371.0	—
BFRP筋	5.0×10^4	0.2	700.0	—
CFRP筋	1.4×10^5	0.2	1800.0	—
结构胶	3.0×10^4	0.3	—	—

2）部件装配和接触

本节的有限元分析中，采用分离式模型。钢垫块和混凝土梁，以及结构胶和混凝土之间的均采用tie连接；用embedded将钢筋骨架嵌入混凝土T梁内，利用同样约束将FRP筋嵌入结构胶内；同时假定，钢筋和FRP筋与其所嵌入的主体单元之间无粘结滑移。具体的单元如图4-55所示。

（2）分析步与边界条件的设置

1）分析步的设置

分析步是模型建立到结果输出的重要步骤，共分为四种操作：创建分析步、设置输出数据、设置自适应网格和控制分析过程。在模拟计算过程中，分析步增量步数需设置较大，避免计算模型不收敛。最大、最小增量步根据实际模型设定合适大小；时间步长设置

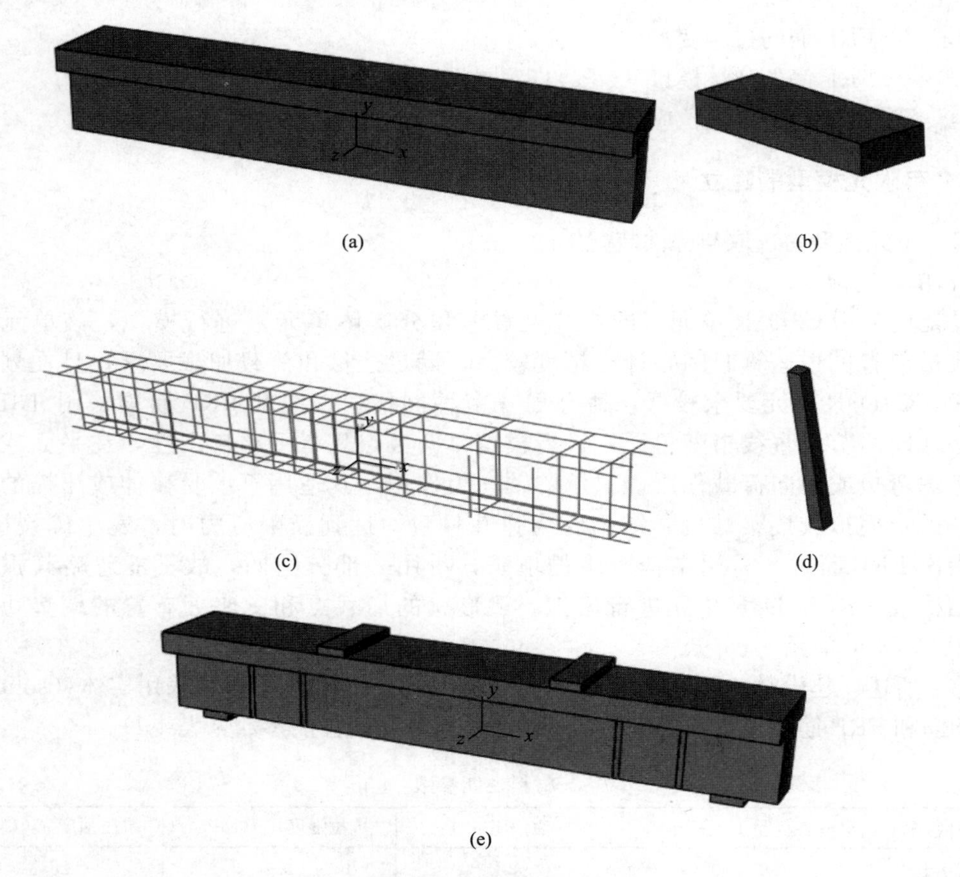

图 4-55　模型中的单元

(a) 混凝土；(b) 垫板；(c) FRP 筋和钢筋骨架；(d) 结构胶；(e) 混凝土 T 形加固梁

不宜过大或过小，若最大时间步长太大，虽然使分析时间较短，但会导致计算结果不精确误差较大；而定义步长太小，则需计算运行时间较长，影响分析效率。

2) 边界条件的设置

为了避免因应力集中导致试件的局部破坏，故在试件加载点和铰支座处放置钢垫块，用 tie 将其与混凝土梁连接。将加载点处的垫块与加载点施加耦合；而对支座处垫块，在坐标系 X、Y、Z 方向设置边界约束条件，左侧垫块 $U_1=U_2=U_3=0$，即允许转动；右侧垫块 $U_2=U_3=0$，即允许转动和水平位移；将加载点处的垫块与加载点耦合。为了提高试件模型计算时的收敛性，对模型采用位移控制加载方式，如图 4-56 所示。

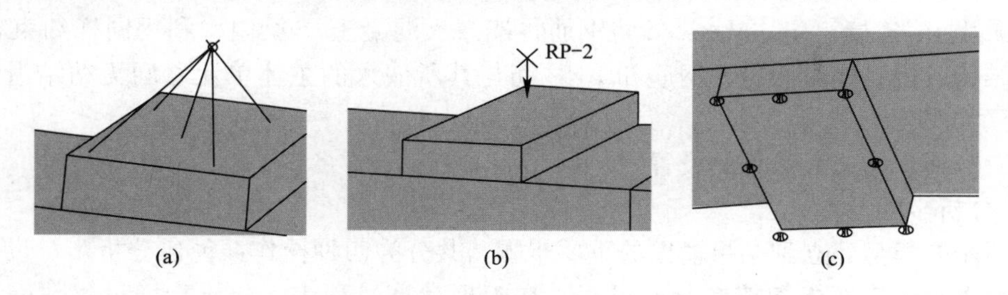

图 4-56　荷载施加与支座约束

(a) 加载点耦合；(b) 位移加载；(c) 铰支座约束

（3）生死单元的设置

ABAQUS 中对于二次受力问题，采用控制生死单元来实现。控制生死单元可理解为，在模拟运行前，将所有单元构件均建立完成，在施加预载时，由于不允许内嵌的 FRP 筋和结构胶发挥作用，故需将其杀死。需要注意的是，“杀死”单元只是让其在加载初期不受力的作用，单元的荷载为零，不是将其删除。为防止被“杀死”的单元在预载期间发生移动现象，需将其与其他单元之间施加连接。待预载完成后，二次荷载施加时，因需加固材料发挥强化作用，故将 FRP 筋和结构胶单元激活，并将前期防止“死亡”单元移动的连接删除，添加正常的边界条件，再继续完成其他的模拟分析步骤。

（4）网格划分

网格划分的精细程度和模拟结果的准确程度有着重要关系，网格划分越细，模拟结果越精准，但计算时间较长且会造成计算机高负荷运行，因此需找到合适的网格大小。内嵌 FRP 筋加固混凝土 T 形截面梁的两端加固区是研究的重点对象，对该区域的加固筋的网格划分大小应与其他部位不同。将混凝土单元划分为 40mm×40mm×40mm，钢筋和 FRP 筋的网格划分为 20mm×20mm×20mm，为了保证试件被划分为六面体单元的结构化网格，需对混凝土进行合理的切割。试验梁模型有限元网格划分如图 4-57 所示。

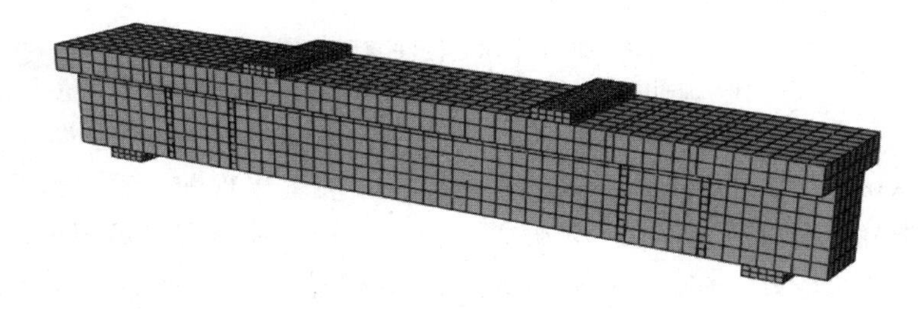

图 4-57　试验梁模型有限元网格划分

4.4.3　结果对比验证

影响加固梁受剪性能的因素很多，试验重点关注初始荷载、卸载程度、锚固长度的和 FRP 筋种类的影响。总体上，可分为一次受力加固梁和二次受力加固梁。为了能够有效地验证所建有限元模型的有效性，故分别从一次受力加固梁和二次受力加固梁中分别挑选一根典型试件进行模拟计算，并将其模拟结果与试验结果进行对比。

（1）一次受力加固梁的模拟结果与试验结果对比

图 4-58（a）～图 4-58（c）为模拟得到的加固梁 BF0 位移变形图、裂缝云图及钢筋应力图。从图中可以看出：试件的跨中部分位移最大，剪跨区中部的箍筋受应力最大，斜裂缝主要分布在剪跨区两槽之间，方向在支座与加载点的连线上，与试验破坏模式［图 4-58（d）］比较吻合。

图 4-59 为加固梁 BF0 模拟与试验曲线对比情况。从图 4-59（a）中可以看出，加固梁 BF0 荷载-位移模拟曲线与试验曲线总体吻合较好。试件的极限承载力模拟值和试验值分别为 460kN 和 431kN，模拟值比试验值高 6.72%，而模拟极限承载力对应的位移值高于试验值，主要原因是有限元模拟时忽略了混凝土刚度退化和钢筋滑移粘

结效应的影响，同时混凝土内部存在细小裂缝和空隙等初始缺陷也会对试件的强度有减弱影响。

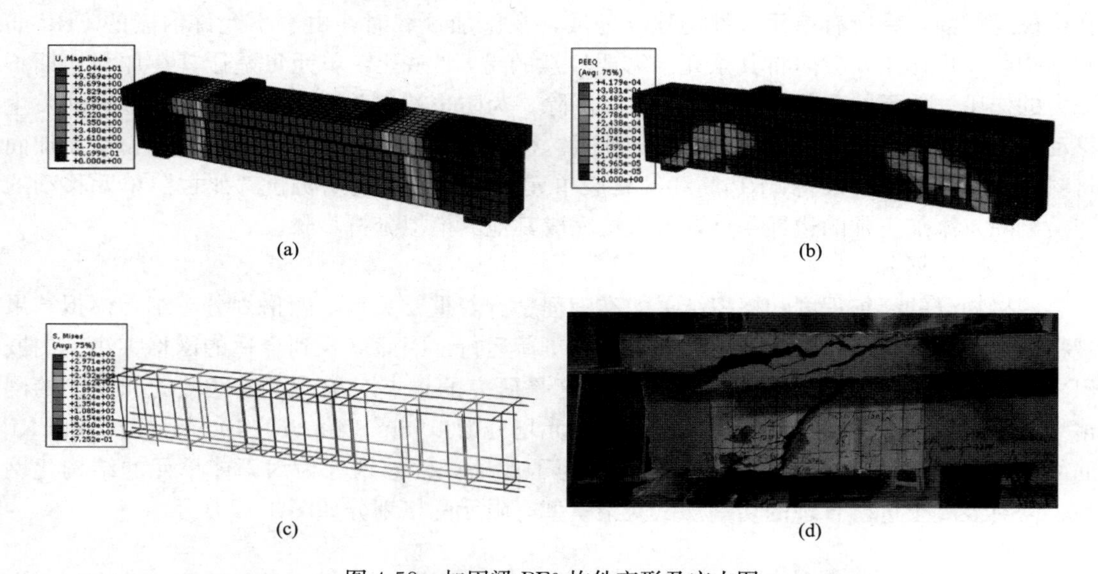

图 4-58　加固梁 BF0 构件变形及应力图

(a) 加固梁 BF0 位移图；(b) 加固梁 BF0 裂缝走向图；(c) 钢筋及 FRP 应力图；(d) 试件 BF0 破坏图

从图 4-59 (b) ～图 4-59 (e) 可知，在混凝土斜裂缝出现前，箍筋荷载-应变曲线对比较好，但在裂缝开展以后，存在一定偏差，模拟值较试验值有滞后现象。纵筋的荷载-应变曲线的对比吻合较好，在达到极限承载力时，纵筋均未出现屈服，符合剪切破坏的特点。FRP 筋应变的对比同样存在一定偏差，不同位置的 FRP 应变不同，模拟梁的支座处中部的 FRP 筋应变较大，从应力云图可以看出，模拟中裂缝首先从该处生成，而后向加载点延伸，而试验梁的斜裂缝首先出现在两 FRP 筋间的剪跨区间，即两者的裂缝生成部位存在差异，产生此种现象的主要原因一方面是实际应变片粘贴位置和模拟采集点有偏差，另一方面是结构胶与混凝土界面模拟采用 tie 连接，不存在滑移现象，这也与实际情况存在差异。

(2) 二次受力加固梁的模拟结果与试验结果对比

选取典型试件 BF3 作为二次受力加固梁的模拟分析。图 4-60 为加固梁 BF3 的模拟与试验对比曲线。从图中可以看出，试验与模拟的曲线走势相似，总体吻合良好。试件的极限承载力模拟和试验结果分别是 442kN 和 416kN，误差在 10%以内。从图 4-60 (a) 可知，模拟的荷载-挠度曲线在达到荷载峰值之前为线性增长，而后呈下降趋势，但下降段较试验曲线平缓，基本符合剪切破坏的形式。

图 4-60 (b) ～图 4-60 (d) 分别为试件的箍筋和 FRP 筋的试验和模拟荷载-应变曲线。从图中可知，由于斜裂缝主要出现在试件的剪跨区，故剪跨区的箍筋和 FRP 筋的应变值较大，起到主要的抗剪作用。同时，试验梁在持载过程中，由于荷载存在波动现象，使得斜裂缝有一定的发展，箍筋的应变相继发生变化，故模拟曲线与试验曲线有一定差异。

综上所述，从直接加固梁和二次受力加固梁的荷载-挠度和荷载-应变曲线的对比分析来看，两者虽然有一定的偏差，但总体吻合程度在合理范围内，且曲线趋势基本一致，可在此模型的基础上继续分析不同参数对加固梁受剪性能的影响。

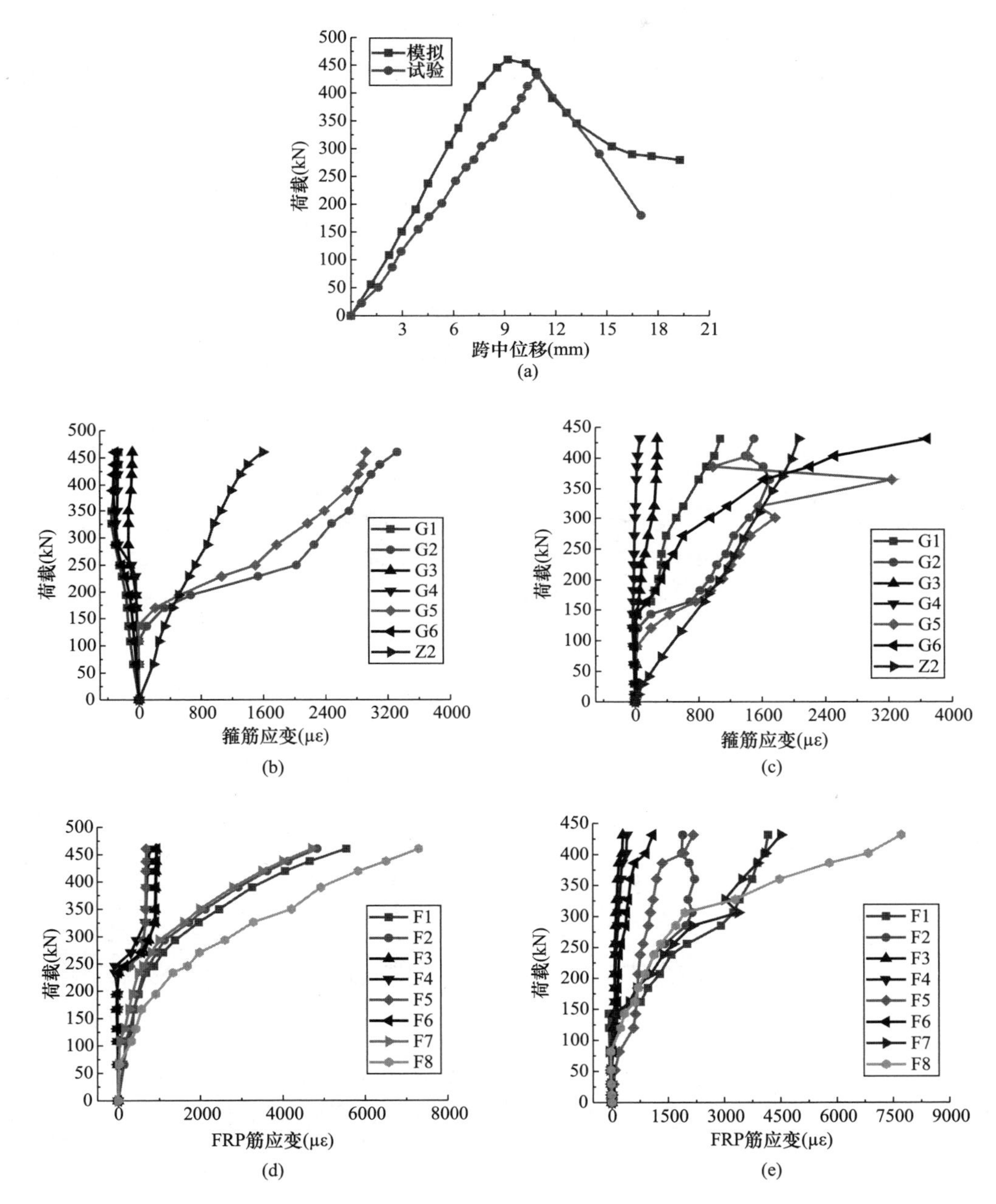

图 4-59　加固梁 BF0 的模拟与试验对比曲线

（a）荷载-位移曲线；（b）钢筋的应变（模拟）；（c）钢筋的应变（试验）；

（d）FRP 的应变（模拟）；（e）FRP 的应变（试验）

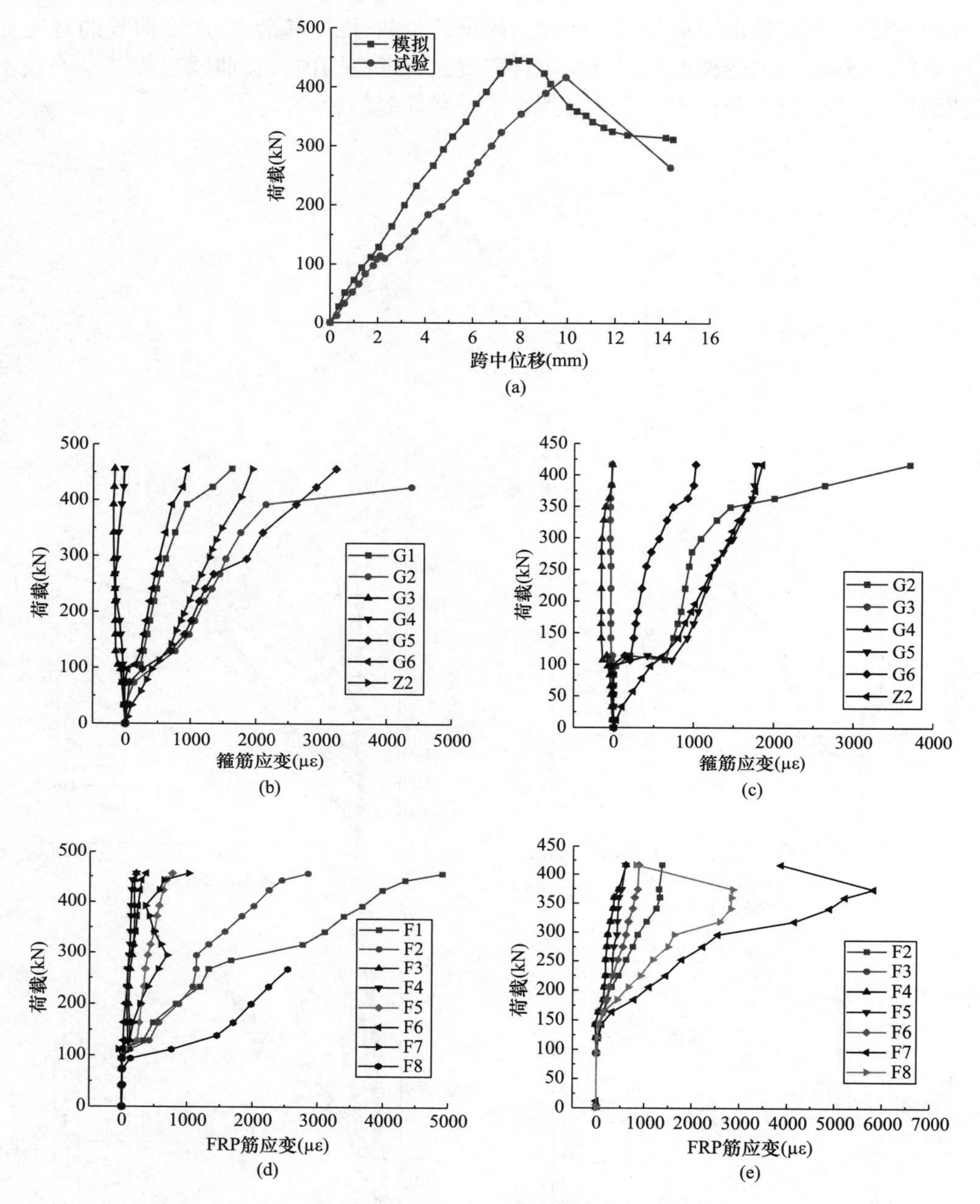

图 4-60 加固梁 BF3 的模拟与试验对比曲线

(a) 荷载-位移曲线；(b) 钢筋的应变（模拟）；(c) 钢筋的应变（试验）；(d) FRP 的应变（模拟）；(e) FRP 的应变（试验）

4.4.4 参数分析

本试验是以初始荷载、卸载程度、锚固长度及 FRP 筋类型为试验参数，而影响内嵌 FRP 加固混凝土梁抗剪性能的因素很多，为了更全面地分析其他因素对加固梁受剪性能的影响，在现有试验梁参数分析的基础上，主要选取 FRP 筋嵌入角度、间距、锚固形式、剪跨比等参数进行分析。

（1）FRP 筋嵌入角度的影响

FRP 筋嵌入角度分别为：45°、60°和 90°（基本模型）。构件的模型参数与模拟结果见表 4-12。

模型参数与模拟结果　　表 4-12

构件编号	FRP 角度（°）	FRP 间距（mm）	剪跨比	锚固形式	极限承载力（kN）
BC	—	—	1.78	—	388
BF0-45	45	200	1.78	—	627
BF0-60	60	200	1.78	—	519
BF0-90	90	200	1.78	—	460

图 4-61 为 FRP 筋不同嵌入角度对加固梁荷载-挠度曲线的影响和承载力提高程度情况。从图中可知，各加固梁的极限承载力较对比梁均有一定的提高，提高程度不同，随着嵌入角度的减小，承载力逐渐增大。内嵌 FRP 筋角度为 45°、60°和 90°的加固梁极限承载力分别提高 62%、34%和 19%。由此可见，内嵌 FRP 角度对于加固梁的极限承载力有较大影响。同时，内嵌角度对于试件的破坏形式同样具有影响，随着内嵌角度的减小，试件的破坏形式由剪切破坏变为弯剪破坏和弯曲破坏。分析原因，主要是试件在受力过程中，弯剪区的斜裂缝是沿着加载点-支座方向发展的，从试验现象也可知，主斜裂缝的角度大致为 40°，故斜向加固可以更好地抑制斜裂缝的开展，与主斜裂缝垂直嵌入角度的 FRP 筋抗剪加固作用最佳。

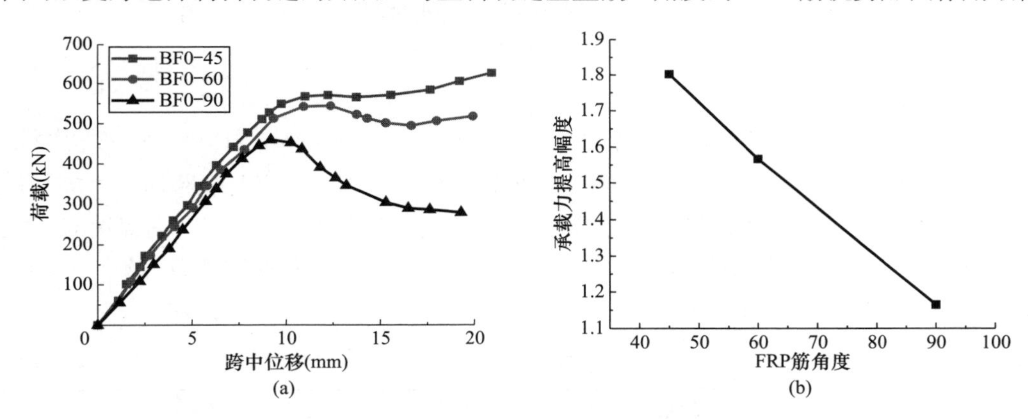

图 4-61　不同嵌入角度对加固梁受剪性能的影响

（a）荷载-位移曲线；（b）承载力提高幅度

（2）FRP 筋间距的影响

FRP 筋间距为：100mm，150mm，200mm（基本模型），300mm。构件的模型参数与模拟结果见表 4-13。

模型参数与模拟结果　　表 4-13

构件编号	FRP 角度（°）	FRP 间距（mm）	剪跨比	锚固形式	极限承载力（kN）
BF0-100	90	100	1.78	—	528
BF0-150	90	150	1.78	—	484
BF0-200	90	200	1.78	—	460
BF0-300	90	300	1.78	—	442

图 4-62 为 FRP 筋不同间距对加固梁荷载-挠度曲线的影响和承载力的提高程度情况。从图中可知，随着 FRP 间距的减小，构件的受剪承载力逐渐增加。但当间距大于 200mm 时，增长幅度降低。其中，内嵌 FRP 筋间距为 100mm、150mm、200mm 和 300mm 的构件其承载力较对比梁分布提高 36%、25%、19%和 14%。随着间距的减小，构件的破坏形式由剪切破坏转变为弯剪破坏，破坏时纵筋应变接近屈服值。综合实际情况考虑，开槽间距过小会对混凝土造成较大损伤，而间距过大加固效果不好，故建议加固间距宜在 150～200mm 之间。

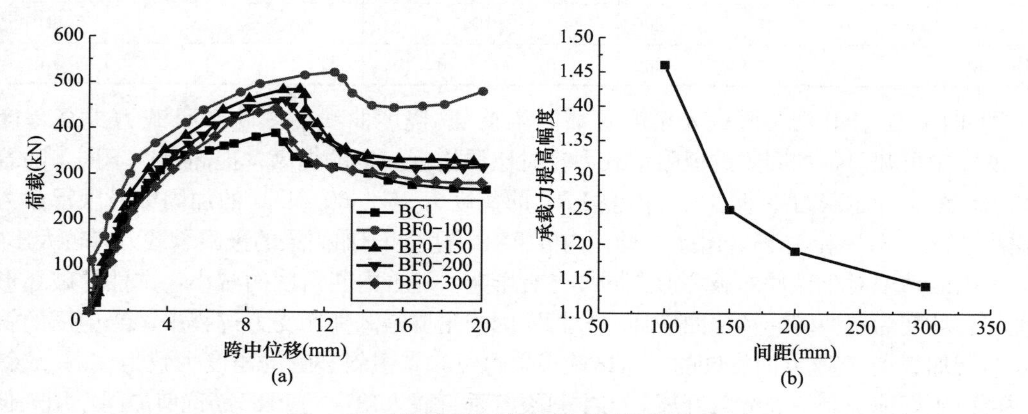

图 4-62　不同间距对加固梁受剪性能的影响

(a) 荷载-位移曲线；(b) 承载力提高幅度

(3) 锚固形式的影响

选取 FRP 筋端部不同的锚固形式，分别为："U" 形 FRP 筋锚固、"⊥" 形 FRP 筋锚固、"I" 形 FRP 筋锚固（基本模型)。此 3 种锚固形式，FRP 筋的上端部均穿入翼缘内的混凝土中，FRP 筋的下端部存在锚固差异，其中 "⊥" 形指在 FRP 筋下端部留有一定横向长度的锚固，将 FRP 筋制作成 "⊥" 形，"U" 形则是将 FRP 筋制作成 "U" 形筋。构件的模型参数与模拟结果见表 4-14。

模型参数与结果　　**表 4-14**

构件编号	FRP 角度（°）	FRP 间距（mm）	剪跨比	锚固形式	极限承载力（kN）
BF0-U	90	200	1.78	U 形	529
BF0-⊥	90	200	1.78	⊥形	506
BF0-I	90	200	1.78	I 形	492

图 4-63 为 FRP 筋端部不同锚固形式对加固梁荷载-挠度曲线的影响和承载力提高程度情况。从图中可以看出，在其他条件相同的情况下，加固梁的承载力较对比梁均有明显提升，提高幅度在 19%～34%之间，带有 FRP 筋端部锚固的试件承载力较未有锚固的试件提高了 9%～15%。其中，构件 BF0-I、BF0-⊥和 BF0-U 的承载力分别提高了 27%、30%和 34%，可见，"U" 形的加固效果最好。同时，随着 FRP 筋端部锚固整体性的提高，构件的跨中位移增加，变形能力得到提升。故建议在实际工程中对于 T 梁加固采用 "U" 形锚固。

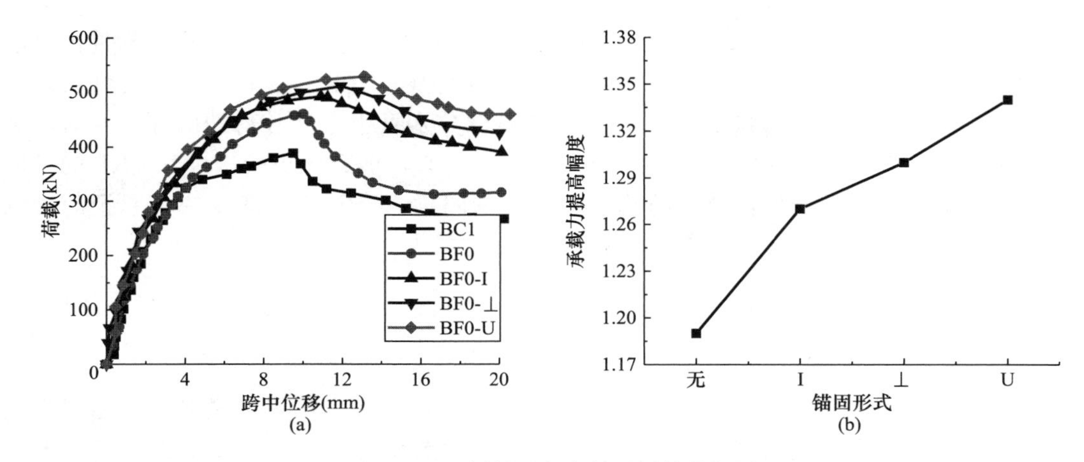

图 4-63　不同锚固长度加固梁的分析图

(a) 荷载-位移曲线；(b) 承载力提高幅度

(4) 剪跨比的影响

本节共设计 4 个剪跨比为 0.78、1.28、1.78（基本模型）和 2.78 的加固梁模型，构件的模型参数与模拟结果见表 4-15。

模型参数与模拟结果　　　　表 4-15

试件编号	FRP 角度（°）	FRP 间距（mm）	剪跨比	锚固形式	极限承载力（kN）
BF0-0.78	90	200	0.78	—	984
BF0-1.28	90	200	1.28	—	614
BF0-1.78	90	200	1.78	—	460
BF0-2.78	90	200	2.78	—	399

图 4-64 为剪跨比对加固梁荷载-挠度曲线的影响和承载力的提高程度情况。从图中可知，在其他条件完全相同的情况下，剪跨比是影响加固梁受剪承载力的重要因素。构件的极限承载力随着剪跨比的减小而增加。当剪跨比小于 1 时，构件发生斜压破坏，腹板混凝

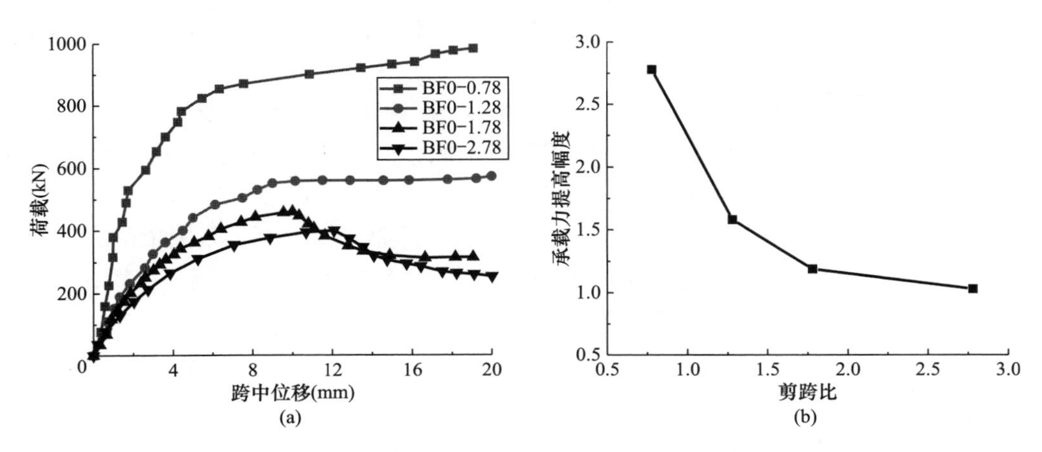

图 4-64　不同剪跨比加固梁的分析图

(a) 荷载-位移曲线；(b) 承载力提高幅度

土会被腹剪斜裂缝分割成多个斜向短柱，抗剪承载力主要由短柱承担，此时，构件极限承载力取决于混凝土的抗压强度，故其承载力最大。而剪跨比在 1～3 之间时，构件会发生剪压破坏。剪跨比分别为 1.28、1.78、2.78 的试件分别发生弯剪和剪切破坏，此时承载力主要由截面桁架承担。分析试验中的 FRP 筋应变可知，剪跨比小的试件其 FRP 筋的应变值远小于剪跨比大的试件，故剪跨比小于 1 的加固梁，FRP 筋未能发挥其承担剪力的作用。

4.4 本章小结

本章通过对内嵌 FRP 筋加固混凝土梁一次荷载作用下和二次受力影响下的剪切性能试验，研究了加固梁的受力特征、破坏模式、裂缝发展情况及影响其受剪性能的主要因素，得到如下结论。

(1) 内嵌 FRP 筋加固混凝土矩形梁的剪切破坏特征是：弯剪区斜裂缝从梁底部开始出现，并随着荷载的增加，逐渐向加载点延伸，与加固区域的结构胶和内嵌的 FRP 筋相交时，裂缝发展缓慢，且结构胶有撕裂声音，直至弯剪区形成主斜裂缝，最终因剪压区混凝土被压碎而破坏。

(2) 内嵌 FRP 筋加固混凝土 T 形梁的剪切破坏特征是：弯剪区斜裂缝先在 T 形梁腹板两加固筋中间区域出现，并随着荷载的增加，逐渐向加载点缓慢延伸，直至斜裂缝贯通腹板，主裂缝与梁纵向呈 45°。加固梁最终破坏时，有受压区翼缘混凝土被压碎、支座处混凝土被压碎、结构胶-FRP 筋周围混凝土保护层脱落、结构胶劈裂和 FRP 筋端部翘起等不同破坏形式。

(3) FRP 筋在加固梁中的主要作用有：限制斜裂缝开展、承担部分剪力和间接提高骨料之间的咬合力。

(4) 在加固梁受力过程中，与斜裂缝相交的截面上，出现了两次应力重分布，第一次重分布发生在斜裂缝出现时，第二次重分布发生在箍筋屈服时。

(5) FRP 筋内嵌 45°时，其加固效果比内嵌 60°和 90°的好。

(6) 在其他条件一定的情况下，加固梁的受剪承载力随着 FRP 筋间距的减小而增大，建议间距选取 150～200mm。

(7) 不同锚固形式的抗剪加固效果不同，“U”形 FRP 筋加固效果最佳，受剪承载力最高，“⊥”形加固抗剪承载力提升优于“I”形加固，所有端部锚固加固梁的承载力和延性均优于普通加固梁，建议采用“U”形 FRP 筋加固形式。

(8) 剪跨比在 0.78～2.78 时，加固梁受剪承载力随着剪跨比的减小而增加；剪跨比小于 1 时，加固梁发生斜压破坏，FRP 筋作用较小。剪跨比 1～3 时，随着剪跨比的增大，FRP 筋应力越大，加固梁受剪承载力越大。

本章参考文献

[1] 杨旭华．碳纤维（CFRP）对薄壁型钢的维护与加固［D］．南京：东南大学，2002.

[2] 陆新征，谭状，叶列平等．FRP 布-混凝土界面粘结性能的有限元分析［J］．工程力学，2004，21（6）：45-50.

[3] Rizkalla N S. Partial Bonding and Partial Prestressing Using Stainless Steel Reinforcement for Members Prestressed with FRP [D]. Kingston：Queen's University，2000.
[4] 刘国瑞．表面内嵌FRP加固混凝土梁抗剪性能研究 [D]. 沈阳：沈阳建筑大学，2012.
[5] 东南大学等．混凝土结构设计原理 [M]. 北京：中国建筑工业出版社，2007：14-26.
[6] 混凝土结构设计规范GB 50010—2010（2015年版）[S]. 北京：中国建筑工业出版社．

第5章 内嵌 FRP 筋加固混凝土板的受力性能试验研究

5.1 引言

钢筋混凝土板是重要的结构构件之一，在建筑楼板、桥面板以及一些构筑物中都起着不可替代的作用。在加固领域，钢筋混凝土板也是经常需要加固的构件，其弯曲性能是混凝土板的基本力学性能，利用内嵌 FRP 加固方法，对混凝土板进行加固，并研究其弯曲性能，为其实际工程应用提供指导。

本章对内嵌 CFRP 筋加固混凝土单向板进行弯曲性能试验，对比分析加固板的受力过程和破坏模式，研究加固板的荷载-挠度曲线和荷载-应变曲线，分析不同 CFRP 筋加固量和不同板内受拉钢筋配筋率对加固板抗弯性能的影响。采用 ABAQUS 软件对混凝土单向板进行有限元模拟，将模拟结果与试验结果进行对比，验证模拟分析的可靠性；继而从 FRP 根数、FRP 类型、FRP 直径、混凝土强度、配筋率等方面进行深入地参数模拟分析，研究各参数对加固梁弯曲性能的影响。

5.2 试验概况

5.2.1 试验设计

本试验共设计 6 块混凝土单向板，包括 2 块对比板，4 块加固板。混凝土单向板长度为 1.8m，跨度为 1.5m，宽度为 500mm，厚度为 100mm。由于混凝土板底需要开槽内嵌 FRP 筋，故混凝土板的保护层厚度取 25mm。混凝土设计强度为 C25。钢筋采用 HPB300 级直径为 6.5mm 和 8mm 的光圆钢筋。单向板的截面尺寸和配筋详图如图 5-1 所示。

5.2.2 加固方案

本次试验主要考虑板内钢筋的配筋率和加固 CFRP 筋的加固量两个参数，混凝土板试件的加固方案见表 5-1，其中 DB-1、DB-2 为未加固板，即对比板，其余为加固板。加固板的开槽位置尽量与板内受力钢筋的位置一致，开槽深度和宽度均为 20mm，具体开槽情况如图 5-2 所示。

5.2.3 试件制作

（1）混凝土板的制作

根据试件设计方案，将钢筋进行切割和弯折，在受力钢筋需要粘贴应变片的位置处进行打磨，粘贴应变片，确保位置准确，粘贴有效，做好防潮绝缘处理，同时将应变片进行编号。24h后，绑扎钢筋网，支护模板，调整钢筋网使其处于模板中央，用事先准备好的保护层厚度小方木块垫于钢筋网四角与中央处，然后浇筑混凝土，并用振动器振捣密实，使混凝土均匀填满模板，用抹子抹平，对外漏钢筋应变片导线进行保护处理。在浇筑混凝土板的同时，浇筑150mm×150mm×150mm的混凝土立方体试块6个，用来测试混凝土抗压强度和弹性模量，将其与混凝土板同条件养护。

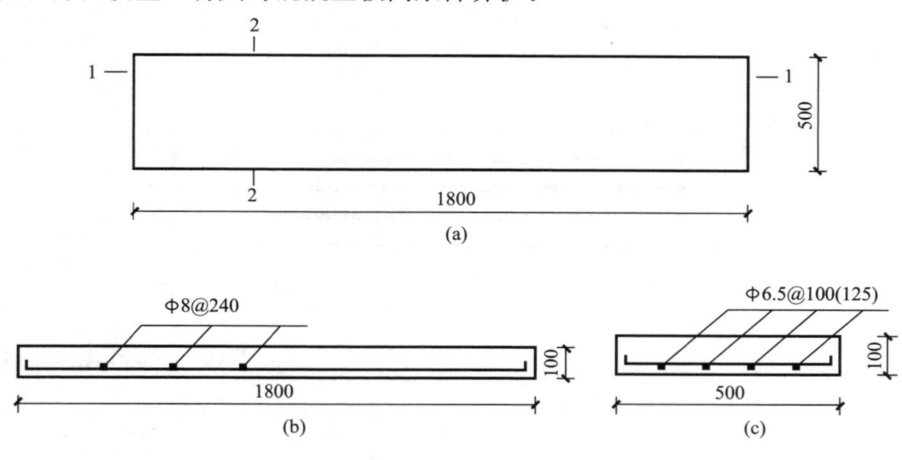

图5-1　单向板的截面尺寸和配筋详图
(a) 平面图；(b) 1-1剖面图；(c) 2-2剖面图

混凝土板试件的加固方案　　表5-1

试验板编号	板尺寸（mm）	板底受力钢筋	CFRP筋数量（根）	开槽数量（个）	粘结长度（mm）
DB-1	1800×500×100	Φ6.5@125	0	0	1500
DB-2	1800×500×100	Φ6.5@100	0	0	1500
DB-3	1800×500×100	Φ6.5@125	2	2	1500
DB-4	1800×500×100	Φ6.5@125	3	3	1500
DB-5	1800×500×100	Φ6.5@100	2	2	1500
DB-6	1800×500×100	Φ6.5@100	3	3	1500

注：每个槽内设置1根CFRP筋。

(2) 混凝土板开槽

当混凝土板养护28d之后，将板翻转，按开槽设计详图对混凝土板试件进行测量、放线，用手提式石片切割机沿墨线在板底进行切割，为避免灰尘过大采用湿切法，切割深度设定为20mm，一边切割一边用毛刷清理，开槽时应注意在靠近钢筋网一侧，以免操作有误导致试件损失。

(3) CFRP筋嵌入

将开槽处理的混凝土板进行清理，用丙酮清洗槽内，按4：1比例配置结构胶，之后将配置好的结构胶倒入半槽内，把粘好应变片的CFRP筋放入结构胶内，并按压，使其处于槽中间深度位置，再用结构胶把槽填满，使其密实。对外露的CFRP应变片导线做好保护措施，24h内不得触碰，常温下养护约7d。

混凝土板加固试件制作过程如图5-3所示。

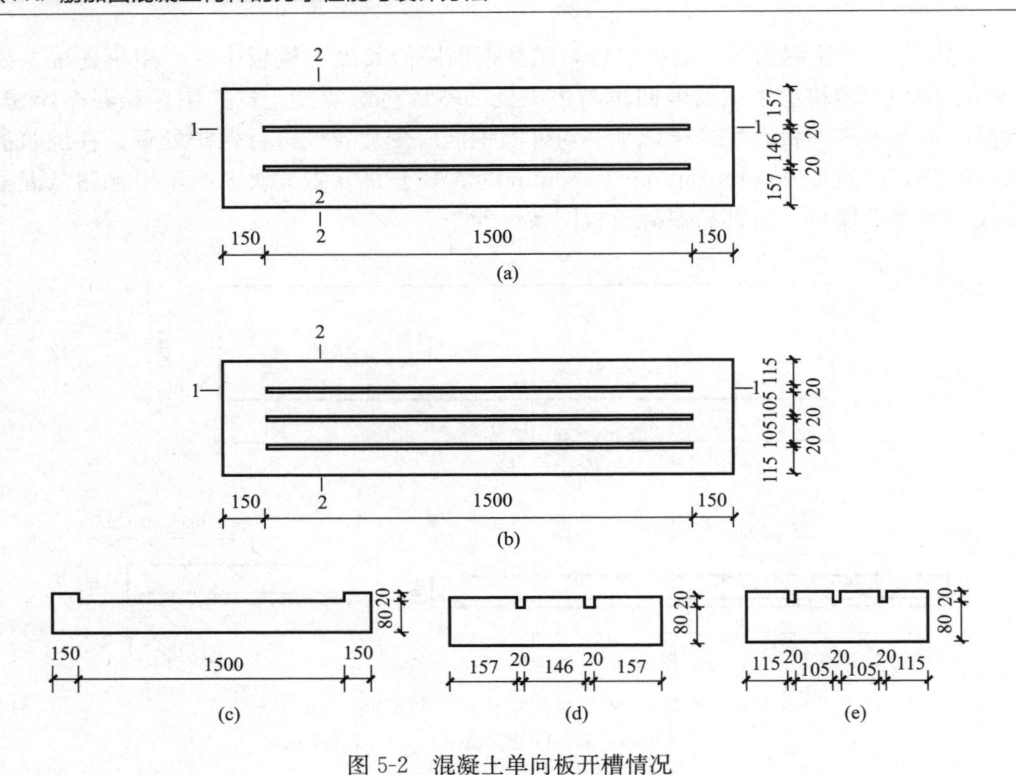

图 5-2　混凝土单向板开槽情况

（a）开 2 槽试件平面图；（b）开 3 槽试件平面图；（c）开 2 槽和 3 槽试件 1-1 截面；
（d）开 2 槽试件 2-2 截面；（e）开 3 槽试件 2-2 截面

图 5-3　混凝土板加固试件制作过程

（a）钢筋网片制作；（b）应变片防水保护；（c）木模板制作；
（d）木模板内钢筋网片；（e）混凝土板底开槽；（f）CFRP 嵌入

5.2.4　试验装置及加载制度

试验板两端设置简支式支座，一端采用固定式铰支座，一端采用滚动式铰支座。采用液压式千斤顶对板进行加载。加载位置设置在板的1/3净跨处，通过分配梁在板上施加垂直荷载。加载步骤采用分级加载方法，按加载量进行控制。通常每级荷载为预估极限荷载的1/10～1/5，经过计算，本试验未加固混凝土单向板的极限荷载约为10kN，加固混凝土单向板约为30kN或50kN，因此未加固板每级荷载设置为2kN，加固板每级荷载设置为5kN。加载前先安装位移计等测量仪器，检查各数据采集仪表是否正常，并记录各数据采集仪表的初始读数，然后正式开始加载试验。待所加每级荷载数值稳定、相关仪器仪表读数稳定后再选取有关数据，然后观察板的变形现象，对每级荷载所对应的裂缝发展情况进行记录。按上述步骤逐级加载、观察并记录，直至试件破坏为止。试验加载方式及位移计安装位置如图5-4所示。

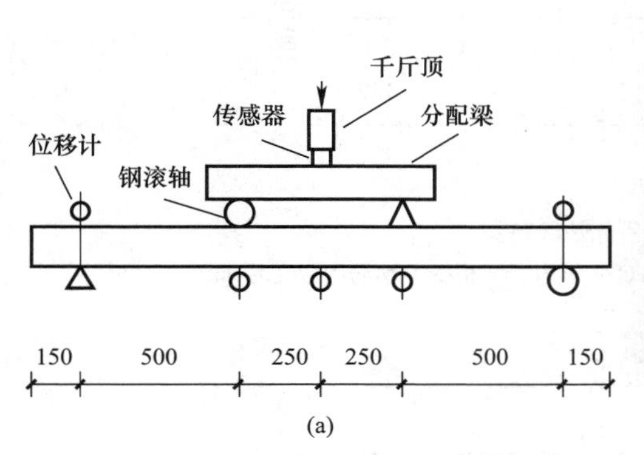

(a)

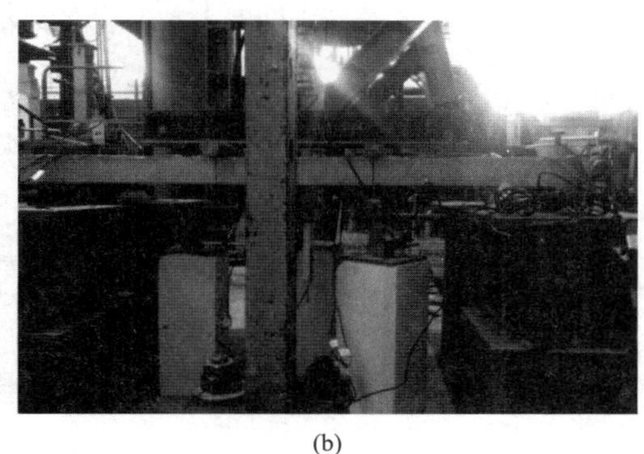

(b)

图5-4 试验加载方式及位移计安装位置

(a) 加载装置示意图；(b) 加载装置实图

5.2.5 试验测量内容及测点布置

(1) 量测内容

本次试验主要研究加固板的受弯性能及裂缝发展情况，故试验所测试的主要内容：①单向板纯弯段首条竖向裂缝出现时，记录试件的荷载大小及裂缝情况；②逐级记录裂缝的发展变化，测量裂缝宽度；③记录试验板在受力过程中两支座位移及跨中位移的变化；④读取各个加载等级下的板内纵筋应变和CFRP筋应变；⑤记录试验板各特征点的荷载值和位移值等。

(2) 测点布置

在混凝土单向板纯弯段内，板受压区粘贴混凝土应变片，以测得受力过程中混凝土应变的变化情况。混凝土板内钢筋网沿长度方向的受力钢筋粘贴应变片，以测得受力过程中钢筋应变的变化情况。钢筋应变片的编号用G表示，钢筋应变片测点布置如图5-5所示。CFRP筋在纯弯段内的跨中位置及加载点位置处粘结应变片，应变片编号用F表示，CFRP筋应变片测点布置如图5-6所示。在单向板底部布置3个位移计，跨中位置布置1个，加载点各布置1个位移计，以测得板的位移变化情况。同时，板两端支座处各布置1个，以监测受力过程中支座的变化情况，保证试验的顺利进行。

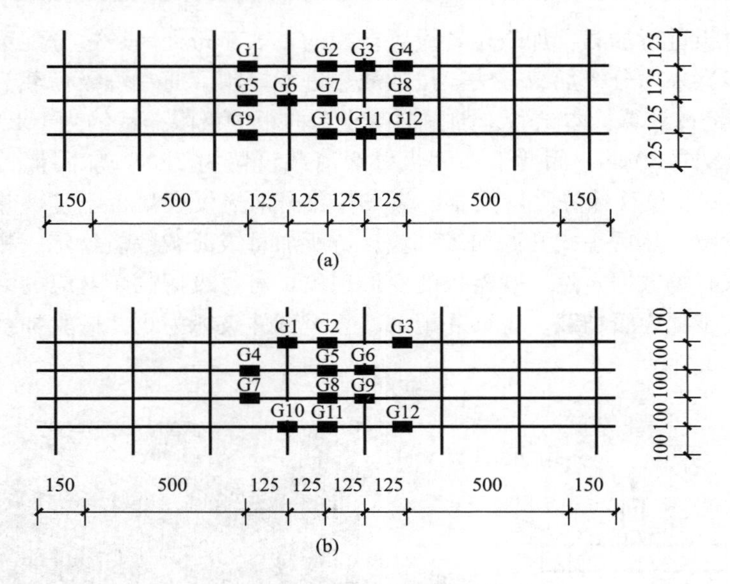

图 5-5　钢筋应变片测点布置图

（a）板内为 3 根受力钢筋的应变片布置；（b）板内为 4 根受力钢筋的应变片布置

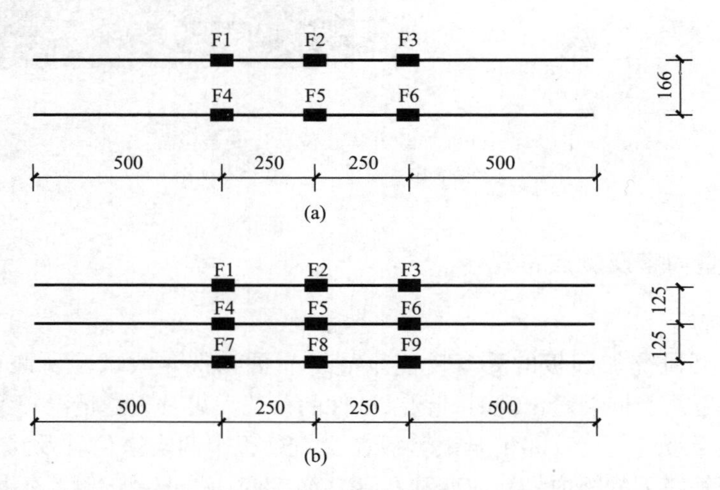

图 5-6　CFRP 筋应变片测点布置图

（a）加固 2 根 CFRP 筋的应变片布置；（b）加固 3 根 CFRP 筋的应变片布置

5.2.6　材料的力学性能

（1）混凝土

根据《混凝土结构设计规范》GB 50010—2010（2015 年版）要求，标准试验方法测得的立方体强度值可作为混凝土强度的最基本指标。取标准试验方法测得的强度值平均值为混凝土强度，混凝土强度指标见表 5-2。

（2）钢筋

根据《金属材料拉伸试验标准试验方法》ASTM E8M-93 进行直径 d＝6.5mm 钢筋屈服强度和极限抗拉强度测定，取 3 根钢筋试样，其力学性能见表 5-3。

（3）CFRP 筋

本试验所采用的碳纤维筋（CFRP 筋）表面带肋，直径为 8mm，其力学性能指标由供应商提供，详见表 5-4。

混凝土强度指标　　**表 5-2**

试样编号	极限荷载（kN）	$f_{cu,m}$（MPa）	f_{cm}（MPa）	f_{tm}（MPa）
C1	882	39.2	26.3	2.6
C2	954	42.4	28.4	2.7
C3	1041	46.3	31.0	2.9
C4	953	42.4	28.4	2.7
C5	864	38.4	25.7	2.6
C6	975	43.3	29.0	2.8
平均值	950	42.2	28.3	2.7

注：$f_{cu,m}$ 为立方体抗压强度平均值；f_{cm} 为轴心抗压强度平均值；f_{tm} 为抗拉强度平均值。

直径 d=6.5mm 的 HPB300 级钢筋性能指标　　**表 5-3**

材料	试样号	屈服荷载（kN）	屈服强度（MPa）	极限荷载（kN）	极限抗拉强度（MPa）
纵筋 d=6.5mm A=33mm^2	S1	9.85	325	14.7	445
	S2	9.90	327	13.5	447
	S3	9.76	322	13.4	442
	平均值	9.85	325	14.7	445

CFRP 筋力学性能　　**表 5-4**

材料	直径（mm）	面积（mm^2）	抗拉弹性模量（GPa）	极限抗拉强度（MPa）	极限拉应变（%）
CFRP	8	50.24	142	1810	1.52

5.3　试验现象与破坏模式

5.3.1　未加固板受力过程

对于未加固板 DB-1，荷载大小在 9kN 之前试件几乎没有明显变化，当荷载增至 9.843kN 时，在加载点对应的混凝土板底位置附近出现了两条裂缝，且裂缝宽度较大，分别为 0.5mm 和 0.3mm，此时达到极限荷载，随后，荷载略有下降，且保持在 8kN 左右，混凝土板跨中挠度持续增大。当挠度达到 14.6mm 时，其中一条裂缝贯穿板厚度，跨中挠度持续增加至 17.73mm 时，另一条裂缝也逐渐贯穿板厚；荷载几乎不变，而挠度继续增大，最后因混凝土板挠度过大而破坏。

对于未加固板 DB-2，当加载至 8.926kN 时，在板 1/3 净跨处出现第一条裂缝，裂缝宽度为 0.05mm；随荷载增大，该裂缝逐渐变宽并向加载点延展，同时跨中又出现新的裂缝；当荷载加载到 10.299kN 时，跨中裂缝达到 0.1mm 宽；继续增大荷载到

11.329kN 时，最大裂缝在 3～4mm，此时达到极限荷载；随后，荷载几乎不变，板跨中挠度不断加大，最终因混凝土板挠度过大而破坏。

由未加固板的受力过程可以看出，由于配筋率较小，试件 DB-1 开裂时裂缝较大，且开裂荷载与极限荷载相接近，而试件 DB-2 相对有比较明显的开裂点，最终破坏时，钢筋达到屈服，跨中挠度已达到 $l/45$，裂缝贯通板厚度和板底宽度。未加固板受力情况、破坏模式和裂缝开展如图 5-7 所示。

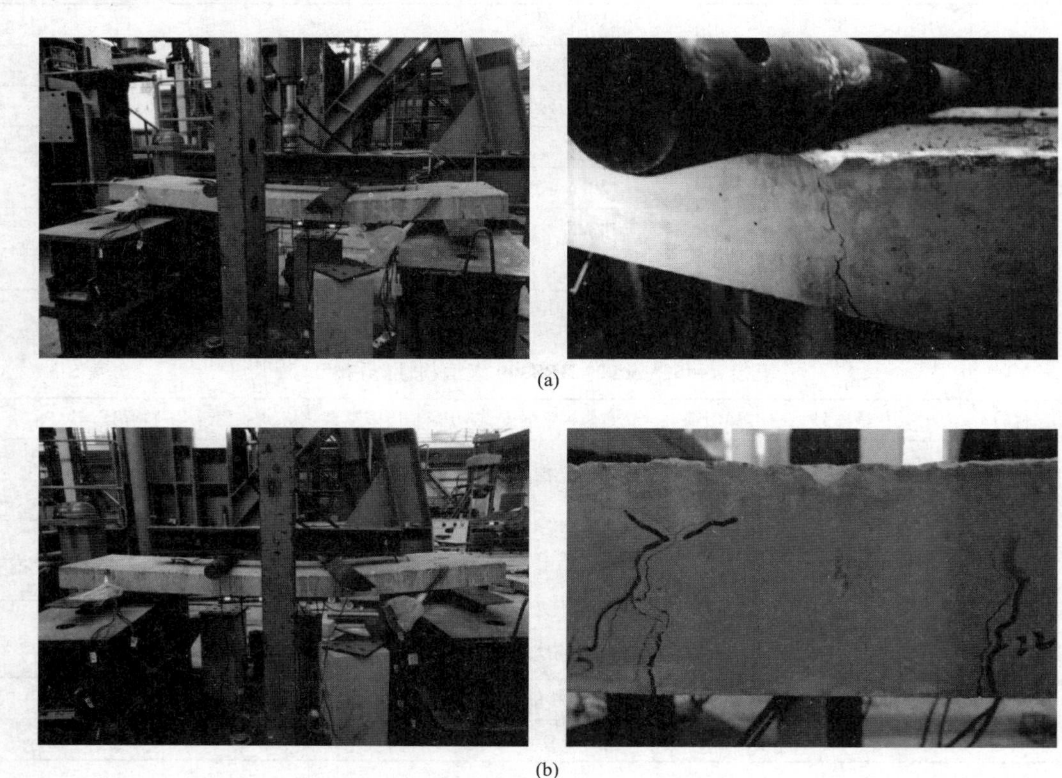

(a)

(b)

(c)

图 5-7　未加固板受力情况破坏模式和裂缝开展

(a) 试件 DB-1 受力情况和裂缝图；(b) 试件 DB-2 受力情况和裂缝图；

(c) 未加固试件的破坏模式

5.3.2　加固板的受力过程

对于加固板DB-3，当荷载增加至15.106kN时，加载位置处混凝土板底出现第一条裂缝，且宽度为0.06mm；继续加载至17.165kN时，该裂缝宽度为0.1mm，同时跨中位置也出现其他裂缝；当荷载增大到20.141kN时，第一条裂缝宽度已达0.7mm，且跨中裂缝宽度也不断加大，挠度加大。当荷载达到22kN时，跨中裂缝宽度增大到0.45mm；荷载继续增大，结构胶开裂，且出现掉渣现象；当加载至28.495kN时，另一加载端支座位置处出现新裂缝；当荷载至30.326kN时，加固板发出较大响声，板底裂缝贯通，结构胶局部剥离破坏；当荷载达到极限荷载31.241kN时，最大裂缝宽度为1.7mm，加固板破坏。

对于加固板DB-4，当加载至15.106kN时，板跨中位置出现一条裂缝，其宽度为0.03mm；荷载持续增加至16.021kN时，裂缝明显增大，试件发出响声，同时，加载支座位置处出现多条裂缝，裂缝宽度在0.03～0.035mm之间；加载至20.141kN时，试件发出连续响声，在跨中附近又出现宽为0.03mm的新裂缝；荷载继续增加至25.634kN，结构胶发生崩裂，板底裂纹贯穿；当荷载达到36.505kN时，板底混凝土保护层局部剥落，跨中裂缝增至1mm，加固板变形明显；当荷载达到44.287kN时，支座位置处裂缝显著增大，混凝土保护层进一步剥落；加载至49.437kN时，达到极限荷载，试件破坏。

对于加固板DB-5，当加载至14.307kN时，在加载位置附近，混凝土板底出现一条裂缝，裂缝宽度为0.03mm；当荷载至15.108kN时，在跨中附近出现了两条0.05mm宽裂缝；当荷载至15.687kN时，加固板发生较大响声，结构胶开裂；加载至16.482kN时，加固板跨中出现一条宽度为0.2mm的新裂缝；随着荷载的继续增加，裂缝不断出现，挠度不断加大，结构胶部分剥离；当荷载增加至32.506kN时，结构胶进一步剥离，加固板弯曲明显；加载至34.566kN，达到极限荷载，试件破坏。

对于加固板DB-6，当荷载加到3.318kN时，跨中出现3条裂缝，宽度均为0.03mm；当加载至3.516kN时，结构胶开裂；加载至5.583kN时，加载点支座位置混凝土出现裂缝，继续加载，该裂缝贯穿混凝土板宽，裂缝为0.95mm；当加载到8.12kN时，裂缝由0.95mm扩展到1.7mm；当荷载增至8.944kN时，试件突然破坏，加固板挠度不大。该加固板出现这种非正常的破坏，主要原因是板在运输和吊装过程中出现磕碰，使得板在加载之前就已经出现了裂缝，有一定的损伤，其实测的极限荷载与实际荷载不符，故此，该加固板所测得的数据未能用于后续研究中。

综上所述，内嵌CFRP筋加固混凝土板的受力过程和破坏模式为：当荷载较小时，加固板处于弹性阶段；加载至板出现裂缝后，板挠度发展较快；继续加载，裂缝不断加宽且有新裂缝产生，板内钢筋达到屈服，CFRP筋应力增大，板的承载力持续增大；再继续加载，结构胶开裂，且有剥离现象；持续加载，板的主裂缝贯通板底宽度，板挠度进一步加大，结构胶及混凝土保护层局部剥离，最终加固板破坏，受压区混凝土被压碎，试件达到极限荷载。加固板的受力过程、破坏模式和裂缝开展如图5-8所示。与未加固板对比，加固板纯弯段裂缝多为细小裂缝，裂缝宽度较小，这说明内嵌FRP筋能延缓裂缝开展。

图 5-8　加固板的受力过程、破坏模式和裂缝开展

(a) 试件 DB-3；(b) 试件 DB-4；(c) 试件 DB-5；(d) 内嵌 2 根 CFRP 筋试件；(e) 内嵌 3 根 CFRP 筋试件

5.4　试验结果与分析

5.4.1　承载力分析

试验各阶段试件荷载值和位移值见表 5-5，其中对于未加固板破坏荷载取位移为 $l/45$ 时对应的荷载值；由于加固试件持续加载至破坏，荷载没有下降，故加固试件的极限荷载与破坏荷载一致，对应的位移值也一致。从表中可以看出，加固试件的开裂荷载、屈服荷载和极限荷载均比未加固试件有所提高，即开裂荷载提高的幅度为 2.34%～53.86%，屈服荷载提高的幅度为 116.89%～214.50%，极限荷载提高的幅度为 181.4%～467.9%。由此可见，内嵌 CFRP 筋加固板对其极限荷载的提高幅度最大。对于跨中位移，加固试件的开裂位移相较于未加固试件略有减小，这说明在限制裂缝发展方面，内嵌的 CFRP 筋有一定的有利作用。

各阶段试件荷载值和位移值　　表 5-5

试件编号	开裂荷载(kN)	屈服荷载(kN)	极限荷载(kN)	破坏荷载(kN)	开裂位移(mm)	屈服位移(mm)	极限荷载对应位移(mm)	破坏位移(mm)
DB-1	9.84	—	9.84	8.584	1.81	—	1.81	33.00
DB-2	8.93	9.498	11.10	10.986	0.99	3.00	12.50	30.51
DB-3	10.07	21.740	31.24	31.240	1.52	17.47	41.50	41.50
DB-4	10.07	29.870	48.75	48.750	1.09	20.08	45.43	45.43
DB-5	13.74	20.600	32.05	32.050	5.06	15.00	36.76	36.76

5.4.2　荷载-挠度曲线

图 5-9 为各试件荷载-挠度曲线。从图 5-9（a）和图 5-9（b）中可以看出，对于配筋率为 0.227%的未加固板 DB-1 其荷载-挠度曲线可分为两个阶段，开裂和破坏阶段，屈服荷载并不明显，极限荷载后，荷载几乎不变，混凝土板裂缝不断开展，跨中挠度不断增大，直至挠度达到 $l/45$。该未加固板配筋率较小，类似少筋破坏。对于配筋率为 0.3%的未加固梁 DB-2 其荷载-挠度曲线可分为三个阶段：开裂、屈服和破坏阶段。当荷载较小时，荷载-跨中挠度关系曲线是一条直线，这说明混凝土还未开裂，在这个阶段混凝土和钢筋共同承担拉力，且混凝土单向板的刚度较大。随着荷载的增大，混凝土开裂，荷载-跨中挠度关系曲线出现了一个拐点，裂缝处混凝土退出工作，由于钢筋间距较大，裂缝处可能出现未有钢筋的情况，使得荷载有些许下降，荷载因钢筋承担拉力而逐渐回升，且中和轴逐渐上升，板进入屈服阶段，板的挠度也逐渐增大，直至曲线出现第二个拐点，此时板底钢筋达到屈服。过屈服点后，板刚度下降，试验曲线出现平缓段，说明板破坏时延性性能较好。

从图 5-9（c）～图 5-9（e）可以看出，内嵌 CFRP 筋加固混凝土板的荷载-挠度曲线可以划分为两个阶段，即开裂和破坏阶段，屈服阶段不明显，屈服荷载按板内钢筋达到屈服时的荷载取值。当荷载较小时，荷载-跨中挠度关系曲线是一条直线，这说明混凝土还未开裂，在这个阶段混凝土、钢筋和 CFRP 筋共同承担拉力，但该阶段的拉力主要由混凝土承担，加固板的刚度较未加固板大。随着荷载的增大，混凝土开裂，荷载-跨中挠度关系曲线出现了拐点，试件进入第二阶段；之后，荷载继续增加，曲线呈直线发展，且刚度略有减小，直至试件达到破坏。

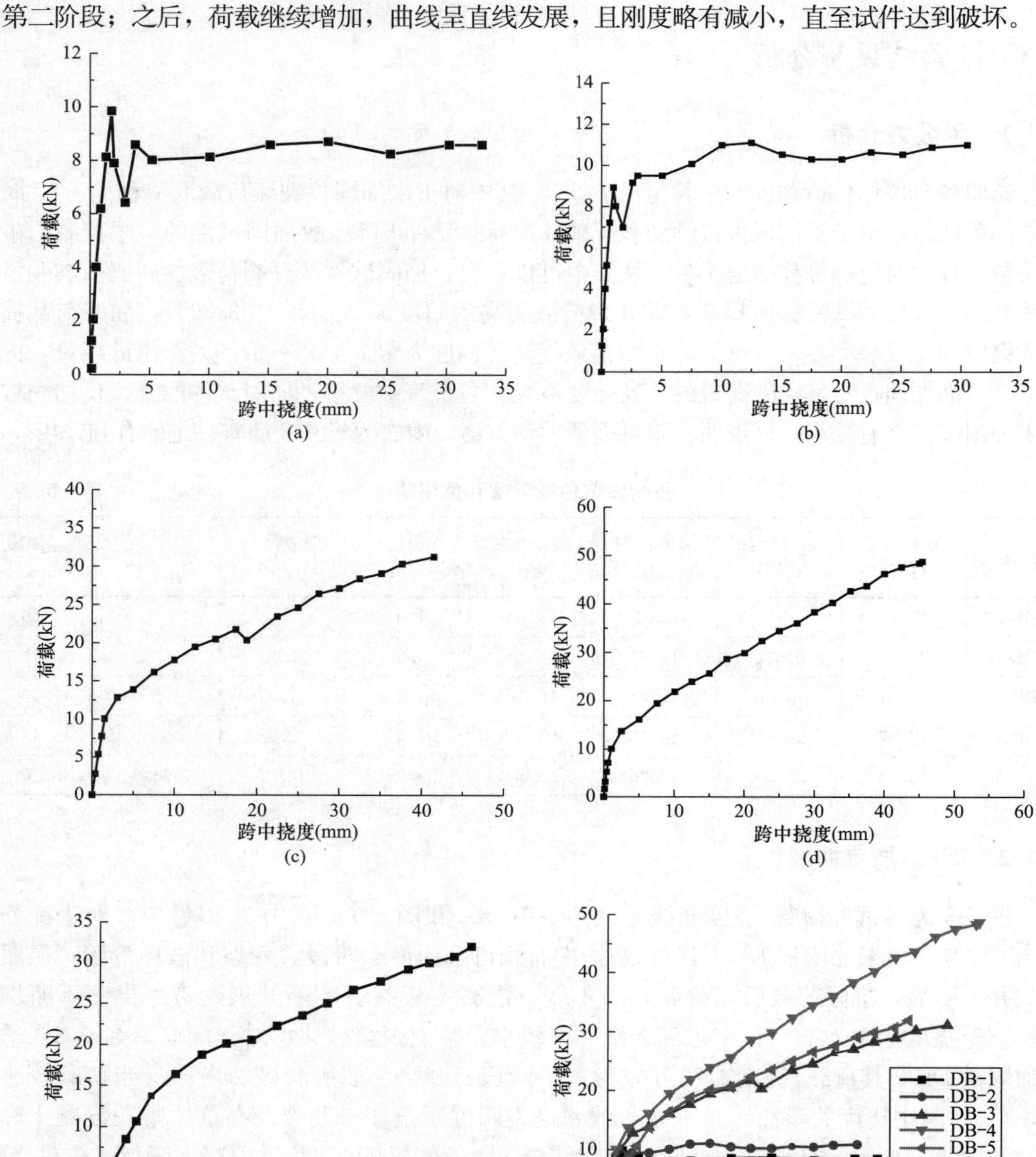

图 5-9 各试件荷载-挠度曲线

(a) DB-1；(b) DB-2；(c) DB-3；(d) DB-4；(e) DB-5；(f) 所有试件

从图 5-9（f）可以看出，开裂前阶段，加固试件的刚度略大于未加固试件；破坏阶段，加固试件的刚度明显大于未加固试件，且加固试件各阶段荷载值明显高于未加固试件。后期，加固试件承载力的提高主要是由于 CFRP 筋承担大部分拉力的结果。

5.4.3　荷载-应变曲线

（1）钢筋应变曲线

图 5-10 为跨中位置处受力钢筋的荷载-应变关系曲线。从图中可以看出，各个试件的钢筋应变均是在开裂前较小，开裂后，随着荷载的增大，钢筋应变值不断增大，直至达到屈服。对于加固试件，荷载后期钢筋应变增长较缓，主要是 CFRP 筋承担拉力的作用。

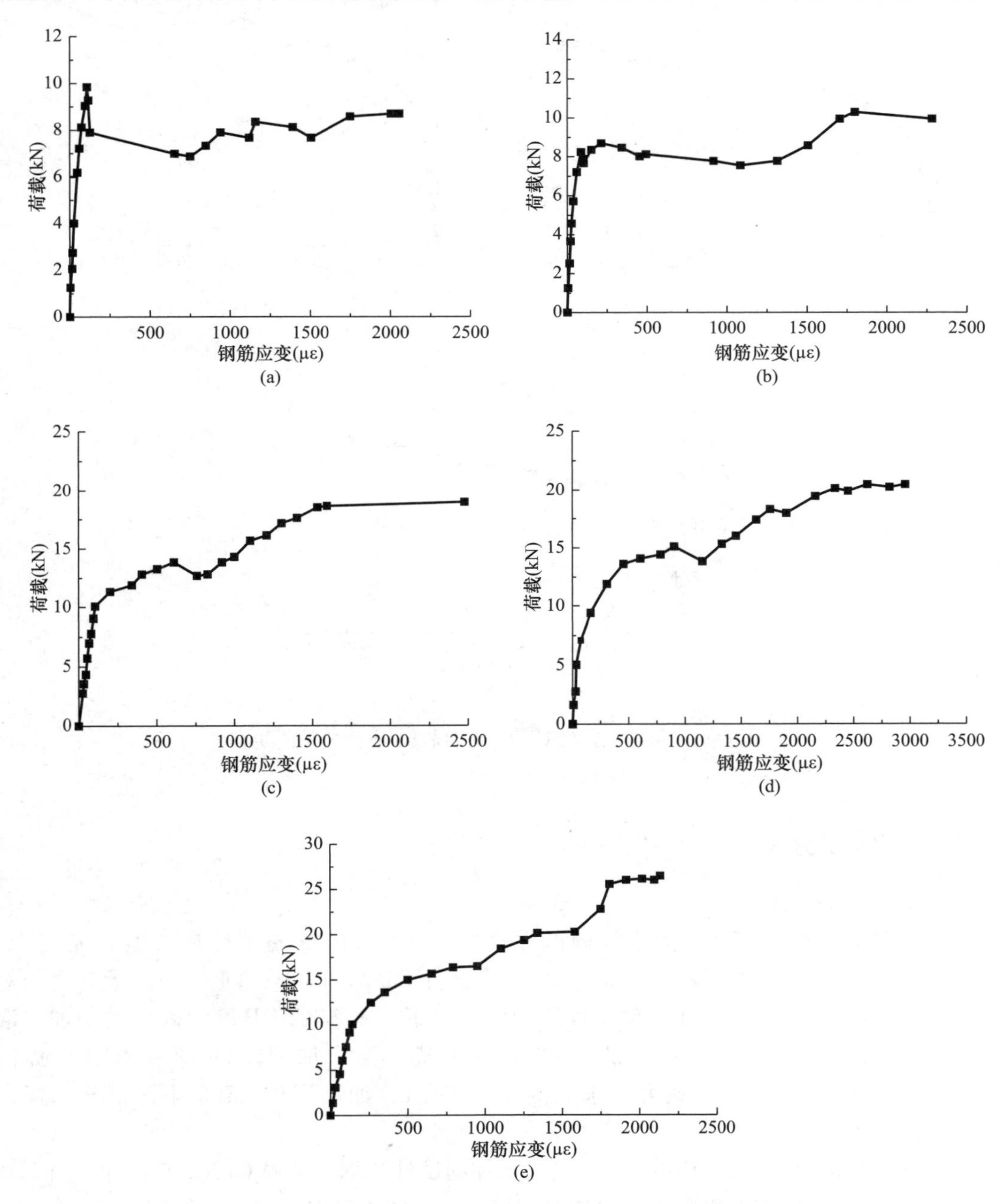

图 5-10　跨中位置处受力钢筋的荷载-应变关系曲线

（a）DB-1；（b）DB-2；（c）DB-3；（d）DB-4；（e）DB-5

（2）CFRP 筋应变曲线

图 5-11 为跨中位置处 CFRP 筋的荷载-应变关系曲线。从图中可以看出，加固试件开裂前 CFRP 筋的应变较小，且随着荷载线性增长；开裂之后，CFRP 筋应变增长迅速，其与钢筋一起承担拉力作用；荷载持续增长，CFRP 筋应变亦持续增长。

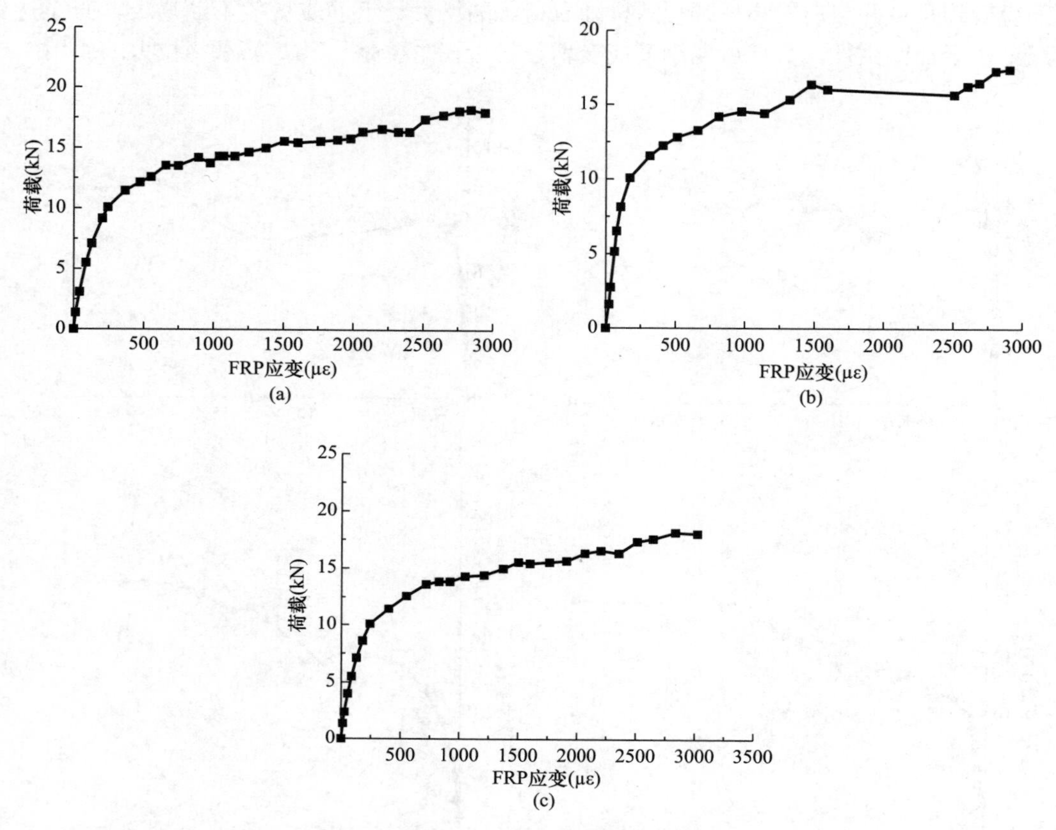

图 5-11　跨中位置处 CFRP 筋的荷载-应变关系曲线

（a）DB-3；（b）DB-4；（c）DB-5

5.4.4　影响参数分析

（1）CFRP 筋加固量

试件 DB-1、DB-3、DB-4 为未加固试件、加固 2 根 CFRP 筋试件和加固 3 根 CFRP 筋试件，配筋率均为 0.227％。图 5-12（a）为试件 DB-1、DB-3、DB-4 极限承载力的对比情况。从图中可以看出，在其他条件相同的情况下，随着 CFRP 筋加固量的增加，混凝土单向板的承载力逐渐提高。试件 DB-3 的承载力与未加固试件 DB-1 相比，提高 217.5％，而试件 DB-4 的承载力与未加固试件 DB-1、加固试件 DB-3 相比，分别提高 395.4％和 56％。

试件 DB-2 和 DB-5 为配筋率为 0.3％的未加固试件和加固 2 根 CFRP 筋试件。图 5-12（b）为试件 DB-2 和 DB-5 极限承载力的对比情况。从图中可以看出，加固试件 DB-5 与未加固试件 DB-2 相比承载力提高了 188.7％。

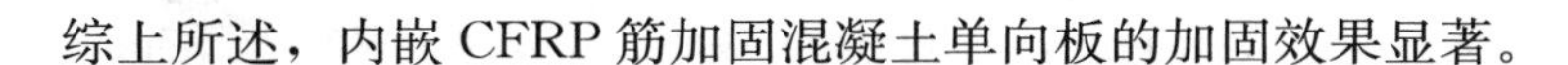
综上所述，内嵌 CFRP 筋加固混凝土单向板的加固效果显著。

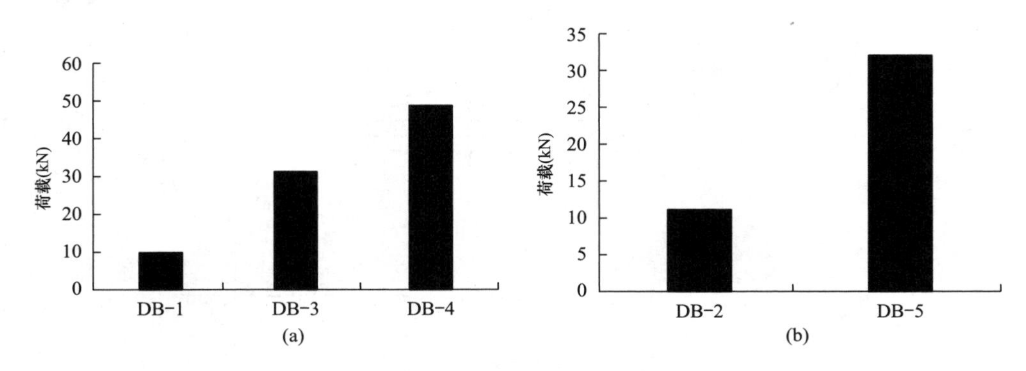

图 5-12　极限荷载的对比

（a）试件 DB-1、DB-3 和 DB-4；（b）试件 DB-2 和 DB-5

（2）板内配筋率

加固试件 DB-3 和 DB-5 为 CFRP 筋加固量相同、板内配筋率不同的两个试件。从表 5-5 和图 5-9（f）中可以看出，当加固量相同时，内嵌 CFRP 筋加固对配筋率较小的试件加固效果更为明显。同时，配筋率为 0.3％的加固试件 DB-5 的开裂荷载与配筋率为 0.227％的加固试件 DB-3 相比提高了 36.4％，极限荷载提高了 2.59％，可见，板的配筋率越大，加固后板的开裂荷载越大，其提高的幅度大于极限荷载提高的幅度。

5.5　有限元模型的建立

5.5.1　单元选取

不同材料选取单元不同，混凝土板与垫块采用 C3D8R 单元（即八节点减缩积分实体单元），此单元类型适用于大部分材料，节省运算时间，有相对较高的运算精度，对划分不同类型网格有益。钢筋和 FRP 筋采用 T3D2 单元类型（即两节点直线桁架单元），其特点是两节点只有平动自由度，在平面或空间中不考虑弯矩或竖向荷载作用，只考虑轴向力作用，适用于承受拉伸或压缩的线状部件。

5.5.2　几何模型建立与装配

建模过程采用点动成线、线动成面、面动成体的方法，根据模型尺寸在平面上建立各个关键点，连接各个点画出混凝土板的边界线形成拉伸的基础面，按混凝土板厚度将其进行拉伸得到实体模型，再画出钢筋、FRP 筋的位置线得到二维金属线性模型，装配钢筋形成钢筋网片，同样的方法得到垫块模型。混凝土对比板由混凝土板、钢筋网片、垫块三部分组成。钢筋网与混凝土板之间采用 embedded 嵌入连接，垫块与混凝土板用 tie 表面粘接。内嵌 FRP 筋加固混凝土板由混凝土板、钢筋网片、FRP 筋、垫块组装而成。FRP 筋采用 embedded 嵌入混凝土板内。各部分建模如图 5-13 所示。

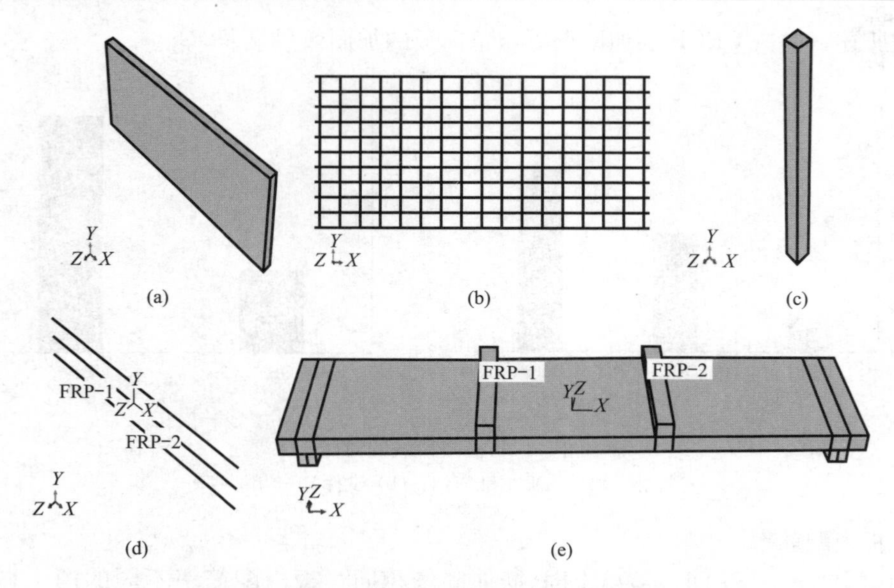

图 5-13　内嵌 FRP 筋加固板建模与装配

（a）混凝土板；（b）钢筋网片；（c）垫块；（d）FRP 筋；（e）装配后模型

5.5.3　设置分析步

分析步模块是有限元模拟过程中不可缺少的部分，通常分为创建分析步、设置输出数据、设置自适应网格和控制分析过程四部分，其中有三个关键概念，分别为 initial increment（初始增量）、minimum increment（最小增量）、maximum increment（最大增量），这些参数对于定义分析步是十分重要的。为确保计算顺利进行，需要调整三者数值大小，在较短时间内计算出相对精确的结果。本节混凝土单向板和加固混凝土单向板的模拟中设置输出数据，运算时间设为 100，总运算步为 1000，初始大小为 0.02，步长最小增量为 1E-5，最大增量为 3。

5.5.4　边界条件与加载方式

试验板采用两边简支、两边自由的支座方式。模拟时对混凝土板两边垫块中线加以约束，垫块中线的约束自由度为 U1、U3、UR2；实际试验中用千斤顶加载相当于一个集中力，模型中用两个等效的集中力代替实际试验的一个集中力，将两个集中力分别与垫块中的一部分耦合以达到接近实际试验加载目的。模拟混凝土板的边界条件与加载方式如图 5-14 所示。

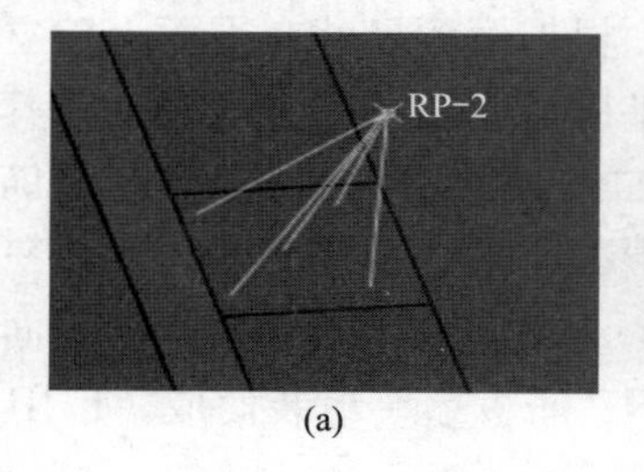

(a)

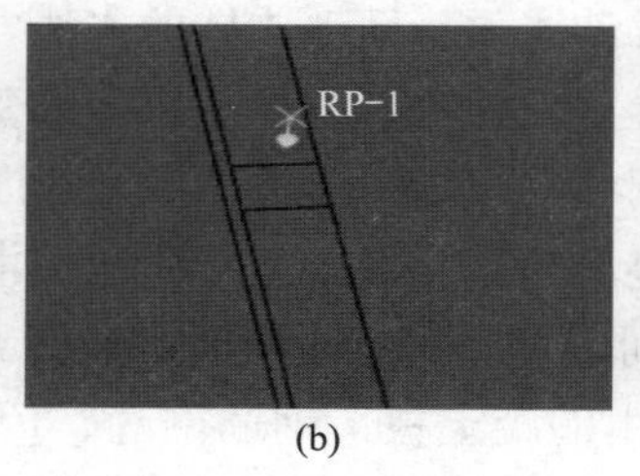

(b)

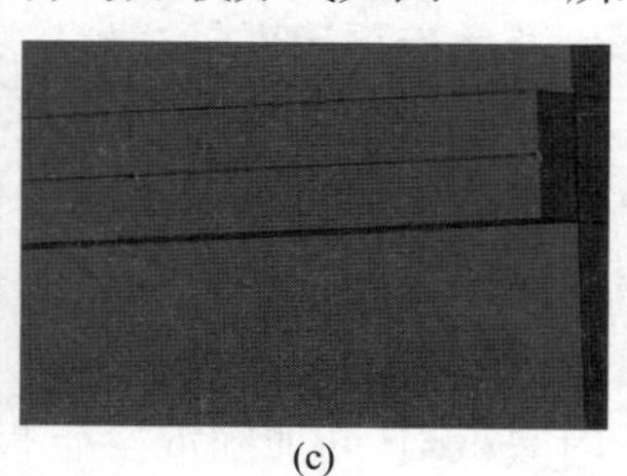

(c)

图 5-14　边界条件与加载方式

（a）加载点耦合；（b）力加载；（c）支座约束

5.5.5　网格划分

网格划分的优劣与计算的精度紧密相关，各部分网格划分应均匀，在划分网格时密度应适当，密度太大往往会使计算结果不精确，密度太小出现应力集中问题，单元越细应力集中越严重，开裂越早，在容易出现应力集中处应避免这一现象发生。网格划分分为几个部分，混凝土板单独划分，钢筋网与 FRP 筋同属桁架单元放在一起划分，混凝土板以 0.09 单位划分网格，钢筋网与 FRP 筋以 0.02 单位划分网格，垫块与支座均采用钢材质，起到传力与支撑的作用，应与混凝土板划分相近的单元网格，故取值为 0.1 个单位。混凝土单向板网格划分如图 5-15 所示。

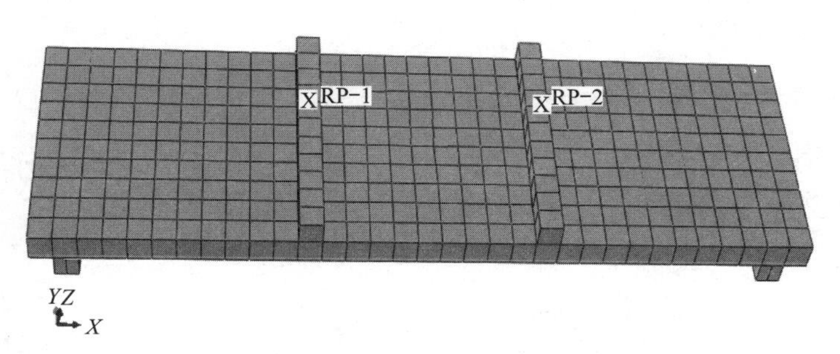

图 5-15　混凝土单向板网格划分

5.6　有限元模型的验证

5.6.1　钢筋混凝土单向板的验证

（1）本试验混凝土单向板的验证

通过完成上述建模过程，对试验未加固板 DB-1 和 DB-2 进行模拟分析，将模拟结果与试验结果进行对比，以证明有限元模型建立的正确性。图 5-16 为未加固板荷载-挠度曲线模拟与试验结果对比。图 5-17 和图 5-18 为试件 DB-1 和 DB-2 荷载-钢筋应变的模拟结果与试验结果对比曲线。表 5-6 为混凝土单向板试验值与模拟值的对比。

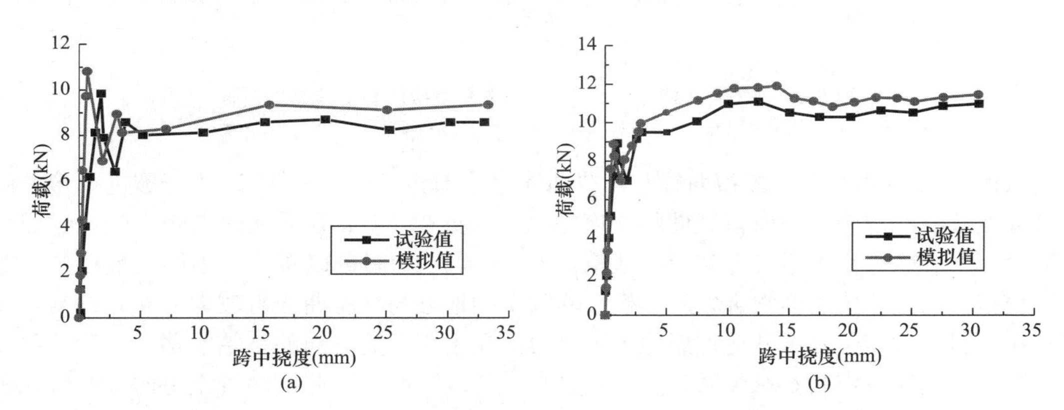

图 5-16　未加固板荷载-挠度曲线模拟与试验结果对比

（a）DB-1；（b）DB-2

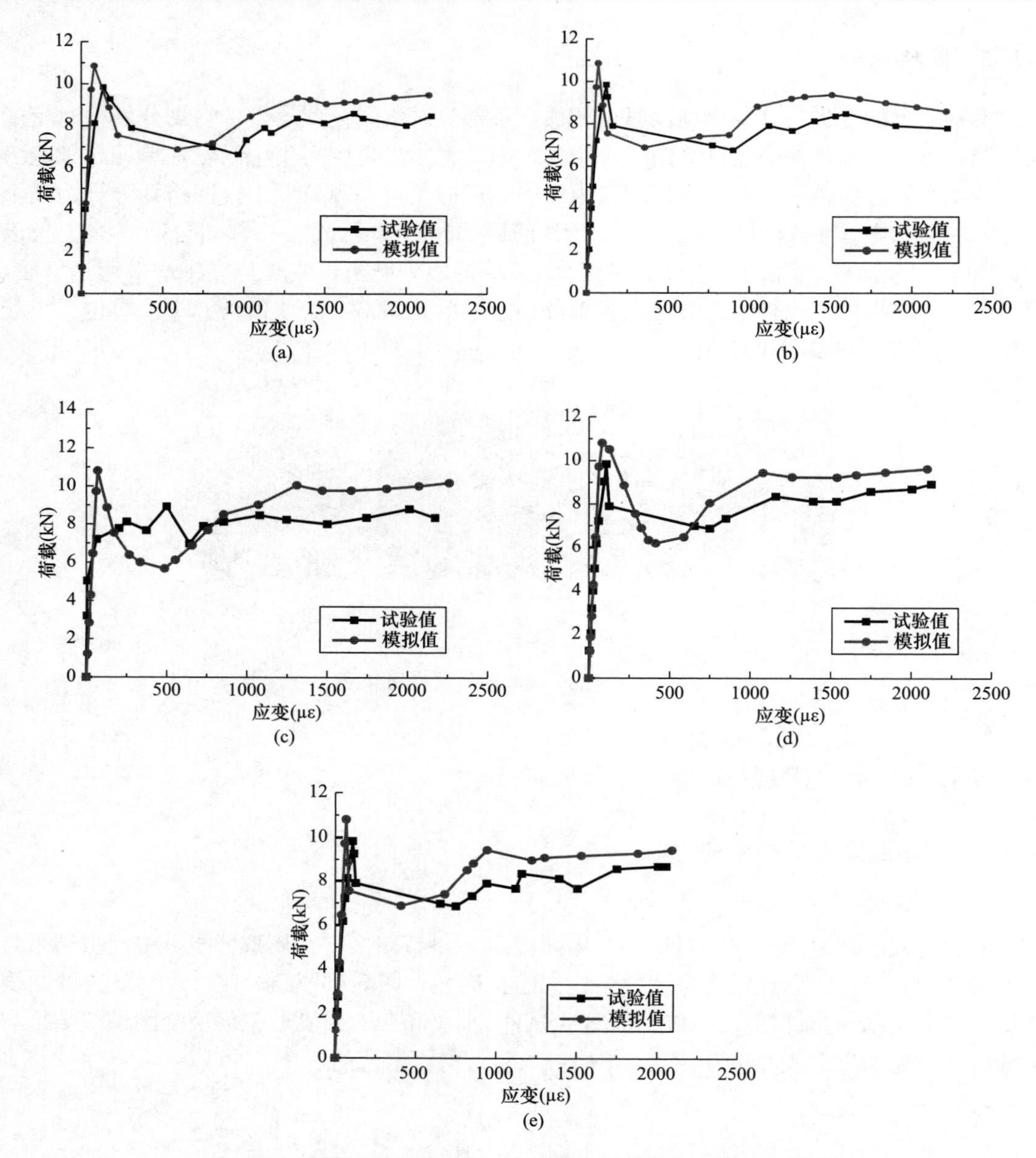

图 5-17　试件 DB-1 钢筋不同位置应变模拟值与试验结果对比

(a) 测点 G1；(b) 测点 G2；(c) 测点 G3；(d) 测点 G5；(e) 测点 G7

从图 5-16 可以看出，模拟曲线与试验曲线总体趋势一致，试件 DB-1 开裂前模拟曲线与试验曲线有一定差距，模拟试件的刚度略大。而试件 DB-2 开裂前两者吻合较好，屈服后阶段，两者吻合程度不如开裂前。从图 5-17 和图 5-18 中可以看出，不同位置处的钢筋应变模拟值与试验值总体吻合较好，模拟曲线个别地方与试验曲线有较大差异，这与建模过程中材料属性、边界条件的理想化、未考虑混凝土与钢筋之间的粘结滑移、应变片位置未能与裂缝相交等因素都有关系，这种差异在允许范围内。故此，混凝土单向板有限元模型建立是正确的。

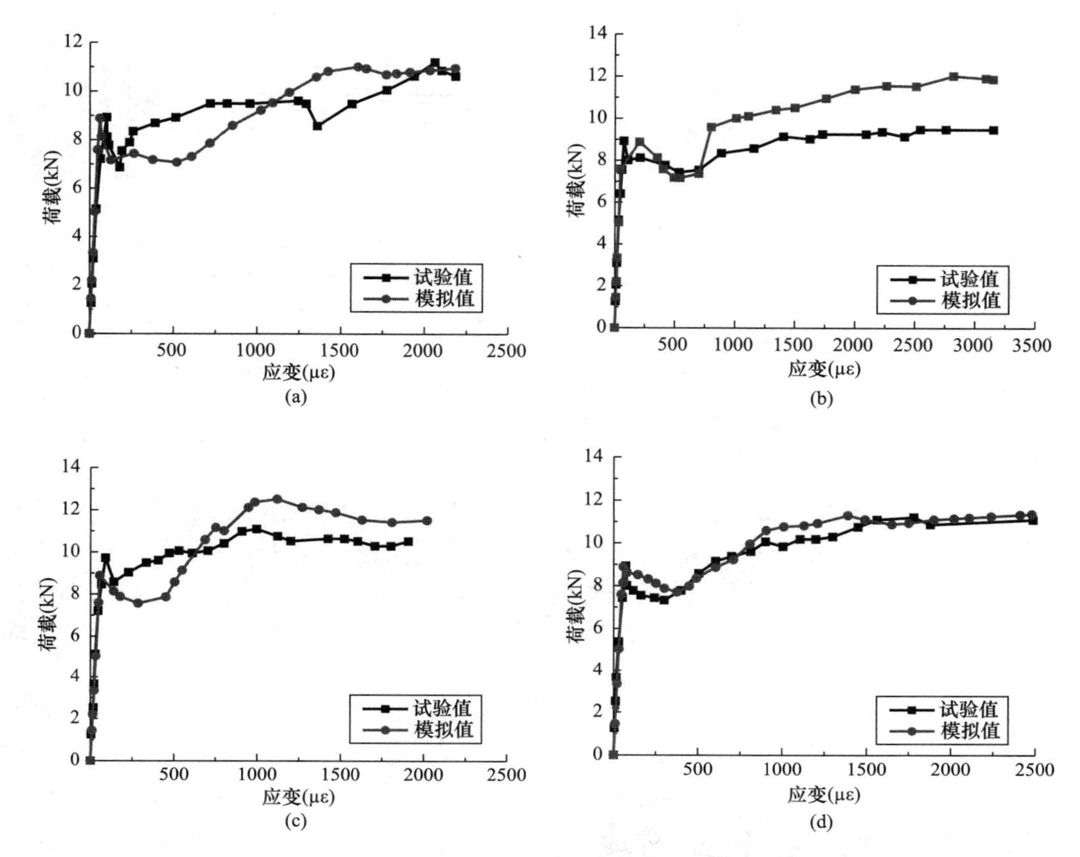

图 5-18　试件 DB-2 钢筋不同位置应变模拟值与试验结果对比

(a) 测点 G1；(b) 测点 G3；(c) 测点 G4；(d) 测点 G5

混凝土单向板试验值与模拟值的对比　　　　**表 5-6**

试件编号	类别	开裂荷载 (kN)	屈服荷载 (kN)	极限荷载 (kN)	破坏荷载 (kN)	开裂位移 (mm)	屈服位移 (mm)	极限荷载对应位移 (mm)	破坏位移 (mm)
DB-1	试验值	9.840	—	9.840	8.580	1.810	—	1.810	33.00
	模拟值	10.810	—	10.840	9.350	0.660		0.660	33.00
	试验值/模拟值	0.910	—	0.910	0.918	2.740	—	2.740	1.000
DB-2	试验值	8.930	9.498	11.100	10.986	0.990	3.00	12.50	30.510
	模拟值	8.880	9.960	11.910	11.460	0.680	2.920	14.00	30.450
	试验值/模拟值	1.006	0.954	0.932	0.959	1.456	1.027	0.893	1.002

(2) 文献中混凝土单向板的验证

选取文献 [1] 试验中的混凝土单向板作为实例进行模型有效性的验证。

单向板跨度为 3.3m，宽度为 1m，其中纵向受力钢筋采用直径为 12mm、间距为 100mm 的 HPB300 级钢筋，横向分布筋采用直径为 10mm、间距为 200mm 的 HPB300 级钢，板的配筋情况如图 5-19 所示。钢筋弹性模量 $E=2.1\times10^5$ MPa，泊松比 $v=0.3$，混凝土采用 C40，弹性模量 $E=3.25\times10^4$ MPa，泊松比 $v=0.2$。

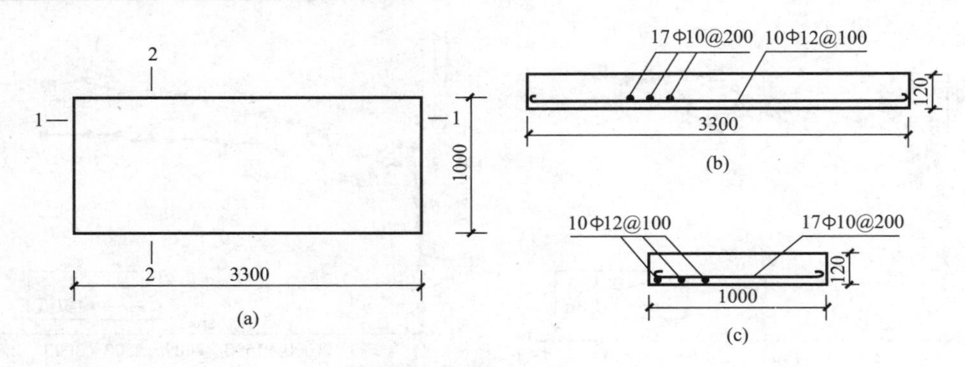

图 5-19　混凝土单向板实例

(a) 平面图；(b) 1-1 剖面图；(c) 2-2 剖面图

1）破坏模式

采用集中力对混凝土板进行加载，图 5-20 为钢筋混凝土板模拟结果与试验结果对比，其中图 5-20（a）为混凝土板位移云图，可以反映混凝土板各位置处的位移变化情况，图 5-20（d）为试验中混凝土板破坏时形态与混凝土开裂情况，试验破坏荷载为 67.3kN，模拟值为 68kN。由模拟与试验结果可看出：破坏发生在跨中附近，两者破坏形态基本吻合。

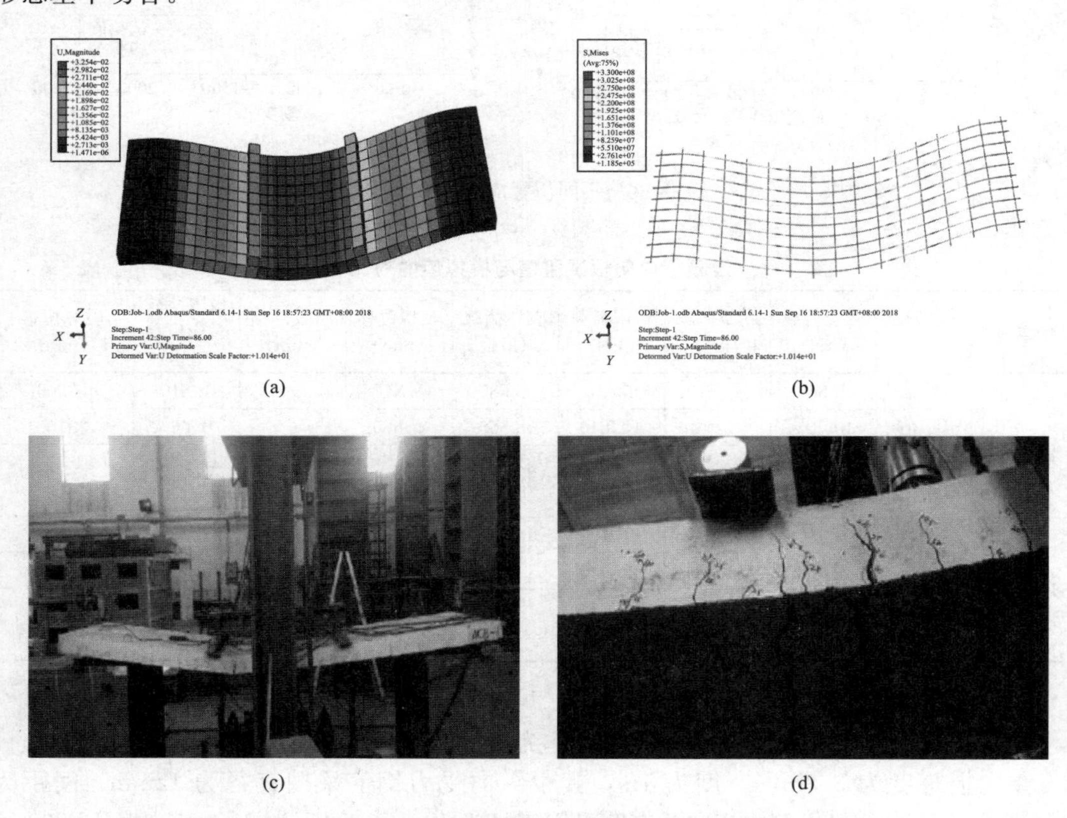

图 5-20　钢筋混凝土板模拟结果与试验结果对比

(a) 混凝土板位移云图；(b) 钢筋应力云图；(c) 混凝土板试件变形；(d) 混凝土板试件破坏

2）荷载-挠度、钢筋应变曲线

图 5-21 为混凝土单向板模拟的荷载-跨中挠度曲线与试验曲线对比。从图中可以看出，模拟曲线与试验曲线整体吻合良好。在屈服点过后，板刚度下降，试验曲线出现平缓段，说明板破坏时延性性能较好，而模拟曲线则未有平缓段，后期两者吻合略差，出现这种情况的原因一方面是在模型建立的过程中未考虑钢筋与混凝土之间的粘结作用，另一方面，模型中混凝土和钢筋的本构关系、边界条件等设置处于理想状态，混凝土开裂后的截面应力状态与试验情况略有差距。表 5-7 中给出了混凝土单向板受力过程中各个特征点的模拟值与试验值对比。从表中可以看出，除了破坏位移外，混凝土单向板的开裂值、屈服值和承载力极限值以及开裂位移值、屈服位移值均与试验值相近，误差在 10%以内。

图 5-22 为混凝土单向板模拟的荷载-跨中钢筋应变曲线与试验曲线对比。从图中可以看出，在混凝土板开裂前，钢筋应变模拟值与试验值吻合良好；进入屈服阶段后，模拟值略大于试验值，但总体对比趋势一致。表 5-8 列出了混凝土单向板受力过程中跨中钢筋应变在各个特征点时模拟值和试验值的对比。从表中可以看出，两者吻合较好，上述验证说明混凝土单向板有限元模型的建立是正确的，有限元模拟结果可以用来分析混凝土单向板的受弯性能。

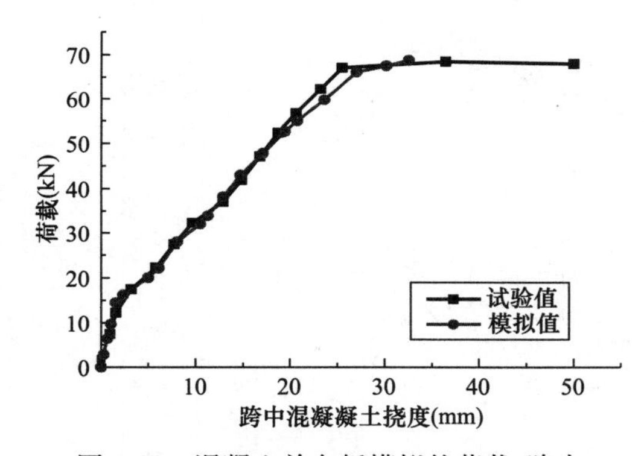

图 5-21　混凝土单向板模拟的荷载-跨中挠度曲线与文献［1］试验曲线对比

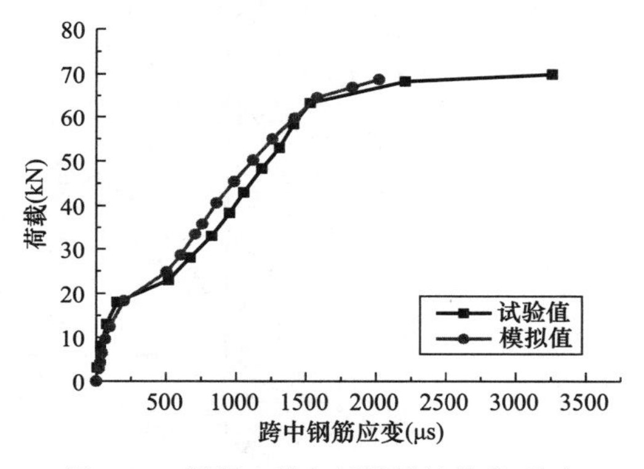

图 5-22　混凝土单向板模拟的荷载-跨中钢筋应变曲线与文献［1］试验曲线对比

混凝土单向板模拟值与文献［1］试验值对比　　表 5-7

混凝土单向板	开裂荷载	屈服荷载	极限荷载	开裂位移	屈服位移	破坏位移
试验值/模拟值	1.03	1.054	0.994	1.05	0.94	1.563

钢筋应变模拟值与文献［1］试验值对比　　表 5-8

混凝土单向板	开裂荷载	屈服荷载	极限荷载	开裂应变	屈服应变	破坏应变
试验值/模拟值	1.03	1.02	0.99	1.03	1.03	1.05

5.6.2　内嵌 FRP 筋加固混凝土板的验证

通过完成上述建模过程，对试验加固板 DB-3、DB-4 和 DB-5 进行模拟分析，将模拟结果与试验结果进行验证，来证明加固板有限元模型建立的正确性。图 5-23 为加固板荷载-挠度曲线模拟与试验结果对比曲线。图 5-24、图 5-25 和图 5-26 分别为加固板 DB-3、

DB-4 和 DB-5 的荷载-钢筋应变的模拟结果与试验结果对比曲线。图 5-27、图 5-28 和图 5-29 分别为加固板 DB-3、DB-4 和 DB-5 的荷载-FRP 应变的模拟结果与试验结果对比曲线。

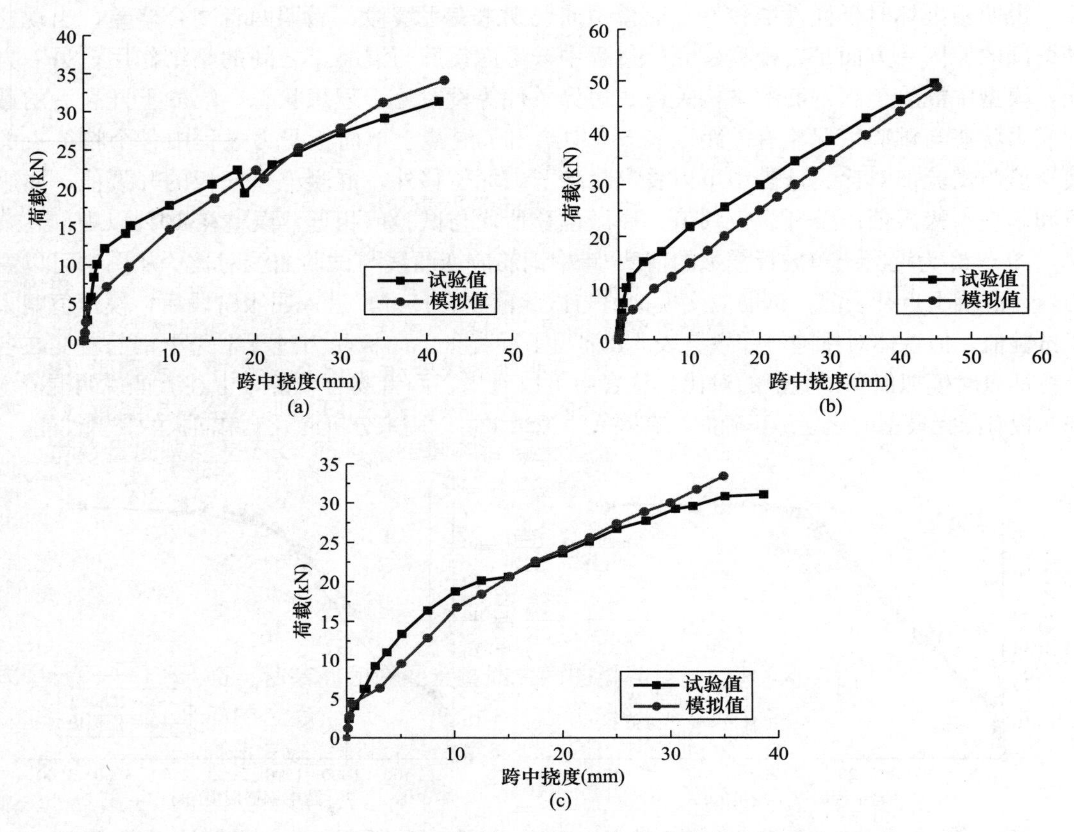

图 5-23 加固板荷载-挠度曲线模拟与试验结果对比曲线

(a) DB-3；(b) DB-4；(c) DB-5

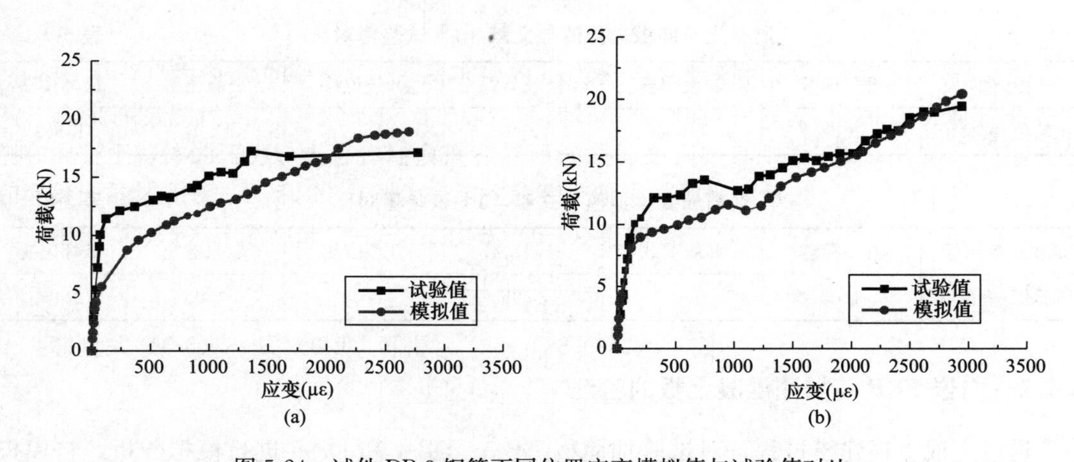

图 5-24 试件 DB-3 钢筋不同位置应变模拟值与试验值对比

(a) 测点 G2；(b) 测点 G3；

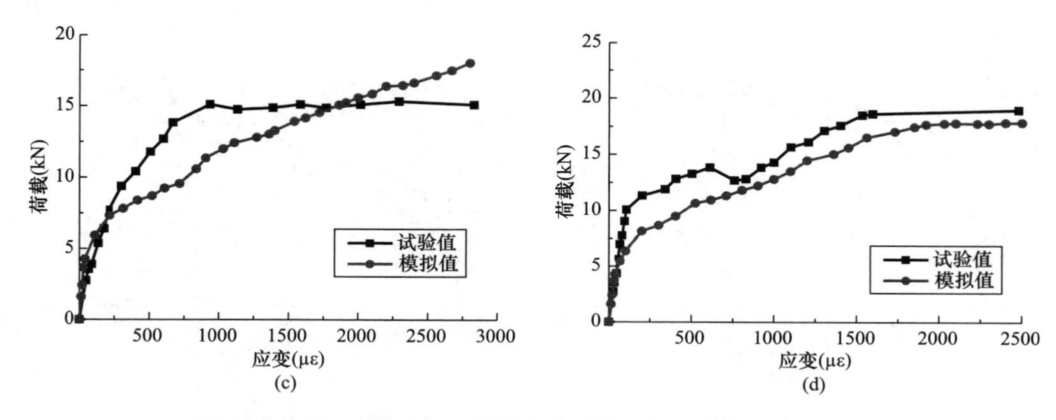

图 5-24　试件 DB-3 钢筋不同位置应变模拟值与试验值对比（续）
（c）测点 G6；（d）测点 G7

从图 5-23～图 5-29 中的对比曲线可以看出，虽然有的区段模拟值与试验值有一定偏差，但两者的发展趋势基本一致，出现一定误差的原因是加固板受力过程中裂缝的开裂和发展使得钢筋应变、FRP 筋应变有了明显的变化，从整体看，模拟曲线基本能够反映加固板在荷载作用下的力学性能。

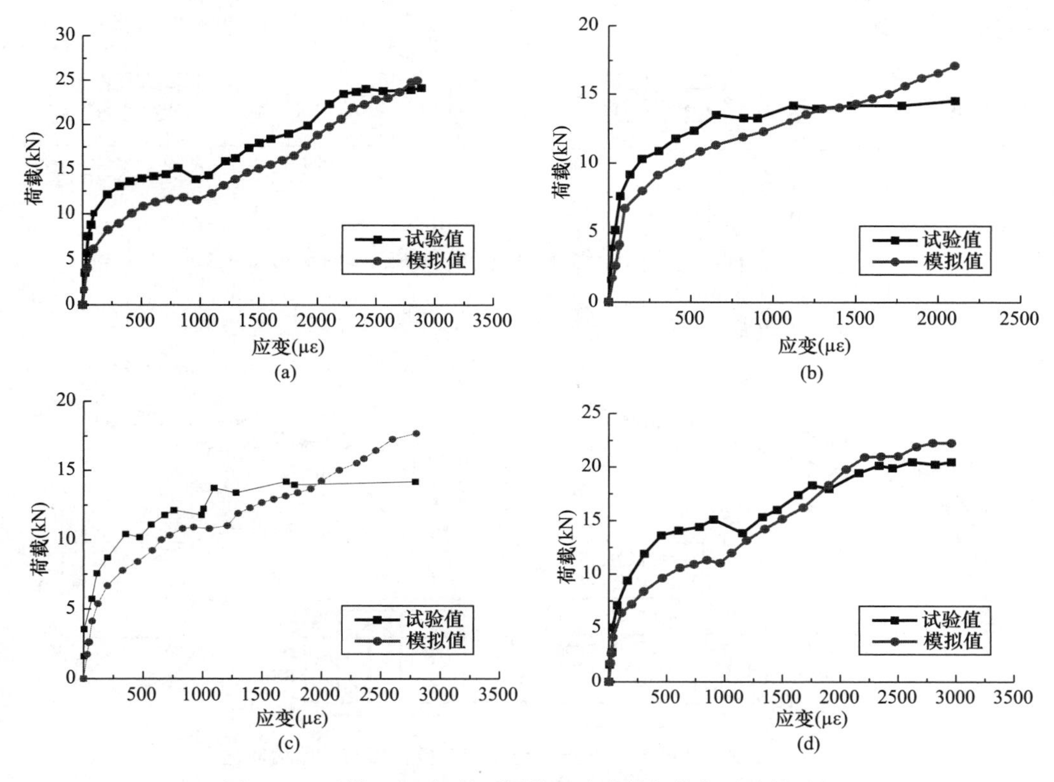

图 5-25　试件 DB-4 钢筋不同位置应变模拟值与试验值对比
（a）测点 G2；（b）测点 G5；（c）测点 G6；（d）测点 G7

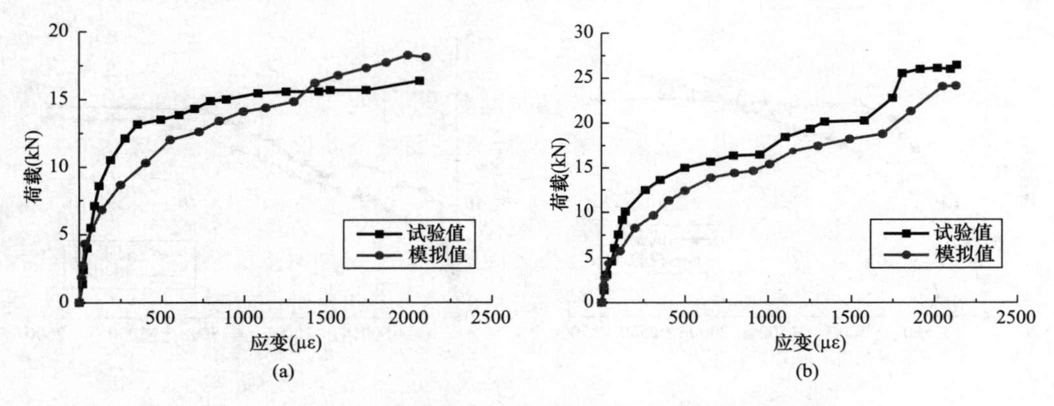

图 5-26　试件 DB-5 钢筋不同位置应变模拟值与试验值对比

(a) 测点 G5；(b) 测点 G6

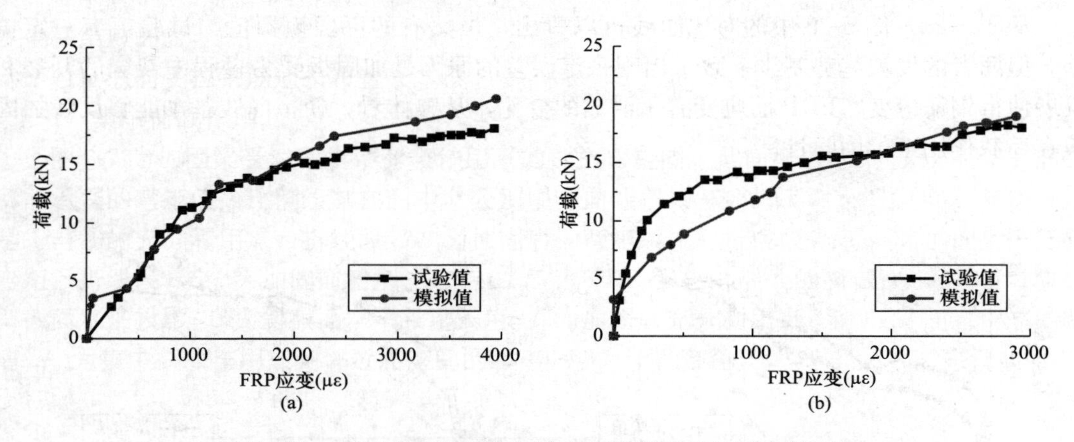

图 5-27　试件 DB-3 FRP 不同位置应变模拟值与试验值对比

(a) 测点 F1；(b) 测点 F2

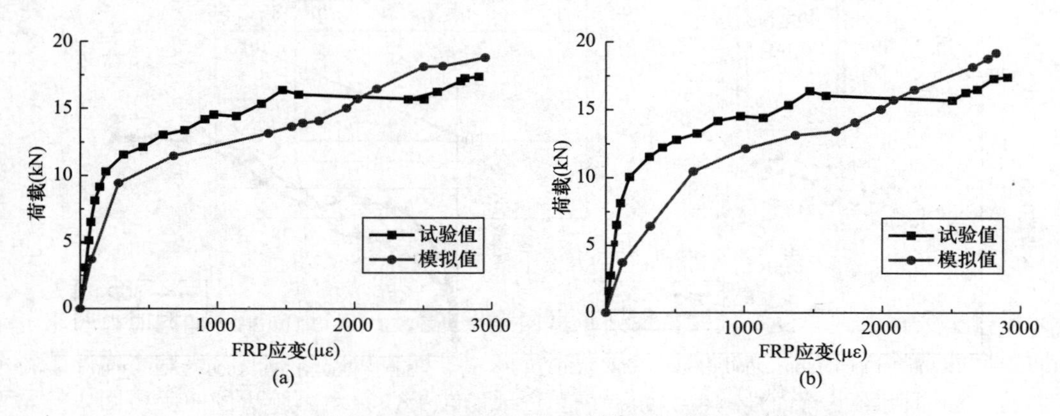

图 5-28　试件 DB-4 FRP 不同位置应变模拟值与试验值对比

(a) 测点 F1；(b) 测点 F4；

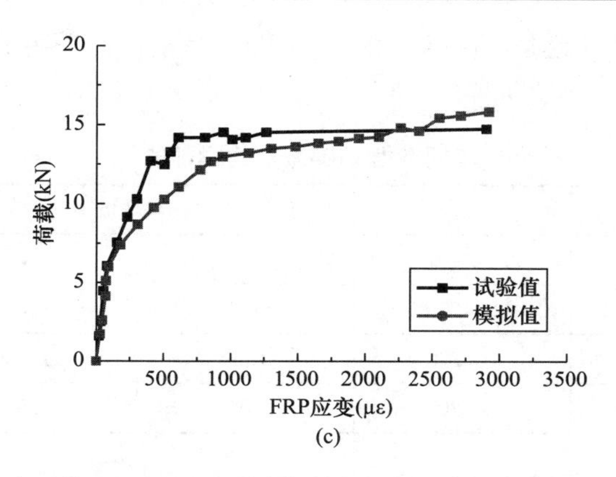

图 5-28　试件 DB-4 FRP 不同位置应变模拟值与试验值对比（续）
（c）测点 F5

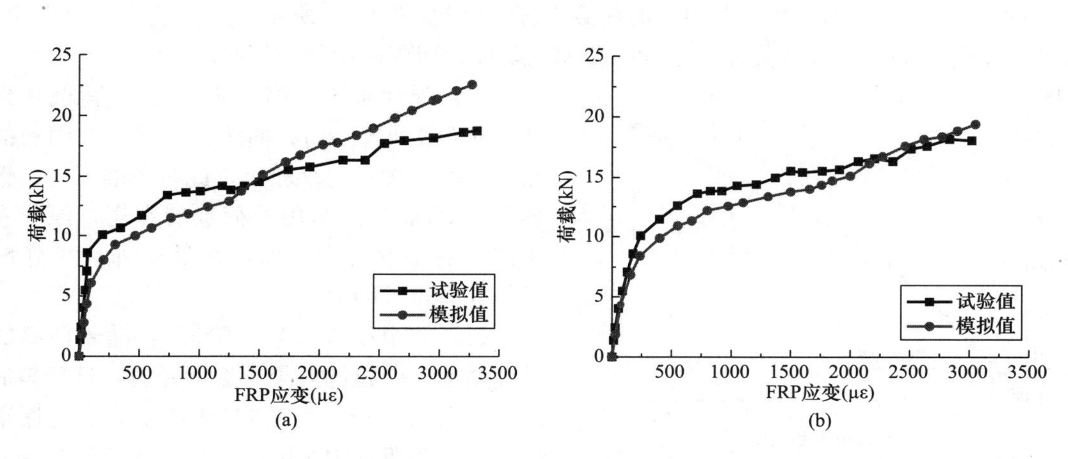

图 5-29　试件 DB-5 FRP 不同位置应变模拟值与试验值对比
（a）测点 F1；（b）测点 F2

5.7　有限元结果分析

5.7.1　模型设计

本节共设计了 15 个内嵌 FRP 筋加固混凝土板模型构件，字母 B 表示未加固构件，而加固构件编号用“字母 S+数字”的形式表示，其中 S 为标准构件，S1、S2、S3 表示不同 FRP 根数的加固混凝土单向板，S4、S5、S6 表示不同 FRP 类型的加固混凝土单向板，S7、S8、S9 表示不同 FRP 直径的加固混凝土单向板，S10、S11、S12 表示不同混凝土强度的加固混凝土板，S13、S14、S15 表示不同钢筋配筋率的加固混凝土单向板。标准构件 S 的跨度为 3.3m，宽度为 1m，其中板内纵向受力钢筋采用直径 10mm、间距 100mm 的Ⅰ级钢（HPB300），横向分布筋采用直径 8mm、间距 200mm 的Ⅰ级钢（HPB300），钢筋弹性模量 $E_s=2.1\times10^5$MPa，泊松比 $v=0.3$，混凝土采用 C30，弹性模量 $E_c=3\times10^4$MPa，泊松比 $v=0.2$，选用 3 根直径为 10mm 的 CFRP 筋加固，其内嵌长度与混凝土板长度相同，间距为 200mm，弹性模量 $E_f=1.4\times10^5$MPa，其余构件采用的不同 FRP 筋的力学性能见表 5-9。

不同类型 FRP 筋的力学性能 **表 5-9**

FRP 种类	弹性模量（GPa）	泊松比	抗拉强度（MPa）	极限延伸率（%）	质量密度（kg/ m³）
AFRP	70	0.34～0.60	1400	2.00	1250～1400
BFRP	50	0.20	700	1.60	1900～2100
CFRP	140	0.27	1800	1.50	1500～1600
GFRP	41	0.20	800	1.95	1900～2100

5.7.2 荷载-挠度曲线

内嵌 FRP 筋加固混凝土单向板的荷载-挠度曲线如图 5-30 所示。从曲线中可以看出，曲线为上升趋势，可以将其分为三段，即弹性阶段、屈服阶段和破坏阶段。

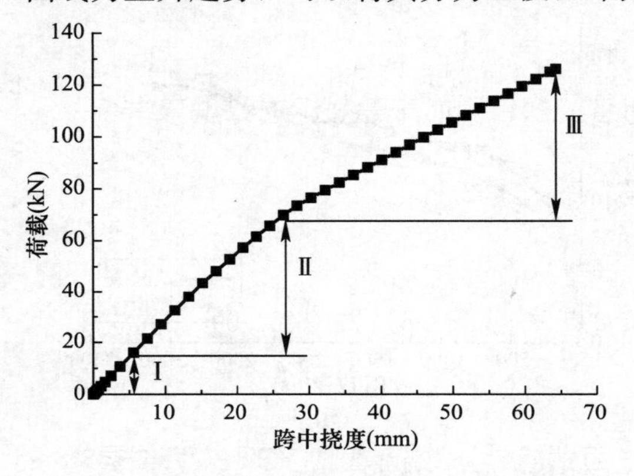

图 5-30 内嵌 FRP 筋加固混凝土单向板的荷载-挠度曲线

（1）弹性阶段（第Ⅰ阶段）：在荷载达到开裂荷载 16kN 之前，曲线为直线，加固板的截面刚度最大，挠度较小，此阶段混凝土、钢筋和 FRP 筋共同承担外荷载的作用，但起主要作用的是混凝土。加固板处于弹性工作阶段，开裂点不明显。

（2）屈服阶段（第Ⅱ阶段）：随着荷载的继续增加，受拉区混凝土逐渐开裂，且开裂的混凝土退出工作，钢筋和 FRP 筋的应力逐渐增大，此阶段加固板的刚度较弹性阶段变化不明显，直至荷载达到 73.4kN，曲线出现拐点，钢筋达到屈服。

（3）破坏阶段（第Ⅲ阶段）：此阶段随着荷载的继续增大，曲线呈上升趋势，加固板截面刚度略有下降，FRP 筋应力增大，且此阶段 FRP 筋发挥了抗拉性能，加固板持续增加的承载力主要由 FRP 筋提供，加固板挠度加大，裂缝加宽、加长，直至 FRP 筋被拉断或混凝土裂缝开展到已不能承受外荷载作用。

5.7.3 参数分析

影响内嵌 FRP 加固混凝土单向板的主要因素有两类：一是加固板自身材料性能；二是外界施加条件。此模拟是研究内嵌 FRP 混凝土单向板的弯曲性能，主要以加固板自身材料的变化为主，故此参数分析考虑的主要参数有：FRP 筋加固量、FRP 直径、FRP 类型、混凝土强度及钢筋配筋率。极限承载力取值是挠度为净跨 1/50 对应的荷载值。

（1）FRP 筋根数

在其他条件相同的情况下，选取 CFRP 筋加固根数为 2～5，FRP 筋根数影响的构件模型参数及其模拟结果见表 5-10 和图 5-31。

FRP 筋根数影响的构件模型参数与模拟结果　　表 5-10

构件编号	FRP 筋根数（个）	FRP 类型	FRP 直径（mm）	混凝土强度等级	钢筋配筋率（%）	极限承载力（kN）
B	—	—	—	C30	0.654	74
S	3	CFRP	10	C30	0.654	120
S1	2	CFRP	10	C30	0.654	105
S2	4	CFRP	10	C30	0.654	136
S3	5	CFRP	10	C30	0.654	150

从图 5-31（a）荷载-挠度曲线可以看出，当跨中挠度为 10mm 左右时，加固板与未加固板相比，荷载值有很小的差异，此段荷载-挠度关系趋近于直线，加固板和未加固板均处于弹性阶段；随着荷载的增大，构件曲线斜率差异逐渐增大；当跨中挠度为 25mm 时，随着 FRP 筋根数的增大，其相应的荷载值提高；当跨中挠度为 60mm（跨度 1/50）时，认为单向板达到极限承载力，内嵌 2 根、3 根、4 根、5 根 FRP 筋的加固板其极限承载力与未加固板相比分别提高了 42%、62%、84%和 102%，承载力提高幅度与嵌入 FRP 根数近似成正比，如图 5-31（b）所示。由此可见，FRP 筋加固根数对加固板承载力有较大影响，由于 FRP 筋间距对承载力影响较小，在确定 FRP 筋加固量时，可根据实际工程情况调整 FRP 筋根数与间距以满足实际工程需要。

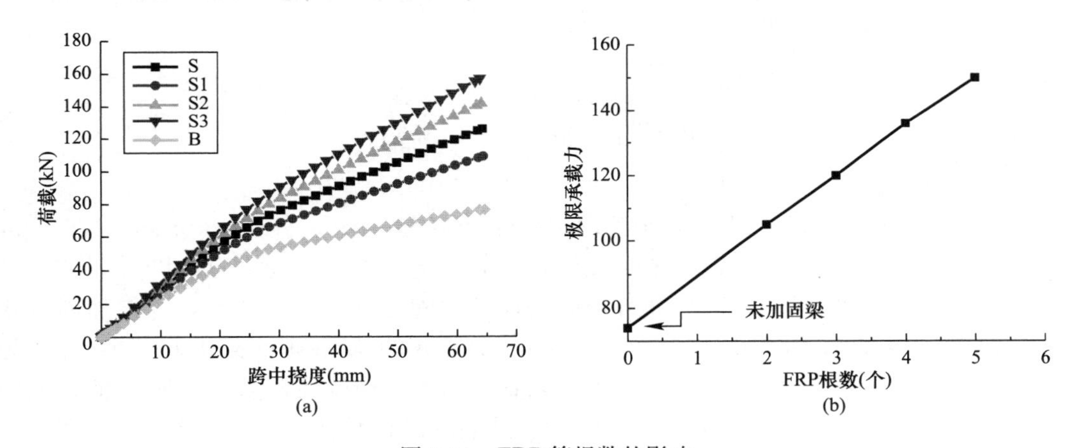

图 5-31　FRP 筋根数的影响
（a）荷载-位移曲线；（b）承载力提高幅度

（2）FRP 筋类型

在其他条件相同的情况下，选取 FRP 筋类型为：AFRP、BFRP、CFRP 和 GFRP，FRP 筋类型影响的构件模型参数及其模拟结果见表 5-11 和图 5-32。

FRP 筋类型影响的构件模型参数及其模拟结果　　表 5-11

构件编号	FRP 根数（个）	FRP 类型	FRP 直径（mm）	混凝土强度等级	钢筋配筋率（%）	极限承载力（kN）
B	—	—	—	C30	0.654	74
S	3	CFRP	10	C30	0.654	120
S4	3	AFRP	10	C30	0.654	97
S5	3	BFRP	10	C30	0.654	90
S6	3	GFRP	10	C30	0.654	86

从表 5-11 和图 5-32 中可以看出，由于不同种类 FRP 筋力学性能不同，其加固效果也不尽相同。内嵌 CFRP 筋的加固板其极限承载力最高，与内嵌 AFRP 筋、BFRP 筋和 GFRP 筋的加固板相比，承载力分别提高了 23.7%、33.3%和 39.5%。与未加固板相比，内嵌 CFRP 筋、AFRP 筋、BFRP 筋和 GFRP 筋的加固板极限承载力分别提高了 62.2%、31.3%、21.6%和 16.2%。另外，因 BFRP 筋和 GFRP 筋的弹性模量和极限抗拉强度相接近，其对加固板受力性能的影响较小，而 CFRP 筋弹性模量与混凝土相接近，且极限抗拉强度较高，故其加固效果最好。

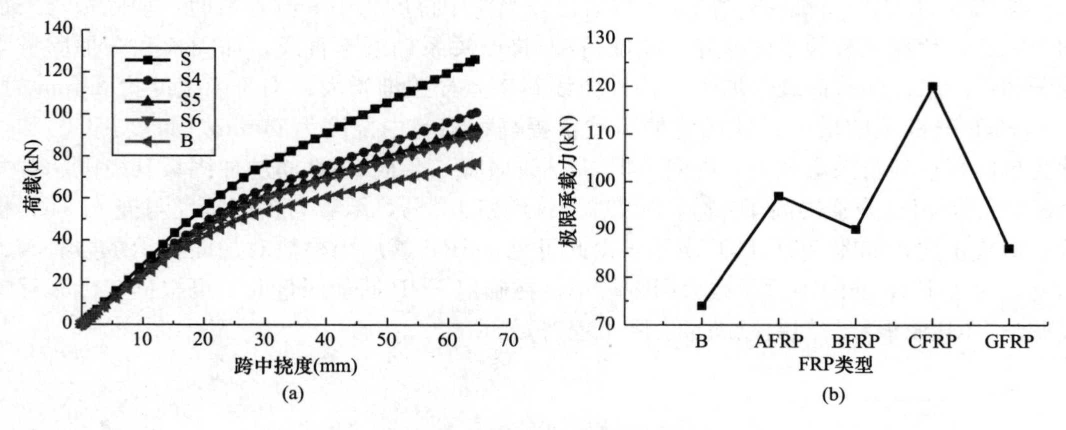

图 5-32　不同嵌入 FRP 筋类型的影响

(a) 荷载-位移曲线；(b) 承载力提高幅度

(3) FRP 筋直径

在其他条件相同的情况下，选取 CFRP 筋的直径为 6mm、8mm、10mm、12mm 进行参数分析，FRP 筋直径影响的构件模型参数及模拟结果见表 5-12 和图 5-33。从表 5-12 可以看出，随着加固 FRP 筋直径的增加，加固板的承载力提高，与未加固板相比，加固 FRP 筋直径为 6mm、8mm、10mm、12mm 的构件其承载力提高度分别为 22%、41%、62%和 91%。从图 5-33 中可以看出，加固构件屈服阶段其刚度随着加固 FRP 筋直径的增大略有提高，而在破坏阶段，其刚度提高明显，但构件延性性能有所降低，故此，在选择 FRP 筋进行加固时，一方面要考虑承载力的提高幅度、加固后构件的延性性能，另一方面由于混凝土板保护层厚度较小，一般为 15mm 或 20mm，在实际加固施工中，还要考虑开槽内要有足够的结构胶，才能保证加固效果，故此，建议加固 FRP 筋直径取 8mm、10mm 为宜。

FRP 筋直径影响的构件模型参数及模拟结果　　**表 5-12**

构件编号	FRP 根数（个）	FRP 类型	FRP 直径（mm）	混凝土强度等级	钢筋配筋率（%）	极限承载力（kN）
B	—	—	—	C30	0.654	74
S	3	CFRP	10	C30	0.654	120
S7	3	CFRP	6	C30	0.654	90
S8	3	CFRP	8	C30	0.654	104
S9	3	CFRP	12	C30	0.654	141

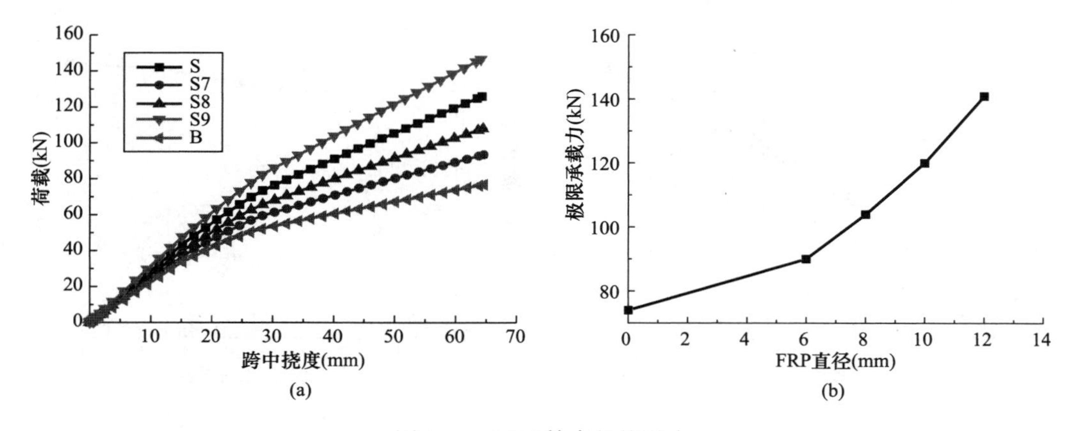

图 5-33　FRP 筋直径的影响

(a) 荷载-位移曲线；(b) 承载力提高幅度

(4) 混凝土强度

在其他条件相同的情况下，选取板混凝土强度等级为 C20、C30、C35、C40 进行参数分析，混凝土强度影响的构件模型参数及模拟结果见表 5-13 和图 5-34。

由表 5-13 和图 5-34 可以看出，对于内嵌 FRP 筋加固混凝土板来说，混凝土强度的改变对其抗弯受力性能影响较小，这是因为混凝土板厚较小，受力过程中随着荷载的增大，受拉区混凝土逐渐达到其极限抗拉强度，继而退出工作，而板的中和轴不断上升，受拉区混凝土高度不断增大，受压区混凝土高度却不断减小，受力后期，加固板的承载力主要由钢筋和内嵌的 FRP 筋起主要作用，混凝土承担的受压作用不显著，故此，混凝土强度对加固板受弯性能的影响不明显。

混凝土强度影响的模型参数与模拟结果　　　　表 5-13

试件编号	FRP 根数（个）	FRP 类型	FRP 直径（mm）	混凝土强度等级	钢筋配筋率（%）	极限承载力（kN）
B	—	—	—	C30	0.654	74
S	3	CFRP	10	C30	0.654	120
S10	3	CFRP	10	C20	0.654	118
S11	3	CFRP	10	C35	0.654	123
S12	3	CFRP	10	C40	0.654	124

(5) 板内钢筋配筋率

在其他条件相同的情况下，选取板内钢筋配筋率为 0.419%、0.523%、0.654%、0.943%进行参数分析，板内钢筋配筋率影响的构件模型参数及模拟结果见表 5-14 和图 5-35。

由表 5-14 和图 5-35 可以看出，与未加固混凝土板相比，不同配筋率的混凝土加固板承载力提高幅度分别为 42%、53%、62%和 90%，且对加固板屈服阶段和破坏阶段均有较大影响。随着配筋率的增大，各构件屈服阶段刚度逐渐增大，屈服强度提高；各构件破坏阶段的刚度几乎未有变化，但极限承载力提高显著。另外，改变板内钢筋配筋率的方法有两种，一种是板内钢筋间距不变，而改变钢筋直径，另一种是钢筋直径不变，在满足钢筋间距的要求下改变钢筋间距。配筋率为 0.419%、0.654%、0.943%的混凝土加固板

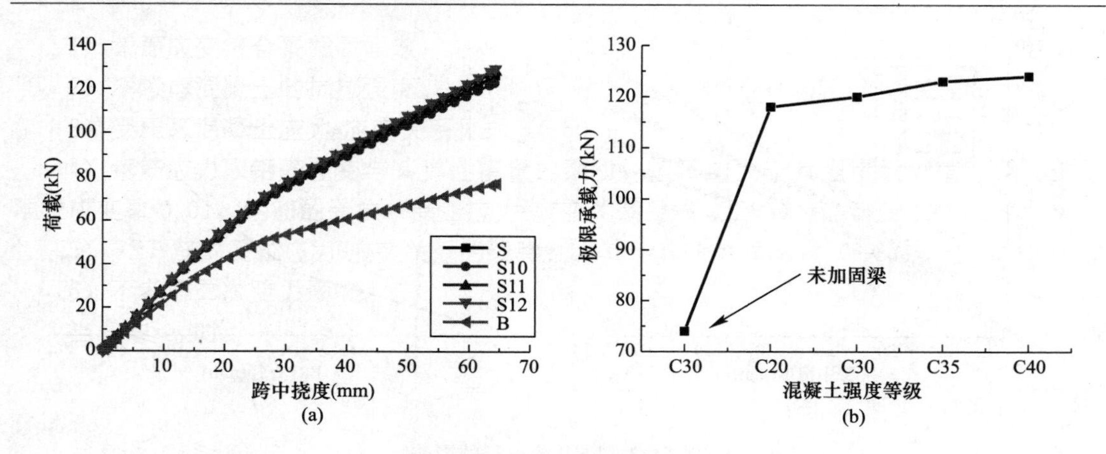

图 5-34 混凝土强度的影响

(a) 荷载-位移曲线；(b) 承载力提高幅度

S13、S 和 S15 采用的是第一种方法，而配筋率为 0.523%混凝土加固板 S14 采用的是第二种方法，从图 5-35 (b) 可以看出，对于配筋率增量基本相同的构件 S13、S14 和 S，其承载力的提高程度近似呈正比关系，这说明在满足构造要求的前提下，改变钢筋直径或间距均能提高构件的受弯承载力。

板内钢筋配筋率影响的模型参数与模拟结果 **表 5-14**

试件编号	FRP 根数（个）	FRP 类型	FRP 直径（mm）	混凝土强度等级	钢筋配筋率（%）	极限承载力（kN）
B	—	—	—	C30	0.654	74
S	3	CFRP	10	C30	0.654	120
S13	3	CFRP	10	C30	0.419	105
S14	3	CFRP	10	C30	0.523	113
S15	3	CFRP	10	C30	0.943	140

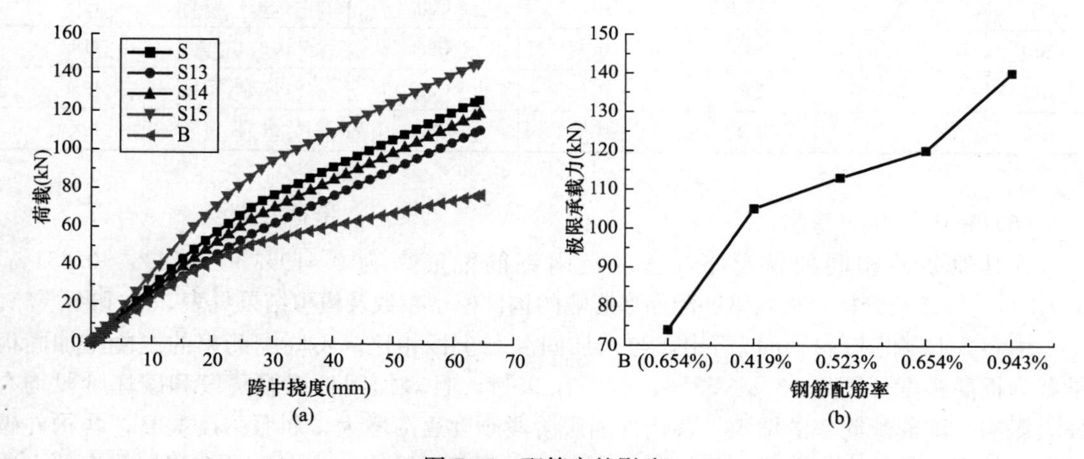

图 5-35 配筋率的影响

(a) 荷载-位移曲线；(b) 承载力提高幅度

5.8　本章小结

本章进行了内嵌 FRP 筋加固混凝土单向板的弯曲性能试验，研究加固板的受力过程和破坏模式，加固板荷载-挠度曲线、荷载-应变曲线、承载力及不同参数对加固混凝土单向板弯曲性能的影响；采用 ABAQUS 有限元软件建立加固单向板的数值模型，在验证数值模拟结果正确的基础上，进一步对加固单向板的受弯性能进行了影响参数分析，得到如下主要结论。

（1）内嵌 CFRP 筋加固混凝土板的破坏模式为：结构胶及混凝土保护层局部剥离，受压区混凝土压碎，试件达到极限荷载。与未加固板对比，加固板纯弯段裂缝多为细小裂缝，裂缝宽度较小，这说明内嵌 FRP 筋能延缓裂缝开展。

（2）加固试件的开裂荷载、屈服荷载和极限荷载均比未加固试件有所提高，即开裂荷载提高的幅度为 2.34％～53.86％，屈服荷载提高的幅度为 116.89％～214.50％，极限荷载提高的幅度为 181.4％～467.9％，由此可见，内嵌 CFRP 筋加固混凝土板对其极限荷载的提高幅度最大。

（3）开裂前阶段，加固试件的刚度略大于未加固试件；破坏阶段，加固试件的刚度明显大于未加固试件，且加固试件各阶段荷载值明显高于未加固试件。后期，加固试件承载力的提高主要是由于 CFRP 筋承担大部分拉力的结果。

（4）板内钢筋的应变在试件开裂后发展较为迅速，直至钢筋达到屈服；荷载后期钢筋应变增长较缓，主要是 CFRP 筋承担拉力的作用。而 CFRP 筋应变在钢筋达到屈服后迅速增长直至试件破坏。

（5）在其他条件相同的情况下，随着 CFRP 筋加固量的增加，混凝土单向板的承载力逐渐提高。内嵌 CFRP 筋加固混凝土单向板的加固效果显著。当加固量相同时，内嵌 CFRP 筋加固对配筋率较小的试件加固效果更为明显；板的配筋率越大，加固后板的开裂荷载越大，其提高的幅度高于极限荷载提高的幅度。

（6）内嵌 CFRP 筋的加固板其极限承载力比内嵌 AFRP 筋、BFRP 筋和 GFRP 筋的加固板极限承载力分别提高了 23.7％、33.3％和 39.5％，其加固效果最好；内嵌 GFRP 筋的加固板极限承载力最低。

（7）随着加固 FRP 筋直径的增加，加固板的承载力提高，与未加固板相比，加固 FRP 筋直径为 6mm、8mm、10mm、12mm 的构件其承载力提高的幅度分别为 22％、41％、62％和 91％。加固构件屈服阶段其刚度随着加固 FRP 筋直径的增大略有提高，而在破坏阶段，其刚度提高明显，但构件延性性能有所降低。

（8）混凝土强度对内嵌 FRP 筋加固混凝土单向板的受弯性能几乎没有影响。

（9）随着配筋率的增大，加固板受力屈服阶段的刚度逐渐增大，且屈服强度提高，破坏阶段的刚度几乎未有变化，但极限承载力提高显著。

本章参考文献

李鹏飞．高温下再生混凝土单向板试验研究［D］．北京：北京建筑大学，2017．

第6章 内嵌 FRP 筋加固混凝土梁的受力性能理论分析

6.1 引言

本章在前述试验研究和有限元分析的基础上，建立内嵌 FRP 筋加固混凝土粘结-滑移本构关系和 FRP 筋最小锚固长度，提出加固梁受弯承载力、受剪承载力计算方法，并给出构造措施，形成加固梁受力分析方法和设计方法。

6.2 内嵌 FRP 筋与混凝土粘结滑移性能理论分析

6.2.1 内嵌 FRP 筋与混凝土粘结-滑移本构关系

根据内嵌 FRP 筋加固混凝土拉拔试件的受力过程和粘结-滑移关系曲线，可以分段建立粘结-滑移本构关系模型。考虑到 BFRP 筋试件和 GFRP 筋试件的破坏模式和受力形式的不同，本节将分别建立 BFRP 筋试件和 GFRP 筋试件的粘结-滑移本构关系模型。

(1) BFRP 筋试件的粘结-滑移本构关系模型

图 6-1 所示为 BFRP 筋试件 τ-s 本构关系曲线，曲线上有两个特征点，分别为峰值点 A（s_u,τ_u）和进入残余应力阶段的拐点 B（s_r,τ_r），根据曲线的特征点，可将曲线分为 3 段进行分析。

1) OA 段，二次曲线描述

此段为曲线的上升段，其数学表达式为：

$$\frac{\tau}{\tau_u}=A_1\frac{s}{s_u}+A_2\left(\frac{s}{s_u}\right)^2 \qquad (0\leqslant s<s_u) \tag{6-1a}$$

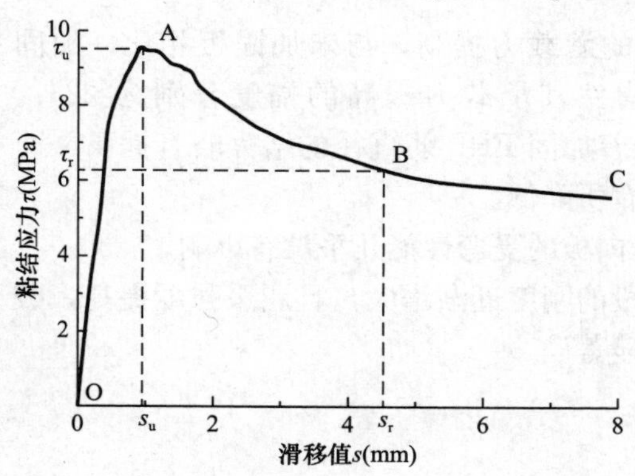

图 6-1 BFRP 筋试件 τ-s 本构关系曲线

由于曲线的上升段经过（0，0）和极值点（s_u，τ_u），故式（6-1a）中的 A_1 和 A_2 分别取 2 和 −1。

2) AB 段，斜直线描述

此段为曲线的下降段，通过对试验曲线进行观察发现，BFRP 筋试件的 τ-s 曲线在下降段可近似为一条斜直线，其数学表达式为：

$$\frac{\tau}{\tau_u}=B_1\frac{s}{s_u}+B_2 \qquad (s_u\leqslant s<s_r) \tag{6-1b}$$

曲线的下降段通过点（s_u，τ_u）和点

（s_r，τ_r），且经过对试件曲线进行数据分析发现，s_r 近似为 4 倍的 s_u，而 τ_r 近似为 0.7 倍的 τ_u，故式（6-1b）中的 B_1 和 B_2 分别取为－0.1 和 1.1。

3）BC 段，直线描述

此段为试件的残余应力阶段，因其残余粘结应力 τ_r 与滑移无关，故简化为一直线，其数学表达式为：

$$\tau = \tau_r \tag{6-1c}$$

图 6-2 所示为 BFRP 筋试件拟合曲线和试验曲线对比，其中拟合曲线的特征强度和特

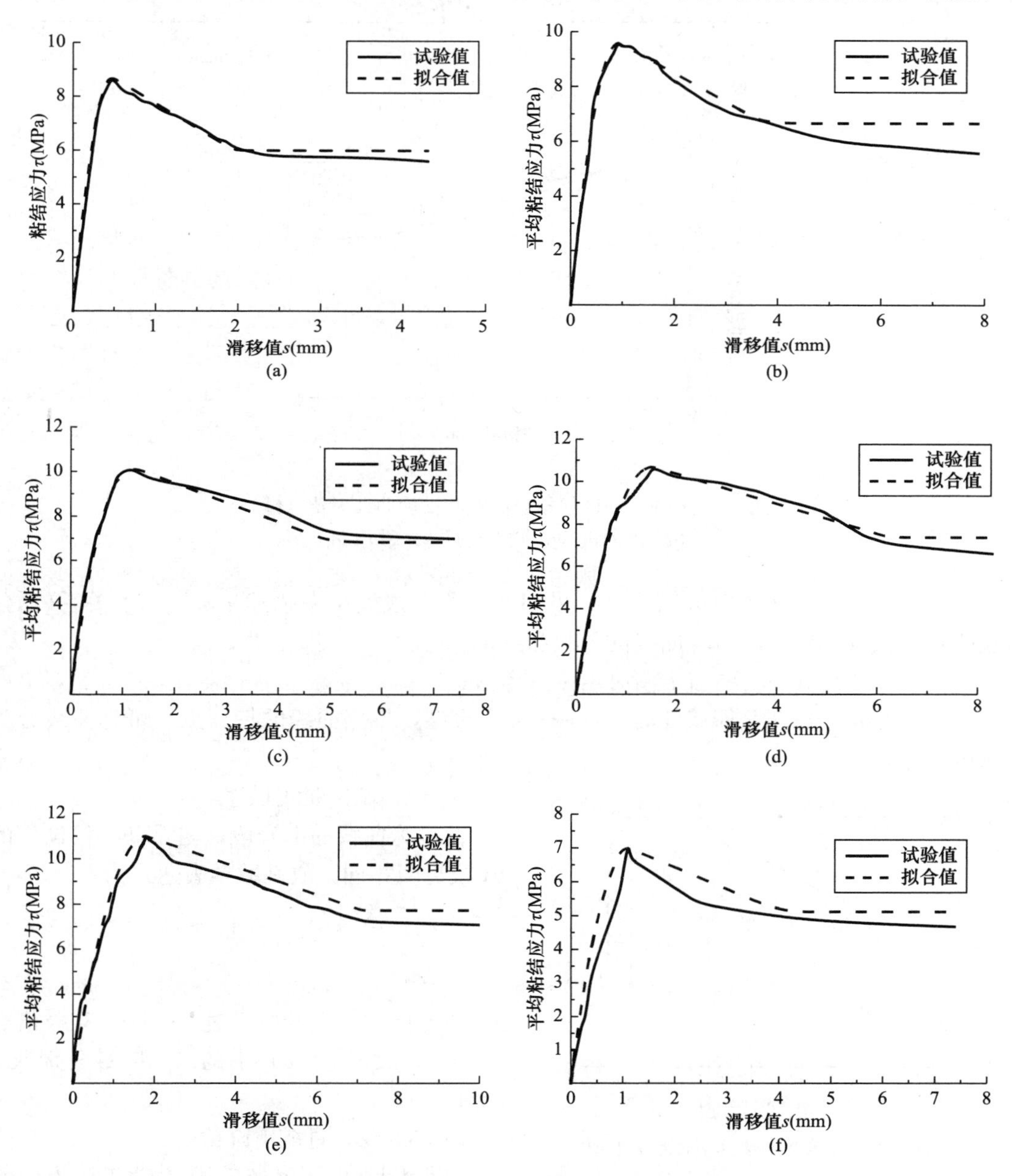

图 6-2　BFRP 筋试件拟合曲线和试验曲线对比

（a）B8-5d；（b）B8-6d；（c）B8-8d；（d）B8-10d；（e）B8-12d；（f）B10-5d；

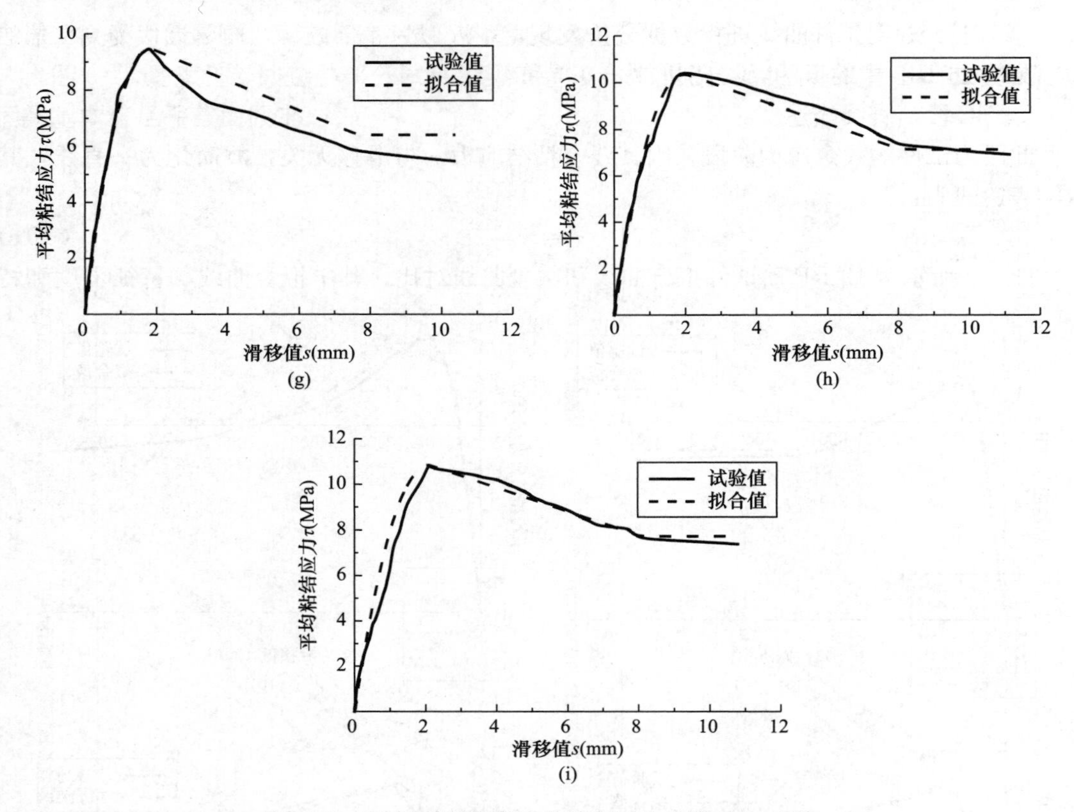

图 6-2　BFRP 筋试件拟合曲线和试验曲线对比（续）
（g）B10-8d；（h）B10-10d；（i）B10-12d

征滑移值取试验值。从图中可以看到，采用此三段曲线模型来描述 τ-s 的基本关系较好，而且能够比较真实地反映试验曲线的形状和特征。

（2）GFRP 筋试件的粘结-滑移本构关系模型

图 6-3 所示为 GFRP 筋试件的 τ-s 本构关系模型，根据曲线的特征点，可将曲线分为两段进行分析。

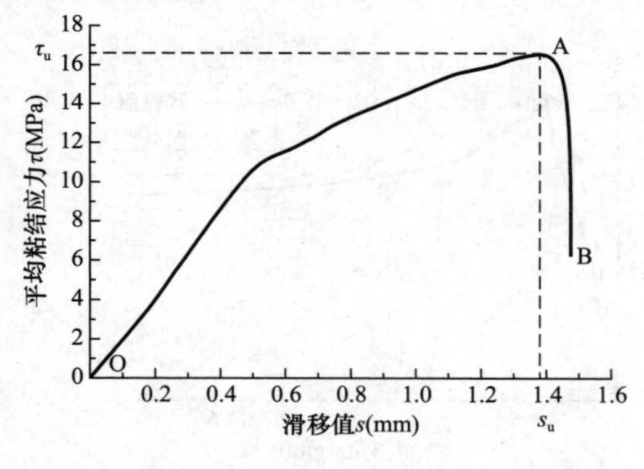

图 6-3　GFRP 筋试件 τ-s 本构模型

1）OA 段，曲线描述

此段为曲线的上升段，与 BFRP 筋试件的 OA 段近似相同，故其数学表达式为：

$$\frac{\tau}{\tau_u} = A_1 \frac{s}{s_u} + A_2 \left(\frac{s}{s_u}\right)^2 \qquad (0 \leqslant s \leqslant s_u) \tag{6-2}$$

由于曲线的上升段经过（0，0）和极值点（s_u，τ_u），故式（6-2）中的 A_1 和 A_2 分别取 2 和 −1。

2）AB 段，直线下降段

由于 GFRP 筋试件的破坏模式均为突然发生的脆性破坏，即试件达到其荷载峰值点后，试件突然破坏，荷载直接下降为 0，因此，本节将 AB 下降段取为直线。由于试件破坏的突然性，其下降段不再具有实际的意义，故本节在建立 GFRP 筋 τ-s 本构关系模型时不再考虑下降段。

图 6-4 所示为 GFRP 筋试件拟合曲线和试验曲线对比，其中拟合曲线的特征强度和特征滑移值取试验值。由于本书不再考虑下降段，故曲线对比只取到荷载峰值点。从图中可以看到，拟合曲线与试验曲线吻合较好。

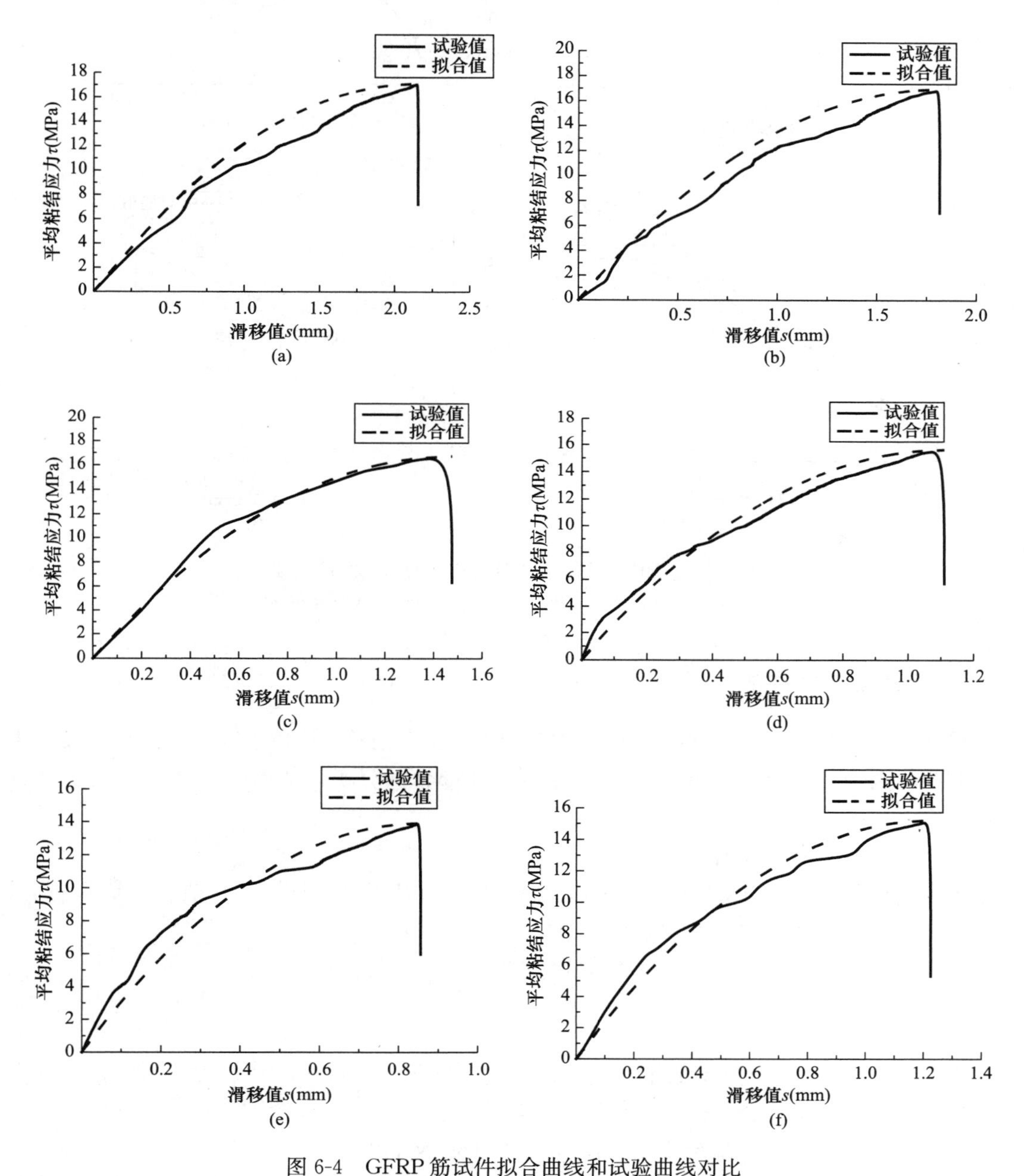

图 6-4　GFRP 筋试件拟合曲线和试验曲线对比

（a）G8-5d；（b）G8-6d；（c）G8-8d；（d）G8-10d；（e）G8-12d；（f）G10-5d；

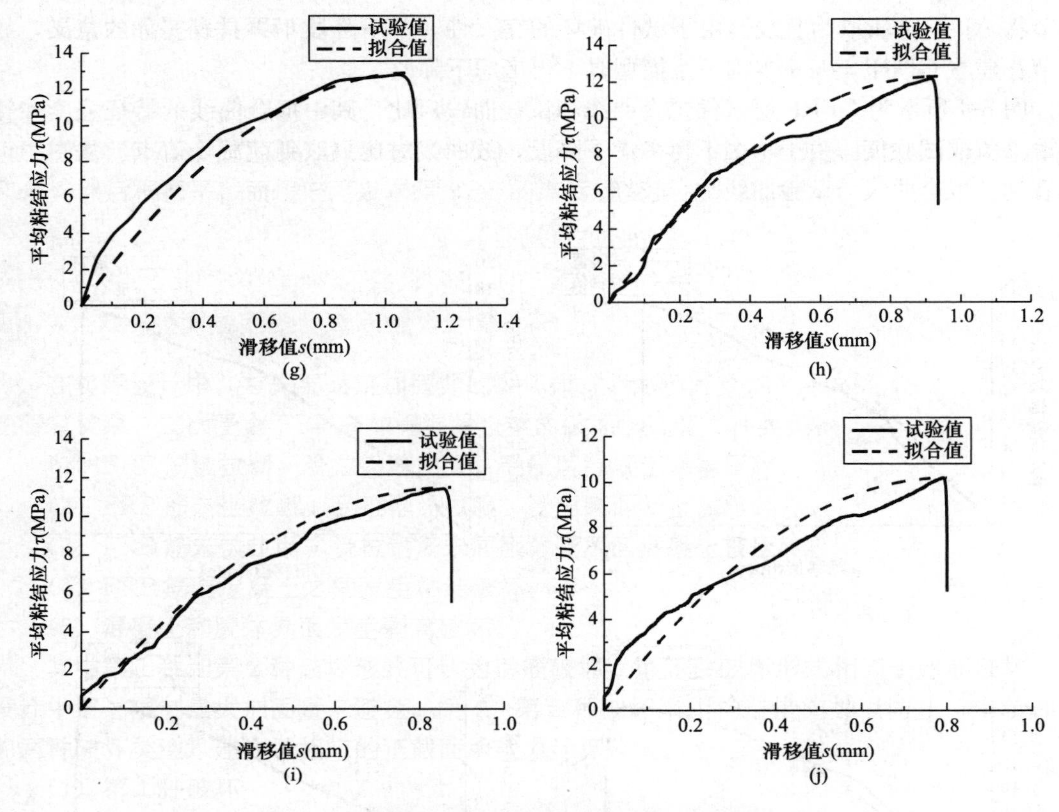

图 6-4　GFRP 筋试件拟合曲线和试验曲线对比（续）
（g）G8-6d；（h）G8-8d；（i）G10-10d；（j）G10-12d

6.2.2　本构关系特征值

根据本书 6.2.1 节所建立的内嵌 FRP 筋试件 τ-s 本构模型可以发现，τ_u和 S_u是模型中非常重要的两个特征值，本节将根据试件结果进行数据分析，从而建立其特征值的计算公式。

（1）平均粘结应力峰值 τ_u

研究发现，试件的 FRP 筋直径 d 和粘结长度 l 对其平均粘结应力峰值 τ_u的影响较大，故通过对数据进行数学拟合可求得：

$$\tau_u = \frac{C_1}{d} + \frac{C_2 l}{d} \qquad (5d \leqslant l \leqslant 12d) \tag{6-3}$$

（2）滑移值 s_u

研究发现，粘结长度 l 对其滑移值 s_u产生的影响最大，故本节以粘结长度 l 作为其主要的变量来进行数学拟合，得到滑移值 s_u计算公式：

$$s_u = D_1 l + D_2 \qquad (5d \leqslant l \leqslant 12d) \tag{6-4}$$

由于 BFRP 筋试件和 GFRP 筋试件的破坏模式不同，故式（6-3）和式（6-4）中的参数取值并不相同，具体取值见表 6-1。

特征值参数　　表 6-1

系数	BFRP 筋试件		GFRP 筋试件	
	d=8mm	d=10mm	d=8mm	d=10mm
C_1	60	60	167	167
C_2	0.35	0.35	-0.54	-0.54
D_1	0.02	0.018	-0.023	-0.0058
D_2	-0.08	0.126	3	1.465

表 6-2 为 FRP 筋试件的 τ-s 曲线特征值的试验值与理论值的数据对比。从表中可以看出，τ-s 曲线特征值 τ_u 和 s_u 的试验值/理论值的平均值分别为 0.988 和 0.989，试验值与理论值基本吻合。

τ-s 曲线特征值的试验值与理论值对比　　表 6-2

试件编号	峰值粘结应力 τ_u			滑移值 s_u		
	试验值（MPa）	理论值（MPa）	试验值/理论值	试验值（mm）	理论值（mm）	试验值/理论值
B8-5d	8.72	9.25	0.943	0.475	0.72	0.66
B8-6d	9.59	9.6	0.999	0.925	0.88	1.051
B8-8d	10.2	10.3	0.99	1.175	1.2	0.979
B8-10d	10.73	11	0.975	1.525	1.52	1.003
B8-12d	11	11.7	0.94	1.79	1.84	0.973
B10-5d	7.06	7.75	0.911	1.1	1.026	1.072
B10-8d	9.5	8.8	1.08	1.8	1.566	1.149
B10-10d	10.45	9.5	1.1	1.95	1.926	1.012
B10-12d	10.86	10.2	1.065	2.075	2.286	0.908
G8-5d	17.12	18.175	0.942	2.155	2.08	1.036
G8-6d	16.96	17.635	0.962	1.815	1.896	0.957
G8-8d	16.73	16.555	1.01	1.475	1.528	0.965
G8-10d	15.62	15.475	1.009	1.11	1.16	0.957
G8-12d	13.89	14.395	0.965	0.855	0.792	1.08
G10-5d	15.23	14	1.088	1.225	1.175	1.043
G10-6d	12.94	13.46	0.961	1.1	1.117	0.985
G10-8d	12.29	12.38	0.993	0.935	1.001	0.934
G10-10d	11.52	11.3	1.02	0.875	0.885	0.989
G10-12d	10.22	10.22	1	0.8	0.769	1.04

6.2.3 基于线性黏聚力模型的 FRP 筋最小锚固长度

对于内嵌 FRP 筋加固混凝土结构的最小锚固长度，国内外学者通过采用不同的方法进行了大量的研究，研究方法包括经验法、理论法、拟合法、数值模拟法和应变能等效法[1-8]。本节通过采用应变能等效原则[9]，将试验曲线拟合所得到的粘结-滑移本构关系模型转化为线性黏聚力模型，在此基础上推导出 FRP 筋最小锚固长度。

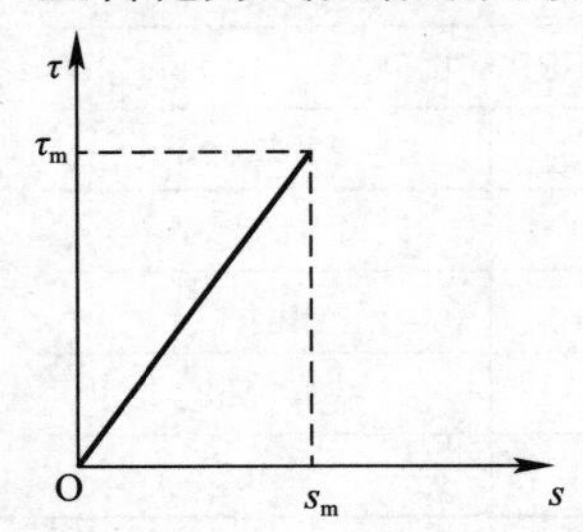

图 6-5　线性黏聚力模型

图 6-5 为 τ-s 曲线在线性黏聚力模型中的表现形式，τ_m 为最大粘结应力，s_m 为试件达到 τ_m 时所对应的滑移值。由此可得线性黏聚力模型表达式：

$$\tau(x) = ks(x) \tag{6-5a}$$

$$k = \frac{{\tau_m}^2}{2G} \tag{6-5b}$$

式中　G——总应变能，为 τ-s 曲线的上升段与代表滑移值的横坐标轴所围成的面积。

在推导 FRP 筋加固混凝土试件的最小锚固长度之前，做如下假设：

1）粘结剂与混凝土试块作为一个整体，界面不存在滑移；

2）混凝土、粘结剂和 FRP 筋均为线弹性；

3）混凝土、粘结剂和 FRP 筋内的拉应力均匀分布。

滑移量反映的是 FRP 筋与粘结剂和混凝土整体之间的位移关系，见式（6-6）。

$$\begin{cases} s = s_f - s_c \\ \dfrac{ds}{dx} = \dfrac{ds_f}{dx} - \dfrac{ds_c}{dx} \\ \dfrac{d^2 s}{dx^2} = \dfrac{d^2 s_f}{dx^2} - \dfrac{d^2 s_c}{dx^2} \end{cases} \tag{6-6}$$

式中　s——FRP 筋与粘结剂和混凝土整体之间的滑移量；

s_f——FRP 筋的位移；

s_c——粘结剂和混凝土整体的位移。

$$\begin{cases} T_f(x) = \dfrac{ds_f}{dx} E_f A_f \\ T_c(x) = \dfrac{ds_c}{dx} E_c A_c \\ E_c = C_1 E_1 + C_0 E_0 \end{cases} \tag{6-7}$$

式（6-7）为根据力的平衡关系所求得的 FRP 筋与粘结剂和混凝土整体这两部分的力，T_f、E_f 和 A_f 分别代表 FRP 筋的拉力、弹性模量和横截面面积；T_c、E_c 和 A_c 分别代表粘结剂和混凝土整体的压力、组合弹性模量和界面横截面面积，其中 C_1 和 C_0 分别代表结构胶和混凝土的体积比，E_1 和 E_0 分别代表结构胶和混凝土的弹性模量。

由于 T_f（x）$+T_c$（x）$=T$，故由式（6-7）可知：

$$\frac{dT_f}{dx} + \frac{dT_c}{dx} = 0 \tag{6-8}$$

联立式（6-6）～式（6-8）可得：

$$\begin{cases} \dfrac{d^2 s_f}{dx^2} = \dfrac{E_c A_c}{E_f A_f + E_c A_c} \cdot \dfrac{d^2 s}{dx^2} \\ \dfrac{d^2 s_c}{dx^2} = \dfrac{-E_f A_f}{E_f A_f + E_c A_c} \cdot \dfrac{d^2 s}{dx^2} \end{cases} \tag{6-9}$$

由 FRP 筋的微段单元应力平衡可得：

$$\frac{\mathrm{d}T_{\mathrm{f}}}{\mathrm{d}x}=\pi D\tau(x) \tag{6-10}$$

由式（6-5a）、式（6-6）、式（6-7）和式（6-8）可得：

$$\pi Dks(x)=\frac{E_{\mathrm{f}}A_{\mathrm{f}}E_{\mathrm{c}}A_{\mathrm{c}}}{E_{\mathrm{f}}A_{\mathrm{f}}+E_{\mathrm{c}}A_{\mathrm{c}}}\cdot\frac{\mathrm{d}^{2}s(x)}{\mathrm{d}x^{2}} \tag{6-11}$$

令 $\alpha=\sqrt{\frac{\pi Dk\cdot(E_{\mathrm{f}}A_{\mathrm{f}}+E_{\mathrm{c}}A_{\mathrm{c}})}{E_{\mathrm{f}}A_{\mathrm{f}}E_{\mathrm{c}}A_{\mathrm{c}}}}$，则式（6-11）可简化为：

$$\frac{\mathrm{d}^{2}s(x)}{\mathrm{d}x^{2}}=\alpha^{2}s(x) \tag{6-12}$$

式（6-12）的边界条件为：$x=0$ 时，$\frac{\mathrm{d}s(x)}{\mathrm{d}x}=0$；$x=l$ 时，$\frac{\mathrm{d}s(x)}{\mathrm{d}x}=\frac{T}{E_{\mathrm{f}}A_{\mathrm{f}}}-\frac{T}{E_{\mathrm{c}}A_{\mathrm{c}}}$。利用边界条件对式（6-12）求解可得：

$$T=\frac{\alpha s(x)(\mathrm{e}^{\alpha l}-\mathrm{e}^{-\alpha l})}{\left(\frac{1}{E_{\mathrm{f}}A_{\mathrm{f}}}-\frac{1}{E_{\mathrm{c}}A_{\mathrm{c}}}\right)(\mathrm{e}^{\alpha x}+\mathrm{e}^{-\alpha x})} \tag{6-13}$$

当 $s(x)=s_{\mathrm{m}}$ 时，FRP 筋所承受的极限荷载为：

$$T_{\max}=\frac{\alpha s_{\mathrm{m}}\tanh(\alpha l)}{\frac{1}{E_{\mathrm{f}}A_{\mathrm{f}}}-\frac{1}{E_{\mathrm{c}}A_{\mathrm{c}}}} \tag{6-14}$$

由此可得 FRP 筋的基本锚固长度公式：

$$l=\frac{\operatorname{arctanh}\left(\frac{T_{\max}\beta_{1}}{\alpha s_{\mathrm{m}}}\right)}{\alpha} \tag{6-15}$$

其中，$\beta_{1}=\frac{1}{E_{\mathrm{f}}A_{\mathrm{f}}}-\frac{1}{E_{\mathrm{c}}A_{\mathrm{c}}}$。

6.2.4　考虑斜截面抗弯强度的 FRP 筋基本锚固长度

该 FRP 筋锚固长度是基于加固梁发生斜截面弯曲破坏，图 6-6 是试件斜截面受弯承载力计算示意图，斜截面水平投影长度为：

$$C=0.6\lambda h_{0} \tag{6-16}$$

式中　C——斜截面水平投影长度；

λ——剪跨比；

h_0——截面有效高度。

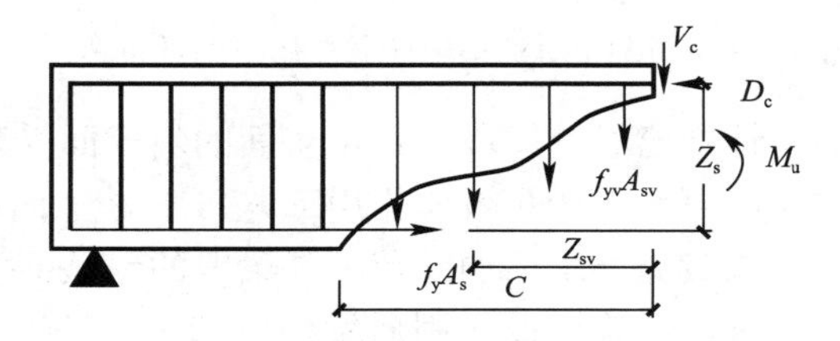

图 6-6　试件斜截面受弯承载力计算示意图

集中荷载下 λ 计算公式为：

$$\lambda = \frac{l_p}{h_0} \tag{6-17}$$

式中　l_p——集中荷载作用点到邻近支座间的距离。

试件内未设弯起钢筋时的斜截面受弯承载力基本公式为：

$$M_u = f_y A_s Z_s + \sum_{i=1}^{n} f_{yv} A_{sv} Z_{sv} \tag{6-18}$$

式中　M_u——斜截面受压端正截面受弯承载力；

A_s 与 A_{sv}——与斜截面相交的纵向钢筋与箍筋的截面面积；

Z_s、Z_{sv}——与斜截面相交的纵向钢筋、箍筋合力对受压区混凝土合力作用点的力臂；

n——与斜裂缝相交的箍筋根数。

考虑斜截面抗弯强度的 FRP 筋基本锚固长度的确定需要根据钢筋混凝土梁内纵向受拉钢筋的布置情况分类进行分析，即纵向受拉钢筋通长布置和纵向受拉钢筋弯起两种情况。在求解 FRP 筋基本锚固长度时，假定 FRP、粘结剂与混凝土三者之间粘结良好，不发生粘结破坏。

（1）纵向受拉钢筋通长布置

1）集中荷载作用

图 6-7 为加固梁受对称集中荷载作用下的抵抗弯矩图，截面配置的钢筋①与 FRP 筋②所能承受的弯矩值按比例绘制在图中，分别用竖向线段 ij 与 jk 代表。图中点 a 与 b 分别是①与②的充分利用点，折线段 dbk 为加固后的弯矩效应，折线段 $dfegk$ 为加固后的抵抗弯矩，折线段 $dfej$ 为加固前的抵抗弯矩。EF 为 FRP 筋自由端处的斜截面；EG 为对应的斜截面水平投影；C 为斜截面水平投影长度；l_f 为加固后充分利用点 b 到 FRP 筋自由端的距离；l_p 为集中荷载作用点到邻近支座间的距离，l_0 为计算跨径。

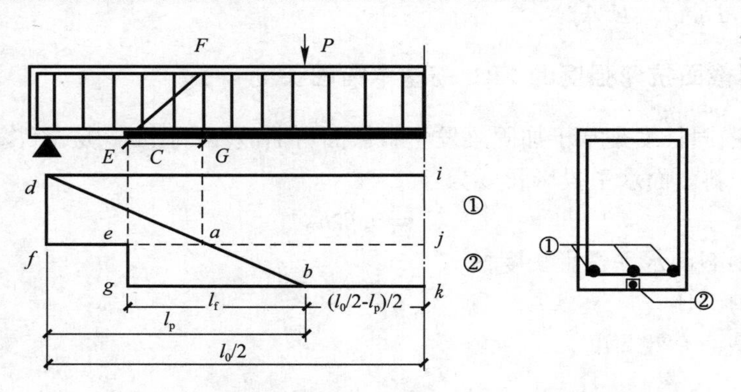

图 6-7　加固梁受对称集中荷载作用下的抵抗弯矩图

未进行加固前，配筋设计中已经使梁段内每个截面的斜截面受弯承载力大于斜截面受压端正截面承载力。在加固后更大的弯矩效应作用下，FRP 筋加固范围内梁段的斜截面受弯承载力因得到加固仍满足承载力要求，加固范围外梁段的斜截面没有得到加固，可能会发生斜截面弯曲破坏，需要进行讨论。设加固后梁段的弯矩效应为 M_r，梁段内任意斜截面受弯承载力为 $M_{d,is}$，加固前正截面承载力为 M_d，加固段正截面受弯承载力为 $M_{d,r}$。

当 $M_{d,is} > M_{d,r}$ 时，即未加固梁段任意一个截面的受弯承载力都大于加固后的受弯承载力，无论粘结长度取任何值，在由于 FRP 筋引起的破坏之前，构件不会发生斜截面弯曲破坏。

当 $M_{d,is} \leqslant M_{d,r}$ 且 $l_f \leqslant C$ 时，此情况下斜截面受压端位于纯弯段内，发生斜截面弯曲破坏。

当 $M_{d,is} \leqslant M_{d,r}$ 且 $l_f > C$ 时，取斜截面受弯承载力最不利情况，即未加固段斜截面受弯承载力等于加固前的正截面承载力，即 $M_{d,is}=M_d$。找出一个 FRP 筋自由端截面，使其斜截面受压端正截面承载力大于或等于加固后相应的弯矩效应，这个斜截面受压端以左的截面弯矩效应减小，正截面承载力不变，FRP 筋自由端以左截面的正截面受弯承载力同样大于加固后的弯矩效应，因此未加固段斜截面受弯承载力都满足要求。令斜截面受压端正截面承载力大于或等于加固后相应的弯矩效应，即：

$$M_d - M_r \geqslant 0 \tag{6-19}$$

计算得出 FRP 筋自由端斜截面受压端正截面的弯矩为：

$$M_r = \frac{l_p - l_f + C}{l_p} \cdot M_{d,r} \tag{6-20}$$

联立式（6-16）与式（6-17）得出，加固后充分利用点 b 到 FRP 筋自由端的距离 l_f 的取值范围为：

$$l_f \geqslant \left(1 - \frac{M_d}{M_{d,r}}\right) \cdot l_p + C \tag{6-21}$$

引入一个 FRP 加固系数 φ_r，该系数为加固后正截面承载力与加固前正截面承载力的比值，即：

$$\varphi_r = \frac{M_{d,r}}{M_d} \tag{6-22}$$

将式（6-17）、式（6-20）与式（6-21）代入式（6-19）中，得出：

$$l_f \geqslant \left(1 - \frac{1}{\varphi_r}\right) \cdot l_p + 0.6\lambda h_0 \tag{6-23}$$

梁的纯弯段长度为 $l_0 - 2l_p$，故纵向受拉钢筋通长布置的梁在对称集中荷载作用下，不发生斜截面弯曲破坏所需的 FRP 筋锚固长度取值为：

$$l \geqslant l_0 - \frac{2l_p}{\varphi_r} + 1.2\lambda h_0 \tag{6-24}$$

2）均布荷载作用

图 6-8 为加固梁受均布荷载作用下的抵抗弯矩图，加固后的弯矩效应为一条二次抛物线，截面配置的钢筋①与 FRP 筋②所能承受的弯矩值按比例绘制在图中，分别用竖向线段 ij 与 jk 代表。图中点 a 与 k 分别是①与②的充分利用点，曲线段 dak 为加固后的弯矩效应，折线段 $dfegk$ 为加固后的抵抗弯矩，折线段 $dfej$ 为加固前的抵抗弯矩。EF 为 FRP 筋自由端处的斜截面，EG 为对应的斜截面水平投影，C 为斜截面水平投影长度。l_f 为加固后充分利用点 k 到 FRP 筋自由端的距离，l_0 为计算跨径。

设 M_r，梁段内各斜截面受弯承载力为 $M_{d,is}$，加固前正截面承载力为 M_d，加固段正截面受弯承载力为 $M_{d,r}$。

均布荷载作用下，加固后梁段的弯矩效应为：

$$M_r = \frac{1}{2}ql_0\left(\frac{l_0}{2} - l_f + C\right) - \frac{1}{2}q\left(\frac{l_0}{2} - l_f + C\right)^2 \tag{6-25a}$$

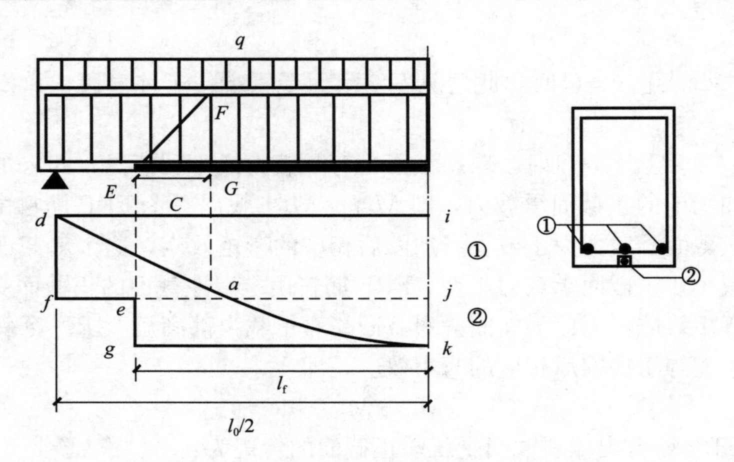

图 6-8 加固梁受均布荷载作用下的抵抗弯矩图

将式（6-25a）转化为：

$$M_r = -\frac{1}{2}q(C - l_f)^2 + \frac{1}{8}ql_0^2 \tag{6-25b}$$

跨中弯矩效应刚好等于加固后的受弯承载力，则：

$$M_{d,r} = \frac{1}{8}ql_0^2 \tag{6-26a}$$

$$q = \frac{8M_{d,r}}{l_0^2} \tag{6-26b}$$

联立式（6-16）、式（6-25b）、式（6-26a）与式（6-26b）得出，l_f 的取值范围公式：

$$l_f \geqslant \frac{l_0}{2}\sqrt{1 - \frac{M_d}{M_{d,r}}} + C \tag{6-27}$$

同样代入 FRP 加固系数 φ_r 与斜截面水平投影长度 C，得出：

$$l_f \geqslant \frac{l_0}{2}\sqrt{1 - \frac{1}{\varphi_r}} + 0.6\lambda h_0 \tag{6-28}$$

纵向受拉钢筋通长布置的梁在均布荷载作用下，不发生斜截面弯曲破坏所需的 FRP 筋粘结长度为 l_f 的两倍，所以 l 取值范围计算公式为：

$$l \geqslant l_0\sqrt{1 - \frac{1}{\varphi_r}} + 1.2\lambda h_0 \tag{6-29}$$

（2）纵向受拉钢筋弯起

由于集中荷载与均布荷载作用下梁底嵌入的 FRP 筋自由端锚固长度的确定方法相同，因此只取均布荷载作用下的加固梁作分析。图 6-9 为加固梁的抵抗弯矩图，截面图中的钢筋①、②、③与 FRP 筋④所能承受的弯矩值按比例绘制在图中，分别用竖向线段 ij 、jk 、kl 、lm 代表。图中点 a 、b 、c 、m 分别是筋①、②、③、④的充分利用点。图中曲线段 dm 为弯矩效应，折线段 $dfegm$ 为加固后的抵抗弯矩，折线段 $dfel$ 为加固前的抵抗弯矩。EF 为 FRP 筋自由端处的斜截面，EG 为对应的斜截面水平投影。

未进行加固前，配筋设计中已经使梁段内每个截面的斜截面受弯承载力大于斜截面受压端正截面承载力。本节的分析取斜截面最不利情况，取每个截面的斜截面受弯承载力等于斜截面受压端正截面承载力，同样加固后斜截面的受弯承载力也与斜截面受压端正截面

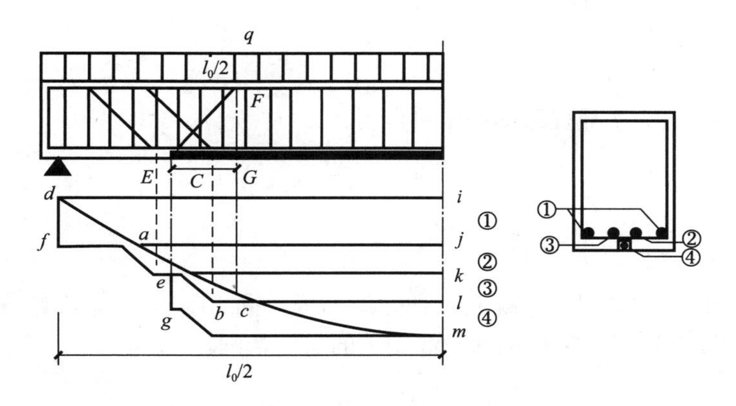

图 6-9　加固梁的抵抗弯矩图

承载力相同。c 点是钢筋③的充分利用点，此时该点的弯矩效应已经与加固前的受弯承载力相等，c 点右侧的弯矩效应已经大于截面加固前的正截面承载力，即大于加固前的斜截面受弯承载力，c 点以左侧的弯矩效应小于截面加固前的正截面承载力，即小于加固前的斜截面受弯承载力。可以看出，只要使 GFRP 筋自由端处斜截面受压端截面落在 c 点以左（包括 c 点），即 GFRP 筋自由端与 c 点之间的距离大于等于斜截面水平投影长度 $0.6\lambda h_0$。加固范围内嵌入了 GFRP 筋，相应的斜截面受弯承载力提高，满足加固后更大弯矩效应作用下的承载力要求，未加固范围内斜截面受弯承载力大于弯矩效应，这样就可以保证整段梁内斜截面不发生弯曲破坏。如果是 a 点或 b 点处的弯矩效应也达到了加固前的受弯承载力，同样要使 FRP 自由端到 a 点或 b 点之间的距离大于或等于 $0.6\lambda h_0$，若同时有几个充分利用点的弯矩效应达到加固前的受弯承载力，则需要对比确定 FRP 自由端位置后锚固长度的大小，取最大的锚固长度来保证斜截面受弯承载力。

6.2.5　考虑粘结强度的 FRP 筋锚固长度

（1）粘结滑移微分方程

由图 6-10 可以得出 FRP 筋微段的力平衡方程：

$$\tau \cdot \pi d_{\mathrm{f}} \cdot \mathrm{d}x = \frac{\pi d_{\mathrm{f}}^{\ 2}}{4} \cdot \mathrm{d}\sigma_{\mathrm{f}} \tag{6-30}$$

$$\mathrm{d}\sigma_{\mathrm{f}} = E_{\mathrm{f}} d\varepsilon_{\mathrm{f}} \tag{6-31}$$

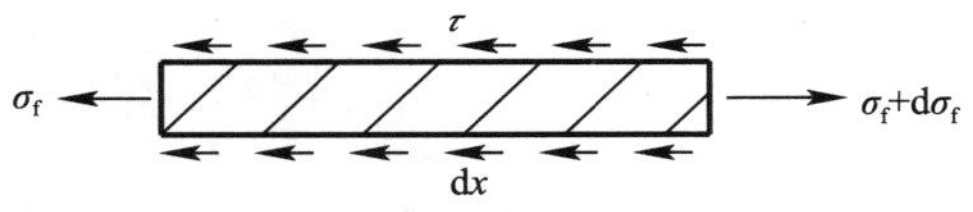

图 6-10　FRP 微段粘结应力分析图

联立式（6-30）与式（6-31）得出：

$$\tau = \frac{E_{\mathrm{f}} d_{\mathrm{f}}}{4} \cdot \frac{\mathrm{d}\varepsilon_{\mathrm{f}}}{\mathrm{d}x} \tag{6-32}$$

式中　τ——FRP 筋局部粘结应力；

d_{f}——FRP 筋的直径；

σ_{f}——FRP 筋拉应力；

E_{f}——FRP 筋的抗拉弹性模量；

ε_{f}——FRP 纵向应变。

FRP 粘结长度内，不同位置 FRP 与混凝土之间的相对滑移用 s 表示：

$$s = u_{\mathrm{f}} - u_{\mathrm{c}} \tag{6-33}$$

式中 u_f——FRP 筋的位移；

u_c——混凝土的位移。

由 FRP、混凝土应变与位移的关系可以得出：

$$\varepsilon_f = \frac{du_f}{dx} \tag{6-34a}$$

$$\varepsilon_c = \frac{du_c}{dx} \tag{6-34b}$$

加固体由 FRP、粘结剂与混凝土三种介质构成，同 FRP 相比，粘结剂与混凝土的应变非常微小，所以在这里忽略粘结剂与混凝土的应变，则：

$$\frac{ds}{dx} = \varepsilon_f \tag{6-35}$$

结合式（6-32）与式（6-35），得出粘结滑移微分方程：

$$\frac{d^2 s}{dx^2} - \frac{4}{E_f d_f}\tau(s) = 0 \tag{6-36}$$

（2）FRP 筋基本锚固长度

采用改进的 BPEⅡ模型[10]，对 FRP 筋基本锚固长度进行推导。改进的 BPEⅡ模型的粘结滑移本构关系为：

$$\tau(s) = \tau_m \left(\frac{s}{s_m}\right)^\alpha \qquad 0 < s \leqslant s_m \tag{6-37a}$$

$$\tau(s) = \tau_m \left(1 + p - p\frac{s}{s_m}\right) \qquad s_m < s \leqslant s_r \tag{6-37b}$$

$$\tau(s) = \tau_r \qquad s > s_r \tag{6-37c}$$

式中 τ_m、s_m——最大粘结应力及相应的滑移值；

τ_r、s_r——残余粘结应力及相对应的最小滑移值；

α——曲线参数，$0 < \alpha < 1$。

FRP 筋锚固长度的确定，采用粘结滑移曲线的上升段（$0 < s \leqslant s_m$），同时认为 FRP 筋自由端没有滑移值。当 $0 < s \leqslant s_m$ 时，把式（6-37a）代入微分方程式（6-36）中，得出：

$$\frac{d^2 s}{dx^2} - \frac{4}{E_f d_f}\tau_m \left(\frac{s}{s_m}\right)^\alpha = 0 \tag{6-38}$$

FRP 筋自由端的滑移值为 0，所以边界条件为：

$$s|_{x=0} = 0 \tag{6-39a}$$

$$\left.\frac{ds}{dx}\right|_{x=0} = 0 \tag{6-39b}$$

则微分方程的解为：

$$s(x) = \left[\frac{(1-\alpha)^2}{1+\alpha}\frac{2\tau_m}{E_f d_f s_m^\alpha}\right]^{1/(1-\alpha)} x^{2/(1-\alpha)} \tag{6-40}$$

将式（6-40）代入式（6-37a）中，就可以得出 $\tau(x)$：

$$\tau(x) = \frac{\tau_m}{s_m^\alpha}\left[\frac{(1-\alpha)^2}{1+\alpha}\frac{2\tau_m}{E_f d_f s_m^\alpha}\right]^{\alpha/(1-\alpha)} x^{2\alpha/(1-\alpha)} \tag{6-41}$$

由式（6-41）与下面的边界条件式（6-42）得出 σ_f（x）的表达式（6-43）：

$$\sigma_f|_{x=0} = E_f \frac{ds}{dx}\bigg|_{x=0} = 0 \tag{6-42}$$

$$\sigma_f(x) = \frac{4\tau_m}{d_f s_m^\alpha}\frac{1-\alpha}{1+\alpha}\left[\frac{(1-\alpha)^2}{1+\alpha}\frac{2\tau_m}{E_f d_f s_m^\alpha}\right]^{\alpha/(1-\alpha)} x^{(1+\alpha)/(1-\alpha)} \tag{6-43}$$

极限状态时，粘结应力达到上升段的最大值 τ_m，滑移值为 s_m。由式（6-41）导出滑移值为 s_m 时的 FRP 筋粘结长度为锚固长度：

$$x = l = \sqrt{\frac{E_f d_f s_m}{2\tau_m}\frac{1+\alpha}{(1-\alpha)^2}} \tag{6-44}$$

将式（6-44）代入式（6-43）中得出：

$$\sigma_{fm} = \sqrt{\frac{8E_f}{d_f}\frac{\tau_m s_m}{1+\alpha}} \tag{6-45}$$

结合式（6-44）与式（6-45）得出 FRP 筋基本锚固长度：

$$l = \frac{\sigma_{fm} d_f}{4\tau_m}\frac{1+\alpha}{1-\alpha} \tag{6-46}$$

式中　σ_{fm}——FRP 加载段滑移值达到 s_m 时 FRP 筋拉应力；

l_{bm}——考虑粘结强度时的 FRP 筋基本锚固长度。

在 FRP 筋基本锚固长度的基础上，本节考虑了 Cosenza[11] 提出的安全系数 γ_g，求得 FRP 筋的锚固长度：

$$l_f = \gamma_g l \quad (\gamma_g = 2.5) \tag{6-47}$$

6.2.6　FRP 筋约束失效应变

在式（6-47）的基础上，考虑 FRP 筋微段力平衡，建立平衡关系：

$$\sigma_f A_f = \tau_u \pi d_f l_f \tag{6-48a}$$

$$A_f = \frac{1}{4}\pi d_f^2 \tag{6-48b}$$

$$\sigma_f = E_f \varepsilon_f \tag{6-48c}$$

式中　σ_f——FRP 筋截面应力（MPa）；

A_f——FRP 筋横截面面积（mm^2）；

τ_u——平均粘结应力峰值（MPa）；

d_f——FRP 筋直径（mm）；

l_f——FRP 筋锚固长度（mm）；

E_f——FRP 筋弹性模量（MPa）；

ε_f——FRP 筋应变。

联立式（6-47）、式（6-48）可得：

$$\varepsilon_f = \frac{4\tau_u \pi l_f}{d_f E_f} \tag{6-49}$$

6.3　加固梁的受弯承载力计算分析

6.3.1　单筋矩形截面

（1）基本假定

1）截面应变符合平截面假定；

2）不考虑混凝土的抗拉强度；

3）受压区混凝土应力-应变关系见式（6-50）；

4）钢筋应力取钢筋应变与其弹性模量的乘积，但不应大于其强度设计值；钢筋的极限拉应变取 0.01；钢筋的受拉、受压应力-应变关系见式（6-51）和式（6-52）；

5）FRP 筋的受拉应力-应变关系为线弹性，其计算表达式见式（6-37）；

6）不考虑二次受力影响。

当 $\varepsilon_c \leqslant \varepsilon_0$ 时：

$$\sigma_c = f_c\left[1-\left(\frac{\varepsilon_c}{\varepsilon_0}\right)^n\right] \tag{6-50a}$$

当 $\varepsilon_0 < \varepsilon_c \leqslant \varepsilon_{cu}$ 时：

$$\sigma_c = f_c \tag{6-50b}$$

$$n = 2-\left(\frac{1}{60}\right)\times(f_{cu,k}-50) \tag{6-50c}$$

$$\varepsilon_0 = 0.002+0.5\times(f_{cu,k}-50)\times10^{-5} \tag{6-50d}$$

$$\varepsilon_c = 0.0033+(f_{cu,k}-50)\times10^{-5} \tag{6-50e}$$

$$\sigma_s = \begin{cases} f_y & \varepsilon_s \geqslant \varepsilon_{sy} \quad (6\text{-}51a) \\ E_s\varepsilon_s & \varepsilon_s < \varepsilon_{sy} \quad (6\text{-}51b) \end{cases}$$

$$\sigma'_s = \begin{cases} f'_y & \varepsilon_s \geqslant \varepsilon'_{sy} \quad (6\text{-}52a) \\ E_s\varepsilon'_s & \varepsilon'_s < \varepsilon'_{sy} \quad (6\text{-}52b) \end{cases}$$

$$\sigma_f = E_f\varepsilon_f \qquad 0 \leqslant \varepsilon_f \leqslant \varepsilon_{fu} \tag{6-53}$$

式中 σ_c——混凝土应变为 ε_c 时的压应力；

f_c——混凝土轴心抗压强度设计值；

ε_0——混凝土应力达到 f_c 时的压应变，当计算的 ε_0 小于 0.002 时，取 0.002；

ε_{cu}——混凝土极限压应变，当计算的 ε_{cu} 小于 0.0033 时，取 0.0033；

$f_{cu,k}$——混凝土立方体抗压强度标准值；

n——系数，当计算的 n 大于 2.0 时，取为 2.0；

σ_s、σ'_s——钢筋拉应力、压应力；

f_y、f'_y——钢筋抗拉屈服强度、抗压屈服强度；

ε_s、ε'_s——钢筋拉应变、压应变；

E_s——钢筋弹性模量；

σ_f——FRP 筋拉应力；

E_f——FRP 筋弹性模量；

ε_f——FRP 筋拉应变。

（2）正截面承载力计算

内嵌 FRP 筋加固混凝土梁正截面破坏模式除 FRP 被拉断和混凝土被压碎两种外，还存在一种界限破坏模式，即 FRP 筋被拉断与混凝土被压碎同时发生。图 6-11 为破坏模式下截面受力状态分析图，图中 b、h 为矩形截面的宽度和高度；h_0 为截面有效高度；h_f 为 FRP 筋重心到截面受压区边缘的距离；a_s 为受拉钢筋到截面受拉区边缘的距离；x 为混凝土等效矩形受压区高度；α_1 为等效矩形应力图的应力与受压区混凝土最大应力 f_c 的比值；β_1 为等效矩形应力图的受压区高度与平截面假定的中和轴高度的比值；A_f 、A_s 分别为 FRP 筋和受拉钢筋的截面面积。

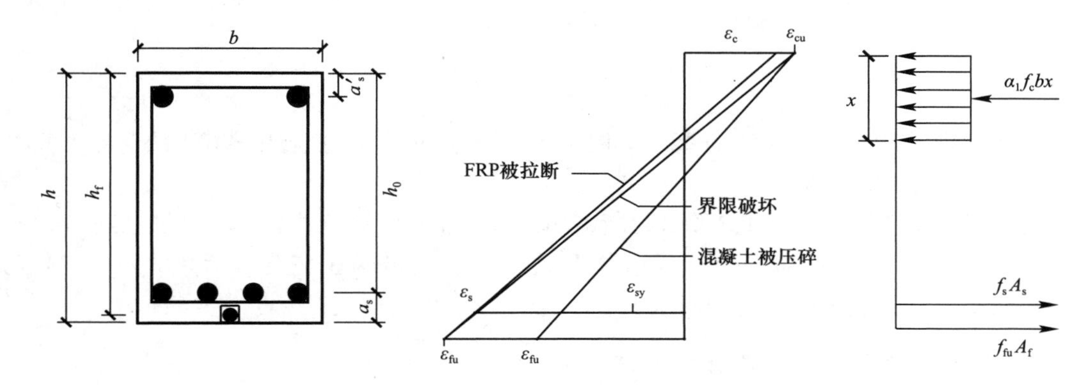

图 6-11　破坏模式截面受力状态分析图

1）界限破坏

界限破坏的特性是 FRP 被拉断的同时受压区混凝土边缘达到极限压应变，受拉钢筋与受压钢筋都达到屈服强度。由图 6-11 分析得出截面的力平衡方程为：

$$\alpha_1 f_c bx = f_y A_s + f_{fu} A_f \tag{6-54}$$

由界限破坏下，混凝土与 FRP 的应变关系得出：

$$x = \frac{\beta_1 h_f \varepsilon_{cu}}{\varepsilon_{cu} + \varepsilon_{fu}} \tag{6-55}$$

将式（6-39）代入平衡方程式（6-38）中得出界限 FRP 筋加固面积 A_{fb} ：

$$A_{fb} = \frac{\alpha_1 f_c b\left(\dfrac{\beta_1 h_f \varepsilon_{cu}}{\varepsilon_{cu} + \varepsilon_{fu}}\right) - f_y A_s}{f_{fu}} \tag{6-56}$$

当 $A_f = A_{fb}$ 时，发生界限破坏，由平衡方程式（6-54）可以得出混凝土等效受压区高度为：

$$x = \frac{f_y A_s + f_{fu} A_f}{\alpha_1 f_c b} \tag{6-57}$$

对 FRP 筋合力作用点取矩，得出单筋矩形截面的受弯承载力计算公式为：

$$M_{d,r} = \alpha_1 f_c bx\left(h_f - \frac{x}{2}\right) - f_y A_s (h_f - h_0) \tag{6-58}$$

式中　界限破坏时，$\varphi_f = 1.0$。

2）混凝土被压碎破坏

当 $A_f > A_{fb}$ 时，发生受压区混凝土被压碎的破坏模式。此破坏模式下，FRP 筋未达到极限抗拉强度，受拉钢筋达到屈服强度，混凝土受压区边缘达到极限压应变。由破坏模式下，FRP 筋与混凝土的应变关系得出：

$$\varphi_f = \frac{(\beta_1 h_f - x)\varepsilon_{cu}}{x \varepsilon_{fu}} \tag{6-59}$$

式中　φ_f ——FRP 筋强度利用系数。

将式（6-59）代入平衡方程式（6-54）中得出一个关于 x 的一元二次方程：

$$\alpha_1 f_c bx^2 + (\varepsilon_{cu} E_f A_f - f_y A_s)x - \beta_1 h_f \varepsilon_{cu} E_f A_f = 0 \tag{6-60a}$$

将式（6-44a）简化，得：

$$C_1x^2 + C_2x + C_3 = 0 \tag{6-60b}$$

式中

$$C_1 = \alpha_1 f_c b$$

$$C_2 = \varepsilon_{cu}E_fA_f - f_yA_s$$

$$C_3 = -\beta_1 h_f \varepsilon_{cu} E_f A_f$$

求出混凝土等效受压区高度 x 后，运用式（6-58）便可以求出此破坏模式下的受弯承载力。

3）FRP 被拉断破坏

当 $A_f < A_{fb}$ 时，发生 FRP 筋被拉断破坏模式，在此破坏模式下，FRP 被拉断，$\varphi_f > 1$ 时，$\varphi_f = 1$，受拉钢筋屈服，受压区边缘混凝土未达到极限压应变。运用式（6-57）与式（6-58）可以分别求出 x 与 $M_{d,r}$。

6.3.2 双筋矩形截面受弯承载力计算

双筋矩形正截面承载力计算的基本假定与单筋矩形截面相同，在此不再赘述。

（1）界限破坏的加固梁正截面承载力计算公式

图 6-12 为破坏模式下截面受力状态分析图，图中 a'_s 为受压钢筋到截面受拉区边缘的距离；A'_s 为受压钢筋的截面面积。

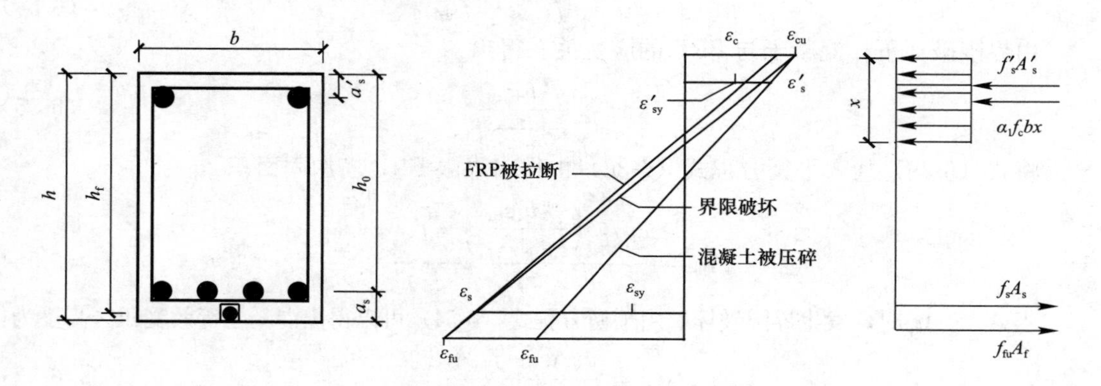

图 6-12　破坏模式下截面受力状态分析图

由图 6-12 分析得出截面的力平衡方程为：

$$\alpha_1 f_c bx + f'_y A'_s = f_y A_s + f_{fu} A_f \tag{6-61}$$

由界限破坏下，混凝土与 FRP 的应变关系得出：

$$x = \frac{\beta_1 h_f \varepsilon_{cu}}{\varepsilon_{cu} + \varepsilon_{fu}} \tag{6-62}$$

将式（6-62）代入平衡方程式（6-61）中得出界限 FRP 加固面积 A_{fb1}：

$$A_{fb1} = \frac{\alpha_1 f_c b \dfrac{\beta_1 h_f \varepsilon_{cu}}{\varepsilon_{cu} + \varepsilon_{fu}} + f'_y A'_s - f_y A_s}{f_{fu}} \tag{6-63}$$

当 $A_f = A_{fb1}$ 时，发生界限破坏，由平衡方程式（6-45）可得混凝土等效受压区高度：

$$x = \frac{f_y A_s + f_{fu} A_f - f'_y A'_f}{\alpha_1 f_c b} \tag{6-64}$$

对 FRP 合力作用点取矩，得出双筋矩形截面的受弯承载力计算公式为：

$$M_{d,r} = \alpha_1 f_c bx\left(h_f - \frac{x}{2}\right) + f'_y A'_s (h_f - a'_s) - f_y A_s (h_f - h_0) \tag{6-65}$$

(2) 混凝土被压碎破坏的加固梁正截面承载力计算

当 $A_f > A_{fb1}$ 时，发生受压区混凝土被压碎的破坏模式。此破坏模式下，FRP筋未达到极限抗拉强度，受拉钢筋与受压钢筋都达到屈服强度，混凝土受压区边缘达到极限压应变。

将式（6-59）代入平衡方程式（6-61）中得出关于 x 的一元二次方程：

$$\alpha_1 f_c bx^2 + (\varepsilon_{cu} E_f A_f + f'_y A'_s - f_y A_s)x - \beta_1 h_f \varepsilon_{cu} E_f A_f = 0 \tag{6-66a}$$

将方程简化，得：

$$A_1 x^2 + A_2 x + A_3 = 0 \tag{6-66b}$$

式中

$$A_1 = \alpha_1 f_c b$$

$$A_2 = \varepsilon_{cu} E_f A_f + f'_y A'_s - f_y A_s$$

$$A_3 = -\beta_1 h_f \varepsilon_{cu} E_f A_f$$

求出混凝土等效受压区高度 x 后，运用式（6-65）求出此破坏模式下的受弯承载力。

(3) FRP被拉断破坏的加固梁正截面承载力计算

当 $A_f < A_{fb1}$ 时，发生FRP被拉断的破坏模式。在这种破坏模式下，FRP被拉断，受拉钢筋屈服，受压区边缘混凝土没有达到极限压应变，而受压钢筋是否屈服不能确定。当混凝土等效受压区高度 $x = 2a'_s$ 时，受压区钢筋屈服，将此种状态时的FRP加固面积记作 A_{fb2}，把 $x = 2a'_s$ 代入平衡方程式（6-65）中就可得出 A_{fb2}：

$$A_{fb2} = \frac{2\alpha_1 f_c ba'_s + f'_y A'_s - f_y A_s}{\varphi_f f_{fu}} \tag{6-67}$$

所以当 $A_{fb2} \leqslant A_f < A_{fb1}$ 时，发生FRP被拉断的破坏模式，FRP被拉断，受拉钢筋屈服，受压钢筋屈服，受压区边缘混凝土没有达到极限压应变。运用式（6-64）和式（6-65）可以分别求出 x 与 $M_{d,r}$。

当 $A_f < A_{fb2}$ 时，FRP被拉断，受拉钢筋屈服，受压钢筋未屈服，特别是混凝土受压区边缘混凝土压应变小于或等于 ε_0 时，受压钢筋强度利用率低，在此截面受力状态不作分析，只给出截面受弯承载力的近似计算公式，混凝土等效受压区高度 $x < 2a'_s$，混凝土受压区合力作用点在混凝土受压区边缘与受压钢筋合力作用点之间，当受压区保护层厚度不大时，假定受压区混凝土合力作用点与受压钢筋合力作用点重合，对混凝土受压区合力作用点取矩，得出截面的受弯承载力公式为：

$$M_{d,r} = f_y A_s\left(h_0 - \frac{a'_s}{2}\right) + \varphi_f f_{fu} A_f\left(h_f - \frac{a'_s}{2}\right) \tag{6-68}$$

6.4 考虑二次受力影响的加固梁正截面受弯承载力计算分析

根据现有的研究成果[12-18]，很多学者认为在进行内嵌FRP加固计算时，可以忽略二次受力对加固梁极限承载力的影响。在现行标准《混凝土结构加固设计规范》GB 50367和《碳纤维片材加固混凝土结构技术规程》CECS 146中均给出了FRP片材加固混凝土梁受弯承载力计算公式，但未考虑二次受力的影响。实际上，当初始荷载较小的情况下，可以忽略二次受力的影响，而在初始荷载较大的情况下，这种方法就偏于不安全。在加固设计时，考虑二次受力的影响，可对 FRP 的应变值加以修正[15]。

图 6-13 是 4.3 节试验中部分试件沿梁高应变分布情况，由图可以看出，二次受力加固梁基本满足平截面假定。

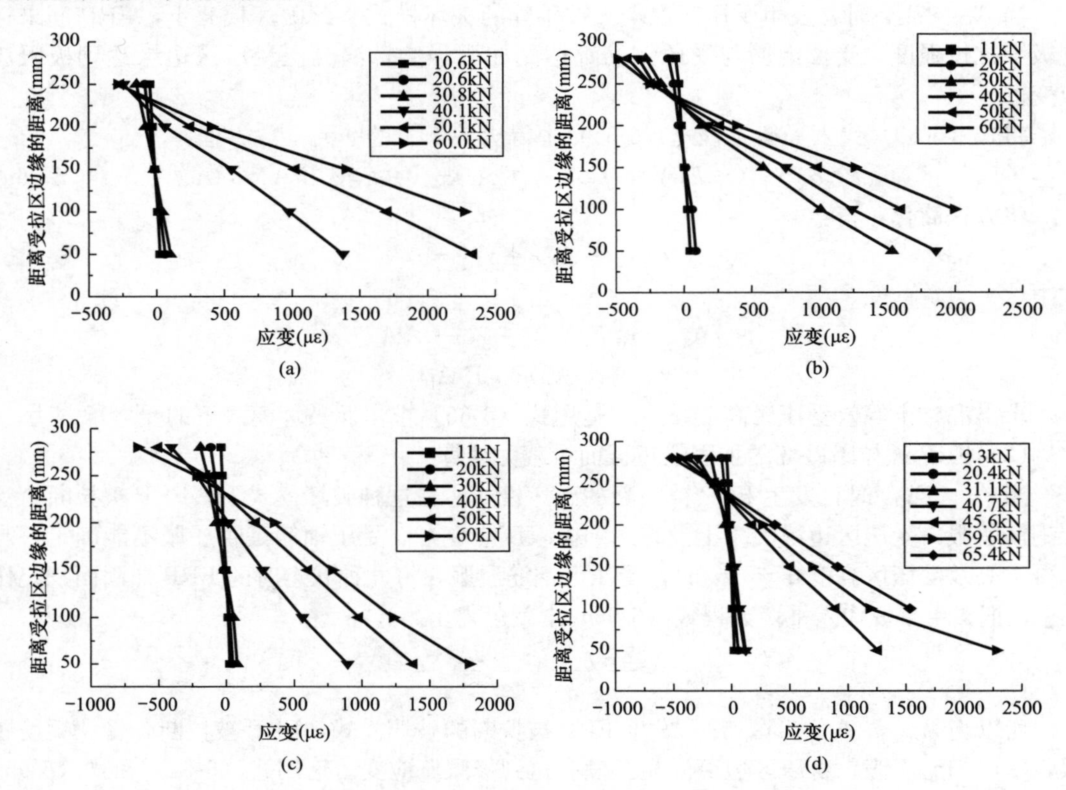

图 6-13 试件沿梁高应变分布情况

(a) 试件 EA3；(b) 试件 EA5；(c) 试件 FA8；(d) 试件 EB8

6.4.1 FRP 筋滞后应变的计算

考虑二次受力影响的加固梁受弯承载力计算的基本假定与 6.3.1 节相同。

(1) 现有滞后应变计算

现行标准《碳纤维片材加固混凝土结构技术规程》CECS 146 给出了滞后应变的计算方法，计算公式为：

$$\varepsilon_{f0}=\frac{h}{h_0}(\varepsilon_{ci}+\varepsilon_{si})-\varepsilon_{ci} \tag{6-69a}$$

$$\varepsilon_{ci}=\frac{M_i}{\zeta E_c b h_0^2} \tag{6-69b}$$

$$\varepsilon_{si}=\frac{\psi}{\eta}\cdot\frac{M_i}{E_s A_s h_0} \tag{6-69c}$$

$$\zeta=\frac{\alpha_E\rho}{0.2+6\alpha_E\rho} \tag{6-69d}$$

$$\psi=1.1-0.65\frac{f_{tk}}{\sigma_{si}\rho_{te}} \tag{6-69e}$$

$$\sigma_{si} = \frac{M_i}{A_s \cdot \eta h_0} \tag{6-69f}$$

式中 M_i——初始弯矩；

ε_{ci}——受压区边缘混凝土压应变；

ε_{si}、σ_{si}——受拉钢筋的拉应变、拉应力；

ζ——受压区边缘混凝土平均应变综合系数；

ψ——裂缝间受拉钢筋应变不均匀系数；

η——内力臂系数，取0.87；

E_c、E_s——混凝土、钢筋的弹性模量；

α_E——钢筋弹性模量与混凝土弹性模量的比值；

ρ——受拉钢筋配筋率；

ρ_{te}——以有效受拉混凝土截面面积计算的纵向受拉钢筋配筋率，取$\frac{A_s}{A_{te}}$；

A_s——纵向受拉钢筋配筋率；

A_{te}——以有效受拉混凝土截面面积；对矩形截面受弯构件取$0.5bh$。

(2) 内嵌FRP筋加固梁滞后应变计算

混凝土梁在初始荷载M_i作用下一般已经出现裂缝，此时受拉钢筋没有屈服，受压区混凝土已经表现出塑性性质，但未达到峰值应变ε_0，本节考虑到混凝土实际受压区应力状态，计算时取混凝土应力-应变关系为非线性关系，其应力-应变沿梁高分布如图6-14所示。

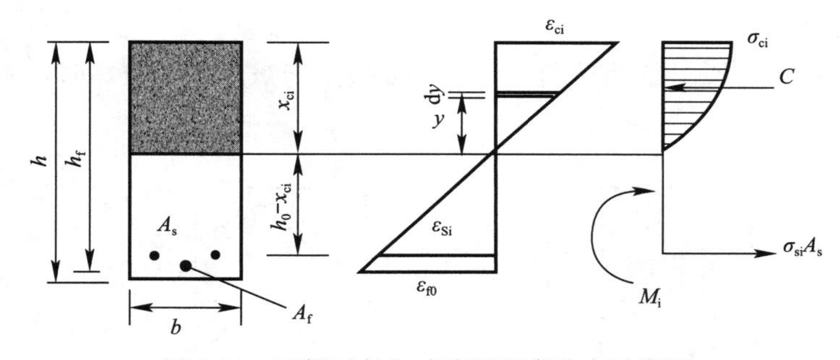

图6-14 正截面应力-应变沿梁高分布示意图

由平截面假定，可得应变截面几何关系：

$$\sigma_c = \varepsilon_{ci} \frac{h_0 - x_{ci}}{x_{ci}} \tag{6-70}$$

对受压区混凝土压应力进行积分，可求得受压区混凝土产生的合力C为：

$$C = \int_0^{x_{ci}} f_c \left[1 - \left(1 - \frac{\varepsilon_c}{\varepsilon_0}\right)^2\right] b\mathrm{d}y = \int_0^{x_{ci}} f_c \left[1 - \left(1 - \frac{\varepsilon_{ci} y}{\varepsilon_0 x_{ci}}\right)^2\right] b\mathrm{d}_y = f_c b x_{ci} \left[\frac{\varepsilon_{ci}}{\varepsilon_0} - \frac{1}{3}\left(\frac{\varepsilon_{ci}}{\varepsilon_0}\right)^2\right] \tag{6-71}$$

合力C作用点距离受压混凝土边缘的距离为：

$$y = \frac{4\varepsilon_0 - \varepsilon_{ci}}{12\varepsilon_0 - 4\varepsilon_{ci}} x_{ci} \tag{6-72}$$

钢筋产生的合力为：

$$T = \sigma_{si} A_{si} = E_{si} \varepsilon_{si} A_s = E_s A_s \frac{h_0 - x_{ci}}{x_{ci}} \varepsilon_{ci} \tag{6-73}$$

根据力的平衡关系和弯矩平衡条件，有：

$$\begin{cases} C = T \\ T \times h_0 - C \times y_{ci} = M_i \end{cases} \tag{6-74}$$

将式（6-71）、式（6-72）和式（6-73）代入式（6-74）中，解方程可以求得未知量 x_{ci} 和 ε_{ci}，然后根据平截面假定可以求得 FRP 的滞后应变：

$$\varepsilon_{f0} = \frac{\varepsilon_{ci}(h_f - x_{ci})}{x_{ci}} \tag{6-75}$$

6.4.2　二次受力加固梁受弯承载力计算

在实际设计中，首先要确定加固梁的破坏模式，然后计算加固梁的承载力。根据以往的研究成果，二次受力 FRP 筋加固混凝土梁的破坏形式有 5 种类型：

（1）FRP 筋被拉断，受拉钢筋屈服，受压区混凝土未被压碎；

（2）FRP 筋未被拉断，受拉钢筋屈服，受压区混凝土被压碎；

（3）FRP 筋未被拉断，受拉钢筋未屈服，受压区混凝土被压碎；

（4）FRP 筋与混凝土之间发生粘结破坏；

（5）混凝土和胶体界面发生剥离破坏。

其中第 1 种和第 2 种破坏形式可认为适筋破坏，第 3 种破坏形式相当于超筋破坏，在设计中通过限制最大加固量来避免，第 4、第 5 种破坏采用构造措施加以防止。本节针对前两种破坏类型，建立了相应的正截面承载力计算公式。

（1）第 1 种破坏

受拉钢筋屈服后，FRP 筋被拉断，受压区混凝土未被压碎。破坏时，有 $\varepsilon_c < \varepsilon_{cu}$，$\varepsilon_s \geqslant \varepsilon_y$，$\varepsilon_f = \varepsilon_{fu}$，计算简图如图 6-15 所示。

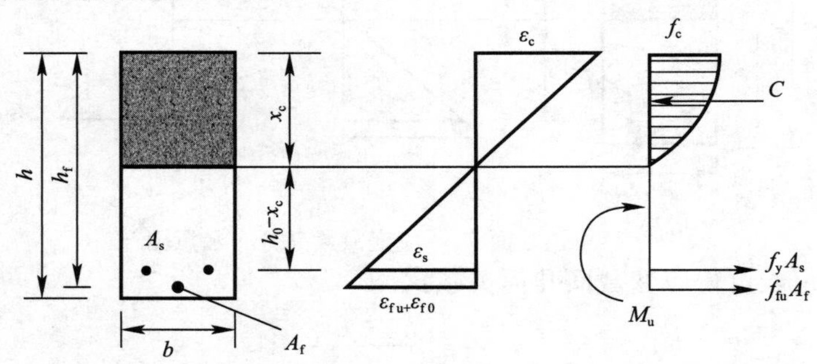

图 6-15　第 1 种破坏模式时截面的计算简图

根据平截面假定，有：

$$x_c = \frac{\varepsilon_c}{\varepsilon_c + \varepsilon_{fu} + \varepsilon_{f0}} h_f \tag{6-76}$$

1）当 $\varepsilon_c < \varepsilon_0$，$\varepsilon_s \geqslant \varepsilon_y$，$\varepsilon_f = \varepsilon_{fu}$ 时，根据式（6-71）可求得受压区混凝土产生的合力：

$$C = f_c b x_c \left[\frac{\varepsilon_c}{\varepsilon_0} - \frac{1}{3}\left(\frac{\varepsilon_c}{\varepsilon_0}\right)^2\right] \tag{6-77}$$

合力 C 作用点离受压区混凝土边缘的距离按式（6-72）计算。

由力的平衡关系，可得：

$$C = f_y A_s + f_{fu} A_f \tag{6-78}$$

联立式（6-76）和式（6-77）可求出混凝土受压区高度 x_c 和受压区边缘混凝土应变 ε_c。

2）当 $\varepsilon_0 < \varepsilon_c \leqslant \varepsilon_{cu}$，$\varepsilon_s \geqslant \varepsilon_y$，$\varepsilon_f = \varepsilon_{fu}$ 时，对受压区混凝土压应力积分，则受压区混凝土产生的合力 C 为：

$$C = f_c b x_0 + \int_0^{x_c - x_0} f_c \left[1 - \left(1 - \frac{\varepsilon_c}{\varepsilon_0}\right)^2\right] b\mathrm{d}y = f_c b x_c \left(1 - \frac{\varepsilon_0}{3\varepsilon_c}\right) \tag{6-79}$$

合力 C 作用点到受压区混凝土边缘的距离为：

$$y_c = \left[1 - \frac{6 - \left(\frac{\varepsilon_0}{\varepsilon_c}\right)^2}{12 - 4\frac{\varepsilon_0}{\varepsilon_c}}\right] x_c \tag{6-80}$$

由力的平衡关系，可得：

$$f_c b x_c \left(1 - \frac{\varepsilon_0}{3\varepsilon_c}\right) = f_y A_s + f_{fu} A_f \tag{6-81}$$

联立式（6-76）和式（6-79），可求得混凝土受压区高度 x_c 和受压区边缘混凝土应变 ε_c。

对混凝土合力点取矩，可以求得此破坏模式下加固梁的极限承载力 M_u：

$$M_u = f_y A_s (h_0 - y_c) + f_{fu} A_f (h_f - y_c) \tag{6-82}$$

（2）第 2 种破坏

受压区混凝土被压碎，受拉钢筋已屈服，FRP 筋未被拉断。破坏时有：$\varepsilon_c = \varepsilon_{cu}$，$\varepsilon_s \geqslant \varepsilon_y$，$\varepsilon_f < \varepsilon_{fu}$，混凝土受压区应力可以转化为等效矩形应力，等效矩形应力图的应力值为 $\alpha_1 f_c$，高度为 $\beta_1 x_c$，系数 α_1 是受压区混凝土矩形应力图的应力值与混凝土轴心抗压强度设计值的比值；系数 β_1 是矩形应力图受压区高度 x 与中和轴高度 x_c 的比值，其计算简图如图 6-16 所示。

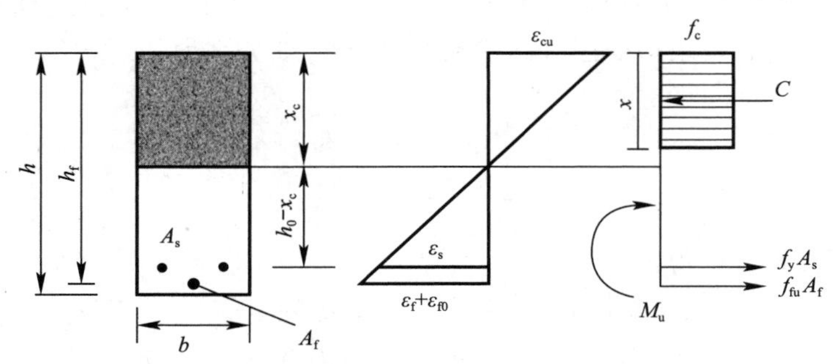

图 6-16　第 2 种破坏模式时截面的计算简图

根据平截面假定，有：

$$x = \beta_1 x_c = \frac{\beta_1 \varepsilon_{cu}}{\varepsilon_{cu} + \varepsilon_f + \varepsilon_{fo}} h_f \tag{6-83}$$

由力的平衡关系，可得：

$$\alpha_1 f_c b x = f_y A_s + E_f \varepsilon_f A_f \tag{6-84}$$

联立式（6-83）和式（6-84），可求解得到混凝土受压区高度 x，对 FRP 筋合力点取矩，可求得该破坏模式下加固梁正截面承载力 M_u：

$$M_u = \alpha_1 f_c bx\left(h_f - \frac{x}{2}\right) - f_y A_s (h_f - h_0) \tag{6-85}$$

6.4.3 FRP 界限加固量

（1）FRP 筋最小加固量

在不考虑粘结剥离破坏时，加固梁达到破坏时，混凝土达到极限压应变或 FRP 筋达到极限拉应变，若混凝土压碎和 FRP 筋拉断同时发生，则此时破坏模式处于界限状态。假设此时 FRP 筋的加固量为 $A_{f,min}$，当 $A_f > A_{f,min}$ 时，加固梁破坏时，混凝土被压碎，FRP 筋未拉断；当 $A_f \leqslant A_{f,min}$ 时，加固梁破坏时，FRP 筋拉断，混凝土未压碎。为了防止加固梁出现 FRP 筋被拉断的脆性破坏，FRP 筋的加固量应该大于 $A_{f,min}$，因此 $A_{f,min}$ 为 FRP 筋的最小加固量。计算简图如图 6-16 所示。

根据平截面假定，可求得混凝土受压区高度为：

$$x = \beta_1 x_c = \frac{\beta_1 \varepsilon_{cu}}{\varepsilon_{cu} + \varepsilon_{fu} + \varepsilon_{fo}} h_f \tag{6-86}$$

由力的平衡关系，可得：

$$\alpha_1 f_c bx = f_y A_s + E_f \varepsilon_{fu} A_{f,min} \tag{6-87}$$

联立式（6-86）和式（6-87）可求得 FRP 筋最小加固量 $A_{f,min}$。

$$A_{f,min} = \frac{\alpha_1 f_c bx - f_y A_s}{E_f \varepsilon_{fu}} \tag{6-88}$$

（2）FRP 筋最大加固量

当 $\varepsilon_c = \varepsilon_{cu}$，$\varepsilon_s = \varepsilon_y$，$\varepsilon_f \leqslant \varepsilon_{fu}$ 时，受压区混凝土被压碎，同时受拉钢筋屈服，此时 FRP 筋的加固量即为最大加固量 $A_{f,max}$。当 $A_{f,min} < A_f \leqslant A_{f,max}$ 时，受拉钢筋已经屈服，加固梁发生第 2 种破坏形式；$A_f > A_{f,max}$ 时，受拉钢筋未屈服，加固梁发生第 3 种破坏形式。下面给出 $A_{f,max}$ 的求解方法，其计算简图如图 6-16 所示，图中 ε_s 取钢筋屈服应变 ε_y。

根据平截面假定，可求得受压区高度和 FRP 筋应变分别为：

$$x = \beta_1 x_c = \frac{\beta_1 \varepsilon_{cu}}{\varepsilon_{cu} + \varepsilon_y} h_0 \tag{6-89}$$

$$\varepsilon_f = \frac{h_f - x_c}{x_c} \varepsilon_{cu} - \varepsilon_{f0} \tag{6-90}$$

由力的平衡关系，可得：

$$\alpha_1 f_c bx = f_y A_s + E_f \varepsilon_f A_{f,max} \tag{6-91}$$

$$A_{f,max} = \frac{\alpha_1 f_c bx - f_y A_s}{E_f \varepsilon_f} \tag{6-92}$$

6.4.4 算例验证

根据上述计算方法，对 4.3 节试验中的部分试件进行计算，得到加固梁的受弯承载力，见表 6-3。表中，计算值/试验值的平均值为 0.945，标准差为 0.018，变异系数为 1.9%，可以看出，计算值与试验值吻合较好，计算误差较小，且计算值偏于保守。

部分试验梁的受弯承载力计算值与试验值对比　　　表 6-3

梁号	计算值（kN）	试验值（kN）	计算值/试验值
DB0	69.40	72.4	0.959
EA0	98.66	107.7	0.916
EA3	98.63	105.6	0.934
EA5	97.74	104.6	0.934
EA6.5	97.49	101.8	0.958
EA8	97.26	102.0	0.954
FA8	106.17	112.1	0.947
GA8	119.14	130.6	0.912

6.5　加固梁正常使用阶段验算方法

试验研究表明，经过内嵌 FRP 筋加固后，受弯构件的平均裂缝间距与最大裂缝宽度都显著减小。本节主要研究二次受力下内嵌 FRP 筋加固混凝土梁在正常使用阶段平均裂缝间距、最大裂缝宽度、刚度和挠度的计算方法。

6.5.1　平均裂缝间距计算方法

图 6-17 为构件裂缝间单元受力模型，裂缝截面处的钢筋应力和 FRP 筋应力分别为 σ_{s1}、σ_{f1}；即将开裂截面的钢筋应力、FRP 筋应力和混凝土拉应力分别为 σ_{s2}、σ_{f2} 和 f_t；FRP 筋与混凝土、钢筋与混凝土间的平均粘结应力分别为 τ_{fm} 和 τ_{sm}；未加固的钢筋混凝土梁和加固后的钢筋混凝土梁平均裂缝间距分别为 l_{sm} 和 l_{fm}；η_c 为混凝土内力臂系数；A_s、A_f 为钢筋和 FRP 筋截面面积；d 为钢筋直径，d_f 为 FRP 筋的直径；a 为钢筋形心与 FRP 筋形心之间的距离。

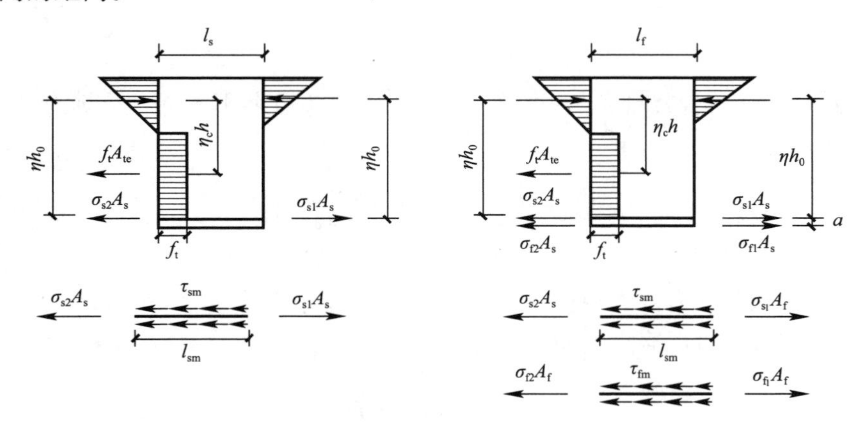

图 6-17　构件裂缝间单元受力模型

根据该受力模型可以建立平均裂缝间距计算模型，对于未加固的混凝土梁，由截面平衡条件可得：

$$\sigma_{s1}A_s\eta h_0 - \sigma_{s2}A_s\eta h_0 = f_tA_{te}\eta_c h \tag{6-93}$$

由未加固梁钢筋的平衡条件可得：

$$\sigma_{s1}A_s-\sigma_{s2}A_s=\tau_{sm}l_{sm}\frac{4A_s}{d} \tag{6-94}$$

对于加固混凝土梁，由截面平衡条件可得：

$$\sigma_{s1}A_s\eta h_0-\sigma_{s2}A_s\eta h_0+\sigma_{f1}A_f(\eta h_0+a)-\sigma_{f2}A_f(\eta h_0+a)=f_tA_{te}\eta_ch \tag{6-95}$$

由 FRP 筋的平衡条件可得：

$$\sigma_{f1}A_f-\sigma_{f2}A_f=\tau_{fm}l_{fm}\frac{4A_f}{d_f} \tag{6-96}$$

加固梁钢筋的平衡条件为：

$$\sigma_{s1}A_s-\sigma_{s2}A_s=\tau_{sm}l_{fm}\frac{4A_s}{d} \tag{6-97}$$

联立式（6-95）和式（6-97）可得：

$$\sigma_{s1}A_s-\sigma_{s2}A_s+\sigma_{f1}A_f-\sigma_{f2}A_f=\tau_{fm}l_{fm}\frac{4A_f}{d_f}+\tau_{sm}l_{fm}\frac{4A_s}{d} \tag{6-98}$$

将式（6-93）～式（6-98）联立可得到：

$$\frac{l_{sm}}{l_{fm}}=1+\frac{\tau_{fm}}{\tau_{sm}}l_{sm}\frac{d_f}{d}\left(\frac{\eta h_0+\alpha}{\eta h_0}\right) \tag{6-99}$$

其中，根据钢筋与混凝土之间粘结性能的研究和大量试验数据的分析[19-27]，取 $\tau_{fm}/\tau_{sm}=0.315$；参考工程常用保护层厚度和截面高度，近似取$\frac{\eta h_0+\alpha}{\eta h_0}=1.1$；内力臂系数参照《混凝土结构设计规范》GB 50010—2010（2015 年版）取 $\eta=0.87$。

令 $\beta=\frac{\tau_{fm}}{\tau_{sm}}\cdot\frac{d_f}{d}\cdot\left(\frac{\eta h_0+\alpha}{\eta h_0}\right)$，将确定的参数代入，可得加固影响系数 β：

$$\beta=1.1\times0.315\frac{d_f}{d} \tag{6-100}$$

由式（6-99）可得：

$$l_{fm}=l_{sm}\frac{1}{1+\beta} \tag{6-101}$$

根据《混凝土结构设计规范》GB 50010—2010（2015 年版）可知普通钢筋混凝土梁平均裂缝间距表达式为：

$$l_{sm}=1.9c+0.08\frac{d_{te}}{\rho_{te}} \tag{6-102}$$

式中　c——保护层厚度；

d_{te}——受拉钢筋的有效直径；

ρ_{te}——按有效受拉混凝土面积计算的配筋率。

$$\rho_{te}=\frac{A_s+A_f\frac{E_f}{E_s}}{A_{te}} \tag{6-103}$$

对于矩形构件，$A_{te}=0.5bh$。

由于持载加固和卸载加固都会对裂缝性能产生一定的影响，所以对于二次受力构件，需要在裂缝间距公式中考虑二次受力影响系数 α[28]，对其进行修正。

$$l_{\mathrm{fm}}=\alpha\frac{l_{\mathrm{sm}}}{1+\beta} \tag{6-104}$$

以初始荷载和对比梁的屈服荷载的比值作为主要参数进行线性拟合，如图 6-18 所示，可以得到二次受力影响系数 α 的计算公式：

$$\alpha=0.301\frac{p}{p_{\mathrm{y}}}+0.995\quad(p\leqslant p_{\mathrm{y}}) \tag{6-105}$$

式中　当 $\alpha<1$ 时，取 $\alpha=1$；

p——初始荷载；

p_{y}——对比梁 DB0 的屈服荷载。

根据式（6-105）可以求得不同初始荷载下的二次受力影响系数，见表 6-4。

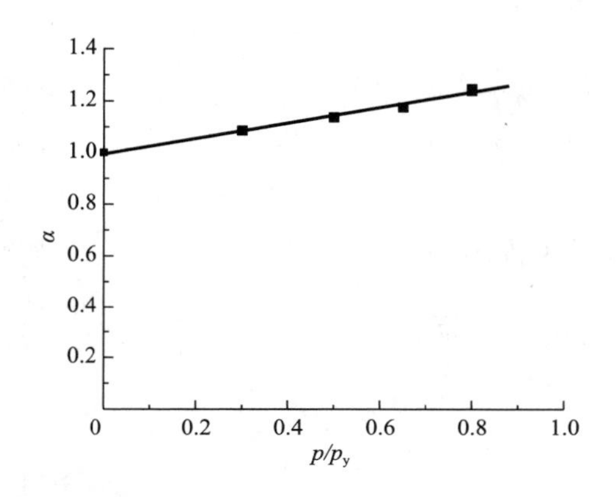

图 6-18　二次受力影响系数拟合曲线

二次受力影响系数　　表 6-4

p/p_{y}	α
0	1
0.30	1.085
0.50	1.146
0.65	1.191
0.80	1.236

将 4.3 节的试验结果代入上述公式进行验证，结果见表 6-5，计算值/试验值的平均值为 0.999，标准差为 0.017，变异系数为 1.7%，可以看出：该计算方法可以准确计算考虑二次受力影响的内嵌 FRP 筋加固混凝土梁的平均裂缝间距。

各试验梁平均裂缝间距计算值与试验值对比　　表 6-5

梁编号	计算值（mm）	试验值（mm）	计算值/试验值
DB0	187.2	193.1	0.969
EA0	148.3	144.7	1.025
EA3	160.9	157.1	1.024
EA5	170.0	163.9	1.037
EA6.5	176.6	170.2	1.038
EA8	183.3	179.5	1.021
EA8-0	183.3	180.4	1.016
EA8-5	183.3	185.3	0.989
FA8	173.5	182.3	0.952
GA8	163.9	178.5	0.918

6.5.2　裂缝宽度的计算方法

平均裂缝宽度 ω_{m} 等于构件裂缝区段内钢筋的平均伸长与相应水平处构件侧表面混凝

土平均伸长的差值，即：

$$\omega_m = \varepsilon_{sm} l_{sm} - \varepsilon_{cm} l_{sm} = \varepsilon_{sm}\left(1 - \frac{\varepsilon_{cm}}{\varepsilon_{sm}}\right) l_{sm} \tag{6-106}$$

式中 ε_{sm}——纵向受拉钢筋的平均应变；

ε_{cm}——与纵向受拉钢筋相同水平处侧表面混凝土的平均拉应变。

令

$$\alpha_c = 1 - \frac{\varepsilon_{cm}}{\varepsilon_{sm}} \tag{6-107}$$

式中 α_c——裂缝间混凝土自身伸长对裂缝宽度的影响系数。

在一般情况下，α_c变化不大，对于裂缝开展宽度的影响也不大。因此，为了简化计算，参照文献［29］取 α_c=0.85。则：

$$\omega_m = \alpha_c \psi \frac{\sigma_{sq}}{E_s} l_{sm} = 0.85 \psi \frac{\sigma_{sq}}{E_s} l_{sm} \tag{6-108}$$

（1）钢筋应力

由截面平衡条件可得：

$$M = \sigma_{sq} A_s \eta h_0 + E_f \varepsilon_f A_f (\eta h_0 + \alpha) \tag{6-109}$$

$$M = \sigma_{sq} A_s \eta h_0 \left[1 + \frac{E_f A_f \varepsilon_f}{E_s A_s \varepsilon_s}(1 + \frac{\alpha}{\eta h_0})\right] \tag{6-110}$$

令 $\gamma_f = 1 + \frac{E_f A_f \varepsilon_f}{E_s A_s \varepsilon_s}\left(1 + \frac{\alpha}{\eta h_0}\right)$，则：

$$\sigma_{sq} = \frac{M}{\gamma_f A_s \eta h_0} \tag{6-111}$$

根据大量的研究表明，内力臂系数和 $\varepsilon_f/\varepsilon_s$变化范围不大，可以取为常数，本节取 $\frac{\varepsilon_f}{\varepsilon_s}$ = 1.1[30]，η=0.87。故可得：

$$\gamma_f = 1.1\left(1 + 1.15\frac{\alpha}{h_0}\right)\frac{E_f A_f}{E_s A_s} \tag{6-112}$$

（2）纵向钢筋应变不均匀系数

纵向钢筋应力不均匀系数 ψ 反映了受拉区混凝土参与受拉工作程度，根据定义可得到与未加固混凝土梁相同的表达式：

$$\psi = 1.1\left(1 - \frac{M_c}{M}\right) \tag{6-113}$$

其中，M_c 为混凝土开裂弯矩，按照未加固混凝土梁计算可以取为：

$$M_c = 0.8[0.5bh + (b_f - b)h_f] f_{tk} \eta_c h \tag{6-114}$$

式中 b_f——混凝土受拉翼缘截面宽度；

h_f——截面腹板高度；

$\eta_c h$——受拉区混凝土合力作用点至受压区压力作用点距离；

f_{tk}——混凝土抗拉强度标准值。

$$\eta_c h = 0.67 \eta h \tag{6-115}$$

FRP 筋加固钢筋混凝土梁在正常使用阶段的 M 值可表示为：

$$M = \sigma_f A_f (\eta h_0 + \alpha) + \sigma_{sq} A_s \eta h_0 \tag{6-116}$$

进一步可以表示为：

$$M=\sigma_{sq}(A_s+A_f)\eta h_0\left\{1+\frac{A_f}{A_s+A_f}\left[\frac{\varepsilon_f}{\varepsilon_s}\frac{E_f}{E_s}\left(1+\frac{\alpha}{\eta h_0}\right)-1\right]\right\} \tag{6-117}$$

取 $\rho_{te}=\dfrac{A_s+A_f}{0.5bh+(b_f-b)h_f}$，并近似取 $\dfrac{h}{h_0}=1.1$，$\eta=0.87$，联立式（6-113）～式（6-117），可以求得纵向钢筋应变不均匀系数：

$$\psi=1.1-\frac{0.65f_{tk}}{\sigma_{sq}\rho_{te}\left[1+\dfrac{A_f}{A_s+A_f}\left(1.226\dfrac{E_f}{E_s}-1\right)\right]} \tag{6-118}$$

（3）最大裂缝宽度

在短期荷载作用下，最大裂缝宽度可根据平均裂缝宽度乘以裂缝宽度扩大系数 τ 得到，根据未加固梁的统计结果取 $\tau=1.66$，因此，内嵌FRP筋加固混凝土梁短期荷载下最大裂缝宽度计算公式为：

$$\omega_{max}=\tau\omega_m=1.41\psi\frac{\sigma_{sq}}{E_s}l_{fm} \tag{6-119}$$

按照式（6-119）计算得到的加固梁最大裂缝宽度 ω_{max} 与试验得到的最大裂缝宽度 ω_{max}' 的对比列于表6-6。计算值/试验值的平均值为0.766，标准差为0.044，计算值与试验值相比偏小，计算值相对保守，尚需进一步研究。

各试件裂缝计算值和试验值的比较　　**表6-6**

梁编号	M（kN·m）	计算值（mm）	试验值（mm）	计算值/试验值
DB0	17.5	0.319	0.41	0.778
EA0	17.5	0.215	0.29	0.741
EA3	17.5	0.233	0.28	0.832
EA5	17.5	0.249	0.25	0.996
EA6.5	17.5	0.258	0.31	0.832
EA8	17.5	0.268	0.38	0.705
FA8	17.5	0.246	0.37	0.665
GA8	17.5	0.223	0.35	0.637

6.5.3　短期刚度计算方法

（1）加固前刚度计算

按照《混凝土结构设计规范》GB 50010—2010（2015年版）可求得未加固混凝土梁短期截面弯曲刚度 B_s 的计算公式：

$$B_{s1}=\frac{E_sA_sh_0^2}{1.15\psi_1+0.2+6\alpha_E\rho} \tag{6-120}$$

$$\psi_1=1.1-0.65\frac{f_{tk}}{\rho_{te}\sigma_{s1}} \tag{6-121}$$

$$\sigma_{s1}=\frac{M_{k1}}{0.87h_0A_s} \tag{6-122}$$

（2）加固后刚度计算

在钢筋受力发生屈服前，可假定钢筋和FRP筋的变形均为弹性变化，可以近似地认为FRP筋和钢筋的作用是相同的，计算时将FRP筋换算为等效的钢筋面积，采用普通钢筋混凝土梁的刚度计算公式计算加固后梁的刚度。

根据截面的几何关系有：

$$\frac{\varepsilon_s}{\varepsilon_f}=\frac{(1-D)h_0}{(1-D)h_0+\alpha} \tag{6-123}$$

$$A_{换}=\frac{E_f}{E_s}\frac{\eta h_0+a_s}{\eta h_0}\frac{(1-D)h_0+\alpha}{(1-D)h_0}A_f \tag{6-124}$$

式中 D——截面实际受压区高度与截面有效高度的比值；

$A_{换}$——FRP 筋换算的等效钢筋面积。

根据试验梁截面尺寸，近似取 $D=0.4$，$\eta=0.87$，$\alpha=0.2h_0$，则 FRP 筋的换算截面面积可简化为：

$$A_{换}=1.64\frac{E_f}{E_s}A_f \tag{6-125}$$

由式（6-109）、式（6-123）～式（6-125）联立可以得到：

$$M=E_s\varepsilon_s(A_s+A_{换})\eta h_0 \tag{6-126}$$

以矩形截面梁为例，加固梁在正常使用阶段的刚度按下式计算：

$$B_s=\frac{E_s(A_s+A_{换})h_0^2}{1.15\psi+0.2+6\alpha_E\rho} \tag{6-127}$$

$$\psi=1.1-0.65\frac{f_{tk}}{\rho_{te}\sigma_{sk}} \tag{6-128}$$

$$\rho_{te}=\frac{A_s+A_{换}}{A_{te}} \tag{6-129}$$

$$\sigma_{sk}=\frac{M}{(A_s+A_{换})\eta h_0} \tag{6-130}$$

式中 ψ——裂缝间纵向受拉钢筋应变不均匀系数；

σ_{sk}——在外荷载作用下纵向受拉钢筋的应力；

ρ_{te}——纵向受拉钢筋配筋率，其值的确定应该按照有效受拉混凝土截面面积计算；

A_{te}——受拉混凝土的有效截面面积，当受弯构件截面为矩形截面时 $A_{te}=0.5bh$。

采用 FRP 筋加固后，FRP 筋起到了减小相应荷载作用下钢筋应力的作用。在相同荷载作用下，一定程度上也减小了加固梁的挠度。当加固梁有初始荷载作用时，BFRP 对减小钢筋应力也起到了一些作用。根据试验研究结果，对于二次受力加固梁，在加固后刚度的计算应该考虑初始荷载的影响。

由力矩平衡条件可得：

$$M+E_f\varepsilon_f A_f\eta h_0=E_s\varepsilon_s(A_s+A_{换})\eta h_0 \tag{6-131}$$

对于有初始荷载的矩形截面梁在该阶段的刚度计算仍可按式（6-127）～式（6-130）计算，但在式（6-130）中应加入 FRP 筋滞后应变的影响，即：

$$\sigma_{sk}=\frac{M+E_f\varepsilon_{f0}A_f\eta h_0}{(A_s+A_{换})\eta h_0} \tag{6-132}$$

6.5.4 挠度计算方法

在求得加固梁在对应弯矩 M 下的刚度 B 后，按材料力学中的公式计算加固梁的挠度。我国规范中一直采用“最小刚度原则”计算挠度，加固梁的挠度计算仍然采用该原则，由虚功原理得：

$$f=\sum\int\frac{\bar{M}M_{\mathrm{p}}}{B}\mathrm{d}x \tag{6-133}$$

将试验结果代入，因此可得加固梁跨中挠度计算公式为：

$$f=\frac{23Pl_0^3}{648B_{\mathrm{s}}} \tag{6-134}$$

根据以上公式，求得试件在屈服时的刚度和挠度值，由表 6-7 可知，计算结果和试验结果吻合较好。

试件屈服荷载时跨中挠度计算结果比较　　表 6-7

梁编号	屈服荷载（kN）	计算刚度（$\times10^{12}$N·mm）		计算挠度（mm）	试验挠度（mm）	计算值/试验值
		加固前	屈服时			
DB0	57.4	—	2.41	9.01	9.33	0.966
EA0	62.9	—	2.51	9.46	9.83	0.962
EA3	63.6	—	2.50	9.60	9.60	1.000
EA5	60.4	3.79	2.55	8.96	7.93	1.130
EA6.5	56.5	3.00	2.61	8.19	10.67	0.768
EA8	60.0	2.66	2.52	8.99	8.17	1.100
EB8	62.8	2.66	2.49	9.54	8.37	1.140
EC8	65.4	2.66	2.46	10.05	9.32	1.078
FA8	61.6	2.66	2.59	9.00	9.41	0.956
GA8	67.7	2.66	2.63	9.75	9.03	1.080

6.6　基于修正压应力场理论的加固梁受剪承载力计算

修正压力场理论（Modified Compression Field Theory，简称 MCFT）是由加拿大多伦多大学的 Vecchio 和 Collins 两位教授于 20 世纪 70 年代提出的一种能够有效提高压力场理论计算值精确度的理论[31-33]。MCFT 理论通常将混凝土中的钢筋视为弥散分布，考虑构件开裂后混凝土的残余拉应力作用，通过满足平衡条件、协调条件以及本构关系，计算钢筋混凝土单元的荷载响应。MCFT 理论不仅弥补了压力场理论因忽略了混凝土开裂后拉应力的贡献而导致高估构件变形和低估构件强度这一缺陷，而且还解决了箍筋应变、斜裂缝角度等参量因现有理论计算繁琐所造成的困难，其研究的对象是以剪切破坏为主的混凝土构件[34]。

本节在修正压力场理论的基础之上，考虑了 FRP 筋在加载过程中对试验梁的抗剪性能影响，建立加固梁受剪承载力计算方法。通过计算值与试验值的比较，进一步验证内嵌 FRP 筋加固梁受剪承载力计算公式的正确性。

6.6.1　压力场理论

压力场理论的特点就是假定混凝土开裂后形成的压力场是钢筋混凝土构件的主要荷载传递机制，忽略混凝土开裂后垂直于压力场的拉应力，认为开裂后混凝土的主应力与主应变的方向相一致[35]。该理论不仅能够通过满足平衡条件、变形协调条件和应力-应变关系来预测混凝土构件的受剪及受弯强度，还能较好地表述构件从开裂直至破坏整个过程的荷载-变形情况。

压力场理论的基本假定：

①混凝土在构件发生开裂后，仅考虑梁中受压的弦杆和斜杆；

②假定钢筋与混凝土间无粘结滑移；

③为了确保构件能因钢筋屈服而发生破坏，仅考虑低配筋截面；

④不考虑钢筋的销栓作用；

⑤保证构件不发生局部破坏；

⑥规定了混凝土的压应力和名义剪应力的上限值；

⑦限制混凝土压应力场的倾斜角；

⑧假定混凝土主应力与主应变的方向是相一致的。

（1）混凝土应变协调条件

压力场理论假设混凝土和钢筋之间无相对滑移，即两者具有相同的应变值。压力场理论中混凝土单元的应变常取几条斜裂缝应变的平均值来表示，如图 6-19 所示。

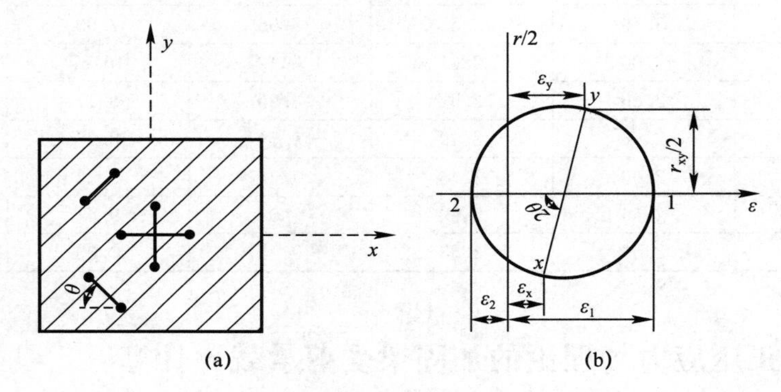

图 6-19 开裂钢筋混凝土的应变协调条件

（a）开裂单元的平均应变；（b）莫尔应变圆

由压力场理论的假定可以得知：

$$\varepsilon_{cx}=\varepsilon_{sx}=\varepsilon_{x} \tag{6-135a}$$

$$\varepsilon_{cy}=\varepsilon_{sy}=\varepsilon_{y} \tag{6-135b}$$

式中 ε_{sx}，ε_{cx}——钢筋、混凝土纵向应变；

ε_{sy}，ε_{cy}——钢筋、混凝土横向应变；

ε_{x}——钢筋混凝土单元平均应变；

ε_{y}——钢筋混凝土单元平均横向应变。

假定钢筋与混凝土材质为均质材料，由莫尔应变圆的几何条件可以得到以下等式。

$$\varepsilon_1=\varepsilon_x+\varepsilon_y-\varepsilon_2 \tag{6-136}$$

$$r_{xy}=(\varepsilon_1-\varepsilon_2)\sin2\theta \tag{6-137}$$

$$\tan2\theta=\frac{2\tan\theta}{1-\tan^2\theta}=\frac{\gamma_{xy}}{\varepsilon_y-\varepsilon_x} \tag{6-138}$$

$$\tan^2\theta=\frac{\varepsilon_x-\varepsilon_2}{\varepsilon_y-\varepsilon_2} \tag{6-139}$$

混凝土的主拉应变 ε_1 和主压应变 ε_2 根据莫尔圆的几何关系，可得：

$$\varepsilon_{1,2}=\frac{\varepsilon_x-\varepsilon_y}{2}\pm\sqrt{\left(\frac{\varepsilon_x-\varepsilon_y}{2}\right)^2+\left(\frac{\gamma_{xy}}{2}\right)^2} \tag{6-140}$$

式中　ε_1——混凝土的主拉应变；

ε_2——混凝土的主拉应变；

γ_{xy}——混凝土的剪切应变。

（2）混凝土构件内力平衡条件

一般情况下，剪力和弯矩是同时存在于混凝土构件上，仅考虑纯剪切破坏的情况。构件受力情况如图 6-20 所示。

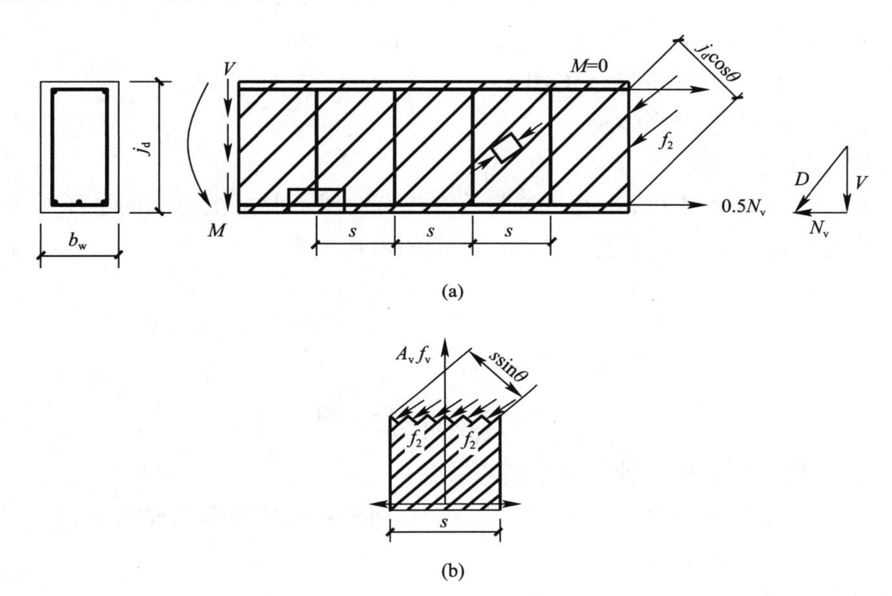

图 6-20　应力平衡模型

（a）受剪混凝土的主应力图；（b）钢筋受力图

1）构件截面内力平衡

由内力平衡条件可得：

$$V=D\sin\theta=(f_2b_wj_d\cos\theta)\sin\theta \tag{6-141}$$

$$f_2=\frac{V}{b_wj_d}\frac{1}{\sin\theta\cos\theta}=\frac{V}{b_wj_d}(\tan\theta+\cot\theta) \tag{6-142}$$

式中　D——截面上混凝土的合力（kN）；

f_2——混凝土的主压应力（MPa）；

θ——混凝土斜裂缝的倾角；

b_w——梁截面的有效抗剪宽度（mm）；

j_d——梁截面的弯矩内力臂长度（mm）。

2）箍筋内力的平衡

$$F_v=A_vf_v=(f_2b_ws\sin\theta)\sin\theta \tag{6-143a}$$

$$\frac{A_vf_v}{s}=\frac{V}{j_d}\tan\theta \tag{6-143b}$$

3）水平方向上的内力平衡

$$F_x = A_x f_x = V\cot\theta \tag{6-144}$$

式中　F_x ——与 D 相应的截面纵向力（kN）；

A_x ——截面上纵筋的截面面积（mm^2）。

若对于配箍率较小的试件，则需要满足：

上弦杆　$$0.5N_v \leqslant A'_{ss} f'_y \tag{6-145a}$$

下弦杆　$$0.5N_v \leqslant A'_{vs} f_y \tag{6-145b}$$

箍筋　$$A_v f_v \leqslant A_{vs} f_{yv} \tag{6-145c}$$

式中　f'_y，f_y，f_{yv} ——上、下弦杆和箍筋的屈服应力（MPa）；

A'_{ss}，A'_{vs}，A_{vs} ——上、下弦杆和箍筋的截面面积（mm^2）；

f_v ——箍筋应力（MPa）。

（3）混凝土及钢筋的本构关系

1）混凝土的本构关系

1982 年，Vecchio 和 Collins 通过试验的方式，发现了混凝土单元的主压应力 f_2、主压应变 ε_2 及主拉应变 ε_1 三者之间的关系，其关系表达式为：

$$f_2 = f_{2\max}\left[2\left(\frac{\varepsilon_2}{\varepsilon'_c}\right) - \left(\frac{\varepsilon_2}{\varepsilon'_c}\right)^2\right] \tag{6-146}$$

其中：

$$\frac{f_{2\max}}{f'_c} = \frac{1}{0.18 + 170\varepsilon_1} \leqslant 1.0 \tag{6-147}$$

式中　f'_c——混凝土圆柱体单轴抗压达到的强度；

ε'_c ——混凝土单轴受压峰值强度所对应的压应变，其值通常为取 0.002；

$f_{2\max}$ ——混凝土单元的最大主压应力。

2）钢筋的本构关系

压力场理论假定钢筋仅受轴线方向上的作用力，与垂直于其轴线方向的剪力无关，故其本构关系曲线常采用双直线模型。

6.6.2　修正压力场理论

压力场理论因假定混凝土开裂后的主拉应力为 0，从而使所得结果中的挠度增大承载力变小。而实际上在混凝土开裂后，裂缝之间还存有一定量的残余拉应力，该拉应力对影响构件的承载力有一定作用。修正压力场理论正是考虑了裂缝间的残余拉应力，弥补了压力场理论上的缺陷，使得计算结果与试验结果吻合更好。

修正压力场理论的基本假设[36]：

①假定钢筋在混凝土里均匀分布；

②假定混凝土中的裂缝均匀分布；

③假定剪应力、正应力均匀分布；

④假定开裂混凝土有其自身的应力-应变关系；

⑤应变与应力是唯一对应的；

⑥假定混凝土的应力、应变按平均值概念来描述；

⑦混凝土和钢筋间无粘结滑移现象；

⑧主应力和主应变的方向一致；

⑨假定不考虑钢筋的剪应力。

对于假定中的第⑧条，由于混凝土为非弹性体，故当构件变形较大时，其混凝土的主应力方向和主应变方向存在一定的偏差。Vecchio 和 Collins 两人通过试验的研究及理论分析发现，混凝土的主压应力和主压应变的角度相差10°左右。MCFT理论假定两者角度相一致，即 $\theta_c = \theta$。

（1）混凝土应力协调条件

在混凝土开裂之后，裂缝间混凝土的残余拉应力达到了最大值。构件的轴向拉应力主要由钢筋承担，其剪应力由混凝土承担。相对于压力场理论，修正压力场理论的平衡方程充分考虑了拉应力的作用，如图6-21所示。

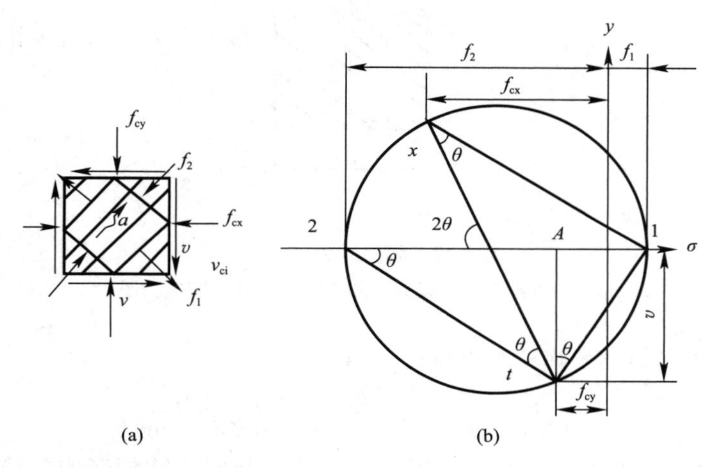

图6-21 混凝土单元及应力莫尔圆

（a）脱离体；（b）混凝土应力圆

由图6-21（b）中混凝土莫尔应力圆的几何条件得：

$$f_1 + f_2 = v(\tan\theta + \cot\theta) \tag{6-148}$$

式中 θ——斜裂缝的倾斜角度；

f_1、f_2——混凝土的主拉应力、主压应力（MPa）；

v——混凝土构件的平均剪应力（MPa）。

假定剪应力在混凝土构件截面上均匀分布，即可得；

$$v = \frac{V}{b_w j_d} \tag{6-149a}$$

$$v = \frac{f_1 + f_2}{\tan\theta + \cot\theta} \tag{6-149b}$$

（2）混凝土内力平衡条件

图6-22中的计算单元由竖向力的平衡可得：

$$\sum F_Y = 0 \qquad A_v f_v + (f_1 \cos^2\theta - f_2 \sin^2\theta) b_w s + A_f f_f \sin\beta = 0$$

$$f_2 = \frac{A_v f_v + A_f f_f \sin\beta + f_1 b_w s \cos^2\theta}{b_w s \sin^2\theta} \tag{6-150}$$

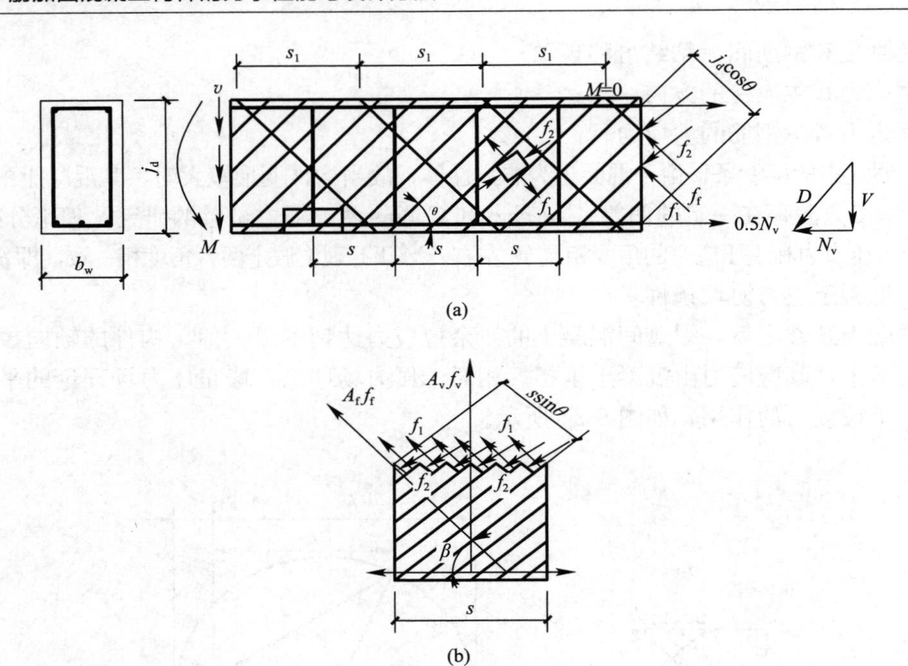

图 6-22 截面应力平衡关系

(a) 加固梁受剪混凝土的主应力图；(b) 钢筋受力图

由式（6-150）和式（6-149b）可得：

$$v=\frac{f_1+f_2}{\tan\theta+\cot\theta}=\frac{f_1b_{\mathrm{w}}s+A_{\mathrm{v}}f_{\mathrm{v}}+A_{\mathrm{f}}f_{\mathrm{f}}\sin\beta}{(\tan\theta+\cot\theta)b_{\mathrm{w}}s\sin^2\theta} \tag{6-151}$$

加固混凝土梁的受剪承载力由剪压区的混凝土、与斜裂缝相交的箍筋和 FRP 筋共同承担：

$$V=V_{\mathrm{c}}+V_{\mathrm{s}}+V_{\mathrm{f}}=f_1b_{\mathrm{w}}j_{\mathrm{d}}\cot\theta+\frac{A_{\mathrm{v}}f_{\mathrm{v}}}{s}j_{\mathrm{d}}\cot\theta+\frac{A_{\mathrm{f}}f_{\mathrm{f}}}{s_1}j_{\mathrm{d}}\sin\beta\cot\theta \tag{6-152}$$

式中 θ——斜裂缝的倾斜角度；

β——FRP 筋的倾斜角度；

f_{f}——FRP 筋的平均拉应力（MPa）；

s_1——FRP 筋间距（mm）。

由水平方向力平衡可得：

$$\sum F_{\mathrm{x}}=0\quad A_{\mathrm{sx}}f_{\mathrm{sx}}+A_{\mathrm{f}}f_{\mathrm{f}}\cos\beta+(f_1\sin^2\theta+f_2\cos^2\theta)b_{\mathrm{w}}j_{\mathrm{d}}=0 \tag{6-153a}$$

即

$$N_{\mathrm{x}}=A_{\mathrm{sx}}f_{\mathrm{sx}}=(f_2\cos^2\theta-f_1\sin^2\theta)b_{\mathrm{w}}j_{\mathrm{d}}-A_{\mathrm{f}}f_{\mathrm{f}}\cos\beta \tag{6-153b}$$

若混凝土构件所受的轴向作用力大小为零，根据内力平衡的条件可得：

$$A_{\mathrm{sx}}f_{\mathrm{sx}}=\frac{A_{\mathrm{v}}f_{\mathrm{v}}}{s}j_{\mathrm{d}}\cot^2\theta+f_1b_{\mathrm{w}}j_{\mathrm{d}}(\cot^2\theta-1)+\frac{A_{\mathrm{f}}f_{\mathrm{f}}}{s}j_{\mathrm{d}}\sin\beta\cot^2\theta \tag{6-154}$$

即可简化为：

$$A_{\mathrm{sx}}f_{\mathrm{sx}}=V\cot\theta-f_1b_{\mathrm{w}}j_{\mathrm{d}}-A_{\mathrm{f}}f_{\mathrm{f}}\cos\beta \tag{6-155}$$

式中 f_{sx}——纵向钢筋的平均应力（MPa）；

A_{sx}——纵向钢筋的截面面积（mm^2）。

（3）混凝土的应变协调条件

修正压力场理论该部分内容与压力场理论的混凝土应变协调条件相同，见6.7.1节。

（4）裂缝处应力的平衡

修正压力场理论将复杂的斜裂缝理想化为平行的两个面考虑裂缝间的应力平衡，与纵向钢筋所成的夹角为 θ。图6-23分别表示裂缝处的混凝土、钢筋的平均应力、FRP筋的平均应力及裂缝间的局部应力。

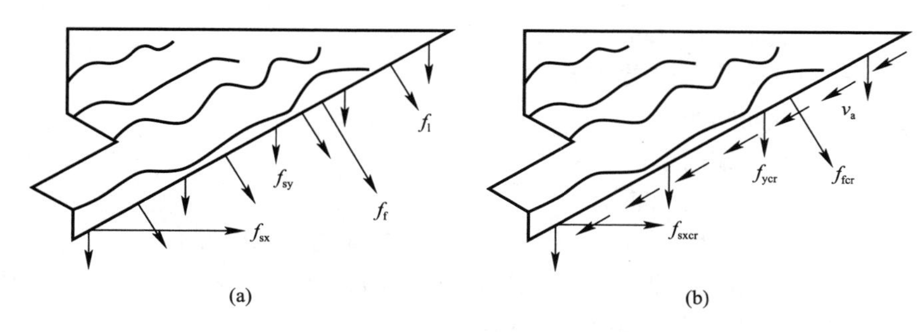

图6-23　裂缝处的剪力传递图

（a）裂缝内的平均应力；（b）裂缝面的局部应力

由裂缝处和裂缝间的应力相等可得：

$$A_v f_v\left(\frac{j_d}{s\tan\theta}\right)+\frac{j_d}{s\tan\theta}A_f f_f\sin\beta+f_1 b_w j_d\cot\theta=A_v f_{ycr}\frac{j_d}{s\tan\theta}+A_f f_{fcr}\frac{j_d}{s\tan\theta}\sin\beta+v_{ci}b_w j_d \tag{6-156}$$

其中拉应力 f_1 的最大极限值为（$f_{ycr}=f_{yv}$，$f_{fcr}=f_{fv}$），即：

$$f_{1\max}=v_{ci\max}\tan\theta+\frac{A_v}{b_w s}(f_{yv}-f_v)+\frac{A_f}{b_w s}(f_{fv}-f_f)\sin\beta \tag{6-157}$$

Vecchio和Collins在Walraven所做的试验基础之上，通过分析裂缝宽度对裂缝间最大剪应力的影响，忽略裂缝间混凝土压应力的影响，归纳其剪应力计算公式为：

$$v_{ci\max}=\frac{0.18\sqrt{f_c'}}{0.3+\dfrac{24w}{a+16}} \tag{6-158a}$$

$$w=\varepsilon_1 \cdot s_{m\theta} \tag{6-158b}$$

式中　f_c'——标准圆柱体混凝土抗压强度（MPa）；

a——粗骨料的最大粒径（mm）；

w——为裂缝间的平均宽度（mm）；

$s_{m\theta}$——为斜裂缝的平均间距（mm）。

斜裂缝间距的大小与纵向钢筋及箍筋的分布情况有着重要的关系。通过大量的试验现象发现，混凝土梁内纵筋或箍筋分布的间距较小，则生成的斜裂缝也就越密；相反则斜裂缝越稀疏。斜裂缝的间距与竖向和水平方向上裂缝间距的关系可表示为：

$$s_{m\theta}=\frac{1}{\dfrac{\sin\theta}{s_x}+\dfrac{\cos\theta}{s_v}} \tag{6-159}$$

式中 s_x ——构件配有纵筋时的平均裂缝间距（mm）；

s_v ——构件配有箍筋时的平均裂缝间距（mm）。

$$s_x = 2\left(c_x + \frac{S_x}{10}\right) + 0.25K_1 \frac{d_{bx}}{\rho_x} \tag{6-160a}$$

$$s_v = 2\left(c_y + \frac{S_v}{10}\right) + 0.25K_1 \frac{d_{by}}{\rho_y} \tag{6-160b}$$

式中 S_x、S_v ——单独配有箍筋和纵筋时混凝土梁的水平和垂直两个方向上的裂缝间距（mm）；

d_{bx} ——纵向钢筋直径（mm）；

d_{by} ——箍筋直径（mm）；

c ——混凝土保护层厚度（mm）；

s ——箍筋间距；

ρ_y ——箍筋配筋率；

ρ_x ——纵向钢筋配筋率；

K_1 ——粘结系数，对螺纹钢筋取 0.4，对光圆钢筋取 0.8。

在计算裂缝间距过程中，为了方便计算，近似取箍筋间距 s 作为 s_x。混凝土梁截面上沿梁高分布多层纵筋时，取其间距的最大值作为 s_v 。

由于开裂处纵筋屈服对混凝土抗拉能力的影响，故裂缝处和裂缝间的应力应满足以下要求：

$$A_{sx}f_y \geqslant A_{sx}f_{sx} + f_1 b_w j_d + \left[f_1 - \frac{A_v}{b_w s}(f_{yv} - f_v)\right] b_w j_d \cot^2\theta \tag{6-161}$$

（5）材料的平均应力-应变本构关系

修正压力场理论是为了方便计算将原本不完全独立的钢筋和混凝土的平均应力-应变关系分别独立出来，此平均应力-应变的关系与以往通过标准材料试验所获得的局部应力-应变关系有较大的不同。

1）开裂混凝土的平均压应力和压应变的本构关系与压力场理论中的相同。

2）在混凝土开裂之前，其拉应力随着应变的增加而增大，两者呈线性关系；在混凝土开裂之后，仅裂缝间的残余拉应力尚存在，而其值也随裂缝宽度的增加而变小。Vecchio 和 Collins 通过试验的研究，给出了混凝土开裂后其平均应力-应变关系为：

混凝土开裂之前：

$$f_1 = E_c\varepsilon_1 \text{ , } \varepsilon_1 \leqslant \varepsilon_{cr} \tag{6-162a}$$

混凝土开裂之后：

$$f_1 = \frac{\alpha_1\alpha_2 f_{cr}}{1 + \sqrt{200\varepsilon_1}} \text{ , } \varepsilon_1 \geqslant \varepsilon_{cr} \tag{6-162b}$$

1987 年，Mitchell 通过试验，发现用 500 代替公式中系数 200，能更好地体现混凝土和钢筋间的粘结性能，即：

$$f_1 = \frac{\alpha_1\alpha_2 f_{cr}}{1 + \sqrt{500\varepsilon_1}} \tag{6-163}$$

式中 f_1 ——混凝土的平均拉应力；

E_c——混凝土的弹性模量，取值为 $2f'_c/\varepsilon_0$ ；

ε_{cr} ——混凝土的开裂应变；

f_{cr} ——混凝土的开裂应力；

α_1 ——钢筋与混凝土粘结因子：对于变形钢筋取 1.0，对于光圆钢筋取 0.7；

α_2 ——荷载类型因子：对于单调荷载取 1.0，对于反复荷载取 0.7。

3）钢筋的本构关系较简单，与压力场理论一样，钢筋仅受轴线方向上的应力作用，其本构参数计算采用理想的二折线模型。

4）在弹性阶段，FRP 筋的应力-应变呈线性关系。但超过极限应力时，FRP 筋会被瞬间拉断，表现出明显的脆性。

6.6.3　加固梁抗剪承载力的简化计算

（1）平均应力

取 RC 梁单元体进行分析[37]，如图 6-24 所示。

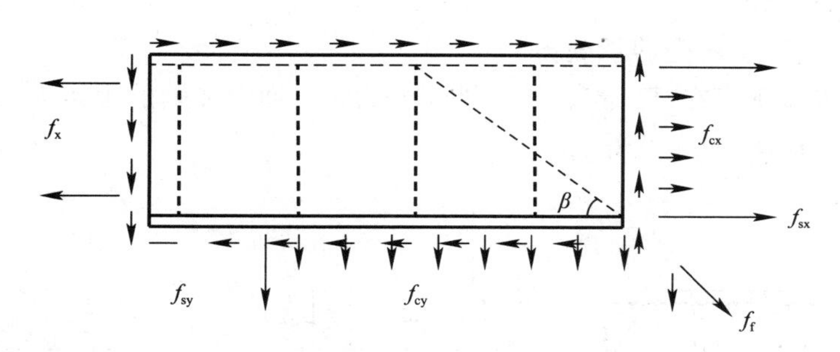

图 6-24　钢筋混凝土梁单元体

由力的平衡方程可得：

$$\sum F_x = 0 \qquad \int_A f_x \mathrm{d}A = \int_A f_{cx} \mathrm{d}A + \int_{A_s'} f_{sx} \mathrm{d}A_s + \int_{A_f'} f_f \mathrm{d}A_f' \cos\beta$$

$$\text{即 } f_x = f_{cx} + \rho_x f_{sx} + \rho_f f_f \cos\beta / \sin\theta \tag{6-164}$$

同理可得，混凝土在 y 方向上的应力：

$$f_y = f_{cy} + \rho_y f_{sy} + \rho_f f_f \sin\beta / \cos\theta \tag{6-165}$$

式中　f_{cx}、f_{cy} ——混凝土在 x、y 方向上提供的应力；

β ——斜筋与水平方向的夹角；

ρ_x ——纵向钢筋的配筋率，为 A_x/bh_0，A_x 为纵向受拉筋总截面积；

b ——截面宽度；

h_0 ——截面有效高度；

ρ_y ——配箍率；

ρ_f ——斜筋配筋率，其值为 A_s/bs；

s ——斜筋的水平间距；

f_f ——斜筋的应力。

$$f_{cx} = f_1 - v\cot\theta \tag{6-166a}$$

$$f_{cy} = f_1 - v\tan\theta \tag{6-166b}$$

由式（6-164）～式（6-166）可得：

$$f_{x}=f_{1}+\rho_{x}f_{sx}+\rho_{f}f_{f}\cos\beta/\sin\theta-v\cot\theta \tag{6-167a}$$

$$f_{y}=f_{1}+\rho_{y}f_{sy}+\rho_{f}f_{f}\sin\beta/\cos\theta-v\tan\theta \tag{6-167b}$$

（2）裂缝处应力

由图 6-23（a）和图 6-23（b）可得：

$$\rho_{x}f_{sxcr}=\rho_{x}f_{sx}+\rho_{f}f_{f}\cos\beta/\sin\theta+f_{1}-\rho_{f}f_{fcr}\cos\beta/\sin\theta+v_{a}\cot\theta \tag{6-168a}$$

$$\rho_{v}f_{sycr}=\rho_{y}f_{sy}+\rho_{f}f_{f}\sin\beta/\cos\theta+f_{1}-\rho_{f}f_{fcr}\sin\beta/\cos\theta-v_{a}\tan\theta \tag{6-168b}$$

由式（6-167）和式（6-168）联合可得：

$$\rho_{x}f_{sxcr}=f_{x}+v\cot\theta+v_{a}\cot\theta-\rho_{f}f_{fcr}\cos\beta/\sin\theta \tag{6-169a}$$

$$\rho_{v}f_{sycr}=f_{y}+v\tan\theta-v_{a}\tan\theta-\rho_{f}f_{fcr}\sin\beta/\cos\theta \tag{6-169b}$$

其中

$$v=\rho_{v}f_{yv}\cot\theta+v_{a}+\rho_{f}f_{f}\sin\beta/\sin\theta \tag{6-170}$$

（3）受剪承载力计算

1）受压区内混凝土的受剪承载力

假定受压区混凝土存在某一点，其水平应变为 ε，到中和轴的距离为 x，且截面应变符合平截面假定，由图 6-25 可得：

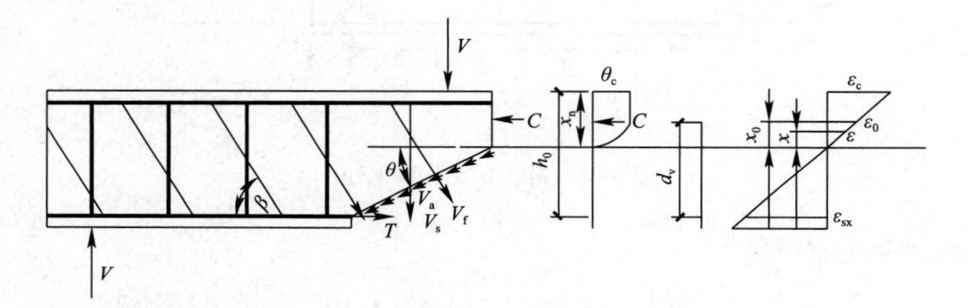

图 6-25　加固梁受剪模型

$$\varepsilon=\frac{\varepsilon_{0}x}{x_{0}}=\frac{\varepsilon_{c}x}{x_{n}}=\frac{\varepsilon_{sx}x}{h_{0}-x_{n}} \tag{6-171}$$

其中混凝土受压区合力 C，C 与受拉钢筋重心的距离 d_{v} 为[35]：

$$C=f'_{c}bx_{n}\left(1-\frac{\varepsilon_{0}}{3\varepsilon_{c}}\right) \tag{6-172}$$

$$d_{v}=h_{0}-x_{n}+\frac{\left[\frac{1}{2}-\frac{1}{12}\left(\frac{\varepsilon_{0}}{\varepsilon_{c}}\right)^{2}\right]x_{n}}{1-\frac{1}{3}\times\frac{\varepsilon_{0}}{\varepsilon_{c}}} \tag{6-173}$$

不考虑骨料咬合力的作用，由力的平衡条件可得：

$$C=\varepsilon_{sx}E_{s}A_{s}+\varepsilon_{f,e}E_{f}A_{f}\cos\beta \tag{6-174}$$

由式（6-172）和式（6-174）可得：

$$f'_{c}bx_{n}\left(1-\frac{\varepsilon_{0}}{3\varepsilon_{c}}\right)=\varepsilon_{sx}E_{s}A_{s}+\varepsilon_{f,e}E_{f}A_{f}\cos\beta \tag{6-175}$$

即中和轴高度：

$$x_n = \frac{\dfrac{\varepsilon_{sx}E_sA_s + \varepsilon_{f,e}E_fA_f\cos\beta}{f'_cb} + \dfrac{\varepsilon_0 h_0}{3\varepsilon_{sx}}}{1+\dfrac{\varepsilon_0}{3\varepsilon_c}} \tag{6-176}$$

受压区混凝土承受的抗剪承载力为[36]：

$$V_c = 0.128f'_cb\frac{\varepsilon_0(h_0-x_n)}{\varepsilon_{sx}} \tag{6-177}$$

2）加固梁的受剪承载力

加固梁所承担的剪应力为：

$$v = \frac{V_s+V_f}{b(h_0-x_n)} \tag{6-178}$$

集中荷载作用下的加固梁受剪承载力表达式为：

$$V = \frac{E_sA_s\varepsilon_{sx}+E_fA_f\varepsilon_{f,e}\cos\beta}{\dfrac{a}{d_v}+0.5\cot\theta} \tag{6-179}$$

6.6.4　FRP 筋的有效应变

试验中发生剪切破坏的加固梁，FRP 筋的应变值往往没有达到极限值。为了计算 FRP 筋（板）在试验梁加载过程中所承担的剪力，本节将引入 FRP 筋的有效应变 $\varepsilon_{f,e}=D_{frp}\varepsilon_{f,u}=D_uD_f\varepsilon_{f,u}$，$D_u$ 为 FRP 筋（板）的利用系数，D_f 为 FRP 筋（板）应变分布折减系数。

（1）FRP 筋（板）的利用系数 D_u

参考箍筋率的概念，引进 FRP 筋加固率 $\rho_{frp}=\dfrac{A_{cf}}{bs_{cf}\sin\beta}$，$\beta$ 为 FRP 筋的嵌贴角度。

图 6-26 为 FRP 筋应变的比值（应变最大值与应变极限值之比）与加固率之间的关系图。从图中可以看出，FRP 筋的应变比值随着加固率的增大而不断减小，拟合方法求得 FRP 筋的加固率与利用系数之间的关系式为：

$$D_u = -\rho_{frp}+0.7 \tag{6-180}$$

（2）FRP 筋（板）应变分布折减系数 D_f

试验研究表明：①同一根 FRP 筋上的应变沿着梁高的方向呈现不均匀分布；②同一高度上距加载点不同位置上的 FRP 筋应变各不相同；③同一荷载作用下离斜裂缝较近的 FRP 筋应变值较大。由此可见，若以 FRP 筋的平均应变值来计算加固梁的受剪承载力，使得计算结果偏大。为了更加准确地体现 FRP 筋应变的真实值，有必要求解 FRP 筋应变分布折减系数 D_f。

图 6-27 为不同荷载作用下 FRP 筋应变沿梁高度方向的分布情况。从图可知，FRP 筋的应变曲线随着荷载的增加而逐渐呈现中间大两端小的分布。表 6-8 为 FRP 筋的应变分布折减系数计算情况。通过用各荷载作用下应变的最大值为顶点的近似三角形来包络破坏时的应力分布曲线，则 FRP 筋的应变分布折减系数可近似取 $D_f=0.6$。

$$D_{frp}=D_uD_f=0.6(0.7-\rho_{frp}) \tag{6-181}$$

加固梁的受剪承载力计算公式为：

$$V = V_c+V_s+D_{frp}V_f$$

$$= f_1 b_w j_d \cot\theta + \frac{A_v f_v}{s} j_d \cot\theta + 0.6 \times (0.7 - \rho_{frp}) \frac{A_f f_{f,u}}{s_1} j_d \sin\beta \cot\theta \tag{6-182}$$

加固梁的受剪承载力简化计算公式为：

$$V = \frac{E_s A_s \varepsilon_{sx} + 0.6 \times (0.7 - \varepsilon_{frp}) E_f A_f \varepsilon_{f,u} \cos\beta}{\frac{a}{d_v} + 0.5\cot\theta} \tag{6-183}$$

FRP 筋的应变分布折减系数 **表 6-8**

荷载（kN）	25	50	80	200	250	300	335	375
A_1	5180	22400	30730	73430	182400	256900	266140	290360
A_2	8120	32480	53760	94640	302400	447440	458920	463120
A_1/A_2	0.6379	0.6897	0.5716	0.7759	0.6032	0.5742	0.5799	0.6270

注：A_1表示图 6-27 中应变曲线与 AB 段所围成的面积；A_2表示图 6-27 中以 AB 段为底边，CD 段为高，所组成的矩形面积。

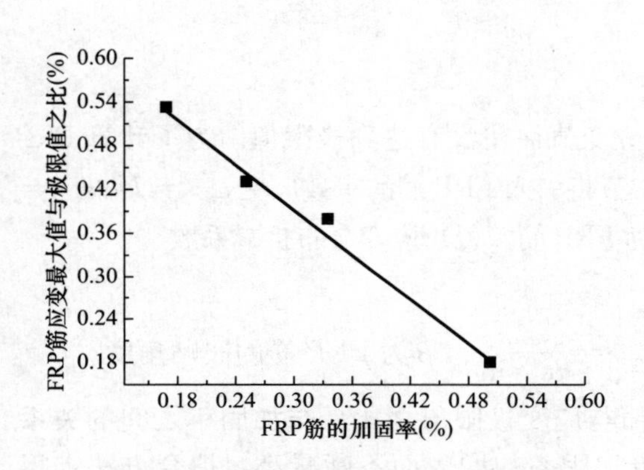

图 6-26 FRP 筋利用率曲线

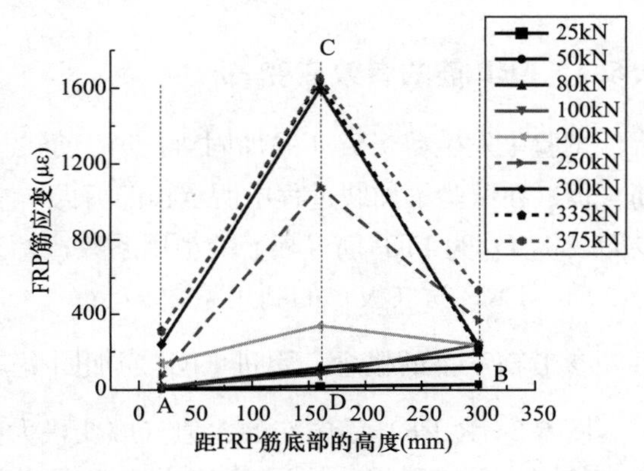

图 6-27 FRP 筋应变沿梁高度方向的分布情况

6.6.5 加固梁受剪承载力计算步骤

根据上述所得到的混凝土应力平衡方程、混凝土应变协调方程、平均应力—应变本构关系、裂缝处应力的校核方程，参考文献［38］的计算步骤，预测加固梁发生剪切破坏时的受剪承载力，具体步骤为：

第 1 步：首先选择一个较合适的应变值 ε_1 开始计算（一般情况下，从 ε_1 =0.001 开始）；

第 2 步：给出斜裂缝倾斜角 θ 的估计值；

第 3 步：通过式（6-158b）、式（6-159）、式（6-160）来计算斜裂缝的宽度 $w = \varepsilon_1 s_{m\theta}$，Collins 等建议取 $s_{m\theta}$ =300mm[31-32]；

第 4 步：主拉应力 f_1 由式（6-163）计算；

第 5 步：剪应力 v 由式（6-149a）计算；

第 6 步：主压应力 f_2 由式（6-149b）计算；

第 7 步：最大压应力 f_{2max} 由式（6-147）计算；

第 8 步：校核 f_2 是否小于或等于 f_{2max}，若大于，则说明混凝土被压坏，退出计算；

第9步：主压应变 ε_2 由公式 $\varepsilon_2=\varepsilon_0\left(1-\frac{f_2}{f_{2\max}}\right)$ 计算；

第10步：纵向应变 ε_x 由公式 $\varepsilon_x=\frac{\varepsilon_1\tan^2\theta+\varepsilon_2}{1+\tan^2\theta}$ 计算；

第11步：横向应变 ε_y 由公式 $\varepsilon_y=\frac{\varepsilon_1+\varepsilon_2\tan^2\theta}{1+\tan^2\theta}$ 计算；

第12步：中和轴高度 x_n 由式（6-176）计算；

第13步：受压区混凝土的承载力 V_c、混凝土受压边缘应变 ε_c 分别由式（6-179）、式（6-171）计算；

第14步：受拉区承担的剪力 V，合力与受拉钢筋重心的距离 d_v 分别由式（6-182）和式（6-173）计算；

第15步：剪应力由式（6-178）计算；

第16步：若第8步计算的剪应变与第2步计算的结果相同，则结束计算；若不相等，则返回第一步调整参数，直到相等为止；

第17步：输出剪力 V 值。

采用MATLAB软件按照上述的计算步骤进行编程计算，其流程如图6-28所示。

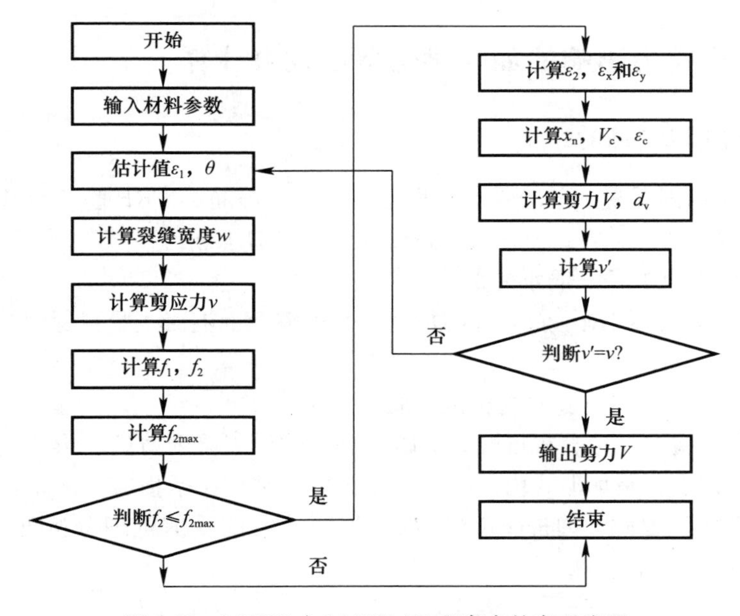

图6-28　MCFT在MATLAB程序中的实现流程

6.6.6　计算值与试验值的对比

为了能够有效地验证加固梁受剪承载力计算公式的正确性，采用本节的计算方法，利用MATLAB软件对5.2.1节及其他文献中发生剪切破坏的试验梁进行受剪承载力计算，将理论值与试验值对比见表6-9。

从表6-9中可以发现，理论值与试验值之比的均值为0.9299，均方差为0.0001，变异系数为0.0122。结果表明：理论计算值与试验值吻合较好，离散性较小。

理论值与试验值的对比 表 6-9

试件编号		FRP 类型	FRP 筋间距 (mm)	FRP 筋角度	斜裂缝角度	试验值 (kN)	计算值 (kN)	理论值/试验值
5.2.1 节	BS1	—	—	—	45°	233.00	221.41	0.9502
	BS2	—	—	—	52°	324.50	301.67	0.9296
	BF3	CFRP 筋	150	90°	45°	473.00	442.00	0.9345
	BF6	BFRP 筋	200	60°	64°	399.50	372.31	0.9319
	BF7	CFRP 筋	200	45°	60°	398.10	359.13	0.9021
文献 [37]	BS	—	—	—	47°	162.00	149.80	0.9247
	BF2	GFRP 筋	200	60°	58°	225.00	208.38	0.9261
文献 [38]	CSB	—	—	—	39°	156.13	145.19	0.9299
	FCSB1-a	CFRP-PCPs 筋	200	90°	42°	257.97	242.43	0.9398
比值的平均值								0.9299
比值的均方差								0.0001
比值的变异系数								0.0122

6.7 考虑二次受力影响的加固梁受剪承载力计算

6.7.1 加固梁内 FRP 筋的作用

内嵌 FRP 筋加固混凝土梁的受剪过程是混凝土、箍筋和 FRP 筋三者共同抵御斜裂缝发展的过程，FRP 筋主要从三个方面提高加固梁的受剪承载力：

（1）与裂缝相交的 FRP 筋承受部分剪力；

（2）FRP 筋有效地限制了斜裂缝的加宽，使裂缝两面混凝土骨料紧密接触，继续提供较大咬合力；

（3）FRP 筋限制了斜裂缝向受压区开展。

同时，通过试验与理论分析可知，剪跨比是影响加固梁受剪破坏形式的重要因素，试件随着剪跨比的减小，破坏形式由斜拉破坏变为剪压破坏，承担剪力的工作由“桁架”过渡到“拱”的机构。因此，内嵌 FRP 筋加固混凝土梁的受剪机理分析可以采用“桁架-拱”模型来分析。

6.7.2 影响加固梁受剪承载力的主要因素

影响内嵌 FRP 筋混凝土梁受剪承载力的因素除了混凝土强度、配箍率、截面形状、剪跨比外，还需考虑嵌入材料的材料特性和 FRP 筋布置方式等。

（1）FRP 筋嵌入间距的影响

FRP 筋的间距决定了加固梁的 FRP 筋加固量，随着间距的增加，加固量随之增加，在剪跨比较大和配箍率较低的加固梁中，FRP 筋嵌入间距会对加固梁的极限承载力起到重要作用。

（2）FRP 筋嵌入角度的影响

通过有限元分析可知，FRP 筋对加固梁的破坏形态和受剪承载力有着明显影响。斜向嵌入 FRP 筋的加固梁其承载力大于 90°嵌入的构件。斜向嵌入会提高 FRP 材料有效应变，提高抗剪贡献。

(3) 二次受力的影响

通过试验数据可知，二次受力加固梁的极限承载力小于直接加固梁，初始荷载越大，试件的极限承载力越小。同时，二次受力也改变了试件的破坏模式，二次受力的影响不可忽视。

6.7.3　二次受力下加固梁的受剪承载力计算公式

内嵌 FRP 筋加固梁的受剪承载力主要由混凝土、腹筋和 FRP 筋三部分承担，加固梁的受剪承载力 V 可用式（6-184）表示。

$$V=V_c+V_s+V_{cf} \tag{6-184}$$

式中　V_c——斜裂缝上端的剪压区混凝土所承受的剪力；

V_s——与斜裂缝相交的箍筋所承受的剪力；

V_{cf}——与斜裂缝相交的 FRP 筋所承受的剪力。

(1) V_c 的求解

经过计算分析对比，本节采用 Zsutty 所提出的计算方法[39]来计算斜裂缝上端的剪压区混凝土所承受的剪力，该公式考虑了纵筋的销栓作用和骨料咬合力。

$$V_c = 2.14\psi\left(\frac{f'_c\rho}{\lambda}\right)^{\frac{1}{3}}bh_0 = 1.98\psi\left(\frac{f_{cu}\rho}{\lambda}\right)^{\frac{1}{3}}bh_0 \tag{6-185}$$

$$\rho=\frac{A_s}{bh_0}=\frac{n\pi R^2}{bh_0} \tag{6-186}$$

式中　f'_c——混凝土圆柱体轴心抗压强度（MPa），取 $f'_c=0.79f_{cu}$；

ρ——纵筋配筋率；

λ——剪跨比；

ψ——公式调整系数，与梁剪跨比有关，当 $\lambda\geqslant2.5$ 时，取 1.0；当 $\lambda\leqslant2.5$ 时，取 $\psi=2.5/\lambda$；

A_s——纵筋截面面积总和；

n——纵筋根数。

(2) V_s 的求解

根据拱-桁架模型，取一斜截面平行于混凝土受压腹杆，考虑只有箍筋的腹筋梁，其内部箍筋的受力分析简图如图 6-29 所示。

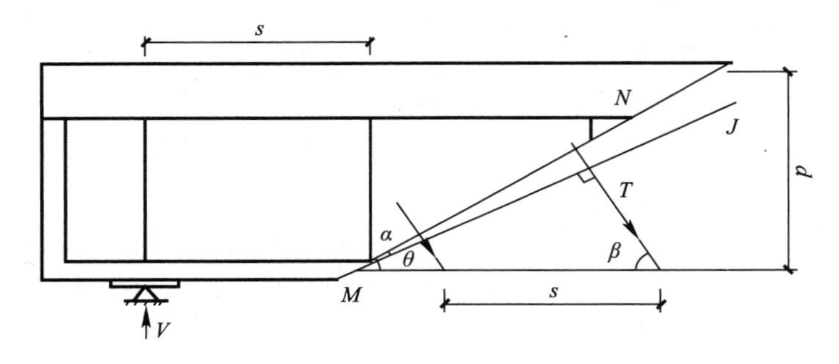

图 6-29　拱-桁架模型简图

图中斜裂缝与梁轴向夹角为 θ，腹筋的角度为 β，则箍筋作用的垂直面与斜截面的夹角 α 为[40]：

$$\alpha=\theta+\beta-90^{\circ} \tag{6-187}$$

箍筋的作用长度为：

$$MJ=\frac{d}{\sin\theta}\cos\alpha=d\frac{\sin(\beta+\theta)}{\sin\theta} \tag{6-188}$$

箍筋沿 MJ 方向单位长度所提供的平均作用力为：

$$t=\frac{A_{sv}f_{yv}}{s\sin\beta} \tag{6-189}$$

作用高度等于截面有效高度，则箍筋总拉力 T_s 为：

$$T_s=\frac{A_{sv}f_{yv}}{s\sin\beta}d\frac{\sin(\beta+\theta)}{\sin\theta}=\frac{A_{sv}f_{yv}(\cot\theta+\cot\beta)h_0}{s} \tag{6-190}$$

由竖向力的平衡方程，建立关系式 $\Sigma y=0$，可得：

$$V_s=V=T_s\sin\beta=\frac{A_sf_{yv}(\cot\theta+\cot\beta)h_0\sin\beta}{s} \tag{6-191}$$

对于只布置箍筋作为腹筋的梁，$\beta=90^{\circ}$，即 $\sin90^{\circ}=1$，$\cos90^{\circ}=0$。则最终箍筋所承担的受剪承载力为：

$$V_s=f_{yv}\frac{A_{sv}}{s}h_0\cot\theta \tag{6-192}$$

式中 A_{sv}——同一截面内箍筋的截面面积；

f_{yv}——箍筋抗拉强度；

h_0——梁截面有效高度；

θ——主斜裂缝角度；

s——箍筋间距。

(3) V_{cf}的求解

加固梁斜截面桁架机构计算简图如图 6-30 所示。

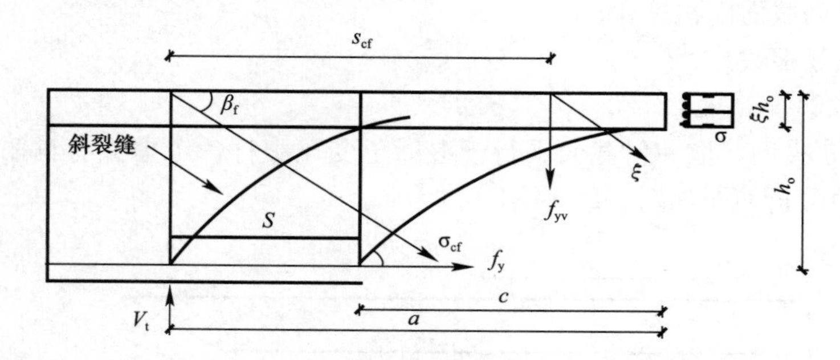

图 6-30 加固梁斜截面桁架机构计算简图

由脱离段力和弯矩的平衡条件得：

$$\sum X=0 \quad \sigma bh_0\xi=f_yA_s+\frac{c}{s_{cf}}\sigma_{cf}A_{cf}\cos\beta_f(1+\tan\theta\sin\beta_f) \tag{6-193a}$$

$$\sum Y=0 \quad V_t=\tau bh_0\xi+\frac{f_{yv}A_{sv}}{s}c+\frac{c}{s_{cf}}\sigma_{cf}A_{cf}\sin\beta_f(1+\tan\theta\sin\beta_f) \tag{6-193b}$$

$$\Sigma M=0 \quad V_{t}a=f_{yv}A_{sv}h_{0}(1-0.5\xi)+\frac{f_{yv}A_{sv}}{s}c\frac{c}{2}+\frac{c}{s_{cf}}\sigma_{cf}A_{cf}\sin\beta_{f}(1+\tan\theta\sin\beta_{f})\frac{c}{2} \tag{6-193c}$$

式中　ξ——相对受压区高度；

θ——临界斜裂缝角度；

β_f——FRP筋嵌入角度；

s_{cf}——FRP筋间距；

A_{cf}——FRP筋截面面积；

σ_{cf}——剪压破坏时FRP筋应力；

c——临界斜裂缝的水平投影长度。

当剪压区混凝土的剪应力τ和σ压应力满足式（6-194）时，混凝土发生剪压破坏。

$$\frac{\tau}{f_c}=-0.2\frac{\sigma}{f_c}+0.5 \tag{6-194}$$

临界斜裂缝投影长度和斜裂缝倾角的计算分别为：

$$c=0.9\sqrt{\lambda}h_0 \tag{6-195}$$

$$\theta=\arctan(\frac{h}{c}) \tag{6-196}$$

式中　λ——剪跨比，$\lambda<1$时取$\lambda=1$；$\lambda>3$时取$\lambda=3$。

此外，加固梁剪压区的相对受压区高度ξ与λ的关系为：

$$\xi=0.5-0.1\lambda \tag{6-197}$$

同时假定$f_c=10f_t$，将式（6-194）～式（6-197）代入式（6-193）中，经整理并进行数据拟合，可得FRP承担的剪力为：

$$V_{cf}=[(0.14\lambda+0.69)\sin\beta_f-(0.02\lambda+0.13)\cos\beta_f]\frac{\sigma_{cf}A_{cf}}{s_{cf}}h_0(1+\tan\theta\sin\beta_f) \tag{6-198}$$

1）FRP筋应力σ_{cf}的计算

加固梁剪压破坏时，与斜裂缝相交的FRP筋的应力分布不均匀，特别是靠近剪压区的FRP筋未能达到其极限抗拉强度，故FRP筋的应力为：

$$\sigma_{cf}=\varepsilon_{fe}E_f \tag{6-199}$$

式中　ε_{fe}——梁破坏时，FRP筋有效应变。

FRP筋有效应变与FRP筋在加固梁抗剪过程中的利用程度和同一根FRP筋不同位置处的应变分布有关，故此引入两个系数，一个是FRP筋的利用系数D_u，另一个是FRP筋应变分布折减系数D_f，故FRP有效应变为：

$$\varepsilon_{fe}=D_uD_f\varepsilon_{cu,f} \tag{6-200}$$

①FRP筋利用系数D_u计算

D_u可以用梁破坏时FRP筋最大应变与极限应变之比来表示，其值与FRP筋的加固率ρ_{frp}有关。图6-31为D_u与ρ_{frp}之间的关系。从图中可以看出，D_u随着ρ_{frp}的增大而不断减小。

$$D_u=-0.7\rho_{frp}+0.72 \tag{6-201}$$

②FRP筋应变分布折减系数D_f计算

根据试验得知，在不同荷载等级下，梁中部FRP筋测点的应变值较大，梁上下两端

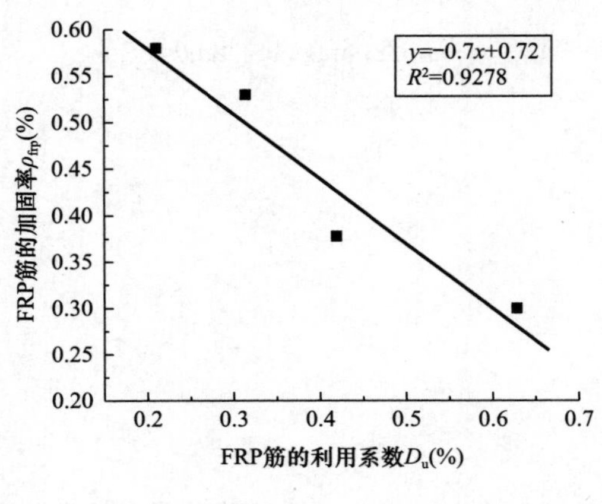

图 6-31 $D_u-\rho_{frp}$ 曲线

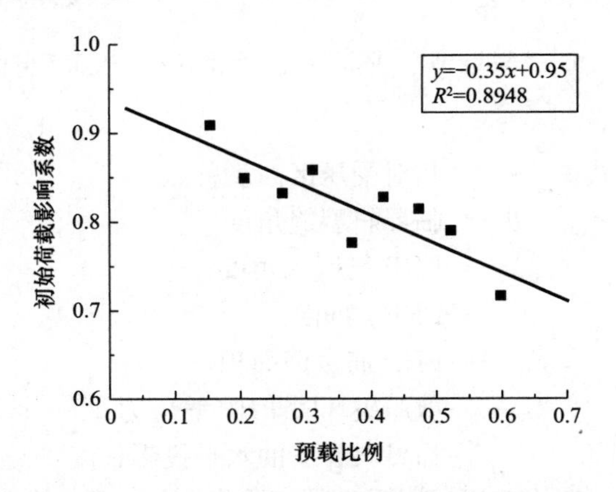

图 6-32 预载比例与初始荷载影响系数曲线

FRP 筋测点的应变值较小。加固梁斜截面出现裂缝后，FRP 筋开始发挥抗剪作用，不同荷载等级下的 FRP 筋沿高度的应变分布曲线与横轴所围成的面积与同一荷载等级下 FRP 筋测点在任意高度时达到峰值应变与横轴所围成的面积进行比较，偏于安全，得到 FRP 筋应变折减系数，取 $D_{f=}0.7$。

2）初始荷载影响系数 φ 的计算

对于二次受力加固梁，在计算其受剪承载力时，除需考虑剪跨比、折减系数等影响因素外，还应考虑初始荷载对试件承载力的影响，因此有必要引入初始荷载影响系数 φ。为计算，假设初始荷载影响系数 φ 与初始荷载 V_i 呈线性关系：

$$\varphi = af + b \tag{6-202}$$

$$f = \frac{V_i}{V} \tag{6-203}$$

式中 f——预载比例；

V_i，V——初始荷载和对比梁受剪极限承载力。

通过对试验结果和数值模拟结果进行分析，当 f 在 15%～60%之间时，式（6-203）可改写为：

$$\varphi = -0.35f + 0.95 \tag{6-204}$$

拟合曲线如图 6-32 所示，拟合 R 平方值为 0.8948，拟合结果较好。

最终得到加固梁在考虑初始荷载作用下，FRP 筋所承担的剪力为：

$$V_{cf} = \left(0.95 - 0.35\frac{V_i}{V}\right)\left[(0.14\lambda + 0.69)\sin\beta - (0.02\lambda + 0.13)\cos\beta\right]\cdot \frac{0.7 \times (0.72 - 0.7\rho_{frp}) f_{frp} A_{cf}}{s_{cf}} h_0 (1 + \tan\theta\sin\beta) \tag{6-205}$$

6.7.4 计算公式的验证

（1）算例分析

以 5.2.1 节试验研究中的加固梁 BF3 为例，给出二次受力加固梁剪力的具体计算方法。加固梁 BF3 为加载至 30%P_u后持载加固，即初始荷载为对比梁极限荷载的 30%。

试件参数为：$b=160$mm，$h=320$mm，$b'_f=320$mm，$h'_f=80$mm，$h_0=280$mm，受拉

钢筋 $A_s=1674\text{mm}^2$，$\lambda=1.78$，$f_{cu}=42.2\text{MPa}$，$f_{yv}=371\text{N/mm}^2$，$A_{sv}=66.3\text{mm}^2$，$A_{cf}=100.48\text{N/mm}^2$，$s=250\text{mm}$，$s_{cf}=200\text{mm}$，$\beta=90°$。

1）V_c的计算

当 $\lambda\leqslant 2.5$ 时，取 $\psi=2.5/\lambda$，则 $\psi=2.5/1.78=1.4$

纵筋配筋率
$$\rho=\frac{A_s}{bh_0}=\frac{n\pi R^2}{bh_0}=0.0262$$

$$V_c=1.98\psi\left(\frac{f_{cu}\rho}{\lambda}\right)^{\frac{1}{3}}bh_0=106.3\ \text{kN}$$

2）V_s的计算

斜裂缝角度 $\theta=\arctan\left(\frac{h}{c}\right)=\arctan\left(\frac{320}{500}\right)\approx 33°$，$\cot 33°=1.5625$

$$V_s=f_{yv}\frac{A_{sv}}{s}h_0\cot\theta=43\text{kN}$$

3）V_{cf}的计算

FRP 筋配筋率
$$\rho_{frp}=\frac{A_{cf}}{bs_{cf}\cdot\sin\beta}=0.00314$$

预载比例
$$f=\frac{V_i}{V}=0.3$$

$$V_{cf}=(0.95-0.35\frac{V_i}{V})[(0.14\lambda+0.69)\sin\beta-(0.02\lambda+0.13)\cos\beta]\frac{0.7\times(0.72-0.7\rho_{frp})f_{frp}A_{cf}}{s_{cf}}\cdot h_0\ (1+\tan\theta\sin\beta)=64.4\text{kN}$$

4）二次受力内嵌 FRP 筋加固梁剪力 V 计算

$$V=V_c+V_s+V_{cf}=213.7\text{kN}$$

（2）试验值与理论值对比

采用本节提出的内嵌 FRP 筋加固梁的受剪承载力计算方法，与 5.2.2 节的试验结果及国内外相同破坏模式下加固梁的受剪承载力试验结果进行对比，验证计算方法的正确性，对比结果见表 6-10。从表中可以看出，计算值与试验值吻合良好。

加固梁斜截面承载力试验值与理论值对比　　**表 6-10**

试件编号		FRP 种类 筋/板	FRP 间距 (mm)	嵌贴角度	试验值 V_{exp}（kN）	计算值 V_{cal}（kN）	破坏形式	V_{exp}/V_{cal}
本书试验	BC1	—	—	—	190	162.6	剪切破坏	1.169
	BF0	BFRP 筋	200	90°	216	226.0	剪切破坏	0.956
	BF3	BFRP 筋	200	90°	208	213.7	剪切破坏	0.973
	BF3-1.5	BFRP 筋	200	90°	211.0	221.0	剪切破坏	0.955
某文献一	B-1-1-1	CFRP 筋	250	90°	160	156.8	剪切破坏	1.020
	B-1-2-1	CFRP 筋	125	90°	207	216.1	剪切破坏	0.958
	B-2-1-1	CFRP 筋	250	45°	211	197.4	剪切破坏	1.069
某文献二试验	BF1	CFRP 筋	300	90°	260	278.5	剪压破坏	0.934
	BF2	CFRP 筋	200	90°	351	322.4	剪切破坏	1.089

6.8 本章小结

基于前述章节内嵌FRP筋加固混凝土梁的粘结试验研究、受弯试验研究和受剪试验研究，以及有限元分析，本章建立了加固梁的粘结-滑移本构关系模型，在此基础上提出了FRP筋最小锚固长度和FRP筋有效应变的计算方法；根据不同初始荷载水平，考虑混凝土实际受压区应力状态，建立了不同持载水平下加固梁的滞后应变计算公式，通过对截面应力进行分析，建立了一次受力荷载作用下和考虑初始荷载作用的加固梁受弯承载力设计方法和正常使用极限状态设计方法；基于修正压应力场理论和桁架-拱理论，建立了加固梁的受剪承载力计算方法，通过与试验结果进行对比，验证了理论计算方法的正确性。

本章参考文献

[1] 张海霞，朱浮声．考虑粘结滑移本构关系的FRP筋锚固长度[J]. 四川建筑科学研究，2007，33(4)：43-46.

[2] Wambeke B W，Shield C K. Development length of Glass Fiber-Reinforced Polymer bars in concrete [J]. ACI Structural Journal，2006，103 (1)：11-17.

[3] Newman N，Ayoub A，Belarbl A. Evaluation of bond specifications for development lengths of straight embedded FRP bars[C]. Proceedings of the 8th International Symposium on Fiber Reinforced Polymer Reinforcement for Reinforced Concrete Structures，Patras，Greece. 2007：5-11.

[4] Concrete Engineering Series 23. Recommendation for design and construction of concrete structures using continuous fiber reinforced materials[R]. Japan Society of Civil Engineers，Tokyo，Japan，1997.

[5] Daniali S. Bond strength of fiber reinforced plastic bars in concrete[C]. Serviceability and Durability of Construction Materials，Proceeding of ASCE First Materials Engineering Congress，Denver，Colorado. 1990，2：1182-1191.

[6] Daniali S. Development length for Fiber-Reinforced Plastic bars[C]. Proceedings of the 1st International Conference on Advanced Composite Materials in Bridges and Strustures，Quebec，Canada. 1992：179-188.

[7] Chaalal O，Benmokrane B. Pullout and bond of glass-fiber rods embedded in concrete and cement grout [J]. Materials and Structures，1993 (26)：167-175.

[8] 李峰，刘洪兵，王建平，许忆南．基于线性黏聚力模型的FRP筋锚固长度计算方法[J]. 解放军理工大学学报（自然科学版），2013，14 (4)：404-407.

[9] Pleimann L G. Strength modulus of elasticity and bond of deformed FRP rods[D]. Fayettevill Arkansas，University of Arkansas，1987.

[10] De Lorenzis，Nanni A. Bond between near surface mounted FRP rods and concrete in structural strengthening[J]. ACI Structural Journal，2002，99 (2)：123-132.

[11] Cosenza E，Manfredi G，Realfonzo R. Development length of FRP straight rebars [J]. Composite Part B：engineering，2002 (33)：493-504.

[12] Capozucca R，Bossoletti，Montecchiani S. Assessment of RC beams with NSM CFRP rectangular rods damaged by notches[J]. Composite Structures，2005 (128)：322-341.

[13] 王滋军，刘伟庆，姚秋来等．考虑二次受力的碳纤维加固钢筋混凝土梁抗弯性能的试验研究[J]. 工业建筑，2004，34 (7)：85-87.

[14] 蔺建廷．BFRP加固钢筋混凝土梁抗弯性能的试验研究[D]．大连：大连理工大学，2009.

[15] Saadatmaneh H，Malek A M. Design guidelines for flexural strengthening of RC beams with FRP plates[J]. ASCE Journal of Composite for Construction，1998，4（2）：158-164.

[16] Babaeidarabad，Samanl S. Flexural strengthening of RC beams with an externally bonded fabric-reinforced cementitious matrix[J]. Journal of Composites for Construction，2014，18（5）.

[17] Ciobanu Paul，Taranu Nicolae. Structural response of reinforced concrete beams strengthened in flexural with near surface mounted fibre reinforced ploymer composite strip experimental results[J]. Bulletin of the ploytechnic Institute of Iasi-Construction andArchitecture Section，2013，63（4）：107-115.

[18] 陈尚建，李大桥，袁胜登等．BFRP加固钢筋混凝土梁抗弯性能试验研究[J]．建筑结构，2007：122-125.

[19] 李荣，腾锦光，岳清瑞．嵌入式CFRP板条-混凝土界面粘结性能的试验研究[J]．工业建筑，2005，35（8）：31-34.

[20] 何禄源．表面内嵌FRP筋与混凝土的局部粘结滑移性能研究[D]．沈阳：沈阳建筑大学，2014.

[21] 朱晓旭．混凝土表层嵌贴CFRP板粘结性能试验研究及理论分析[D]．浙江：浙江大学，2006.

[22] Antonio Bilotta，Francesca Ceroni，Emidio Nigro，et al. Efficiency of CFRP NSM strips and EBR plates for flexural strengthening of RC beams and loading pattern influence[J]. Composite Structures，2015（124）：163-175.

[23] 胡志海．内嵌式纤维板条-混凝土粘结本构关系模型及其应用研究[D]．长沙：中南大学，2007.

[24] Teng J G，De Lorenzis L，Lik Lam. Debonding failures of RC beams strengthened with near surface mounted CFRP strips[J]. ASCE Journal of Composites for Construction，2006，10（2）：92-105.

[25] Jung W T，Park J S，Park Y H. A study on the flexural behavior of reinforced concrete beams strengthened with NSM prestressed CFRP reinforcement[J]. Fiber-Reinforced Polymer Reinforcement in Concrete Structures，2007.

[26] 蔺新艳．外贴CFRP加固钢筋混凝土梁正常使用性能研究[D]．南京：东南大学，2008.

[27] 彭亚萍．FRP加固混凝土框架结构梁、柱和节点的性能研究[D]．天津：天津大学，2005.

[28] 庄江波，叶列平，鲍轶周等．CFRP布加固混凝土梁的裂缝分析计[J]．东南大学学报，2006，36（1）：86-91.

[29] M. P. Collins. Prestressed concrete structures[M]. Department of Civil Engineering and Applied Mechanics McGill University，1991.

[30] Collins M P，Mitchell D，Adebar P，Vecchio F J. A general shear design method[J]. ACI Structural Journal，1996，93（1）：36-45.

[31] FrankJ. Veehcio，Miehael P. Collins. Predieting the response of reinforced coneerte beams subjeeted to shear using modified comPerssion field theory [J]. ACI Structural Journal，1988，83（2）：258-268.

[32] Vecchio F J，Collins M P. The modified compression field theory for reinforced concrete elements subjected to shear [J]. ACI Structural Journal，1986，83（2）：219-231.

[33] 魏巍巍．基于修正压力场理论的钢筋混凝土结构受剪承载力及变形研究[D]．大连：大连理工大学，2011.

[34] Nakamura H，Higai T. Evaluation of shear strength of RC beam section based on extended modified

compression filed theory[J]. Concrete Library of Japan Society of Civil Engineers，1995（25）：93-105.

[35] 牟晓辉．混凝土梁侧嵌贴 CFRP-PCPs 复合筋的抗弯及抗剪加固试验研究[D]. 南宁：广西科技大学，2015.

[36] 张建仁，孙乐坤，马亚飞．基于 MCFT 理论的配斜筋 RC 梁抗剪承载力计算[J]. 公路交通科技，2012，29（9）：58-63.

[37] Theodore Zsutty. Shear strength prediction for separate categories of simple beam test[J]. ACI Structural，1971，68（2）：138-143.

[38] Schuman，Paul M，Karbhari，Vistasp M. Issues related to shear strengthening[J]. International SAMPE Symposium and Exhibition（Proceedings）. 2003，48（2）：2464-2478.

[39] 汪晰．嵌入式碳纤维板条增强混凝土梁受弯与受剪承载力研究[D]. 南京：东南大学，2006.

[40] 赵树红，叶列平．基于桁架-拱模型理论对碳纤维布加固混凝土柱受剪承载力的分析[J]. 工程力学，2001，18（6）：134-140.